（b）1#管外表面裂纹处

（c）5#管外表面蚀孔处

（a）泄漏和提取管样位置

图2.32 奥氏体不锈钢换热管外侧点蚀和应力腐蚀

（来源：第2章参考文献［29］）

图2.34 重沸器管束磨损失效

（来源：第2章参考文献［32］）

(a) 凹凸不光滑引起冲刷或腐蚀穿孔

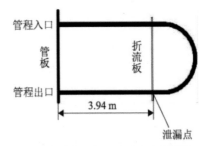

(b) 表面点蚀穿孔

(c) U形管内铵盐垢下腐蚀穿孔

（来源：第2章参考文献[36]）

图2.35 换热管表面损伤引起穿孔

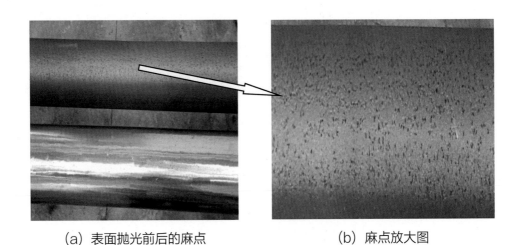

(a) 表面抛光前后的麻点

(b) 麻点放大图

图2.36 换热管表面麻点

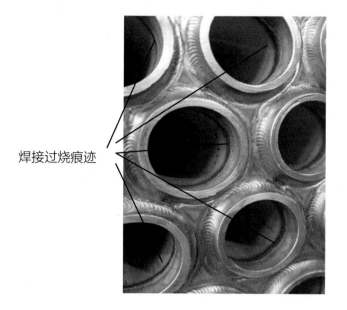

焊接过烧痕迹

图4.24　耐腐蚀管接头的焊接

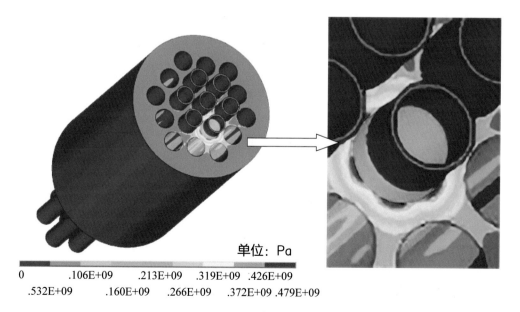

单位：Pa

0	.106E+09	.213E+09	.319E+09	.426E+09
.532E+09	.160E+09	.266E+09	.372E+09	.479E+09

图6.8　换热管与管板胀接3D应力云图

热交换器的内部密封
及其失效分析

陈孙艺

著

Internal Seal of
Heat Exchanger
and Its Failure Analysis

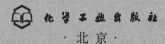

化学工业出版社
·北京·

内容简介

《热交换器的内部密封及其失效分析》以管壳式热交换器的内部密封失效问题为导向，分别按密封失效的表现、管接头密封的技术基础及技术拓展、内部密封失效的技术因素和运行工艺因素共五个专题，对异侧流程间的密封、同侧流程间的密封、非常规工况的内部密封、热应力作用下的内部密封和换热工况参数的优化设计等11个小题进行分类归纳，综述了与管壳式热交换器内部密封失效相关的问题，特别是按常规设计的密封失效影响因素及技术对策，并结合实例加以说明，拓展读者对热交换器内部密封问题的了解，加深读者对内部密封技术的认识，为解决内部密封问题提供指引。

本书融知识性、科学性与工程实用性为一体，可作为炼油化工及其他化工领域承压设备及工程管理的技术人员进行继续工程教育学习，从事热交换器密封研究、失效分析、改进设计、制造质量保证、设备建造监理和检修维护等工程实践的参考书，也可供相关专业师生使用。

图书在版编目（CIP）数据

热交换器的内部密封及其失效分析 / 陈孙艺著 . —北京：化学工业出版社，2024.5
ISBN 978-7-122-45222-1

Ⅰ.①热… Ⅱ.①陈… Ⅲ.①换热器 Ⅳ.①TK172

中国国家版本馆 CIP 数据核字（2024）第 055221 号

责任编辑：李玉晖　　　　　　　　　　文字编辑：陈立璞
责任校对：李　爽　　　　　　　　　　装帧设计：张　辉

出版发行：化学工业出版社
　　　　　（北京市东城区青年湖南街 13 号　邮政编码 100011）
印　　装：北京盛通数码印刷有限公司
787mm×1092mm　1/16　印张 21½　彩插 2　字数 544 千字
2025 年 1 月北京第 1 版第 1 次印刷

购书咨询：010-64518888　　　　　　售后服务：010-64518899
网　　址：http://www.cip.com.cn
凡购买本书，如有缺损质量问题，本社销售中心负责调换。

定　　价：128.00 元

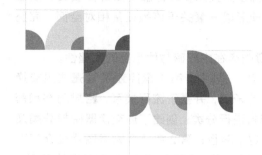

前言

　　热交换器是承压设备中具有较多密封结构的一类设备，相关密封技术在整体上需要随着热交换器及节能环保要求的提高而不断丰富和完善。针对热交换器各种密封结构所在位置及泄漏的失效表现，可以把介质在热交换器内部的各种法兰强制密封及非强制性密封归纳为内部密封，把防止介质从热交换器内部向壳体外大气环境泄漏的密封归纳为外部密封。外部密封泄漏常会造成严重的污染甚至燃烧爆炸事件，因而是紧迫的失效形式，化学工业出版社 2022 年出版的《热交换器密封技术与失效影响因素》是笔者在这一方面的专著。从密封技术原理来说，热交换器的内部密封技术需要应用大部分的外密封技术，只不过内部密封具有更复杂的工况、有限的结构空间和不便强制密封等周边环境，外部密封则只有大气这一常见的普遍环境，反而使得外部密封相对于内部密封来说实质上成为一种带有简化条件的特例。热交换器管程和壳程之间的内部泄漏也存在引发二次失效的可能，例如高压气体向低压气体泄漏本来就会引起设备及管线的振动，当某些轻馏分烃类液体漏入低压液体中时可能会迅速闪蒸出蒸汽，这种突然的膨胀也会导致压力的波动而形成管线振动。因此我们有必要努力填补内部密封这一领域内的一些空白。本书为《热交换器密封技术与失效影响因素》的姊妹篇，两本书构成热交换器内部密封和外部密封这两个空间关系紧密的结构范畴，集合串联起分散各处的热交换器密封技术。

　　面对工程上诸多变化的密封问题，已有的相关教材、手册和标准难以逐一明确处理对策，只能给出部分问题的答案，甚至是答案的部分。针对管壳(列管)式热交换器这一种结构普通、功效简明、应用广泛的设备，书中不再详细介绍，读者应已熟悉各种结构功能。其密封问题的关键在于其局部结构及设计的非常之处，制造工艺或运行工艺的特殊之处，这些专业知识常被非专业人员忽视。围绕热交换器内部密封及失效分析这一专题进行研究的专著较为少见，进而针对这一专题贯穿其工程管理、设计、制造、组装、运行、维护等相关过程进行综合述评的专著更加少见。过程装备技术纵向链条薄弱，横向链节缺少催化，难以培育出根深蒂固的发展课题，也无法输送足够横向研究结出硕果所需的素养。本书的第二个目的就是认真琢磨热交换器内部密封技术的点滴传承，有条理地排布内容，逐一串珠成链。

　　热交换器无论其内部密封还是外部密封都涉及运行工艺、设备结构和产品质量这三维因素的互动，工艺界定密封要求，结构提供密封基础，质量保证密封可靠。过程装备技术缺乏三维因素的横向融通，难以有技术纵向的积累。作为一种现实需要，本书的第三个目的就是通过专业知识理论、工程问题处置态度、技术道德和企业运营能力等非技术性的黏性因素，将所收集的内、外部密封技术资源再加工后链接成具有生态氛围的网络，作为已有密封技术的补充，为日后逐渐形成一套关于该类设备相对全面、完整的密封技术资料铺垫基础。

本书按5篇11章的结构展开，努力达成各篇章内容在内部密封体系上的完整性。

第1篇是内部密封失效及其影响因素，分为2章。其中，第1章简述了管壳式热交换器的工程管理和技术规范与设备技术持续发展之间的矛盾，并基于流程关系、密封动态和密封效果三个或明或暗的新视角对热交换器的内部密封进行分类，创建了热交换器密封分类及主要影响因素框架图，为各篇章技术分析的铺开设定了路径；第2章结合大量图片简介了石化装置现场换热管和管板之间管接头的20种密封失效表现，换热管的13种密封失效表现、管板的2种密封失效表现，以及浮动管板填料函密封泄漏的失效表现，首次归纳了管壳式热交换器内部密封失效的表现一览表。

第2篇是热交换器管接头密封的技术基础，分为3章。其中，第3章是关于管接头密封基本的技术手段，首创热交换器管接头试验分类图。基于管束结构尺寸、功能和工艺参数以及管接头结构特点对常见大同小异的管束进行16种细分；再围绕管接头的质量保证提出"一品一策，精益求精"的设计和制造技术对策，以小见大；列举了6种热交换器式反应器这一具有换热与反应二合一功能设备关键结构及其密封技术，以点带面加深认识。第4章是特殊结构、特殊材料管接头的焊接工艺评定及产品质量检验。第5章是特殊结构、特殊材料管接头的胀接工艺评定，比较了国内管接头胀接强度所依据的力学理论基本概念与国外相关概念的区别，指出了材料性能对胀接效果的影响，列举了不同的取样方法对换热管材料强度性能检测结果存在偏差的问题，并提出了更准确的测算建议。首次对液压胀接和机械胀接这两种常用胀接手段的等效性进行了分析，推导了这两种手段关键工艺参数之间的换算关系式。第4章和第5章在技术对象上聚焦了管接头。

第3篇是热交换器管接头密封的技术拓展，分为2章。其中，第6章是管接头胀接模拟分析质量技术，首次提出管接头模型的分类及其规范化设计，为业内不同分析条件及成果的对比打下基础，从案例展示的管接头三维模型胀接结果中发现了液压胀接残余压应力沿周向分布不均匀的事实。第7章是高等级管接头的质量技术要求，特别是管束的防振结构技术，首次讨论了管束中纵向振动的概念，提出了相关的技术对策，包括加强薄管板的组合式结构，强化管束整体稳固性的双向式拉杆和双头式拉杆结构，提高折流板周边密封性的随紧结构等，以期引起业内对这一新的专题技术关注。第6章和第7章在技术管理上强调了关键结构的品质要求和事前管理理念。

第4篇是热交换器内部除了管接头外其他结构密封失效的技术因素，分为2章。其中，第8章是热交换器管程的内部密封、壳程的内部密封、管程与壳程之间的内部密封，内部板与板、板与壳等结构非绝对性的静密封和微动密封为原创内容，拓展了密封的类型。第9章是内部密封的维护及改造，把内部密封的维护技术从传统的检修环节向前后双向延伸，关联到了设计和运行。

第5篇是热交换器密封失效的运行工艺因素，分为2章。其中，第10章是热交换器热应力对密封的影响，在全书中占有较大的分量，把壳体外4种特殊结构的鞍座、壳体上的膨胀节和壳体内的浮动管板三个重要零部件关联到同一专题下，形成一个系统的认识。第11章是热交换器非常规工况参数对内外密封的影响，涉及常规标准难以解决的问题，包括较高温度的密封技术、开停车工况的影响、设计未预防的工况、非设计工况、介质杂物的影响和非计划停车工况的影响，特别是还有壳程较高压力的浮头盖密封技术。当浮头法兰密封设计既要满足正常操作时壳程压力大于管程压力的情况，也要满足制造检验及非正常工况下管程压力大于壳程压力的情况时，毫无疑问需要技术创新来协调这一对矛盾。

面对纷至沓来的行业资讯和密封老大难问题应对乏策的矛盾，笔者主要从经历过的建设项目和工程案例当中筛选出能够反映经验价值的内容，再从这些客观内容当中提炼出面向工程、容易理解、便于应用的新概念。本书不讨论乙烯裂解急冷换热器等特殊工艺和螺旋折流板等特殊结构热交换器的密封问题，也无意涉及任何未曾公开的专有技术。热交换器的密封失效问题十分复杂，如果只凭个体的、个别专业的、临时的、初步的或者参照近似案例的分析，难免得出生硬的结论，即便处理对策取得成效，也可能掩盖其他不良因素，导致潜在风险。只有对包括设计、制造、安装和操作使用在内的全过程进行系统的分析，才能避免轻率，找到密封失效的真正原因。笔者建议感兴趣的读者循着本书的参考文献拓展阅读，以弥补本人引用学习的不足，也期待和热交换器的同行交互促进，共同构建具有动态效应的交流平台，让代表设计者或制造者、供应商或业主、用户或研究院中的任一方，能够而且有能力同时代表多方与各方进行平等和深入的沟通，作为局内人一起解决有关密封的问题。即便不能最终找到影响密封泄漏的真正原因和关键所在，通过已有知识起码可以适当界定问题的范围，恰当地向同行提供具有参考价值的有关信息，根据个别问题的指引去寻访答案。

笔者衷心感谢中国工程院院士、国际压力容器学会亚太地区主席、国际机构学与机器科学联合会可靠性委员会委员、中国机械工程学会压力容器分会与材料分会荣誉主任委员、华东理工大学科协主席涂善东先生，以及中国工程院院士、中国机械工程学会压力容器分会主任委员、全国锅炉压力容器标准化技术委员会委员、教育部"长江学者"特聘教授、国际氢能协会规范标准专业委员会主席、国际标准化组织氢技术委员会（ISO/TC97）特别顾问、浙江大学氢能研究院郑津洋先生的关爱、指导和帮助。

笔者从事石油化工设备理论学习、产品设计、制造及失效分析40年，愿为管壳式热交换器持续发展的技术体系添砖加瓦。对书中的不当之处，恳请读者指正。

董事　副总经理　总工程师
茂名重力石化装备股份公司

目录

第2篇　热交换器特殊管接头的密封技术

第3章　管接头的密封技术　/ 051

第4章　特殊管接头的焊接工艺评定　/ 082

第5章　特殊管接头的胀接工艺评定 /098

第3篇　热交换器管接头密封的技术拓展

第 4 篇　热交换器内部密封失效的技术因素

第 8 章　热交换器内部密封的设计 / 207

第9章　热交换器内密封的维护　/247

第5篇　热交换器密封失效的运行工艺因素

第10章　热交换器温度载荷对密封的影响　/271

第11章　热交换器非常规工况参数对内外密封的影响　/311

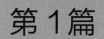

第 1 篇

热交换器的工程发展及其内部密封失效的表现

从事物的个性现象中寻找普遍的基本规律，或者从事物的基本规律中寻找独特的个性现象，是两种不同的方法，而现象和规律都离不开事物发展过程这一时间维度。对不同现象及每一现象所关注的重点有先后之区别，最终可能发现它们属于同一规律，都是认识事物本质的结果，也是解决问题的前提。正如人们从金属材料的力学行为中区分出高温蠕变和塑性变形这两个具有不同个性的概念，在一定条件下又把两者的力学行为完全描述在统一的数学模型中❶，加深了认识。有文献❷以某厂一台稀释蒸汽/中压蒸汽热交换器为对象，应用国内外不同标准的计算方法对其管束失效概率进行了计算并绘制出图 A.1 所示的曲线。虽然不同标准的计算结果之间存在差异，但是各种标准的计算结果都表明管束的失效概率随着运行时间的延长而增大，两者呈正的强关联，曲线的趋势趋同。因此热交换器的内部失效是必然的，有关研究具有客观的工程背景。

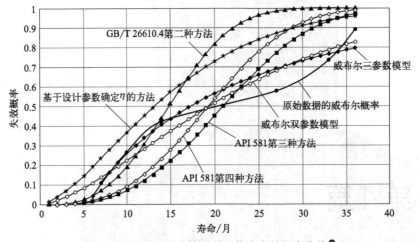

图 A.1   各种方法计算所得的管束失效概率曲线❷

不同的工艺装置存在不同的工程问题。有文献❸分析出加氢裂化工程化过程中遇到的问题主要就是热交换器的问题，包括结垢导致的高压热交换器换热效率下降、循环氢压缩机出口至循环氢热交换器出口压力降增大、循环氢压缩机振动、反应系统压力降上升过快、反应流出物空冷器腐蚀及结垢等，在对产生这些问题的原因进行了详细分析之后提出了全面的应对结垢的九条措施。

不同的工程问题可以从不同的视角来分析。为了对热交换器内部失效特别是泄漏失效的各种现象有一定的感性认识，本篇分别以存在的工程问题和案例表现作为第 1 章和第 2 章的内容，通过问题的主观认识和案例的直观印象，为后面展开的各章各专题分析做出一些铺垫。

❶ 陈孙艺. 高温下塑性变形和蠕变的统一模型 [J]. 化工装备技术，1996，17 (2)：11-13.
❷ 李志峰，吴建平，王晓博，等. 换热器管束的失效概率计算 [J]. 石油化工设备技术，2021，42 (3)：14-19.
❸ 李立权. 馏分油加氢裂化技术的工程化问题及对策 [J]. 炼油技术与工程，2011，41 (6)：1-7.

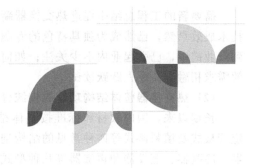

第1章

管壳式热交换器的工程发展问题

发展是永恒的主题，是技术进步的主要目的。热交换器的技术进展是其工程发展的基础，工程发展需求是其技术进展的指引，两者密不可分。由于关联的知识较多，热交换器的技术进展不排除短期内的跨越式进步，但从长期来看还是螺旋式上升的。在这个过程中面临很多课题，在技术上和管理上都需要引入新的观念。

1.1 管壳式热交换器的技术规范问题

1.1.1 技术传统与研究发展的课题

(1) 热交换器技术持续发展

现代装置规模化发展导致热交换器高参数化、大型化和复杂化，管壳式热交换器面临新的技术发展。文献［1］通过中国知网数据库检索 2008～2017 年关于压力容器研究者的文章，应用热点分析方法，借助文献可视化软件 Citespace 聚类分析得到了我国压力容器研究关键词发展趋势和知识图谱，展示了我国近十年压力容器研究的发展现状和热点问题。我国压力容器的研究经历了活跃成长和稳步增长两个时期；目前关于压力容器的研究热点分别是锅炉压力容器、反应堆压力容器、压力容器、压力面积法、固定式、焊接接头和有限元 7 个；压力容器设计从常规设计转向分析设计；压力容器研究组织和领军人物主要集中在相关研究院，研究机构较单一。

热交换器是各种压力容器中结构最复杂的一类承压设备，形成了 GB/T 151—2014《热交换器》[2]、NB/T 47048—2015《螺旋板式换热器》[3] 和 NB/T 47004—2017《板式换热器》[4] 等多项专门的技术标准和产品标准。管束是热交换器区别于其他压力容器的标志性部件，也是热交换器结构中连接并隔离管程和壳程的重要零件，一直是热交换器技术发展的核心。管束中的换热管在制造技术方面从拉拔管、轧制管发展到有缝管、复合管，在表观性能强化方面从光管发展到螺纹管、波纹管、波节管、缩节管、螺旋扁管以及 T 形管等高效、高通量管，在再加工结构方面从直管发展到刺刀管，从 U 形管发展到螺旋缠绕管，此外还有材料成分、力学性能和耐腐蚀性等各方面性能的提高；而管束自身也发展到板束结构，等等。

需要新的工程总结来促进热交换器新技术的工程应用。与反应器一体化的热交换器工程技术成效卓然，已然成为独具特色的专题；如何把适用于石化领域的核电热交换器技术嵌入到产业链中，已引起业内不少关注；如何把流程节点上某单台热交换器的个性与装置整体功效需求相融合，令人跃跃欲试。

(2) 热交换器整体结构功能的传统分类带来技术的惯性依赖

长期以来，国内教材和标准按整体结构把管壳式热交换器分为浮头式、U 形管式、固定管板式及填料函式等四种常见的结构型式，或按石油化工生产工艺流程分为加热器、冷却器、冷凝器、蒸发器和再沸器等几种型式。这种按整体结构形式或者工艺功能的分类反映的是各自的特点。为了展示各种结构功能的差异，这些既定的分类方法所展示的特点颇具个性，被逐渐强化，通过潜意识牵引着人们的思路，反而让人们忽视了各种结构的共同特点或其他个性特点。人们循此分析普遍问题时就很难跳出传统观念，甚至找不出根本的规律性，而实际上它们具有很多共性。例如，国内教材和标准分别讨论 U 形管式热交换器管板、浮头式与填料函式热交换器管板、固定管板式热交换器管板，而文献 [5，6] 则介绍管板应力分析统一方法及其先进性。与前人所采用的各种简化理论不同，该方法采用的理论假设少，讨论的是更为一般的情形，即考虑两管板材料、厚度、直径及周边约束条件不同的情况，考虑管程、壳程压力降（含流体重力）及换热管和壳体自重的影响。进一步的分析表明，浮头式及 U 形管式热交换器的管板应力分析方法是此方法的特殊情形，ASME Ⅷ-1[7] 的管板应力分析方法则是统一方法经过简化力学模型后的特殊情形，对管板、壳体及管箱的应力分布导致难以预测的结果。因此，四种常见的列管式热交换器本来就具有相近的基本结构和可以转换的力学模型，刻意细分它们的个性是一种研究方法，而追寻它们的共性来进行密封失效分析也不失为另一种研究方法。

1.1.2　建设需求与技术供给的课题

(1) 热交换器技术规范的内容难以覆盖设备自主发展

密封泄漏这一工程问题具有因素多元、发展动态不确定和过程复杂非线性化等特点，管壳式热交换器面临新的技术规范。GB/T 151—2014 标准规定了由垫片、螺柱、螺母和法兰组成的可拆式连接接头的设计，这一结构广泛应用于压力容器的开口密封，其中应用了传统的 Taylor-Waters[8] 法兰设计方法，主要是以强度失效模式为基础的设计方法，而对泄漏失效的考虑略显不足。美国机械工程师学会 ASME PCC-1《压力边界螺栓法兰连接安装指南》[9] 则是一个从多方面考虑，以减少法兰接头泄漏的指导标准，得到了大部分国家的认可和采纳。JIS B 2251《压力边界法兰连接螺栓紧固程序》[10] 对日本工程施工中的相关操作进行了规范。国内的 GB/T 38343—2019《法兰接头安装技术规定》由全国锅炉压力容器标准化技术委员会压力管道分技术委员会组织制订并报批，2019 年 12 月 10 日正式发布。ASME PCC-1 与 API 660[11]、WRC 538[12] 以及著名工程公司的工程规范一起，相互关联形成了一整套针对法兰设计的新的设计方法，仅就 ASME PCC-1 而言，并非先进的法兰设计规范[13]。其技术效果需要在实践中不断丰富，其技术理论也需要不断完善。

热交换器标准化技术中也难以突出个性化要求，很多热交换器产品已经无法实行标准化选型供给。工程实践中非典型的密封失效案例已不似偶发的，装置现场的智能监测手段本质上还不算是预防为主的技术，减人增效遇到了新的瓶颈。氢能源装置的运维保障和装备需要密封技术的升级创新。氢是小分子，在所有易燃易爆介质中极易渗透泄漏，密封难度大，制氢、传氢、运氢、储氢、用氢等环节的装备接口都需要可靠的密封技术。特殊工艺下，一方面管接头的承载强度和密封强度都需要换热管和管板孔之间的残余接触压应力来保证，另一方面介质腐蚀的敏感性又要求管接头消除任何残余拉应力。其中的拉应力和压应力在很大程度上是互为条件存在的。

从技术链来看密封的关联技术，管接头的内孔焊连接方式具有抗振动、防腐蚀、防疲劳等功能，应用越来越广，但是面对各种形状的焊接坡口及焊缝尺寸，关于管接头内孔焊焊缝的无损检测技术，尤其是其中的射线检测技术尚需要丰富和发展，以适应质量保证的需要。

（2）工程技术的高效应用与密封技术的滞后供给的矛盾

管壳式热交换器面临新的工程建设。从 GB 150—1998 到 GB 150.1～150.4—2011，中国压力容器标准从单一项标准拓展到大型通用技术标准，现代石化工程建设同样期待热交换器的大型通用技术标准，标准的先进性与适度性相结合，才能不断满足工程需要。管壳式热交换器虽然是常见的普通设备但也面临新的工程建设的挑战。随着新标准放宽其适用范围、石油化工工况的变化以及强化换热技术的发展，各个环节的技术进步及其相互协调需要经历一个复杂而艰辛的过程，涉及应用传热学、流体力学、热力学、结构力学和弹塑性力学、机械加工以及新材料等专题的基本概念，如果盲目应用标准、简单理解条文，会引发一些新的密封问题。随着环境保护治理力度加大，石油化工装置密封技术的可靠性及其失效泄漏问题面临更加严格的考验和考核。

管壳式热交换器面临新的密封要求。高温、高压、强腐蚀性和深冷工艺对密封技术提出新的适应性和稳定性要求，流道结构变化、尺寸放大和动态操作对密封技术提出新的可靠性和协调性要求，更加严格的检测工艺和多元件组成的密封结构对密封技术提出新的装配和质量标准要求。与系列化、体系化的高压密封技术相比，高温下的密封解决方案相对零散和个性化，且主要从垫片材料方向攻关，显得单一，高温高压或者深冷高压下的密封更加复杂；与发达国家相比，我国尚未建立以泄漏率控制的密封技术体系。

1.1.3 工程管理与观念创新的课题

（1）工程管理水平的提升需要新的管理技术

新的管理技术尚在实践的初期。以风险理论为基础的完整性管理可以使热交换器得到准确的维护；以生命周期为基础的全过程管理可以使热交换器的可靠性得到彻底保证；以价值共创理论为基础的生态管理系统可以使热交换器的抗干扰能力得到明显加强。例如，从技术链来看热交换器密封的关联技术，会遇到装置系统的耐压许可值低于系统中某一台关键热交换器管接头耐压试验所需要的压力许可值问题，如果在这一台热交换器的进、出口管路设置阀门，则又增加 4 个连接密封的问题，并且还涉及阀门型号的选择能否保证其开合形成的工况已在设计校核的范围内。

（2）工程创新发展需要新的理念引领

例如，关于模拟管接头的一方面，有一种传统观念就是对不符合实际的技术分析熟视无睹。热交换器管接头是内部密封连接结构失效的典型，也经常成为质量技术的关键。文献［14］于 2016 年讨论了与管接头密封间接相关的一个现象，即关于管板的热交换器有限元分析模型构建中值得商榷的非全长管束分析模型。其实长期以来还存在与管接头密封直接相关的另一个更值得商榷的现象，就是无论管束分析模型是否是全长模型，模型中管板与换热管的连接结构都 100％简化。非公开报道的工程项目报告和公开报道的论文，不管两者是角接焊接、对接焊接、内孔焊接还是背面焊接，也不管两者是机械胀接还是液袋胀接以及设计的胀度大小，全部把两者简化成一体化整体结构模型。笔者认为这一简化过度了，需要讨论。如果承认当前的计算工作站及软件具备所需计算能力，值得追问的应该是业内是否愿意创新的观念问题。类似性质的现象也偶然出现在螺柱强制密封的法兰和垫片系统分析上，被过度简化的往往是垫片。

关于模拟管接头的另一方面，传统技术观念无法有效解决热交换器面临的密封失效新现象。新现象不仅需要专业、敏锐的观察，也需要深远的思考和冷静的分析，除此之外，还需要逻辑的判断和自信的实践。新的密封失效新现象需要新的观念作为背景才能清晰显露，需要新的思路才能找准新的影响因素。例如传统上认识到流体横向流经管束时诱发的换热管振动是横向振动，但是对流体在折流板间折流时潜在诱发折流板沿管束纵向振动的可能性也视而不见。

又例如，关于薄管板概念的一方面，在内涵上不够完整，在应用上不够严谨。圆筒体外径与内径之比是判断厚壁筒体与薄壁筒体之间分界的一个传统参数，因为有理论分析作为基础，该简便的判断方法在实践中得到了业内的普遍认可。管板厚度对管接头受力强度及其密封强度虽然起关键的作用，业内也有厚管板与薄管板之说，但是由于缺少理论分析作为基础，实践中对厚管板与薄管板这两个概念的应用较为随意。2022 年 5 月在知网上以薄管板为关键词可获得 82 条结果，以薄管板为主题可获得 216 条结果，以厚管板为关键词可获得 35 条结果，以厚管板为主题可获得 65 条结果，而且这些结果的大多数标记就显示在论文题目上。笔者认为很多作者对这两个概念的误解和滥用，才进一步误导了读者，现在需要深入、准确地把握这两个概念的内涵。第一，厚管板或薄管板只是一个反映管板相对属性的观念，侧重于管板中间布管区的厚与薄，而 GB/T 151—2014 标准正文和关于拉撑管板的资料性附录 L 以及关于挠性管板的资料性附录 K 中，都没有关于厚管板或薄管板的概念或定义；第二，尚未有一个统一的参数来判断厚管板与薄管板之间的分界，既然业内都坦然地使用这两个概念，我们也要跟上这两个概念的时代发展；第三，管板是厚或薄的判断方法，单从相关结构几何参数的角度说除了管板厚度外，还与管板直径及换热管直径有关，这就涉及三个变量才能判断；第四，管板是厚或薄的判断方法，如果再从设计强度相关参数的角度说除了设计压力和设计温度外，还与材料许用应力有关，也涉及三个以上的变量才能确定，这样的因变量已是一个复杂的多维度问题，探讨其判断方法不具有多少现实意义；第五，从工程实践来看，拉撑管板和挠性管板显然属于俗称的薄管板，具有明显的技术经济性，这是两者的独到之处，但两者的标准结构及适用范围有区别。从结构上看，拉撑管板基本就是平板，适用范围窄一些，挠性管板强调的是管板周边非布管区需要具有挠性过渡段这一折边结构，适用范围宽一些。

关于薄管板概念的另一方面，基于存在就有一定合理性的原则，如果某一案例通过技术经济性的优化，设计了一块厚度达 50mm 或更厚的挠性管板，希望业内能自信地接受这一块薄管板，不要怀疑厚的薄管板这一观念。同理，如果某一案例的挠性管板名义厚度相比管束壳体名义厚度厚出 70％，也不要怀疑薄管板比较厚这一观念。文献 [15] 介绍了某硫磺回收装置废热锅炉项目，壳体名义厚度 20mm，挠性管板名义厚度 34mm，换热管厚度 4.5mm。

密封技术虽然是热交换器局部的结构连接技术，但是作为关键技术应该得到优先发展。相对于热交换器的高能耗、低效换热专题来说，其密封失效是更常见的工程问题，也得到了业内的普遍关注，但是内部泄漏表现隐蔽。对于其中关联低效换热的内漏问题，由于不是非常紧迫，影响因素复杂，研究机构或者研究人员可能较少涉足这类难以快出成果的研究。对于其中关联产品质量或设备安全的内漏问题，由于现场处置时间紧迫，大多数由企业工程技术人员采用保守技术对策来处理，显得被动。

1.2　管壳式热交换器的密封分类

对热交换器的密封进行不同角度的分类能使人们对密封现象的认识更加全面。

1.2.1　传统的密封分类

针对热交换器密封结构及泄漏的失效表现，传统上已对热交换器的各种密封进行过多种分类。

基于热交换器的整体结构分为管程密封和壳程密封，这是最普通的分类。

基于化工工艺特性分为静态密封和动态密封，这是较少见的分类。

也有基于密封载荷来源分为强制密封和半强制密封、自紧密封和半自紧密封的，多见于论文和专著中的分类表达。自紧密封是指具备初始密封的前提下，通过巧妙设计的密封结构，利用了热交换器开始运行后的操作压力作为开口的密封载荷。随着高压越来越高，开口的强制密封越来越困难，为改善其高压密封的技术经济性，业内提出自紧密封这一概念并在实践中发展出 B 形环、C 形环和楔形环等一些科学合理的密封结构。也有人误解内压自紧密封具有无上限的内压适应性，认为自紧密封随着内压的升高而越来越有效。其实不然，一方面密封件存在结构强度和材料强度的问题，与热交换器开口主体也存在变形位移并非总是满足协调要求的问题，另一方面温度对密封也有影响，自紧密封可从内压自紧密封进一步拓展到高温自紧密封以及高温高压自紧密封的场景，但是研究报道的资料不多。

基于密封结构分为法兰密封、填料函密封、螺纹密封等。

基于连接手段分为焊接密封、胀接密封、粘接密封，主要集中在管接头的密封。

对于常规的螺栓-法兰密封结构，垫片两侧的金属互相不接触，为"软接触"结构，这种密封称为"软连接"密封，或者说，把金属材料和非金属材料之间形成的密封称为"软密封"，把两种金属材料之间形成的密封称为"硬密封"，把介于"软密封"和"硬密封"之间的金属薄片称为"弹性密封"，这是强化专业方向的个性分类。

还有特殊的密封结构，例如双管板对异侧流程窜流的隔断式密封，等等。

1.2.2　内部密封分类

这里把密封分类与泄漏分类看成是一一对应的。首先，针对业内把介质在热交换器内部的各种窜通泄漏称为内漏，把介质在热交换器内部的各种密封称为内部密封，或简称内密封；针对业内把介质从热交换器内部向壳体外大气环境的泄漏称外漏，把介质在热交换器内部与壳体外大气环境之间的各种密封称为外密封。其次，如下或明或暗四个新的视角对热交换器的内部密封进行分类。本书中各章节则主要按结构零部件为主、工况为辅来分类讨论内密封技术。

(1) 基于流程关系的分类

为了便于从结构和技术上聚焦热交换器的各种密封，笔者更倾向于按各种热交换器型式共同具有的四种基本现象对泄漏失效现象进行分类，明确分为管程或壳程各自的外漏、管程和壳程之间的异程内漏、管程各流程间的同程内漏和壳程各流程间的同程内漏等。这种基于流程关系的分类体现在本书目录中。笔者从诸多实物照片中，挑选部分按流程关系进行分类和整理，让读者获得对泄漏失效的深刻印象和基本的认识。

内部泄漏问题可分为管程和壳程之间的泄漏，称为程间窜漏；管程内的来回分流程短路或者壳程内的来回分流程短路，称为程内短路。程间窜漏属于结构功能失效，又可分为管束管接头的泄漏和管板填料函的泄漏等，无论是哪一种都会影响产品质量，降低换热效率，甚至危及设备安全。程内短路则包括结构功能失效和结构功能不足，后者涉及热交换器设计和制造质量，前者在此基础上可能还包括运行操作欠规范。

(2) 基于密封动态的分类

传统观念认为，压力容器的各种密封都是静密封，热交换器的各种密封自然就是静密封，这是相对于化工机器中机泵阀的转动轴或滑动轴的密封来说的。长期以来，这极大地方便了高校院所的学术专业分类，但是毫无疑问也诱导了大型企业在装置现场的设备管理岗位设置中把动设备管理和静设备管理分为两个岗位，每个岗位各任用一位设备员。这一朴素的分类不无粗糙，不利于动密封和静密封的技术交流与应用。这种状况现在已有所改善。

其实，各种热交换器型式还具有另一种共同的基本现象，那就是运行工况引起的应变和变形，或者说胀缩和位移。热交换器滑动管板及其他结构处的填料函密封就是一种轴向滑动密封，高温气体热回收废热锅炉的中心筒调节阀密封就是一种转轴动密封，只不过这两例动密封的行程较短，属于短程动密封。内压导致螺柱强制密封的两个法兰环偏转张开的角位移更微小，其属于微程动密封。

(3) 基于密封效果的分类

传统的密封结构技术都追求不允许泄漏这一目标，这是狭义密封。压力容器法兰密封设计制造及其检测评估已经引用泄漏率这一新理念。热交换器内部密封有别于其外部密封之一就是部分局部密封效果与整体密封效果的结构功能相协调，允许出现可预知、可控制的泄漏，可谓广义密封。密封效果与结构功能的协调包括内部密封与外部密封相矛盾时的取舍，例如隔板在密封管程分程的同时对管箱法兰沿周向的密封性造成不良影响，应优先保证法兰沿周向的密封；也包括内部密封与内部结构功能相矛盾时的取舍，例如换热管与折流板过紧的密封影响换热管的热伸长和冷缩短；等等。

热交换器内部密封的根本问题可以归结为热交换器大型化后内部密封面的铆焊件制造精度不能满足密封所需要的机械加工精度之间的矛盾，防短路对策以相互配合的零部件之间能贴紧为技术核心。根本对策涉及制造技术路线的调整和成本的提高，而且应该在观念上对各种内部密封重新认识及分类，对有些内部密封需要一分为二看待。内部密封之所以不太引起关注，是因为其效果无法在设计和制造阶段有效检验，即便是在装置中，依靠室温静水压力也不一定能充分检验。

(4) 基于其他特性的分类

从热交换器内部两件相互配合的零部件结构形状来看，两两组成的密封面可以有管形、孔形、板形、壳形等结构形状，可以由锻件机加工面、钢管加工面、钢管毛面、钢板毛面等表面形式，分别形成不同的密封副配合结构。

根据管程介质和壳程介质的压力来设计校核壳体及管板的强度是通常的基本要求，但是从管程介质和壳程介质的压力来分析其对管接头密封强度的影响则带有一定的特殊性。

从冷热介质的流道安排来看，可形成冷管程热壳程和冷壳程热管程的工况，也可以形成管程进口、出口变温而壳程进口、出口不变温的工况，或者管程进口、出口不变温而壳程进口、出口变温的工况。热胀冷缩的差异会对密封可靠性产生一定的影响。

将实现密封的技术成本作为分类的主要因素，也具有明显的研究价值。由于涉及一些原材料和加工成本、检修维护的费用等内容，高校院所对这一方向的研究较少。

由此可见，热交换器的密封分类具有多维视角，这是影响因素众多且复杂的客观反映，如图1.1所示。

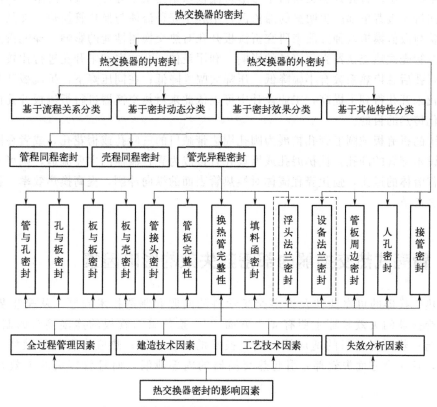

图1.1 热交换器密封分类及主要影响因素框架图

1.2.3 内部泄漏的功用

如果有必要，可以进行专门的设计和制造，实现内部结构密封的绝对性。有些内部密封虽然泄漏在所难免，但也并非没有好处，对泄漏位置或流量大小进行控制可以发挥一定有益的作用。内部密封泄漏与内部流程短路是同一表象的两种不同表达，自然有所区别。后者的情景可以是有意设计的，此时可称为旁路或旁通，因此泄漏的不利程度要比流程短路大，例如8.2.4节关于中心筒调节阀的密封。

GB/T 151—2014标准中6.3.6.2条指出，必要时，管箱分程隔板上可开设直径为4~8mm的排净孔。国内通过法兰螺栓连接的管箱在热交换器管程耐压试验后一般不要求卸下管箱来清除水渍，隔板排净孔便于耐压试验后排净试压用水，减少设备存放期间的锈蚀。装置停车或热交换器撤出时，隔板排净孔可以尽量排出易燃易爆或有毒介质，便于高效检修。

多流程回路且进、出口压差较大的管箱分程隔板，排净孔在一定程度上还具有平衡流程回路之间压力的作用，缓和流量剧变时对隔板的冲击。

与管程隔板同理，卧式安装的热交换器当其壳程隔板水平布置时，也宜在隔板上适当设置排净孔。管束折流板外圆顶部或底部开设的缺口，除试压水和停车介质的排净作用外，也具有在运行中冲走固体杂质的作用。折流板外圆顶部开设的缺口，则有排走介质所释放气体的作用。

有时，壳程进、出口的内导流筒也在主流道之外设置一些短路，起到缓和流体冲击，扰动静止死角的作用。管壳式热交换器单弓形折流板以结构简单等优点被广泛采用，但是这种结构容易在折流板背根部产生明显的滞流区，不利于壳程流体与换热管换热。文献［16］主要利用实验与数值模拟两种方法来研究折流板开孔对热交换器性能的影响，探究折流板不同开孔方式对管壳式热交换器壳程流场的影响。利用最佳开孔方案和未开孔进行比较，结果表明折流板开孔后总换热系数有小幅降低，压降大幅度降低；在同压降下，折流板开孔后的总传热系数较未开孔得到了提高，工业设计中可以依此来对热交换器进行折流板开孔设计，从而达到强化传热的目的。

把传统的折流板纯圆形管孔扩展为圆孔周边带缺口的三叶孔或梅花孔，或者在圆形管孔之间再增设不穿管的圆孔，让扩展孔或增设孔直接成为壳程流体的主要流道，则可实现管程流体和壳程流体的逆流，强化壳程流体对换热管表面的纵向冲刷，提高换热效率。特殊管孔结构见 7.2.7 节。

1.3　管壳式热交换器内部密封失效的影响因素

大型热交换器的可靠性涉及许多交叉学科的问题和制造技术问题。从全世界的范围来看，热交换器的失效破坏主要有 4 个方面[17]：换热管与管板的连接接头的制造质量；腐蚀环境与传热元件材料的适应性；热交换器的振动破坏；热应力引起的破坏。据此可以认识到，这 4 个方面失效都会引起热交换器的内部泄漏，而且管接头的失效是首要的问题。

1.3.1　影响内部密封的全过程管理因素

部分有关的基本因素是可以预见的，例如：

(1) 工程管理不周

包括项目环境保护评估周期长、设备概算不足、施工图设计周期长、供货时间紧迫、规范标准不够详尽、指定材料供应商，使得热交换器制造资源不足以实现密封精度要求；基于历史经验盲目放大装置规模、"迷信"失真的胀接试验或者虚拟的管接头有限元分析结果，偏离现实工况；循环冷却水的水质标准等相关标准标龄过长，存在某些水质指标需要调整或补充，避免内部腐蚀增大泄漏间隙。

(2) 流程工艺变化

包括介质中腐蚀性成分超值、工艺参数改变、介质流态改变、流程逆反、管程与壳程互换。

（3）设计简化

包括整体结构没有个性地照搬，大尺寸的偏差及长、宽结构缺少稳定可靠的支撑；管接头连接千篇一律地采用焊接加贴胀的方式，没有考虑材料性能的不均匀性对胀接效果的不良影响；没有考虑热载荷和动载荷，没有判断流体是否诱发换热管振动，质量检验技术要求不够详尽。

（4）原材料低劣

包括金属中含有砂眼、换热管拉拔形成表面纵向发纹、材料力学性能指标偏低、性能不均匀且个别超差、没有满足热处理状态要求、试样制作与设备生产不同步、试样无法代表母材、材质证明书项目数据虚假、金相组织相关的非检验项目实际超标。

（5）制造粗糙

包括管板管孔几何形状、尺寸、表面光洁度超差，胀接贴合面不干净，没有针对性的工艺评定，没有严格执行焊接/胀接工艺，缺少首检及先进有效的检测手段，缺少耐心细致的渗漏检查，未排干壳体内的试压残留水渍形成了腐蚀环境，不合理的工序给管接头附加了复杂的残余应力，不合理的吊运损伤了管束及管接头，管束强力组装进壳体。

（6）运输安装蛮干

包括不平稳支承，运输中过度颠簸，卸车时不平衡起吊，临时存放不合理，装置现场强力安装，管束中落入垃圾杂物。

（7）开停车不规范

包括计划或者非计划开车过程中不按规范升温升压、控制流量，热车前未排净工业水而意外浓缩有害成分；非计划停车过程中不按规范降温降压、控制流量，停车后未彻底吹扫，遗留介质在空气作用下引起材料腐蚀损伤。

（8）运行不规范

包括操作频繁波动，不按规范放空/排液，大幅度改变介质流速来调整换热效果，只关注重要设备的工况。

（9）检修维护不规范

包括强力拆卸、强力高压冲洗、超压试漏、不正确的补焊/补胀管接头、不正确的堵管，未经原设计单位许可就随意在设备内外组焊辅件或附件。

1.3.2 影响内部密封的建造技术因素

热交换器是内件较多、结构复杂、功能丰富，而且还在不断进行技术改造和创新发展的承压设备。其建造技术包括理论研究及标准规程编制发行、换热衡算及施工图设计、零部件加工及产品制造、质量检测及试验、设备包装运输及吊装等几方面，内容繁杂。

泄漏可理解为密封防线被介质渗透。对于可拆卸的强制密封结构，常规的结构强度和精度及密封材料是主要的密封因素，密封材料又与垫片性能参数及介质的渗透性有关。垫片性能参数大多数是未经测定的推断数值，相关标准只推荐结合工程经验使用。介质的渗透性是指介质穿透密封垫或管程与壳程连接结构的能力。针对介质的渗透性进行密封结构设计本应是主要的技术因素，但是压力容器标准及应用于压力容器的密封元件的产品标准都没有关于垫片中介质渗透性的内容，实际上热交换器设计人员对介质渗透性的认识与其对介质毒性及介质易燃易爆性的认识相比，不但少，而且浅。

本书关于内部密封建造技术的影响因素的内容分为设计技术、制造质量技术和维护质量技术等三方面。设计技术主要涉及第 2 章的部分、第 7 章、第 8 章、第 10 章和第 11 章，制造质量技术主要涉及第 2 章的部分、第 3~6 章，维护质量技术主要涉及第 9 章，这里不展开叙述。

1.3.3 影响内部密封的工艺技术因素

第一，是工艺参数的非常规性的影响。

基于工艺参数对热交换器主体结构的常规选择往往包含合理的经验因素，并符合安全运行的规则，这是避免密封不良影响的前提。从不同行业的案例比较来说，这一点非常明显。例如，热电厂锅炉燃烧室的助燃空气预热器通常采用回转式结构，而石化各种工业炉（加热、转化、裂解）的助燃空气预热器通常采用列管式或者板片式结构，空气预热器这种热交换器在不同行业中的工况适应性就是一种常规的选择。从石油化工这一行业里的案例对比来看，常规选择也很明显。例如，高温高压流体通常设计在热交换器的管程，更能保证换热效果，更能避免管程介质向大气环境的泄漏。

石油化工工艺、热交换器结构和设备材料三者之间具有相互适应性，这一专题的研究尚零散和肤浅[18-20]。不适应工艺的结构功能会加速退化，不适应工艺的垫片材料会加速老化，提前失效。违反常规的设计不是不可以，而是要先经过合理的论证。既不合规又不合理的热交换器设计轻则运行效益低下，明显违规的设计则会缩短设备寿命周期，严重违规的设计则很可能诱发事故，因此技术管理从不允许随便的违规设计。例如，壳程压力比管程压力明显高得多的浮头盖的密封设计，就需要开发专门的技术，使其既能适应管程水压试验时壳程压力为零的管程高压，也能适应正常运行时的壳程高压。有的业主出于某种目的通过改造把热交换器原来的管程与壳程调换之后使用，也使流程的工艺参数出现非常规性，引起密封失效。

第二，是工艺参数的操作弹性的影响。

操作的弹性是热交换器适应工况参数范围的宽与窄问题，过大或者过小的操作弹性都不好。以冷却水流量为例，操作弹性过大使得大流量下可能转换成低流速操作，而低流速可能带来杂质的沉积，逐渐形成垢下腐蚀，最终穿孔泄漏，并且操作弹性过大也反映换热面积富余过多，是一种资源浪费；操作弹性过小使得流量不足时可能出现流道内偏流，或者多个支路之间介质分配不均匀，带来换热不佳和局部高温的后果，高温不仅引起管壁鼓包甚至穿孔泄漏，也可引起附加热应力导致密封系统松弛泄漏。一般地说，适用于高参数的密封设计应该都适用于低参数的密封，但是事与愿违，一分为二的性质难免会出现例外，利用高压自紧的密封结构可能在低压下失效，需要压力和温度协调的密封结构可能在其中之一显著变低时失效。

第三，是工艺参数的波动性的影响。

工艺参数波动是有别于工艺参数操作弹性的另一个问题。一般地说，无论是高参数运行还是低参数运行，都应该是稳定的运行。即便一项具有很大操作弹性的工艺参数，如果操作频繁变动，运行参数时高时低，就关联到设备（包括密封）结构的疲劳失效不利于密封。材料疲劳是有别于材料退化或材料老化的另一个概念。某公司芳烃项目连续重整装置混合进料板壳式热交换器自 2015 年 8 月投产后，壳程压降一直为设计值的 2 倍以上，壳程出口压力呈脉冲波动，2017 年底采用缠绕管式热交换器原位更换板壳式热交换器后，运行良好，能适应较大的生产波动[21]。

操作弹性和工艺参数的波动性，无论是预知的还是意外的，都会直接或者间接引起结构热应力，影响到密封。"在绝大多数管理工作中，真正的杠杆效益在于理解动态复杂性，而不是细节复杂性"[22]，但是石油化工装置的密封技术既包括动态复杂性，也包括细节复杂性，遗憾的是无论标准或专著[23]，一般都只面向静态工况问题，很少涉及动态工况。适应动态工况的密封系统必须及时响应工况，避免滞后。

工艺参数的非常规性、操作弹性和波动性可以具有一个共同的影响因素，那就是温差载荷。第 10 章和第 11 章的案例分析就传达了其中一些基本思想。

第四，实际的工艺参数与设计参数相互偏离的影响。

不过，这种偏离不是故意的，常见于流程串联或者并联的多台套热交换器的情况。由于设计时所有热交换器都按首台和末台的平均工况同一参数设计，首先会存在前后各台实际运行参数不均衡的问题，有的超参数运行，有的低参数运行。配管专业没有分析主管分配给各支管的介质流量和流态是否均衡，并联运行的多台热交换器产生入口偏流现象就难以避免[24,25]进而导致进、出口管线之间的热应力，影响个别进、出口的密封。仪表专业没有从设计上对各台热交换器进出口流体参数的监测，难以控制各个进出口管线之间的差异性，也是潜在的不足。设备专业按同一参数设计所有热交换器的目的之一是统一各热交换器的零部件结构尺寸，便于零部件的互换，设计者以为在设计计算中提高了负荷裕量，放大了操作弹性就可以满足复杂动态下的密封要求了。其次，运行状况实际差异即便是微小的，长期累积会形成明显的杂质、污垢、水垢差异，引起热交换器不良功效的恶性循环。从项目建设来说，提高负荷裕量、扩大操作弹性的技术方案及其实施都需要增加相应的投入，如果仅仅为了节省每一台热交换器分别设计的人工成本，不对每一台热交换器的设计技术方案进行细致的计算校核，反而可能最后造成运行成本的增加，这种工程疏忽也会间接影响到密封。

某化工装置 5 台并联的蒸汽发生器如图 1.2 所示。图 1.2 中左侧第 2 台的面貌不是很明显，因为其总是出现内漏，多次维修也没有根除问题，图片中已经拆卸下管箱检修管束。据调查，其他 4 台蒸汽发生器一直正常运行，工程设计把平均工况作为这 5 台蒸汽发生器的设计参数，而现场缺乏对各台热交换器进出口流体参数的监测，实际工况是否均衡及具体参数不得而知。多台设备并联的好处是不仅可以提高处理量，实现规模化生产，还可以降量运行，撤出其中的某台设备进行检修维护。

图 1.2　5 台并联的浮头式热交换器

　　某化工装置 9 台管理串联布置的固定管板式冷却器如图 1.3 所示，图 1.4 是某加氢裂化装置中 8 台管程串联的 U 形管式高压热交换器，1995 年 9 月投产后，2018 年 7 月业主基于相关塔器的操作表现判断高压热交换器出现内漏，进一步的专业分析表明，由于运行参数不当致使换热管内壁存在铵盐结晶，铵盐水解形成酸性环境引起应力腐蚀裂纹，最终爆管产生介质内漏[26]。多台设备串联的好处是不仅可以高低温位分级利用，提高处理深度，提升产品品质，也可以副线运行，撤出其中的某台设备进行检修维护。

图 1.3　由 9 台串联的固定管板式热交换器

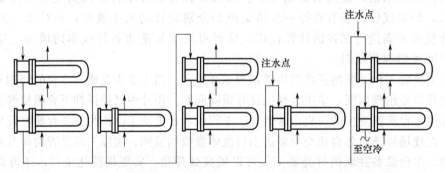

图 1.4　由 8 台串联的 U 形管式热交换器[24]

　　第五，实际操作偏离设计的第二种情况是介质流量的变化。

　　流量的变化包括开停车时无意但是难以操控的介质流量变化，或者装置技术改造后故意的介质流量变化。流量应该是一个有别于温度、压力，但是同样需要严格控制的参数。由于复杂开停车过程的忽视或者操作新手的无知，流量失控常会引发密封泄漏。而且流量还关联到介质流态和噪声，偶然也关联到失效现象，需要执行专门编制的操作方案[27]。介质流态和噪声这两个二次因素根本不在热交换器常规设计中需要直接校核的参数范围内，因此难以用操作偏离的概念来表达。

　　第六，实际操作偏离设计的第三种情况是生产原料的变化。

　　例如掺和不同的原油炼制取得了工艺技术的成功，但是出现了对设备密封结构的腐蚀。文献［28］报道了某公司轻烃回收装置大修后，为了降低库存压力，常减压装置开始渗炼污油，因污油带来氰化物超标，引起了设备内部腐蚀和内漏，由于相同的原因在该公司其他两套装置也曾经出现过类似的严重腐蚀现象。

第七，就是工艺参数非均匀性的间接影响作用。

顾名思义，间接作用不是工艺参数的直接作用，这是标准规范条文没有明确提及，而需要技术人员具体考虑的因素。例如，法兰密封失效的动态干扰因素中的自然环境突变，引起法兰密封系统各零件降温收缩不协调，就属于需要隔离的外部干扰因素；又例如，滑动鞍座受阻碍时可引起局部壳体变形，进而影响壳体内管束热胀冷缩的自由度，最终改变管接头的应力。严格地说，管壳式热交换器作为一种过程设备，随着流程中热交换的持续进行，各个零部件之间、同一类零件之间（例如管束中间的换热管与周边的换热管）、同一件零件的不同部位之间（例如换热管的一端与另一端、同一段壳体的上部与下部、管箱法兰的左侧与右侧、管板的正面与背面，甚至设备法兰螺柱的内侧与外侧），其温度分布是不均匀的，从而引起热膨胀变形位移的协调及其热应力问题。即便是常规的、稳定的、无波动的运行工况，这类热应力也仍然存在。遗憾的是，常规计算只校核管程与壳程两大流程之间的温差及其热应力，全部忽视了上述非均匀性在多个环节之间不断传递所起到的间接作用。这就是第10章和第11章部分案例所要传达的基本思想。

针对上述这些问题的处理对策，包括非常规的个性化专案设计，常规性的反复精心选优设计，或者常规性的不断迭代优化设计，最好应用换热工艺设计软件技术或工艺计算的智能化技术来辅助设计分析。

1.3.4　影响内部密封的失效分析因素

密封失效分析中的人为因素只是个别的、局部的，但是严肃的。

当出现管接头内漏需要分析原因时，有一些不良苗头需要掐灭。

一是面对诸多影响因素有先入之见。

由于影响因素太多且难以及时停车彻底检测，难以客观冷静地全面分析，难以科学合理地推理判断，承担分析任务的人员同时还负责若干项重大课题，就凭经验先入为主地认为是某一方面因素的结果，尤其倾向于认为管接头产品制造质量有问题，而忽略了其他因素的影响，进行了不全面的分析。

二是过分依赖仪器。

从有关专著和典型案例来看，以前的承压设备失效分析中现场考察取证，多方讨论交流工作很充分，而且有基本的结论，随后的检测只是选择不多的关键来做，检测结果只是进一步证实前面的分析判断。当前，失效分析技术手段不断发展，各研究院所和实验室在年复一年建设过程中，通过纵向项目基金配备了各种各样的检测仪器，检测能力显著提高，因此在失效分析业务上乐于提供多种多样的技术服务，甚至是相互验证的检测分析。只要收到委托方快递过来的一块试样，就可以对试样进行全方位的精密剖割，加工成所需的试件，然后把试件摆到各种仪器上，导出彩色的分析结果图，可随着检测点的选择输出成串的数据，极大地丰富了分析报告的内容和分量。与此同时出现的不良苗头或多或少表现在如下个别环节：进行失效分析时不到现场进行专业的调查取证；不对委托方进行耐心细致的质询指导；与委托方的沟通交流不够深入；推测委托方的意图满足其结论倾向；套用类似案例的分析报告修改成新的分析报告；缺少帮助委托方找到真相的意识和责任感。当然，报告的编制、校对、审批签署（或签章）齐全，但是责任声明只对来样负责。目前的状况也与委托方的认识、需求和态度有关。

三是报告内容淡化逻辑性。

报告欠缺深入分析，未把初步分析与试样获取及其检测内容关联起来，未把工艺介质与构件失效的关系关联起来。即便在试样解剖检测前深入现场进行了充分的调研分析和讨论，在分析报告中也有意或无意地把这部分内容置于试样解剖检测结果之后，轻描淡写。关于各仪器的专项检测之间也没有反映必要的递进关系，例如从定性判断到定量检测，从粗到细、由表及里的检测，无法肯定的判断与排他法判断的综合运用等。对于两个环节存在的影响因素，毫无理由地只强调其中的一个环节承担责任，而对另一个环节免责。

长期对热交换器内漏特别是管接头内漏原因误判的结果，就是业主始终掌握不了关键热交换器管接头内漏的真正原因，或者是经过若干年、花费了较大的成本才了解真正的原因。造成难以及时掌握真正原因的因素可能因事因人而异，其中，想当然地以为存在放之所有管接头而皆能实现可靠密封的"焊接加贴胀"技术，这是最根本的问题。其他因素包括：

① 简单化设计。在建造新的装置时，或者在设备运行后更换热交换器的部件时把旧热交换器的资料从参考分析变成了照抄不动，没有考察是否已有变化，没有意识到是否会有新变化，即便不是错误的也是不够的，不少问题、错误和对策就是伴随着化学工业的不断发展而出现的。

② 简单化更新。自从工程项目建设同步建立装置设备的纸版档案和电子档案后，极大地方便了设备管理，同时也方便了设备或部件的供应商，供应商技术人员再也不需要到装置现场测绘相关尺寸或深入调查了。

③ 简单化管理。在装置正常运行周期明显延长的形势下，对于装置大修来说，一些热交换器及其部件的更换似乎是自然的事，不管其实际使用寿命与设计蓝图上标记的预期使用年限是否一致以及偏离多少，不再需要作一点原因分析。

④ 简单化分析。虽然热交换器的内密封是标准明文规定的内容，但是热交换器的失效分析很少判断其设计文件与标准规范的符合性，业主极少从事热交换器的设计。正如单凭GB/T 151—2014 标准无法建造所有的热交换器一样，尚需要其他规范、标准、技术要求的补充、协调和说明，有的专题标准甚至还是空白。

总而言之，认识到具体某一台热交换器管接头所面临的个性工况，才有可能制定专门的质量技术对策。

参 考 文 献

[1] 吕亮国，蒙建国，谭心，等. 近十年我国压力容器研究热点分析——基于 Citespace 的知识图谱分析 [J]. 科技管理研究，2019，39 (6)：121-127.

[2] GB/T 151—2014 热交换器.

[3] NB/T 47048—2015 螺旋板式换热器.

[4] NB/T 47004—2017 板式换热器.

[5] 朱红松，翟金国. 管板应力分析统一方法的简介 (1)——理论基础 [J]. 化工设备与管道，2017，54 (2)：8-14.

[6] 朱红松，翟金国. 管板应力分析统一方法的简介 (2)——与 ASME 的比较及算例分析 [J]. 化工设备与管道，2017，54 (3)：5-12.

[7] ASME BPVC Ⅷ 1—2021 Rules for construction of pressure vessels.

[8] 应道宴，蔡暖姝，蔡仁良. 螺栓法兰接头安全密封技术 (三)——法兰的设计选用及其承载能力评估 [J]. 化工设备与管道，2012，49 (6)：1-10，22.

[9] ASME PCC-1—2019 Guidelines for pressure boundary bolted flange joint assembly.

[10] JIS B 2251—2008 压力边界法兰连接螺栓紧固程序.

[11] API 660—2020 Shell-and-tube heat exchangers.

[12]　Brown W. Determination of pressure boundary joint assembly bolt loads [J]. The Welding Research Council Bulletin，ISSN 2372-1057，538.

[13]　袁成乾，杨建良 . ASME PCC-1 与 Taylor-Waters 法螺栓载荷计算分析与对比 [J]. 压力容器，2019，36（7）：33，44-47.

[14]　陈孙艺 . 换热器有限元分析中值得关注的非均匀性静载荷 [J]. 压力容器，2016，33（2）：48-57.

[15]　陈绍庆，魏宗新，胡庆均 . 挠性管板应力分析 [C]//2020 年第六届全国换热器学术会议论文集 . 合肥：中国科学技术大学出版社，2021：270-280.

[16]　叶萌 . 折流板开孔对换热器性能影响的分析研究 [D]. 武汉：武汉工程大学，2015.

[17]　陈永东，陈学东 . 我国大型换热器的技术进展 [J]. 机械工程学报，2013，49（10）：134-143.

[18]　陈孙艺 . 化工工艺的设备结构适应性设计 [J]. 化学工业与工程技术，2010，31（6）：58-60.

[19]　陈孙艺 . 化工设备结构的工艺适应性设计 [J]. 机械，2006，33（增刊）：52-55.

[20]　陈孙艺 . 压力容器局部结构型式设计禁忌 [J]. 化工设备设计，1997，34（3）：6-8.

[21]　孙秋荣 . 3.2Mt/a 连续重整装置混合进料换热器更换 [J]. 石油化工设备技术，2019，40（4）：64-66.

[22]　彼得·圣吉 . 第五项修炼：学习型组织的艺术与实践 [M]. 北京：中信出版社，2018：81.

[23]　顾伯勤，李新华，田争 . 静密封设计技术 [M]. 北京：中国标准出版社，2004：21-22.

[24]　刘廷斌 . 并联立式换热器偏流问题的处理 [J]. 炼油设计，2002，32（5）：28-30.

[25]　陈海 . 多台换热器并联对称配管的水力学分析 [J]. 石油化工设计，2008，25（3）：19，32-33.

[26]　刘殿如，黄景峰，高楠，等 . 加氢装置高压换热器开裂原因分析及对策 [J]. 石油化工设备，2021，42（2）：16-19.

[27]　张伟，徐相伟，崔永刚 . S Zorb 装置反应进料换热器 E101 单列投用探究 [J]. 炼油技术与工程，2020，50（6）：49-51.

[28]　熊为国，李方杰，赵奎，等 . 轻烃回收装置换热器小浮头固定螺栓断裂分析 [J]. 失效分析，2020，37（2）：49-53.

第2章

管壳式热交换器内部密封失效的表现

管板和换热管的连接接头泄漏是管程和壳程之间常见的泄漏形式。工程界或者日常口头交流中，人们常把该接头简称为管头。为了避免管头一词在其他结构场合使用时引起误解，这里把该接头称为管接头，而且，有时称管接头的管程一侧为正面，壳程一侧为背面。

2.1 管程和壳程之间的失效及内漏

热交换器内漏造成产品流量和热量的损失，降低装置效率，或者造成换热介质的污染，严重影响产品质量，直接经济损失显著。常见的管接头泄漏甚至逼迫业主停下装置，停车检修损失巨大。

2.1.1 管接头的密封失效表现及分类

管接头泄漏的原因各种各样，除了质量技术，还涉及其他诸多因素，需要系统分析。遗憾的是业主大多只是把管接头泄漏的出现作为热交换器的一个问题来处理，没有把管接头泄漏的发生作为设备管理的一种现象来综合治理。常在事故原因分析清楚之前把其责任归于热交换器制造厂，首先联系的对象一般是制造厂，而不是设计单位或工程建设单位。笔者分析发现，这种现象的成因是多方面的：过去国内的设备质量欠佳；对于曾经从国外进口的设备大多数都印象良好；传统上设备设计和制造分为不同企业，制造企业处于产业链末端，地位较低；现实中制造企业无法了解设备事故经过，事故对接中处于被动局面，不便表态发言；在第三方调研分析排除制造企业的因素后，有的业主还不愿意或者不敢把制造企业的责任卸下；客观上个别业主意欲借助制造企业的技术力量进行初步的失效分析。

笔者承认，业内对其中与设计有关的因素认识不够全面和深入，里边潜在多方面的技术问题，包括管板和管接头设计技术所依据的理论基础，制造过程叠加进去的残余应力，储存期间的局部劣化，操作动态特别是开停车瞬间冲击等。

热交换器设计中，与管程与壳程之间的整体热应力相比，局部结构处的热应力特性没有得到足够的关注。虽然关注局部热应力的个别案例分析得很到位，但是没有作为常识普及，远落后于国外同行。多孔管板最外层的孔桥承受苛刻的应力[1]；在热瞬变过程中，孔桥的温度紧随管中流体温度变化，而没有管孔的管板周边的热响应则明显滞后，在管板边缘和有孔的部分管板之间就产生了平面应力；此外，热瞬变过程在管板边缘和有孔的部分管板之间的交界面处还产生严重的径向温度梯度；管板外侧孔桥处的温度要比管板其他孔桥处的温度高很多，而温度越高，强度就越低，这就使得管板外侧孔桥处更容易受到蠕变累积变形的损伤。

电偶腐蚀可发生在管板和换热管两者之间不同的材料组合，其表观特征是所有管接头都出现腐蚀，管板和换热管接触处腐蚀减薄。例如管接头焊缝被腐蚀掉，或者沿管接头贴合处从外向里出现蚀坑。又如，有的发电厂或者石油化工装置利用海水作为热交换器流程的冷却介质，如果选用碳钢管板和钛换热管，这两种材料会由于电极电位差而构成腐蚀电池，管口缝隙与管内因氧浓度差也构成腐蚀电池，损伤管接头的密封性能和强度。

泄漏的管接头在管板上的位置各种各样，这里按方位对管接头内漏进行适当分类，并简述其成因。

（1）布管区与非布管区交界的管接头泄漏

图2.1是某单管程固定管板式变换气冷却器管束上部的堵管图，图2.2是其下部的耐压试验泄漏图。泄漏位置位于布管区与非布管区的交界处，尤其是交界的外圆处，俗称两侧边角处。图2.3是某浮头管束布管区交界边角处管接头失效的堵管图。失效管接头虽然也位于两角处，但是并不集中在交界处和外圆处，而是离开交界处和外圆处，深入到若干层之内。

图2.1　固定管板式热交换器布管区与
非布管区交界边角处管接头失效（上部）

图2.2　固定管板式热交换器布管区与
非布管区交界边角处管接头失效（下部）

相关影响因素：管板上布管区与非布管区交界处的高水平应力。

（2）布管区上部的管接头泄漏

图2.4是某抽提蒸馏塔再沸器的堵管图。失效的管接头并没有集中在最上面的几层，也没有集中在上半部两侧的外圆处，而是离开最上面的两层及两侧外圆的一圈，紧密聚集在靠上部位置。

图2.3　浮头管束布管区交界边角处管接头失效

图2.4　抽提蒸馏塔再沸器上部管接头失效

相关影响因素：壳程流体介质沸腾相变对换热管的冲击，引起换热管振动。

(3) 布管区下部到中部的管接头泄漏

某新建 100 万 t/a 乙烯装置，投产时间不足 1 年就出现稀释蒸汽发生器内漏情况，检查发现热交换器管板下半部 60% 管接头角焊缝处或靠近焊缝边缘出现孔洞，观察管束外壁、管接头的管孔内壁未见明显腐蚀、冲刷现象，管接头的管孔内壁与管板胀接段未见胀接引起明显的塑性变形。通过分析确认主要原因是缝隙腐蚀，由于缝隙内部局部碱浓缩形成微孔和微裂纹，有害元素 Cl^- 的浸入和富集产生局部点蚀，直至设备穿孔泄漏[2]，如图 2.5 所示。

相关影响因素：当工艺水送入热交换器壳程底部，水的汽化需要过程，只有换热管换热后才开始汽化，未汽化的水形成积液。由于其他原因造成管箱积液形成液封，管束下面部分换热管内也积液，于是该部分换热管在壳程的汽化效果变差，壳程液面随之上升，腐蚀就会发生在壳程工艺水液面以下流动性较差的死角部位，特别是管接头的缝隙处。同时腐蚀从缝隙的壳程向管程方向发展，并且自壳程底部向中部的破坏程度依次降低。图 2.5 中所见的管接头腐蚀孔洞从底向上逐渐变小。

(4) 布管区底部的管接头泄漏

图 2.6 是某台六管程浮头管束的堵管图。管接头失效集中在最下面两个管程的最低一层。

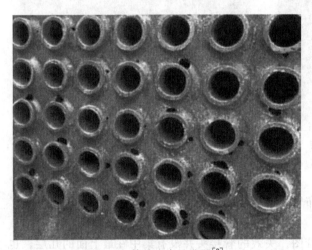

图 2.5　管接头腐蚀孔洞[2]　　　　　　　　图 2.6　六管程浮头管束下部管接头失效

相关影响因素：壳程进出口流体介质对换热管的冲击，或者对管束不合理的捆绑吊运，也会对管束底部的换热管造成一定的损伤。

(5) 靠近隔板和布管区周边的管接头泄漏

靠近隔板的管接头和管板周边的管接头失效，既可发生在图 2.7 所示的六管程 U 形管束，也可发生在图 2.8 所示的催化装置油浆蒸发器的八管程浮头管束。

相关影响因素：管程侧各往复流程之间的温差热应力；隔板槽对管接头焊缝的削弱；隔板对其两侧管接头进出口流态的干扰。除此之外，图 2.9 所示沉积在隔板及其附近管口上的污垢层杂物，可以进一步引起冲蚀或者污垢层下腐蚀。

图 2.7　六管程 U 形管束靠近隔板
和周边的管接头失效

图 2.8　催化装置油浆蒸发器的八管程
浮头管束靠近隔板和周边的管接头失效

图 2.9　隔板旁管孔的垢层杂质

（6）靠近壳程进口的一至多层管接头泄漏

文献［3］对核电压水堆蒸汽发生器的传热管进行了流体弹性失稳计算，该蒸汽发生器采用立式 U 形管束，运行中壳程流体横向冲刷管束会引起管束的振动，分析表明壳体开口区与管束弯管区的流速对流体弹性不稳定率的影响较大，其中开口区流速的影响明显大于弯管段流速的影响，而直管段流速的影响较小。随着平均横向流速的增大，流体力对管子所做的功逐渐大于管系阻尼所消耗的功，管子振动振幅逐渐增大，表现出随机湍流激励的特性；继续增大横向流速到某一个点后，管子振动振幅迅速增大，管束进入不稳定状态，直到有非线性的作用（支撑）或者管子与管子碰撞作用振动才趋于平稳。如果横向流速不降低，碰撞将持续，这种流弹不稳定现象会在很短的时间内使传热管失效。换热管固有频率较高时不容易发生流体弹性失稳现象。国际上各大核电公司都有自己专门的程序分析传热管流致振动，国内未见有工程公司开发应用这类软件的报道。

石油化工装置工程建设中，从项目技术规范、Ⅲ类容器强度计算书、失效案例分析报告等资料了解到，绝大多数列管式热交换器管束都没有按 GB/T 151—2014[4] 中资料性附录 C

流体诱发振动的条文进行流体弹性失稳计算。某公司年产 60 万吨合成氨装置进行系统气密性试验过程中，发现水冷器热交换器 1 根换热管发生断裂；进行堵管处理后投入运行，3 个月后热交换器内部出现异响，发现靠近首次断管位置的另 1 根换热管发生泄漏；通过检查分析和计算分析，确定振动是换热管断裂失效的原因[5]。

文献［6］指出，由于两相流的流弹不稳定，有关研究尚不成熟，国内、外各个标准给出的方法都是基于单相流的理论，尤其是临界流速的计算，并未考虑两相流的影响，因此是不完善的。通过某冷凝器案例的计算分析发现，按 GB/T 151—2014 标准计算方法得到的临界流速比按两相流计算得到的临界流速高，现行标准会为热交换器埋下两相流流弹振动的隐患。

相关影响因素：壳程流弹振动失效，尤其是蒸发或冷凝的相变工况。

（7）靠近壳程出口的一至多层管接头泄漏

文献［7］报道，某厂高压聚乙烯装置热风冷却器是固定管板式结构，壳程为碳钢，管束为 0Cr18Ni9。新设备和完全相同的备用热交换器均在投用后约半年时发生泄漏，泄漏的管子位于管束最上 3 排的位置，在管程属于高温空气的入口端，而空气出口端未发现泄漏，在壳程则属于是出口端。通过综合分析，泄漏部位处于胀接结束段，换热管外表面裂纹多为相互平行的环状贯穿性裂纹，确定了该冷却器失效的主要原因是 Cl^- 富集造成的奥氏体不锈钢应力腐蚀，同时提出了相应的对策，实施后效果良好。

相关影响因素：应力腐蚀开裂；温度和局部热应力起到促进失效的作用。

（8）分散几处相对集中的管接头泄漏

图 2.10 是某丙烯汽提塔再沸器四管程管束的管接头失效情况。图中管束直径不大，失效的管接头集中在四个角，相对靠近周边，也有零星分布在隔板两侧的。

相关影响因素：壳程流体介质沸腾相变对换热管的冲击是第一因素；制造质量是第二因素。

发现某热交换器 5 个管接头泄漏之后，对其他管接头进行了涡流检测，判断出潜在质量问题的管接头均实行预防性堵，见图 2.11。

 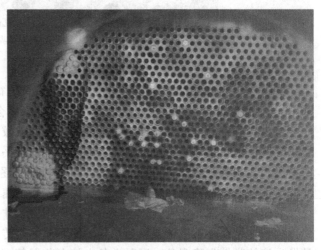

图 2.10 丙烯汽提塔再沸器　　　　　　图 2.11 双管程浮头管束分散性管接头失效
　　四管程管束管接头失效

相关影响因素：制造质量。

（9）分散于管板中间部位的管接头泄漏

图 2.12 是某大型浮头管束分散性管接头失效情况。

相关影响因素：以前普遍认为主要是产品制造质量问题。值得注意的是，研究发现随着管壳式热交换器大型化发展，热交换器管束可能出现刚度与其他管束有明显区别的现象，其壳程发生局部流致振动的问题，造成某些管束在服役期内破坏[8]。鉴于这一现象的隐蔽性，已日益受到关注。

图 2.13 中管板穿孔导致的管接头失效是个别管接头的现象，有别于管接头普遍的电偶腐蚀。

图 2.12　4 管程浮头管束分散性管接头失效

图 2.13　管板穿孔及管接头失效

相关影响因素：管程介质在管板局部缺陷或个别缝隙较大的管接头处引起的腐蚀。

（10）分散性的管接头端部纵向裂纹

有的管束只有一个管头开裂，有的管束有多个管头开裂，还有的管束几乎全部管头均开裂。

某固定管板式的循环气冷却器属于 Ⅲ 类容器，换热管的材质是 SA179，规格为 $\phi 25.4mm \times 2.11mm \times 16790mm$。冷却器主体结构经过炉内整体热处理后进行耐压试验，发现一个管接头泄漏，该管接头端部出现沿轴向延伸的纵向长裂纹，如图 2.14 所示。分析确认该换热管是特定长度尺寸的专用产品，制取换热管成品时其端部的低质量段的切除量不够，留下了隐性裂纹，而其恰好又是换热管生产线无损检测的盲区段，未能在换热管出厂前发现该缺陷，最终在冷却器耐压试验时才暴露问题。

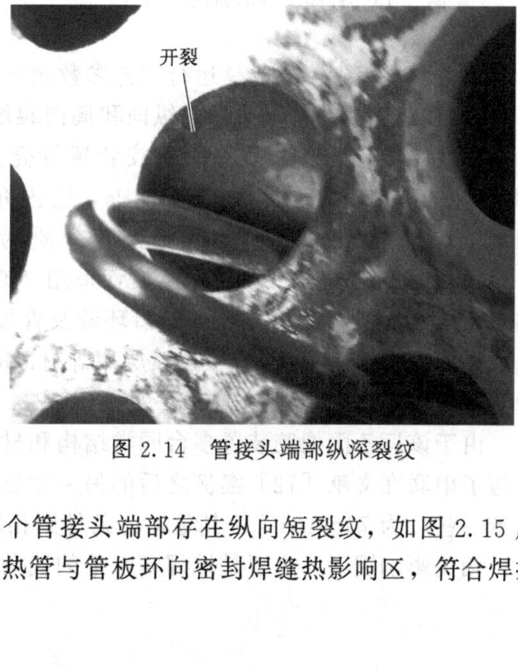

相关影响因素：主要是管材局部原始缺陷问题。

图 2.14　管接头端部纵深裂纹

某一新建煤制氢装置热交换器投用初期发生了内漏，停车检测发现是管接头泄漏，多个管接头端部存在纵向短裂纹，如图 2.15 所示。经解剖全面检测分析，发现裂纹产生于换热管与管板环向密封焊缝热影响区，符合焊接裂纹的特点；断口存在二次裂纹，该裂纹具有沿晶脆性开裂的特征；裂纹从内壁向外壁沿晶界扩展；有的管材 Cr 含量偏低，有的管材 Cu 含量偏高，两者对焊接裂纹的产生都有促进作用。

相关影响因素：主要是制造质量和管材化学成分问题。

(11) 普遍性的管接头端部纵向裂纹

某台以燃气为主的 WNS 卧式内燃蒸汽锅炉[9] 2014 年 5 月投用，连续运行 3 年后，在内部检验时发现回燃室管板管孔区域普遍存在向外辐射状裂纹 427 条，几何遍布每一个管孔，部分裂纹已贯穿，并且伴有锅炉水漏出，如图 2.16 所示。分析认为是超温运行导致管端高水平的热应力开裂，检查发现管接头管端伸出焊缝的长度不一致，最大长度达 4.5mm，超过标准 GB/T 16508.3—2022[10] 10.5.8 款的规定"当用于烟气温度大于 600℃ 的部位时，管端超出焊缝的长度不应大于 1.5mm"。分析认为是管程超温运行，长度超标的管端处温度更接近烟气温度，管端与管板孔内段接头之间存在的温差及其热应力更大，管端高水平的热应力导致开裂。文献 [11] 的蒸汽发生器，其进管箱高温段也因超温运行导致管板隔热层锚固钉损蚀，导致一部分管接头进一步开裂。

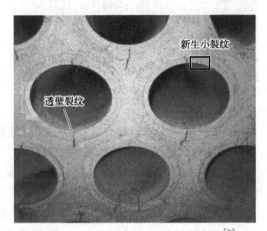

新生小裂纹

透壁裂纹

图 2.15　管接头端部纵向短裂纹　　　　　图 2.16　每个管接头端部都有热裂纹[9]

相关影响因素：主要是运行工艺参数超标问题。

(12) 普遍性的管接头端部纵向和周向裂纹

文献 [12] 报道了某乙丙橡胶装置管壳式结构的聚合物加热器，换热管运行温度为 165～200℃，工作压力均为 2.74MPa，管内介质为聚合液（胶液），其中含少量氯化物致 Cl^- 为 10～60mg/L，热交换器壳程介质为蒸汽，工作温度 200～210℃，压力 1.4～1.5MPa。ϕ25.4mm×2.1mm 换热管采用 2507 双相钢制造，ϕ1460mm×185mm 管板采用 16Mn Ⅲ 堆焊 2507 复合结构，管口环缝及管板堆焊采用 GTAW 焊接方法，管口环缝及管板耐蚀层用焊材 ER2509，管板过渡层用焊材 ER309MoL。运行 2 年后，近一半的管口出现开裂，有的管口出现 10 多条裂纹，见图 2.17。

由于该厂乙丙橡胶装置多台同类结构和材质的加热器都发生了开裂，文献 [13] 进一步报道了串联在文献 [12] 案例之后的另一加热器的开裂失效。另一加热器的管程工作温度相对低一些，为 70～165℃，其他运行条件则相同。

相关影响因素：主要是堆焊高水平的残余应力和氯离子应力腐蚀开裂。

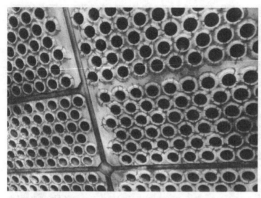
(a) 每个管接头端部都有裂纹[12]

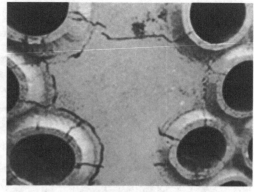
(b) 管板堆焊层开裂[13]

图 2.17　双相不锈钢换热管管接头端部应力腐蚀开裂

(13) 管接头在管板正面处断裂泄漏

南方某炼油厂的锅炉省能器管板和换热管材料为铬钼钢，在制造过程中个别位置的热处理没达到技术要求，使换热管与管板连接处的热影响区产生了延迟裂纹，在 H_2S 腐蚀环境下产生应力腐蚀，导致管板开裂[14]，如图 2.18 所示。

相关影响因素：制造质量是第一因素，操作介质超标是第二因素。

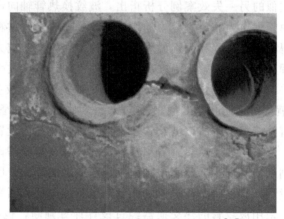

图 2.18　壳体内管束整体失稳变形[14]

(14) 管接头在管板背面处断裂泄漏

某固定管板热交换器管程试验压力 4.63MPa，当管程试验压力 4.3MPa 时，管箱法兰密封突然泄漏，重新紧固螺柱也不起作用。卸压后打开管箱，发现管板中心向壳程凹进 15mm 左右。卸下壳程筒体，波纹管束整体失稳的外貌如图 2.19(a) 所示，换热管束中部整体扭转了一个角度，换热管侧向最大位移 200mm 左右，部分波纹换热管端部开裂见图 2.19(b)[14]。

相关影响因素：文献 [15，16] 对该热交换器按设计标准 JB 4732—1995 (2005 年确认)[17] 附录 I 固定式管板计算方法进行计算及失稳原因分析，判断管束失效的根本原因是波纹管热交换器原来的设计计算方法存在问题。由于波纹换热管的刚度不足，管程压力使换热管轴向压缩后弯曲，换热管弯曲后压缩刚度下降，致使管板强度不够；而且所在不同部位的换热管压缩刚度不同，换热管偏转角和应力不同。需要修改设计计算方法，把管板布管区

 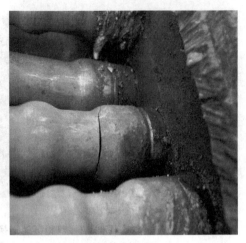

(a) 管束整体失稳变形　　　　　　　　　　　　　　　(b) 换热管端部开裂

图 2.19　波纹换热管管束失效

处理为变基础弹性基础板，提高计算精确度，才能更准确地对换热管进行应力计算和稳定性校核。为此，新标准 GB/T 151—2014 在 GB 151—1999[18] 的基础上就波纹管热交换器管板设计计算方法提出了资料性附录 K。

文献［19］通过类似的另一失效案例分析指出，波纹换热管轴向弯曲变形过大引起轴向失稳这种失效形式是由管程压力和温差应力的作用导致的。波纹管材料为奥氏体不锈钢，其线膨胀系数比碳钢大得多，在管程和壳程温度相同时也能产生温差应力，再有波纹管的轴向刚度很小，所以当管程压力较大或管壁温度高于壳壁温度时，都易发生波纹换热管轴向弯曲变形过大的失效现象。波纹换热管管束标准案例中规定的折流板无支撑跨距比 GB/T 151—2014 中的规定值小，就是考虑防止换热管的轴向失稳。对波纹换热管的应用，业内曾有误解，一直认为波纹管有补偿能力，所以波纹管热交换器不存在是否设置膨胀节的问题，设计时也都不设置膨胀节。但是按波纹换热管管束标准案例计算又显然需设置膨胀节，这主要是因为波纹换热管轴向刚度的降低，导致管子轴向许用压应力的降低。因此，即便有些采用光滑管的热交换器经过设计计算确认不需设置膨胀节，也不能据此判断采用波纹管的热交换器也不需要设置膨胀节。采用波纹管的热交换器经过设计计算判断，也很可能需设置膨胀节，这和以往的认识是相反的。

（15）管接头在胀接变形过渡区环向开裂泄漏

图 2.20 和图 2.21 是管束中个别管接头内部在胀接变形过渡区环向开裂泄漏的现象，而其他绝大部分管接头都正常。

相关影响因素：主要是换热管质量问题，个别与壳程流体冲击有关。

（16）流体介质对管接头的冲刷磨损

业内较早注意到流体对机泵、阀门等动设备和传输管道中管件的冲蚀[20]，往往认为流体不大会对直管产生冲蚀。但在热交换器管接头的冲蚀失效中，也有一些意外的案例。

第一是管口堵塞提升介质流速造成冲刷。

刘小辉先生介绍，石油化工装置常见水冷却器管束被堵塞，尤其是新装置。管程堵塞常发生在管箱内第一管程的管接头进口处，壳程堵塞常发生在 U 形管束弯管段下部和出口附近的折流板处。流体转弯的离心力把杂物甩向管束周边，慢流速也给杂物沉降提供了机会，

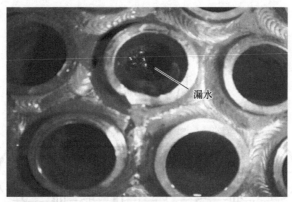

图 2.20　管束中个别管接头内失效（1）

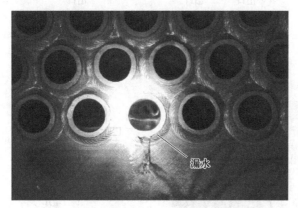

图 2.21　管束中个别管接头内失效（2）

形成杂物集聚和堵塞。堵塞物包括油泥、泥沙、塑料薄膜、纸团等。从流道是否顺畅的角度来看，管束堵塞貌似泄漏的反面，但实际上破坏了原设计的流态，为流向改道及其内漏创造了条件。

第二是管接头在壳程侧的冲蚀。

热交换器管、壳程的进口很少正面对着管板上的管接头，因此管接头的冲蚀现象不多，管接头背面被冲蚀的现象更少，容易被忽视。文献［21］对茂名石化炼油厂制氢装置的两台再生塔底重沸器管板腐蚀机理进行了分析。该重沸器在 1982 年 11 月投用后直到 1983 年才更换了一次壳体材质，管束材质不变；又运行 14 年后，复合管板的背面（壳程侧）上半部由于冲蚀和电偶腐蚀（管板小阳极，壳体大阴极），其厚度由原来的 78mm 只剩下复合层的 2mm，如图 2.22 所示。

管接头背面往往是介质流动的死角，容易形成结垢腐蚀，如图 2.23 所示。有学者提出定期反向流动介质可一定程度上冲走静止区沉积的杂质，避免结垢。

第三是出口端管接头的冲蚀。

管箱圆筒短节上的进、出口靠近管板时，引起进出管接头的流体线路急弯，从而冲刷管接头。如图 2.24(a) 所示，出口管箱内的管接头就发生了被急弯流体冲蚀的现象；在原出口接管的内端（管箱内）组焊一个 90°弯头，对流体起到轴向的引流作用，改造效果很好，如图 2.24(b) 所示。

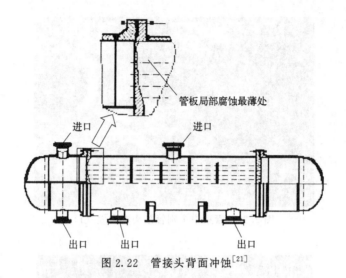

图 2.22 管接头背面冲蚀[21]

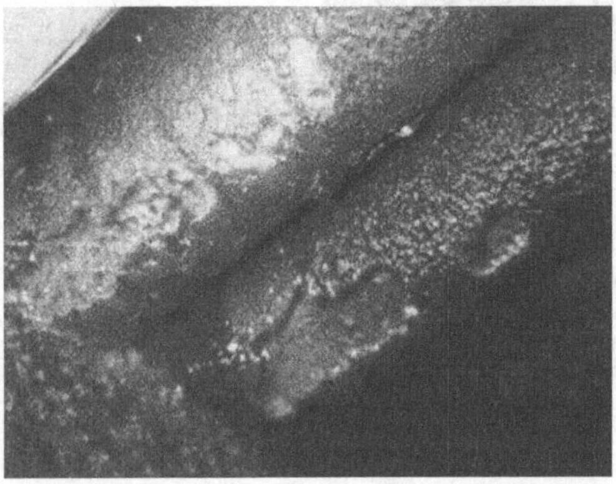

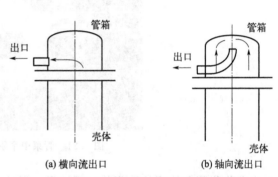

图 2.23 管接头背面垢蚀[22]

(a) 横向流出口   (b) 轴向流出口

图 2.24 出口管箱轴向引流结构改造

第四是隔板槽旁边管接头的冲蚀。

检修管箱时,在隔板里端边缘组焊了加强筋,如图 2.25 所示。目的是保持隔板边缘的平直,以便与管板上的隔板槽对中。但是在解决原有问题的同时,产生了新的问题,即筋条对隔板旁边管接头进、出口形成遮挡,导致进、出口流体不顺畅,形成对管接头的冲刷。当介质流量较大且夹带硬质颗粒时,更容易对管接头造成冲刷。

图 2.25 隔板加筋条

相关影响因素：杂物堵塞、结构件偏流都是流体冲蚀管接头的因素。

（17）隔板槽损伤管接头导致焊缝泄漏

图2.26是一个管接头在加工隔板槽的过程中被损伤。由于制造偏差，隔板槽与其旁边的管孔已经串通，管接头焊缝没有对该串通缺陷起到封闭作用。针对这种缺陷，不宜再对串通处焊缝打磨，而应该补焊使缺陷封闭，修磨与该处配合的隔板处，并在产品档案标记说明。

相关影响因素：制造质量问题。

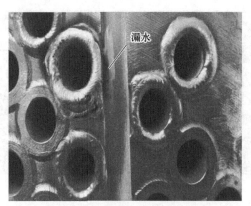

图2.26　隔板槽损伤管接头管孔

图2.27是一个管接头焊缝未焊透，胀接未胀紧，形成缝隙腐蚀导致焊缝穿孔泄漏。在维修中，维修师傅意图通过挤压焊缝来封闭漏孔，但这样使得换热管端变形，脱离管孔，加快了整个管接头的失效。

相关影响因素：制造质量问题。

对管接头进行渗透检测检验，发现了表面气孔等敞开性表面缺陷，如图2.28所示。个别气孔引起孔蚀，贯穿管接头，产生泄漏。

相关影响因素：焊接质量问题。

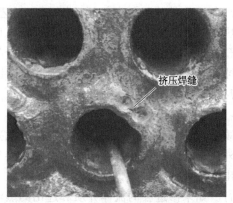

图2.27　挤压焊缝致管端变形

图2.28　管接头焊缝气孔

（18）管接头缝隙杂质浓缩腐蚀开裂泄漏

大部分管接头的连接被设计成胀焊并用结构，且制造上普遍采用先焊后胀的顺序，这就在胀接区与焊缝之间存在一段非胀接区，以免胀接对焊缝造成变形开裂等损伤，降低管接头的质量。有人认为管接头由于胀接区的质量不佳,壳程的液体介质会渗入管接头缝隙处,滞留在非胀接区,管板靠近管程侧的温度较高,使非胀接区缝隙中的介质沸腾蒸发后,又渗入新的介质,该过程持续进行,介质中有害的杂质离子得以浓缩,就对管接头产生了腐蚀作用,这种腐蚀属于缝隙腐蚀。例如,某炼油厂制氢装置中变气-除盐水热交换器管束发生泄漏,管板多处出现裂纹,见图 2.29。研究结果表明:管板裂纹是由于管板与管子贴胀效果不佳,造成除盐水侧在管板缝隙内发生碱浓缩,产生碱应力腐蚀开裂;管束振动也会导致管接头焊缝产生疲劳开裂[23]。

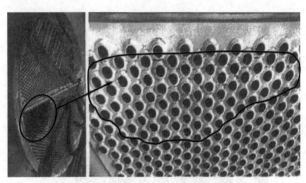

图 2.29　管接头缝隙内腐蚀[23]

　　长期以来,笔者想了解有害离子被浓缩的详细过程及实证资料,曾对管接头缝隙腐蚀实际情况展开调研。通过查阅大量资料,曾与中国石化核心期刊《石油化工腐蚀与防护》编辑部的编辑交流,走访中国石化安全工程研究院的专家,都未获得有关资料,未见到期刊论文关于该类缝隙腐蚀现象的直接分析和具体报道。直到 2019 年秋,文献［24］基于对管接头的解剖及其材料成分检测,展示了管接头焊接处存在未焊透缺陷引起的缝隙腐蚀以及应力腐蚀开裂。虽然这种焊透引起的缝隙腐蚀有别于管接头胀接贴合不良引起的缝隙腐蚀,但是两种缝隙腐蚀区别不大,遗憾的是该案例也报道管接头解剖缝隙中有害元素的浓度分布。2021 年,文献［22］在报道 SHMTO 工艺中蒸汽-甲醇过热器失效原因分析时,通过观察图 2.30 所示管接头腐蚀孔洞的形状,提示了缝隙内介质浓缩引起腐蚀的特点。蚀孔呈现内部腐蚀空腔大、外部洞口腐蚀范围小

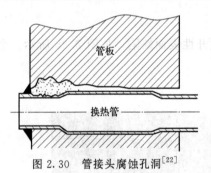

图 2.30　管接头腐蚀孔洞[22]

及腐蚀程度轻的状况,腐蚀过程主要出现在管接头的一侧,而且是由里到外发展的。

　　对管接头缝隙腐蚀尚有三点认识不清楚:

　　一是缝隙中的沸腾浓缩过程如何得以连续进行。既然存在沸腾汽化,汽化气就要从缝隙内部往外面逸出,就不存在流体介质继续从外挤进缝隙的可能,除非在小小的管接头中形成一条可以循环的通道,进去的流体介质和逸出气各有各道。

　　二是缝隙中的沸腾浓缩过程是否间断进行。如果渗进去的流体介质和逸出的蒸汽轮流利用同一条通道,就需要间歇交互进行,才能形成缝隙腐蚀的过程。这是否是一种带有疲劳性质的开裂,尚未见有关分析证实的报道。

　　三是非贴胀区、未焊透缺陷是不是引起缝隙腐蚀的必要条件。关于非贴胀区,GB/T 151—2014 标准中的图 6-21 规定焊缝边的非胀接区有 15mm 长,因此即便管接头焊缝焊透

了，非胀接区在某种意义上是否也可以等效于另一种未焊透。关于管接头中类似非贴胀区的结构，有的管孔中设计加工有一条或两条环槽，是业内标准强化管接头质量的有效措施。显然，环槽也同样不利于缝隙腐蚀的防腐，但是与环槽相关的腐蚀案例也未见报道。如果由于腐蚀开裂后流体介质泄漏过程中的冲刷稀释或者带走了有害离子，应该还是能够从管束中找到已有缝隙腐蚀但是尚未穿透开裂的管接头，从而进行确切的检测分析。

由此可见，如果某些工况存在管接头内杂质浓缩腐蚀开裂的实际，其首要的技术对策就是消除杂质浓缩的空间，即非胀接区，相应的管接头设计制造技术要避免先焊后胀，强调先胀后焊，而且管孔内不设计胀管槽。

相关影响因素：焊接质量问题。

(19) 管孔堵塞容易引起管接头损伤

图 2.31 所示堵塞的换热管与周边未被堵塞的换热管相比，不但两者的换热效果存在差异，而且两者的温度及温度分布也存在差异，全长平均温度较高的换热管与全长平均温度较低的换热管之间的热膨胀伸长不同，引起包括管接头在内的连接结构处热应力升高。另外，堵塞的杂质也可能会产生垢下腐蚀[25]。

相关影响因素：杂物堵塞。

(20) 先焊管头再堆焊管桥耐腐蚀层后疑似裂纹

某合成氨装置合成回路蒸汽发生器管板材料为 12Cr2Mo1 Ⅳ，厚度为 300mm，换热管材料为 SA213，规格为 $\phi 38.1\text{mm} \times 5\text{mm}$。在国内首次制造过程中，先对其管接头进行焊接，再在管板孔

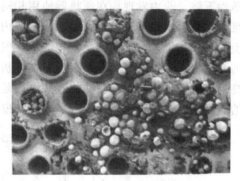

图 2.31　管孔堵塞[25]

桥和换热管端头部分进行堆焊；为避免堆焊时损伤换热管，堆焊前在换热管端口插入并点焊上一小段材料为 Incoloy825 的保护管；堆焊时先采用手工钨极氩弧焊堆焊换热管端口及周围部分，再采用焊条电弧焊堆焊其余区域；堆焊后将堆焊层表面加工平整，保证堆焊层厚度为 5mm；最后加工去除保护管。经 PT 检测发现在管内壁离管口端约 2mm 处，堆焊层部位存在局部缺陷且呈点状分布，有些沿管孔圆周方向呈线性分布，似管接头裂纹[26]。

相关影响因素：换热管与管板氩弧焊堆焊时熔深较浅，容易形成道间和层间熔合不良。

2.1.2　换热管的密封失效表现及分类

(1) 换热管材料缺陷

某石化公司裂解燃料油加氢装置汽提塔进料热交换器的 0Cr18Ni10Ti 不锈钢热交换器管束腐蚀开裂，检测和分析表明，由于换热管固溶处理效果不佳，其本身的残余应力及壳程冷低分油中的氯化物为应力腐蚀开裂提供了必要的条件[27]。某 U 形管热交换器运行两个月后，60 余根材料为 NS1402 的换热管（$\phi 19\text{mm} \times 2.0\text{mm}$）与管板的接头在管端约 15mm 处开裂泄漏，检测和分析表明，由于个别换热管在制造加工时端部局部过热，在冷轧变形时产生微细缺陷，后续冷加工制管时该缺陷未切除干净被遗留在换热管内，在贴胀区域变形最大处较大应力作用下缺陷扩展导致开裂[28]。

(2) 换热管腐蚀失效

文献 [29] 报道，某煤制烯烃项目投产运行约 14 个月后，低压蒸汽过热器发生泄漏，

对漏管两端封焊堵管后继续运行，在后续的 16 个月内又先后泄漏 4 次，均进行了堵管，共堵管 39 条。随后该设备报废，按原设计更换一台新设备，投运 20 个月内，又泄漏 3 次堵管 188 条。将报废的设备壳体剖开，如彩插图 2.32(a) 所示，通过水压试验发现共有 5 条换热管泄漏，对其中 3 条换热管测厚未发现明显的均匀腐蚀减薄。1♯管裂纹处如图 2.32(b) 所示，5♯管蚀孔处如图 2.32(c) 所示，均起源于管外表面。泄漏没有发生在管接头的焊缝或胀接位置，而是集中在壳程低压蒸汽的入口区域。取样进行失效分析，得出失效的机理和泄漏产生的原因：入口低压蒸汽带水，被管内变换气加热后，在换热管外表面的一定区域形成干湿交替区，氯化物在该区域聚集浓缩，在氧的促进作用下，奥氏体不锈钢换热管发生了起源于管外侧的点蚀和应力腐蚀裂纹，并向内壁扩展，最终导致换热管泄漏。

变换工艺流程中粗煤气预热器的作用是将来自煤气化工序的饱和态粗煤气预热至变换催化剂反应所需要的温度，同时也避免饱和态粗煤气产生液态水滴带入催化剂层，造成催化剂活性下降。业内发现，在预热器使用相同材质的前提下，有些粉煤废锅型气化配套变换的粗煤气预热器出现了较严重的腐蚀，造成内漏，如图 2.33 所示。文献［30］通过对比不同类型的煤气化工艺所配套变换装置的粗煤气预热器在运行中的腐蚀状况，从不同粗煤气预热器的介质特点、选材要求等因素出发，分析各类粗煤气预热器的工艺条件及材质选用情况，最终得出改类预热器出现腐蚀的直接原因是粗煤气操作温度低于与其换热的过热态高温变换气的露点温度，导致高温变换气在换热管壁处被瞬间激冷至露点温度以下，产生了露点腐蚀。

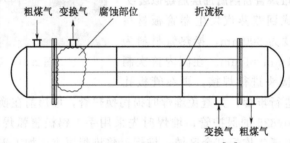

图 2.33　预热器腐蚀部位示意图[30]

（3）换热管与折流板孔之间的应力腐蚀开裂

克拉玛依石化厂常减压塔顶冷凝器换热管与支承板接触部位曾发生 18-8 钢换热管环状穿透性开裂[31]。这种现象较少见。

（4）换热管与折流板孔之间的微动磨损

催化裂化装置是典型的二次加工装置，其稳定塔底重沸器属于虹吸式重沸器，结构形式为 BJS/BJU。壳程介质为稳定汽油，管程介质为催化分馏二中油、分馏一中油以及蒸汽。文献［32］通过对 20 套催化裂化装置稳定塔底重沸器的设计条件、操作运行及使用情况的了解，总结归纳出稳定塔底重沸器管束在应用过程中主要失效形式为硫化物腐蚀和振动磨损/断裂，如彩插图 2.34 所示。影响硫化物腐蚀的主要因素是上部管束形成气相空间或结垢，造成管束外壁温度大幅升高、硫化物浓度增加，产生严重的腐蚀问题；影响管束振动的主要因素是换热器的结构设计、工艺条件和操作控制，具体包括：降液管内径及管内流速、升气管内径及管内流速、装置操作负荷、稳定塔底液位控制、稳定塔底组分变化。在技术对策上，需要结合现场使用情况、标准规范和设计经验，提出防腐和防振的双重措施，才能解决重沸器管束的泄漏问题。该案例给读者一个深刻的印象，就是折流杆管束不具有必然的防振抗振优势。

文献［33］通过对某热交换器管束的失效分析发现，换热管断口宏观照片显示断口平齐,约 1/2 周长有摩擦挤压的痕迹,且在外壁靠近断口的部位色泽白亮。说明换热管与折流板发生了剪切和挤压作用。换热管断口微观形貌照片显示断口具有典型疲劳贝纹线征,大都呈平行分布,沿着换热管周向扩展,并且疲劳辉纹扩展速率较快。这是疲劳失效的典型证据,所以判定热交换器在流体力的作用下发生了振动破坏。依据现行的热交换器设计标准(GB/T 151—2014)对换热管进行校核,可以看出热交换器进口处的横流速度明显超过了换热管的临界流速。因此,有可能是因为流体弹性不稳定性的存在导致换热管发生振动。振动致使换热管与管板和折流板之间产生剪切和挤压,最终导致换热管失效泄漏。

镇海炼化公司新建 800×10^4 t/a 常减压装置的常顶热交换器中有 6 台大型 U 形管管束,管程设计压力 2.5MPa,壳程设计压力 1.6MPa,管程和壳程设计温度都是 250℃,运行不到两个月时间,相继发生泄漏,严重影响了减压装置的加工量。对 6 台管束抽芯检查后,发现其破坏形式基本相同,即管束靠近 U 形弯头处的 12 块折流板处的换热管,特别是靠近外边缘和折流板缺口处的位置产生了大于折流板厚度的凹陷,$\phi 25$mm $\times 3$mm 的换热管外径在与折流板管孔相接触的那个方向上明显缩小[34]。

换热管微振磨损的研究见 8.4.3 节研究综述及案例分析。

(5) 换热管外表面形状引起的空泡腐蚀

换热管外表面形状引起的空泡腐蚀的案例是蒸发器螺纹管的空泡腐蚀[35]。某催化裂化装置油浆蒸汽发生器是浮头式热交换器,运行 21 个月后管束首次发生泄漏,处理后再运行 10 个月又发生泄漏,抽出检查发现与降液管相连接的壳体入口正对腐蚀较为严重的换热管部位。截取该部位换热管解剖检测,分析认为蒸发器底部的热负荷最大,蒸汽气包从管束底部快速向上流动中受到螺纹的阻碍,导致大量气包吸附,并在破灭时损伤了换热管。因此是换热管表面凹凸不平的螺纹结构引起了空泡腐蚀,壳程无盐水中溶解氧的电化学腐蚀促进空泡腐蚀的发展,两者交替作用直到换热管腐蚀穿孔。建议将螺纹管更换为光管以避免腐蚀。

(6) 换热管外表面凹凸损伤引起腐蚀穿孔

换热管在制造、搬运及管束的组装过程中会意外被碰撞、压扁,或者在管束组装中穿管不顺畅时强力撬弯管体造成局部凹坑;当凹陷达到一定的程度后,就会成为高速流体介质旋涡冲刷的磨损源,或者该点积垢引起腐蚀;管壁减薄到一定的程度后,就会在管内外压差的作用下发生强度失效。彩插图 2.35(a) 展示的是换热管表面类似凹凸的一种损伤,在运行中引起图 2.35(b) 的点蚀。图 2.35(c) 则是 U 形管内铵盐垢下腐蚀穿孔的例子。

(7) 换热管外表面麻点引起腐蚀穿孔

彩插图 2.36 中换热管表面麻点引起的腐蚀穿孔失效机理与图 2.35 中换热管外表面凹凸损伤引起的腐蚀穿孔相同。

(8) 壳程进口介质冲刷腐蚀及换热管穿孔断裂

某焦化装置停工大修期间对一管束抽检了 20% 的换热管(共计 93 根)。进行涡流检测发现换热管内壁局部坑蚀,外壁靠近管板的介质进口部位存在严重腐蚀、局部腐蚀穿孔。其中 60 根换热管壁厚损失大于 40%,如图 2.37 所示;缺陷换热管占 64%,分布在从入口算起的第 1 排到第 20 排[37]。

某芳烃抽提装置非芳烃蒸馏塔顶后冷器运行近 3 年后发生内漏,检查确认壳程入口端管束 10 钢换热管存在明显的减薄,穿孔部位正对壳程入口。分析判断其原因始于壳程侧的工艺腐蚀,如图 2.38 所示[38]。

图 2.37　换热管表面局部均匀腐蚀 (1)[37]

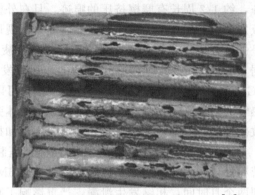

图 2.38　换热管表面局部均匀腐蚀 (2)[38]

某炼油企业加氢裂化装置中 1 台反应产物与低分油热交换器服役 13 年后出现内漏，拆解检查发现位于壳程低分油入口处的 2 根换热管外侧已经断裂，U 形管从管束中脱出。各项理化分析表明，管程介质中存在氯化物等腐蚀性元素导致点腐蚀产生，且管束受壳程冲击载荷影响，在近管板处产生一定的循环应力，促进了腐蚀坑处疲劳裂纹的产生和扩展[39]。

(9) 壳程循环水杂质对换热管外壁的腐蚀

某公司烯烃水冷器使用的循环水全部来自化工循环水场，自 2009 年投用以来，化工循环水的各项关键指标一直处于可控状态，且合格率略高于公司其他循环水场。但是 2013 年 3 月～2017 年 3 月，烯烃水冷器共发生了 21 台次换热管腐蚀泄漏[40]，其中 2016 年 3 月乙烯裂解装置裂解气压缩机二段后冷器管束发生大面积泄漏[41]。腐蚀调查和分析认为，装置自 2013 年脱瓶颈改造后，换热管外壁一直存在以 H_2S-CO_2-H_2O 为主的腐蚀环境，以及压缩机段间注水量较大且雾化不良，冷凝液 pH 值较低，导致二段后冷器换热管外壁发生均匀腐蚀和点蚀，进而导致泄漏。2013 年改造后壳程介质流速提高以及原料中 S 含量较高也是导致腐蚀加剧的两个主要因素。对于其他水冷器，除了工艺侧酸性介质引起的腐蚀泄漏外，还有其他原因。例如泄漏后的水冷器未能够及时切出系统，工艺介质恶化了水质，反过来加速腐蚀。又例如，操作中介质长期的低流速造成杂物沉积，系统杂物堵塞。特别长而细的换热管清洗不彻底也是导致烯烃水冷器换热管内垢下腐蚀的原因[40]。

某裂解装置异丁烯蒸馏单元的水冷器是固定管板式热交换器。由于工艺原因，壳程介质异丁烯中氯甲烷含量超标，氯甲烷经水洗系统水解成强腐蚀性盐酸，导致装置热交换器严重腐蚀。运行约 1 年后其 20 钢材质的换热管表面局部均匀腐蚀，如图 2.39 所示[42]。

图 2.39　换热管表面局部均匀腐蚀 (3)[42]

秦山核电站三期从加拿大引进了两座重水堆核电机组，设计寿命为 40 年，但 8 台再循环冷却水热交换器（RCW HX）仅运行 3 年左右，就有几百根传热钛管严重损伤，甚至发生了几十起泄漏案例。文献［43］介绍了该系统的失效分析与防护研究，首次发现钛管在海水和低温环境下存在氢鼓泡和氢脆的失效机制，还首次阐明了钛管存在多种复杂的失效机制。分析研究中综合运用扫描电镜（SEM）、能谱分析（EDS）等方法，对破口进行形貌观察及成分分析，正确地鉴别出氢鼓泡、表面凹坑、异物堵塞和微动磨损等多种不同的失效机制及其根本起因。

（10）换热管间堵塞容易引起相关结构损伤

图 2.40 所示被壳程污垢堵塞的换热管引起的损伤与图 2.34 由管程杂物堵塞引起的损伤类似。被堵塞的换热管与周边未被堵塞的换热管相比，不但两者的换热效果存在差异，而且两者的温度及温度分布也存在差异，全长平均温度较高的换热管与全长平均温度较低的换热管之间的热膨胀伸长不同，引起包括管接头在内的连接结构处热应力升高。另外，堵塞的杂质也可能会产生垢下腐蚀。

图 2.40　换热管间堵塞[44]

（11）流体介质中的硬颗粒对换热管内表面的磨粒磨损

流体介质中的硬颗粒包括冷却水中的泥沙、液体流速降低后的积垢、工况异常生成的盐晶体等。硬颗粒对换热管内表面的磨粒磨损常发生在流道转弯的地方，例如入口靠近隔板的管接头，管接头进口处，U 形管束的弯管段等处。

某炼化分公司 2 号加氢精制装置高压热交换器 E1103 在装置运行期间发生了两次内漏。第一次是开工期间注水量不足，在管束内形成了铵盐结晶，导致铵盐对管接头焊缝的冲刷腐蚀，运行 4 年后管束泄漏；第二次是装置运行 9 年后停工检修 4 个月，检修期间热交换器长期存放于有水环境中，铵盐在 7 根换热管入口内距离管板约 1m 深处引起垢下点蚀[45]。专家只是从工艺操作及设计条件方面分析原因，虽然两次腐蚀穿孔都发生在同一位号的设备管束上，而且都与铵盐有关，但是原因和机理根本不同。前者缘于低流速之后的冲蚀，属于动态腐蚀，后者缘于低流速之后的垢蚀，属于静态腐蚀，可见管束内漏的复杂性。

对于核电蒸发器换热管内壁意外产生的刮痕等不良状况，通常采用涡流方法检测，依据相位-刮伤深度曲线进行定量判断。轴向刮痕深度超过管壁厚度的 40% 就会判断为不合格。

（12）管程循环水对整个管程的腐蚀

炼油厂循环水中采用部分污水处理后的回用水作为水冷却器的冷却介质，有些案例在使用近1年的时间就造成水冷器碳钢管束泄漏频繁，影响换热设备的运行，导致生产成本增加[46]。例如，重整催化装置某水冷器在2007年作为富气水冷器使用，2009年MIP改造时作为轻柴油水冷器使用，2010年8月发生泄漏，设备检修需要堵管4根，每个管程各堵管1根。某水冷器检修时管内有淤泥和铁锈流出，管板表面以及管箱筋板上所结锈垢非常多，经过高压水清洗后，可看出管板上坑蚀很严重，管内残留白色水垢，不能彻底清洗干净，由此判断应为管束的垢下腐蚀。又如某水冷器是2008年MIP改造时新上的管束，规格型号为BJS1000-1.0-345-6/19-4，2010年10月发现泄漏，打开管箱后发现管板表面有较多的黏泥，试压过程中发现换热管与管板焊接的部位出现大量的泄漏，泄漏部位均在焊接处。

此外，文献[47]还综述了炼油装置典型冷换设备腐蚀统计与成因分析，报道了管箱内由于工艺介质腐蚀、循环水介质腐蚀以及设计、制造缺陷等可加剧腐蚀，导致泄漏的问题。例如，脱硫联合装置循环碱液冷却器，管程为循环水，管束多处出现腐蚀穿孔，穿孔处位于壳程进料口一侧、导流筒和管板之间，如图2.41所示。测厚结果显示换热管穿孔处附近厚度为1.5mm，未穿孔处则为2.3mm。内窥镜观察发现换热管内壁有片层状垢物。

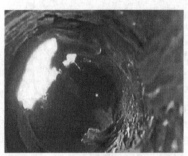

(a) 管束实物 (b) 管内照片

图2.41 冷却器换热管穿孔[47]

（13）管程沉积形成垢下腐蚀

管程结晶盐沉积形成垢下腐蚀[48]。某石化企业煤柴油加氢装置热高分热交换器U形管束，在管程流体流动过程中，因为流体、垢物、金属的导热性能不同，主流体温度持续高于垢物和管壁金属的温度，各换热管在换热过程中不同步，管束出现中间高、两边低的温度梯度，并且管束内外温差随着流动过程不断增大，管束外围多根换热管在弯曲管段之后的部位出现 NH_4Cl 结晶沉积、堵塞、腐蚀和穿孔泄漏。

某汽提气水冷器是双管程[49]，用于含氨、二氧化碳、硫化氢等尾气的冷却，在开车近半年的时间发生管束泄漏，封堵管接头后运行约两个月又泄漏，反复处理好几次，封堵了近三分之二的换热管；换热管材质由原来的321更换为316L，失效情况几乎一样。拆卸检查发现，管接头焊缝没有泄漏，换热管外壁无明显腐蚀现象，内壁有很多固体附着物，而且垢下腐蚀更严重，泄漏的位置有方向性，偏向温度相对较高的一边，腐蚀后的换热管一边减薄明显，如图2.42所示。

（14）制造过程中换热管向管内鼓包失效

在某钢制管壳式热交换器制造后期发现多处管接头内出现了图2.43所示的换热管鼓包现象。经制造过程检查和模拟件情景再现，确认在热交换器管束制造过程中，在进行对接焊缝去应力热处理前，还对加热器进行了氨检漏试验、换热管强胀、壳程水压试验等工序。解剖鼓包处残液进行检测，得 pH＝8.5。由于过程控制不良，导致水进入管板与换热管的间隙中；在管板焊后热处理时水受热汽化导致体积急剧增大，换热管壁的压力急剧升高；压力超过换热管材料的屈服强度后，导致换热管局部变形形成鼓包[50]。

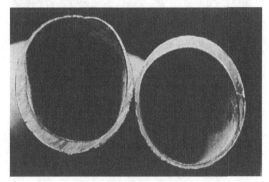

图 2.42　换热管腐蚀横截面样貌[49]

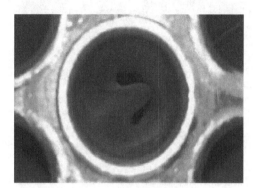

图 2.43　换热管鼓包图[50]

2.1.3　管板的密封失效表现

(1) 试压过程中换热管失稳致使管板变形

某高压预冷器在水压试验后管板产生了明显变形。通过将换热管简化为非线性弹簧单元，基于大变形的几何非线性分析方法进行数值模拟，计算出了换热管在含接触约束下的非线性失稳载荷，计算结果与水压实测变形数据吻合良好，从而得出换热管在管程试压阶段出现失稳是管板变形的主要原因[51]。

(2) 运行不久的管板开裂

在某石化浓缩单元中反应器出料冷却器管口热端工作温度为 456℃，管程压力为 0.247MPa，管程介质为反应气（含水、氢气和 $C_1 \sim C_4$ 烃类），壳程介质为水蒸气。开车 4 个月后停车检查时未发现问题，再次开车后的 1 个月内，由于装置运行不稳定经过 10 余次开停车后，反应器出料冷却器发生水气平衡严重失衡，出现严重泄漏并导致装置停车。检查发现两种结构损伤：第一种损伤是材料为 14Cr1MoR 的管板开裂，进气侧管板相邻换热管的管桥处产生表面裂纹，裂纹长度约为 20～30mm，宽度约为 0.5～0.8mm，由表面萌生并向管板内侧发展；第二种损伤是靠近管口侧换热管减薄泄漏，换热管破损区域约 40mm×25mm，其周围减薄严重，减薄量约为 2.5～4.2mm，最薄处残余壁厚仅约为 1mm，减薄区域均位于换热管与管板结合区域附近，换热管材料为 SA335-P11（相当于国内牌号 1.25Cr0.5Mo）。初步判断换热管减薄泄漏系反应气气流冲刷减薄所致[52]。

2.1.4　浮动管板填料函的密封失效表现

某卧式乙苯蒸汽过热器因高温致壳体变形，壳体变形影响浮动管板的滑动，最终导致浮动管板与壳体内壁的填料函密封失效。图 2.44 和图 2.45 分别是改造中的浮动管板结构以及改造后的现场安装情况，中间靠近人孔那个鞍座是改造中增设的。

图 2.44　乙苯蒸汽过热器浮动管板端填料函密封改造

图 2.45　卧式乙苯蒸汽过热器

相关影响因素：恶劣的高温工况和欠佳的结构。该乙苯蒸汽过热器换热介质为乙苯和二段脱氢反应器的出料。系统负压操作，操作温度为 568℃。过热器采用耐热不锈钢制造，组焊后如果不进行消除应力热处理，则设备带着残余应力运行；如果进行一般的消除应力热处理，容易使奥氏体不锈钢产生敏化现象，不利于防腐；如果进行固溶处理，则容易使过热器壳体变形。由于长期在高温下运行，筒体组焊中的各种残余应力逐渐释放，高温材料屈服性能也有所下降，再加上管束自重主要压在壳体的下半部，填料函附近的人孔破坏了壳体结构的连续性，这些因素共同作用使壳体发生了非圆形变形，浮动管板和该段筒体之间的间隙增大。过热器投用约 3~4 年该填料密封失效，发生内漏。由于变形严重，浮动管板与壳体内壁的环形间隙形成上部宽下部窄的不均匀结构，管板和筒体之间的间隙由原来设计的 4mm 变形最大达到 18mm，即便通过大修理更换密封填料也无法维持正常运行的密封。工艺测算内漏占总负荷的 1.5% 时进行设备改造，通过密封结构更新以及该段壳体外增设支承鞍座才解决问题。

现在的新装置建造中，该蒸汽过热器已改善为立式安装结构，这样既有利于填料函受力的均匀性，也有利于壳体抵抗管束结构和介质自重引起的变形。立式结构较好地改善了密封性能，分别应用于中石化扬子石化公司和海南炼化公司，取得了满意效果。

2.1.5　浮头盖的密封失效表现

浮头盖密封由于紧固件断裂失效而泄漏是其表现之一。

文献［53］报道了某公司轻烃回收装置 2009 年投用，2013 年及 2018 年进行过两次大修，均未发现螺栓开裂和断裂现象。尽管如此，基于长周期运行的考虑，所有水冷器均更换了锈蚀相对严重的螺栓。2018 年 12 月，完成了 5 年一次的大修并正常开工。自 2019 年 6 月开始，4 台热交换器小浮头螺栓陆续发生断裂，尤其是其中一个位号的热交换器全部更换小浮头螺栓后，运行不到一个月，又发现 12 条螺栓断裂。检查发现，螺栓的裂纹或断裂绝大部分分布在双头螺栓的光杆部位。从断口可以看出腐蚀严重，具有多裂纹源特征，启裂部位均位于螺栓的外表面，是应力腐蚀开裂的主要特征。调查得知，轻烃回收装置大修后开工，操作平稳，温度、压力没有明显波动，水含量及硫化氢含量与历史基本持平。唯一区别是轻烃回收的来料中腐蚀产物存在一定的变化。经过对断裂螺栓抽样进行失效分析，判断螺栓断裂系湿硫化氢应力腐蚀开裂所致，氰化物的存在大大地加剧了硫化氢应力腐蚀开裂的发生。采取如下技术对策：进入轻烃回收装置的原料中氰化物质量分数严格控制在 $0.5\mu g/g$ 以下，螺栓的材质选用 20 钢，控制螺栓硬度不超过 22HRC，尽可能降低螺栓的预紧力。

文献［54］报道了图 2.46 所示某催化裂化装置吸收塔中段两台叠装的冷却器出现腐蚀内漏和 6 根内浮头螺柱断裂等现象，对冷却器进行宏观检查和现场测厚，并通过分析循环水水质及流速，再结合设备材质状况，开展了冷却器腐蚀原因分析。结果表明：实测循环水流速只有 0.66m/s，明显偏低，冷却器主要发生了循环水垢下腐蚀和微生物腐蚀；其中内浮头螺柱服役期间长期浸泡在含硫的介质中，介质温度为 $36\sim40℃$，正好位于硫化物应力腐蚀的敏感温度区，对螺柱断裂起了促进作用。该文献认为螺柱硬度偏高，会降低其抗硫化物应力腐蚀开裂的能力，遗憾的是没有列出相关的硬度检测数值。

(a) 断裂的螺柱　　　　　　　　　　(b) 断柱分布

图 2.46　浮头螺柱运行中断裂[54]

文献［55～76］分析了各热交换器内浮头螺栓断裂的原因，主要原因全部与应力腐蚀特别是硫化氢应力腐蚀开裂（SSCC）关联，其中文献［65］与氢致开裂（HIC）关联。文献［68，69］同时与硫化氢应力腐蚀开裂及氢致开裂关联，文献［76］则与螺栓制造过程中的热处理不当有一定的关系。因此，尽可能降低螺栓的预紧力是值得考虑的措施。

为了便于比较分析，表 2.1 列出了管壳式热交换器内部密封失效的表现。

表 2.1　管程和壳程之间密封失效的表现

管接头的密封失效表现及分类	
(1)布管区与非布管区交界的管接头泄漏	(9)分散于管板中间部位的管接头泄漏
(2)布管区上部的管接头泄漏	(10)分散性的管接头端部纵向裂纹
(3)布管区下部到中部的管接头泄漏	(11)普遍性的管接头端部纵向裂纹
(4)布管区底部的管接头泄漏	(12)普遍性的管接头端部纵向和周向裂纹
(5)靠近隔板和布管区周边的管接头泄漏	(13)管接头在管板正面处断裂泄漏
(6)靠近壳程进口的一至多层管接头泄漏	(14)管接头在管板背面处断裂泄漏
(7)靠近壳程出口的一至多层管接头泄漏	(15)管接头在胀变形过渡区环向开裂泄漏
(8)分散几处相对集中的管接头泄漏	(16)流体介质对管接头的冲刷磨损

管接头的密封失效表现及分类	换热管的密封失效表现及分类
(17)隔板槽损伤管接头导致焊缝泄漏	(9)换热管间堵塞容易引起相关结构损伤
(18)管接头缝隙杂质浓缩腐蚀开裂泄漏	(10)流体介质中的硬颗粒对换热管的磨粒磨损
(19)管孔堵塞容易引起管接头损伤	(11)管程循环水对整个管程的腐蚀
(20)先焊管头再堆焊管桥耐腐蚀层后疑似裂纹	(12)管程沉积形成垢下腐蚀
换热管的密封失效表现及分类	(13)制造过程中换热管向管内鼓包失效
(1)换热管材料缺陷	**管板的密封失效表现**
(2)换热管与折流板孔之间的应力腐蚀开裂	(1)试压过程中换热管失稳致使管板变形
(3)换热管与折流板孔之间的微动磨损	(2)运行不久的管板开裂
(4)换热管表面凹陷形状引起的空泡腐蚀	**浮动管板填料函的密封失效表现**
(5)换热管表面凹凸损伤引起穿孔	不均匀高温导致变形不协调引起密封失效
(6)换热管外表面麻点引起腐蚀穿孔	**浮头盖的密封失效表现**
(7)壳程进口介质冲刷腐蚀及换热管穿孔断裂	紧固件断裂引起密封失效
(8)壳程循环水杂质对换热管外壁的腐蚀	

2.2 往复流程间的内漏

2.2.1 管程各往复流程间内漏

一般地说，热交换器管程内或者壳程内的内漏主要影响换热效率，个别情况偶然会威胁到安全生产。管箱内管程各往复流程之间的微小内漏，或者隔板上人为设计的平衡孔、漏孔所造成的流程短路是可以忽略的。而管箱结构失效引起的管程内漏则不能忽视，否则有可能影响相邻结构的功能，进一步引发往复流程间内漏，使事故扩大。

(1) 隔板变形是管箱结构失效的第一种形式

图 2.47(a) 中某大直径管箱的两块隔板严重变形，引起隔板外端与管箱端盖之间的密封内漏，小部分介质未能经过管程内所有 4 个往复流程的换热管与壳程换热，管程介质出口温度不达标，进、出口温差偏小。在每一隔板层中间增设钢管立柱支撑隔板后，可以恢复并维护隔板外端与管箱端盖之间的内密封，管程第 1 个流程和第 4 个流程之间的温差增大，造

(a)4流程隔板双侧支承   (b)2流程隔板单侧支承

图 2.47　管箱隔板变形加固防治程间窜漏

成管箱法兰密封面沿周向的温度分布更加不均匀，对管箱端盖这一外密封潜在不良影响。如果往复流程间温差太大，也会造成换热管及其管接头热应力增大，对管接头这一内密封潜在不良影响。对于小直径或 2 管程管箱，热传递路径短，其周向温度分布相对大直径或多管程管箱的周向温度分布更加均匀，内密封和外密封的可靠性较高。图 2.47(b) 所示则是某 2 个往复流程的热交换器管箱隔板严重变形，管程内漏，在管箱隔板出口侧增设 3 根钢管支撑，加固防止再变形。

图 2.48 所示是某天然气 A 净化装置上、下串联叠装的两台 U 形管热交换器 2005 年 2 月突然换热失效，导致整个装置停产，拆检发现的管箱隔板变形状况[77]。

类似图 2.47 和图 2.48 中变形的管箱隔板往往发生在管箱端盖这一敞开端，这是由于管程内压作用下端盖向外拱出变形，减弱了对隔板的支撑。

(2) 焊缝开裂导致隔板塌陷是管箱结构失效的第二种形式

管箱端盖强度不足而向外拱出变形，端盖变形较小时，失了与隔板端部贴合的密封能力。当端盖变形较大时，失去了对隔板端部的支承能力。隔板变形的进一步发展就是隔板塌陷，完全丧失了对管程介质流向的引导能力，甚至造成事故。图 2.49(a) 是某加氢精制装置高压热交换器管

图 2.48　管箱隔板变形
致程间窜漏[77]

箱隔板脱落的例子[78]，运行中因为管程压力降异常，分析是管程氯化铵盐结晶堵塞管束所致，于是对管程进行注水处理后再次投用，没有改善效果。拆开热交换器后发现管箱隔板已经脱落，导致管程短路，造成设备失效。热交换器隔板脱落故障的主要原因为管程氯离子使奥氏体不锈钢应力腐蚀，从而导致角焊缝处开裂，致使焊接处强度变弱，在物料的冲击下，管箱隔板脱落。

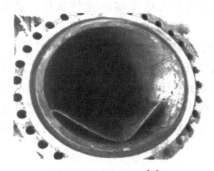

(a) 隔板焊缝开裂致塌陷[78]　　　　　　　　(b) 隔板断裂致塌陷[77]

图 2.49　管箱隔板塌陷致程间窜漏

反过来，也有隔板变形致拉裂其与短筒节的焊缝，使管箱结构失效。图 2.49(b) 所示是与图 2.48 一起的某天然气 B 净化装置上、下串联叠装的两台 U 形管热交换器的管箱。2005 年 10 月，换热失效后拆检发现的管箱隔板外端中间凹陷变形，隔板一边与管箱的焊缝发生了严重撕裂。分析认为在高压天然气（特别是没有经过脱水脱烃的湿天然气）的处理和输送过程中，低温和高压产生了天然气水合物，低温引起的冻堵也减小了管道的流通面积，并产生节流降温效应。这一效应进一步加速水合物的形成，管道进一步堵塞，直到管箱隔板

两侧的压差超出了其最大承受能力，最终发生隔板断裂失效。

此外，无论隔板端面是否靠近管束，都可能由于隔板本体强度不够，或者进入管箱的流体介质动能转化为强烈冲击力作用使隔板失效。管箱结构设计时通常只考虑设计压力载荷，极少考虑这种能量转化的动载荷。

（3）隔板本体开裂是管箱结构失效的第三种形式

图 2.50 中断裂的隔板很容易被流体介质吸引到管接头端口上，阻塞流程流通面积。较轻的后果是降低换热效率，影响产能；较重的后果则是引起管口流速的提高，冲刷管接头，或者引起所阻塞换热管与其相邻换热管之间的温差及热应力，也引起所在流程与其相邻流程之间的温差及热应力，很可能影响到管接头的密封，威胁到安全生产。

图 2.50　管箱隔板断裂

（4）隔板变形导致短节耐腐蚀衬里剥离是管箱结构失效的第四种形式

壳体带复合板衬里的管箱，其隔板如果不与管箱壳体基层相焊接，只与管箱衬里相焊接，流体冲击致隔板的振动或者变形，都很容易把衬里从母材基层上拉脱，直至衬里开裂。除了隔板变形造成内漏，衬里开裂会造成介质迅速腐蚀壳体基层，进而引起壳体穿孔外漏。

（5）隔板与管板或者端盖之间的密封垫失效是管箱结构失效的第五种形式

文献［79］报道了中原大化尿素装置高压甲铵冷凝器隔板泄漏情况。该冷凝器从1990 年 5 月投入运行到 2004 年 10 月设备大修期间运行状况一直良好，2005 年由于各种原因全年累计停车 12 次。冷凝器在开停车过程中温度变化幅度较大，频繁开停车带来的热胀冷缩、隔板间急骤的压差变化，使隔板密封垫挤压、变形、疲劳以致脱落，造成隔板泄漏量增大。

2.2.2　壳程各往复流程间内漏

壳程各流程之间的内漏也只影响换热效率，很少威胁到安全生产。

（1）常见的内漏之一是横向折流板外圆与壳体内壁之间的短路

相关的主要因素是热交换器制造质量问题。例如，为了便于管束组装到壳体内，在壳体圆度、直线度达不到精度要求时而放大壳体直径制造，或者缩小折流板直径制造。

图 2.51 是从某热交换器壳程出口观察到的情况。装置开车投料过程中热交换器壳程进口阀门急开过度，大流量高压流体介质引起拉杆弯曲变形，自然也使折流板变形。

弯曲变形

图 2.51　开车过程折流板变形

某运行中的热交换器，其壳程出口处的高温流体诱导振动导致折流板和拉杆都发生了明显的变形[80]。折流板的变形部位无疑损失了折流功能，对于非折流作用的支持板可另当别论，起码也有结构损伤。

(2) 常见的内漏之二是横向折流板上的管孔与换热管外壁之间的短路

相关的主要因素是热交换器制造质量问题。例如，为了便于换热管通过所有折流板的管孔而把管孔钻大。反之按设计规定钻孔而定购小直径换热管的情况很少，因为换热管是按重量计算价款的，供货商乐意按正常规格制造换热管。

(3) 常见的内漏之三是纵向折流板两侧与壳体内壁之间的短路

相关的主要因素首先是热交换器的设计质量问题，其次是制造质量问题。例如，纵向折流板两侧与壳体内壁之间的间隙设计太小，致使折流板两侧安装的密封薄膜板不得不在被急折成 90°角的状态下装进管束，薄膜板几乎失去了回弹特性。组装时，如果管束偏向壳体的某一侧进入壳体，则该侧的薄膜板也会受到过度折弯而失去回弹特性；或者管束轮番偏向壳体的某一侧进入壳体，则两侧的薄膜板间断地受到过度的折弯而逐段失去回弹特性，如图 2.52 所示。

(a)　　　　　　　　　　　　　　　　(b)

图 2.52　失去弹性的密封薄膜板

2.3　特殊内漏及内漏的预测

热交换器内部密封失效的表现形式多种多样，除了直管的形貌，也可以从介质间接判断。

（1）双管板的特殊内漏及监测

双管板管束的一端设置两块管板，两块管板与两者之间的短壳体可以构成一个小小的封闭腔，在短壳体上设置管嘴连接检测仪表，可以对封闭腔内的介质进行在线实时监测。当管板发生泄漏时，进入封闭腔的介质在仪表上有反映，起到了报警作用。根据报警及时采取措施，就可以杜绝泄漏的介质窜通到另一种介质中。双管板的内漏是一种特殊结构的内漏。

（2）内漏的预判及检测方法

石油化工企业常通过工况参数的异常变化、变化的趋势或介质的取样分析判断热交换器是否存在内漏。文献［81］讨论了某固定管板式热交换器发生列管内漏失效的判断方法、处理措施、原因分析及预防措施，在未打开设备的前提下对故障判断方法进行了详细论述，通过 3 种手段判断并确认是否有列管泄漏，以减少不必要的维修费用。文献［82］介绍了一种快速准确地判断连续重整装置进料/产物热交换器是否发生微漏的方法。正常生产中，在反应苛刻度足够高的情况下，重整反应产物中的 C_9 链烷烃可以完全转化，依据这一特性，通过确认重整末的反应器产物和脱戊烷油中是否存在 C_9 链烷烃，便可以判断重整进料/产物热交换器是否存在内漏。文献［83］分析了烷基化装置管壳式热交换设备内漏的判断、内漏的原因及其预防方法。首先通过图 2.53 所示的 pH 仪表趋势图可了解到 pH 值从 4 时起开始下降，从而初步判断发生了泄漏，明确了泄漏的时段；在此基础上，还可以到外操现场检查 pH 计水管中的水是否流动，相关数值是否和室内 pH 仪表值对得上；如果变化趋势一致，再和循环水场联系，看 pH 值变化趋势是否一致；如果变化趋势一致，进一步结合操作数据分析，可判定是否发生了内漏。

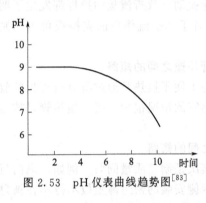

图 2.53 pH 仪表曲线趋势图[83]

除了上述三种在线运行的内漏检测判断方法，文献［84］还介绍了一种线下的内漏检测判断方法及其检测系统。具体方法是：利用压力差使示漏气体沿着热交换器内部弯曲的流道流动直至出口，因为示漏气体分别通过热交换器内正常路径和内部泄漏路径时会存在流程差，所以通过检测这一流程差就可以判别热交换器是否存在内部泄漏。检测系统包括进气接口和出气接口，在进气接口和出气接口之间依次连接有第一阀门、缓冲罐、减压阀、储气罐、压缩机、第二阀门、检测室和第三阀门，气体检测仪的探头设置在检测室内部，检测室上还连通有排气阀门和真空泵。因此该方法相对复杂。

（3）内部持续异常振动的内漏判断

热交换器内部密封存在或潜在的另一种失效表现形式就是结构振动引起的异响。有的是发生在开车进料过程，具有偶然性，例如图 2.1 的案例，也有的是发生在停车过程，也具有偶然性。凡是偶尔发现的大多数未能及时记录，这一颇具失效警示价值的现象被长期忽视了。像文献［22］那样公开报道热交换器投料后一直存在异响、泄漏情况并出现图 2.29 案例的不多。振动既能引起带有异响的泄漏，也能引起无异响的泄漏，业内缺乏专题知识指导热交换器旁边的人如何关注设备内部的声音，也缺乏专门检测热交换器内部声响的仪器。虽然异响和泄漏都可能是结构振动的结果，而且异响往往发生在泄漏之前，但是在只发生异响的情况下，现场操作通常只是调整一下介质流量来改变流速，甚至不当一回事，错过了避免事态恶化的机遇。即便热交换器真的发生了内部泄漏，设备也不一定会马上就停下来检查。因此在确定热交换器真的发生了内部泄漏之前，一般不会把设备停下来检查。

参 考 文 献

[1]　尼柯尔斯 R W. 压力容器技术进展——4：特殊容器的设计 [M]. 北京：机械工业出版社，1994.

[2]　赵俊峰，张海涛，张发旺，等. 乙烯装置稀释蒸汽发生器内漏原因分析及应对措施 [J]. 石油化工设备技术，2014，35（6）：1-4.

[3]　韩同行，左超平，秦加明，等. 蒸汽发生器传热管流弹失稳计算 [J]. 压力容器，2014，31（11）：39-44.

[4]　GB/T 151—2014 热交换器.

[5]　时传兴，尹高雷，赵鹏鹏. 合成氨水冷器换热管断裂失效分析及对策 [J]. 压力容器，2020，37（11）：51-56.

[6]　段振亚，宋晓敏，聂清德，等. 稀醋酸酐冷凝气流体弹性不稳定性分析 [J]. 石油化工设备技术，2017，38（1）：34-37.

[7]　戴建军. 高压聚乙烯装置热风冷却器失效分析及对策 [J]. 炼油与化工，2011，22（5）：50-52，88.

[8]　郭凯，谭蔚. 非均匀刚度正方形排布管束的流致振动特性研究 [C]//压力容器先进技术：第九届全国压力容器学术会议. 合肥：合肥工业大学出版社，2017：9.

[9]　王晓峰，洪万亿. WNS 锅炉回燃室管孔区开裂泄漏的事故分析 [J]. 中国特种设备安全，2019，35（6）：77-80.

[10]　GB/T 16508.3—2022 锅壳锅炉　第3部分：设计与强度计算.

[11]　陈孙艺. 蒸汽发生器高温段管板隔热层锚固钉损蚀分析 [J]. 材料保护，2018，51（9）：154-158.

[12]　王军，靳彤，马一鸣，等. 高残余应力下 2507 双相不锈钢应力腐蚀开裂行为 [J]. 压力容器，2020，37（3）：50-55.

[13]　郑启文，王东，王军，等. 2507 双相不锈钢在乙丙橡胶装置聚合液中的开裂行为 [C]//2020 年第六届全国换热器学术会议论文集. 合肥：中国科学技术大学出版社，2021：135-144.

[14]　张忠凯，刘玉英. 列管式换热器的泄漏分析及防漏措施 [J]. 化工设备与管道，2012，49（2）：71-74.

[15]　李永泰，陈永东，陈明健，等. 波纹管换热器管束整体失稳分析及设计计算要考虑的问题 [J]. 压力容器，2013，30（6）：12-15，49.

[16]　李永泰，李勇，李云福. 换热管压弯刚度分析及对换热器各部件的影响 [J]. 化工设备与管道，2007，44（6）：26-28，62.

[17]　JB 4732—1995 钢制压力容器分析设计标准（2005 年确认）.

[18]　GB 151—1999 管壳式换热器.

[19]　李志安，任克华，宿痴. 波纹管换热器设计标准介绍及相关问题的探讨 [J]. 压力容器，2007（4）：61-64，71.

[20]　陈孙艺. 流体对管件冲蚀的研究和防护 [J]. 石油化工腐蚀与防腐，2003，20（5）：59-62.

[21]　林进华，陈孙艺，吕运容. 再生塔底重沸器管板腐蚀机理分析及防治 [J]. 压力容器，2002（增刊），132-134.

[22]　雒建虎. SHMTO 工艺中蒸汽-甲醇过热器失效原因探究 [J]. 石油化工设备技术，2021，42（1）：36-41.

[23]　连善涛，仵拴强，冉高举，等. 制氢装置中变气换热器管板开裂原因分析及对策 [J]. 石油化工腐蚀与防护，2021，38（6）：56-60.

[24]　胡国呈，董金善，丁毅. 余热回收器换热管与管板连接处泄漏失效分析 [J]. 压力容器，2019，36（9）：53-62.

[25]　侯艳宏，孙亮，王宁，等. 连续重整装置的腐蚀检查与防护措施 [J]. 石油化工腐蚀与防护，2020，37（2）：23-28.

[26]　胡英杰，朵元才，贾小斌，等. 合成回路蒸汽发生器管头缺陷成因分析及防止 [J]. 压力容器，2017，34（8）：65，70-74.

[27]　马红杰. 0Cr18Ni10Ti 不锈钢换热器管束腐蚀开裂分析 [J]. 石油化工设备技术，2019，40（5）：10-13.

[28]　胡民庆. 换热器泄漏检修技术综述 [J]. 化工机械，2019，46（5）：572-574，578.

[29]　周超. 低压蒸汽过热器换热管应力腐蚀开裂案例分析 [J]. 化工设备与管道，2020，57（2）：30-32，69.

[30]　陈莉. 粉煤废锅型气化配套变换粗煤气预热器腐蚀原因分析 [J]. 石油化工设备技术，2020，41（2）：6，29-34.

[31]　唐丽. 二套常减压装置塔顶冷凝器换热管破裂原因分析 [J]. 石油化工腐蚀与防护，2000，17（3）：34-36.

[32]　佘锋. 催化裂化装置稳定塔底重沸器管束腐蚀和选材分析 [J]. 石油化工设备技术，2023，44（1）：5，31-34.

[33]　周浩楠，潘建华. 换热器管束流体诱导振动破坏研究 [C]//2020 年第六届全国换热器学术会议论文集. 合肥：中国科学技术大学出版社，2021：234-242.

[34]　都跃良，毛昀. 三常 E102 管束泄漏原因分析及改进措施 [C]//中国机械工程学会压力容器分会，压力容器杂志社. 第二届全国换热器学术会议论文集. 合肥：压力容器杂志社，2002：142-145.

[35] 马红杰,龚树鹏,王相儒.油浆蒸汽发生器腐蚀泄漏分析 [J].压力容器,2018,35(2):54-58.

[36] 任日菊,周斌,程伟,等.加氢装置高压换热器失效分析及铵盐腐蚀结晶温度的变化规律研究 [J].石油炼制与化工,2021,52(1):118-125.

[37] 梁宗忠,樊亚军,李哲.涡流检测技术在炼化装置腐蚀检查中的应用 [J].石油化工腐蚀与防护,2021,38(1):33-36,46.

[38] 邵子君.芳烃抽提装置非芳烃蒸馏塔顶后冷器泄漏原因分析 [J].石油化工腐蚀与防护,2021,38(1):54-57.

[39] 王朝平.高低压加氢换热器管束腐蚀疲劳断裂分析及改进措施 [J].石油化工设备技术,2020,41(4):43-47.

[40] 熊卫国,王建伟,邹亮.烯烃水冷器腐蚀泄漏原因简析 [J].失效分析,2017,34(5):56-58.

[41] 邹亮,刘翔,林建东,等.乙烯裂解气压缩机二段后冷器管束腐蚀原因分析 [J].失效分析,2017,34(5):42-46.

[42] 李明.裂解装置水冷器腐蚀与防护 [J].石油化工腐蚀与防护,2021,38(3):33-35,47.

[43] 杨振国.核电装置热交换器的失效分析及其应用 [D].上海:复旦大学,2011.

[44] 关庆林,徐向英.常减压蒸馏装置常压塔低温系统腐蚀与防护 [J].石油化工腐蚀与防护,2021,38(3):36-40.

[45] 梁文萍,方艳臣.加氢精制装置高压换热器泄漏原因分析 [J].炼油技术与工程,2019,49(1):31-35.

[46] 张绍良,全建勋,金浩哲,等.煤柴油加氢装置热高分系统腐蚀机理与失效分析 [J].压力容器,2020,37(3):33-40.

[47] 王宁,孙亮,侯艳宏,等.炼油装置典型冷换设备腐蚀统计与成因分析 [J].石油化工设备技术,2020,41(4):37-42.

[48] 王巍.炼油厂水冷器泄漏原因分析及解决办法 [J].石油化工设备技术,2012,33(1):45-49,71.

[49] 刘京东,鲍世平,吴金荣.汽提气水冷器泄漏原因分析及应对措施 [C]//全国第四届换热器学术会议论文集.合肥:合肥工业大学出版社,2011:229-232.

[50] 赵健雄.钢制管壳式换热器管束鼓包失效分析及改进 [J].技术与市场,2021,28(2):8-10.

[51] 雒定明,张玉明,焦建国,等.高压预冷器管板变形原因分析 [J].压力容器,2019,36(4):52-62.

[52] 孙宇鹏.关于反应器出料冷却器的失效分析 [J].有色设备,2021,35(3):32-38.

[53] 熊卫国,李方杰,赵奎,等.轻烃回收装置换热器小浮头螺栓断裂分析 [J].石油化工腐蚀与防护,2020,37(2):49-53.

[54] 陈益辉.催化裂化装置吸收塔冷却器的腐蚀与防护 [J].石油化工腐蚀与防护,2021,38(1):18-21.

[55] 薛磊,梁斌.氢精馏塔重沸器浮头螺栓断裂原因分析 [J].石油化工腐蚀与防护,2022,39(1):61-64.

[56] 赵军.湿硫化氢环境下小浮头螺栓失效原因分析 [J].石油化工技术与经济,2021,37(3):54-57.

[57] 熊为国,李方杰,赵奎,等.轻烃回收装置换热器小浮头固定螺栓断裂分析 [J].失效分析,2020,37(2):49-53.

[58] 南广利,郑端阳,常祖山,等.脱乙烷塔顶冷凝器小浮头螺栓断裂失效分析 [J].化工机械,2020,47(4):548-551.

[59] 熊卫国,李方杰,赵奎,等.轻烃回收装置换热器小浮头螺栓断裂分析 [J].石油化工腐蚀与防护,2020,37(2):49-53.

[60] 赫荣鑫,王冬梅.内浮头螺栓在湿 H_2S 介质中的断裂失效原因分析 [J].山东化工,2011,40(8):88-92.

[61] 张亚明,杨东光,董晓宏,等.冷却器内浮头螺栓断裂原因分析 [J].腐蚀科学与防护技术,2010,22(3):251-254.

[62] 任中育,王春宇,张慧萍.丙烯腈装置贫富水换热器内浮头螺栓断裂分析 [J].石油化工腐蚀与防护,2009,26(S1):174-177.

[63] 梁更生.换热器浮头螺栓断裂原因分析 [J].化学工程与装备,2009(2):56-57,70.

[64] 张亚明,藏晗宇,夏邦杰,等.换热器小浮头螺栓断裂原因分析 [J].腐蚀科学与防护技术,2008(3):220-223.

[65] 张贤江,郑文龙.常减压水冷器小浮头螺栓断裂原因分析 [J].腐蚀与防护2008(3):160-162.

[66] 丁明生,陆晓峰,丁敔.塔顶冷却器小浮头螺栓断裂失效分析 [J].石油化工腐蚀与防护,2006(6):44-47.

[67] 慕希豹.压缩富气冷却器浮头螺栓断裂失效分析 [J].石油化工设备,2006(4):79-80.

[68] 高广胜,徐宏,王志文.再生塔换热器小浮头螺栓断裂分析 [J].化工装备技术,2006(1):62-64.

[69] 袁彪,耿新生,周有实.EA-957换热器小浮头螺栓断裂分析 [J].中国锅炉压力容器安全,2005,21(3):84-86.

[70] 邹英杰,谢永波,何文真.酸性水气提装置换热器小浮头螺栓断裂事故的分析 [J].腐蚀与防护,2003(9):406-408.

［71］ 杨建国，任晓春．催化富气冷却器小浮头螺栓断裂失效分析［J］.中国锅炉压力容器安全，2002，18（1）：50-53.

［72］ 杨开春，赵国兵．换热器小浮头螺栓断裂失效分析［J］.化工设计，2002（2）：2，47-50.

［73］ 张柏成，杨宝民．冷却器浮头螺栓断裂分析及改进措施［J］.黑龙江石油化工，2000（1）：36-38.

［74］ 左禹，张玉英．换热器 H503 小浮头固定螺栓断裂分析［J］.石油化工腐蚀与防护，1994（3）：21-24.

［75］ 饶兴鹤．催化裂化装置冷 305 小浮头螺栓断裂原因分析［J］.石油化工腐蚀与防护，1992（4）：41-43.

［76］ 王立忠，夏春友，郝天真，等．贫富水换热器浮头螺栓断裂原因分析及对策［J］.一重技术，2006（4）：101-102.

［77］ 雷宏峰，陈俊．换热器管箱隔板损坏原因分析及改进［J］.石油化工设备，2008，37（1）：79-81.

［78］ 单志强，米涛，徐洪君．加氢精制装置高压换热器管箱隔板脱落原因及分析［J］.石油工业腐蚀与防腐，2014，31（3）：20-23.

［79］ 翟锐，陈海防．高压甲铵冷凝器隔板泄漏的分析［J］.河南化工，2009，26（6）：31，32.

［80］ 赵洪勇．高温高压 U 型折流杆换热器的制造技术［J］.压力容器，2015，32（7）：69，70-74.

［81］ 李霞．固定管板式换热器内漏问题探讨［J］.炼油与化工，2021，32（3）：55，56.

［82］ 孙黄鹤，杨宏涛，蔡亚飞．重整装置进料/产物换热器微漏的分析与判断［J］.化工技术与开发，2020，49（8）：70-72.

［83］ 马京哲．烷基化装置酸接触换热器的内漏及预防［J］.石化技术，2020，27（1）：35，36.

［84］ 刘杰，何锋，曹建辉，等．一种换热器内部泄露检测方法及其检测系统：CN102589811A［P］.2012-07-18.

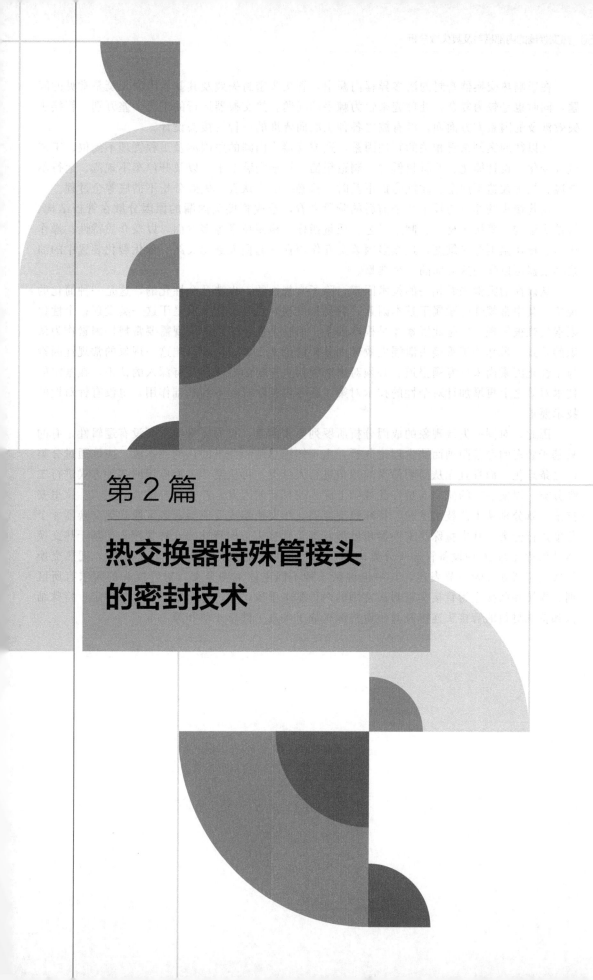

第 2 篇

**热交换器特殊管接头
的密封技术**

在影响热交换器密封的诸多异程内漏中，管接头密封失效及其基本因素无疑是常见的问题，同时也是较为复杂，处理起来较为棘手的问题。热交换器运行的工况千差万别，管接头失效涉及的因素方方面面，没有放之各种工况而皆准的一种管接头设计。

从以往的案例来看相关的管理因素，造成管接头内漏的原因涉及工程管理不到位、工艺流程变化、设计简化、原材料低劣、制造粗糙、运输安装蛮干，以及开停车不规范、运行不严谨、技术改造不周全、腐蚀防护不及时、检修维护不认真、失效分析不彻底等全过程。

从管接头的建造与投用两个前后的阶段来看，造成管接头内漏的原因分散在管板结构、管接头结构、管接头材料、制造工艺、质量指标、检测技术等多方面，以及介质特性、操作压力、操作温度等多维度，这么多因素交互作用在一起使人毫无头绪。催化裂化装置中的油浆蒸发器可以作为这方面的一个典型。

从以往的案例来看相关的技术因素，除了常规性的，也涉及个性化的，这是一种简化的视角。其中常规性因素属于基本因素，容易被发现，也容易让人满足于这一类发现；个性化因素较难被发现，但是此因素才是根本因素，而且个性化因素的发现需要常规性因素作为认识的背景。虽然关于管接头泄漏失效成因分析的论文很多，但是影响这一现象的常规性因素与个性化因素尚未见专题报道。必须对影响管接头密封的特殊个性有深入的认识，在基本的技术对策之上再增加针对个性的技术对策，还可以删除既起不到基础作用，也没有针对性的技术要求。

因此，对同一失效现象的成因分析所罗列至多因素，有的显得混乱而没有逻辑性，有的只基于繁多的经验归纳而缺少理论分析，出于知识总结和分享的目的或本能，应该通过分类使之条理化。而且宜先从简明易懂的视角进行大分类，再从便于工程应用的多种方式进行二级分类，以便后来的研究人员在此基础上深入挖掘新的因素，补充完善前人的认识。这里安排第 3 章分别从工艺技术试验、特殊热交换器、热交换器式反应器、多区段式热交换器 4 个角度进行分类。其中特殊热交换器角度涉及基于管接头结构特性的 8 种管接头与基于热交换器结构特性的 16 种设备管接头分类；鉴于反应器在炼油化工装置中的核心地位，把热交换器式反应器独立为一节表述，其中也包括 4 种不同主体结构分类，对管接头的要求有所区别。焊接和胀接作为管接头密封最常用的两种基本手段，通过各自专门的工艺评定、特殊结构和特殊材料的管接头连接及其质量检测构成了各具个性第 4 章和第 5 章。

第3章

管接头的密封技术

目前，管接头密封的基本手段是焊接和胀接。通过灵活的组合和改进，焊接和胀接能满足绝大多数管接头的连接要求。个别案例应用了粘接和金属胶连接管接头[1]。由于这类连接的稳定性缺少试验数据支撑，技术实践总结不足，应用较少。

3.1 管接头试验分类

管接头的试验可按内容分为基本试验、胀接试验和深入研究的专题试验等，也可按方法分为实物模拟试验和数值模拟试验，见图3.1。

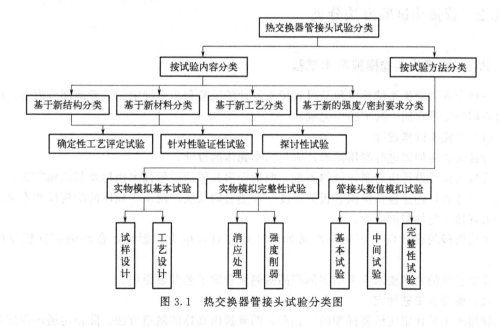

图 3.1 热交换器管接头试验分类图

3.1.1 管接头试验内容分类

(1) 基本试验分类

管接头试样是模拟管板与换热管的连接接头，并带有耐压试验壳体的结构模型。通过解剖管接头试样取得的细化结构称为试件。

组成管接头的新结构形式、新材料、新的制造工艺、新的连接强度或密封要求、新的焊接或胀接设备以及项目有要求的，均应制作专门试样进行新的管接头试验。新结构形式包括换热管与管板之间的连接形式、管板自身的结构形式及管孔的内表面结构形式。

管接头试验的基本类型：管接头试验可根据连接方式分为焊接试验和胀接试验两种，也可根据试验性质分为管接头模拟试验和管接头产品试验两种，还可以根据试验效果分为管接头强密封强拉脱模拟试验、强密封弱拉脱模拟试验、弱密封强拉脱模拟试验和弱密封弱拉脱模拟试验等四种。这里只讨论管接头胀接模拟试验。

（2）胀接试验分类

管接头胀接模拟试验可以根据试验程度分为基本试验和完整性试验两种，每一种试验又可根据试验方式分为实物模拟试验和数值模拟试验。任何试验设计的内容都主要包括管接头试样设计和管接头工艺设计两方面。

管接头胀接试验除了工艺评定试验外，还可以根据试验目的分为对设计方案的验证性试验、为设计方案提供参考的探讨性试验。

（3）深入研究的专题试验分类

首先是解剖试验，如果管接头试样只进行胀接，在解剖前应在模拟管板的两侧把换热管点焊牢固，以免试样解剖或试件加工中的振动与外力作用影响胀接的原貌。试样的解剖可采用锯切割或者线切割的方法。试样解剖后加工试件前应盖以塑料薄膜等进行保护。

此外，还有管接头的耐腐蚀试验、模拟工况的热载荷试验等。

3.1.2 管接头试验方法分类

3.1.2.1 管接头实物模拟基本试验

一项全新的管接头试验应包括对管接头设计的试验和工艺评定的试验两部分内容，这两部分内容应安排在同一批试验中完成。

（1）管接头试样设计

管接头试样如需进行耐压试验，应包括小壳体的设计。

管接头试样设计应绘制详细的图纸，明确提出具体的质量技术指标及其检测方法。除基本结构尺寸外，还应包括模拟管板的厚度、换热管的长度；耐压小壳体的结构尺寸不应在试压中给管接头施加附加应力。

模拟管板的设计应考虑实际产品的尺寸效应对管接头的影响，合理确定管板厚度和宽度。

模拟管板的技术要求应考虑实际产品两侧流程的工艺参数影响。

（2）管接头工艺评定

管接头工艺评定应编制详细的工艺卡，明确提出具体的制造方法。除指定通用焊接方法及其装备、通用胀接方法及其装备外，还包括制造工装和检测工装的设计制造，以及管接头的编号及相应的制造顺序。

试压小壳体与模拟管板的连接宜设计为焊接形式，壳体的容积或试压工装应能缓冲压力泵输出的脉冲影响，满足稳定压力要求。

管接头拉脱力试验检测时应明确作用于管接头的作用力方向是进入管口的方向还是离开

管口的方向。

必要时，管接头工艺评定应考虑温度载荷的影响。文献［2］为验证胀接接头在经历实际运行的反复受热和冷却后的性能变化，对 10＋Q345R 同类材质、S30403＋Q345R 异种材质的换热管与管板接头分别进行机械胀和液压胀，每组试件采用相同胀力或相近胀度，对比热振前后的密封性及拉脱应力。为验证 10＋Q345R 同类材质换热管与管板液压贴胀接头在实际运行的高温下性能是否会下降，试件采用相同胀力胀接，对比室温、100℃、200℃、300℃下的拉脱应力。结果表明，工作温度确实会对胀接接头的性能产生不同程度的影响，换热管与管板接头的胀接应依据设备特性及两种胀接方法的优缺点，选择最优的胀接工艺。

3.1.2.2　管接头实物模拟完整性试验

模拟实物的完整性试验只能是相对的。仅就管接头焊后热处理的模拟来说，试件整体置于加热炉中的处理方式就与只在管接头的管板正面一侧加热处理存在区别；模拟试件设计及结果评价中，管孔对管板强度的削弱系数也很难考虑。

3.1.2.3　管接头数值模拟试验

一般地说，管壳式热交换器管程工艺参数高于壳程工艺参数，管程内压引起管板上的整体弯矩作用，通常使管板壳程一侧受到拉应力作用，从而在壳程一侧引起管接头的径向脱离效应，甚至个别管接头会出现间隙。管接头胀接后其管板壳程一侧是否真的会在运行中抵抗间隙腐蚀的产生，这是胀接工艺的关键所在，一般的实物试验难以实现。另外，重大项目或复杂的管接头试验，应设计正交试验方案，评定出首选方案和备用方案，受到试验经济性的限制。根据这些需要，新的管接头试验可以采取数值模拟分析作为辅助手段进行试验。

(1) 管接头数值模拟基本试验

按照管接头实物模型在计算软件中建立对应的实体模型，进行有限元分析模拟管接头制造过程。可分为单管接头和多管接头数值模拟试验两种。

通过一系列管接头结构和胀接参数组合的数值模拟计算之后，分析各项输出结果。特别要注重其中换热管外表面与管孔内表面之间的残余应力分布及应力大小，从诸多方案和结果的对比中对胀接工艺参数选优。选优的技术原理是判断哪一个管接头的换热管已达到完全塑性变形，而管接头管孔只有弹性变形，这是最理想的状况。

(2) 管接头数值模拟中间试验

以局部结构或者完整结构的应力分析结果作为初始条件，构建整体结构模型进行的模拟管接头热处理或水压试验工艺的应力分析，仍属于设备制造工艺的范畴。

该试验可看作是基本试验的升级，目的是对胀接工艺参数进行优化。其技术原理是探讨管接头经过每一次工况后直到最终的残余应力分布。管接头胀接试验后的残余应力分布状态在管接头再经历热处理或水压试验的情况下都会发生新的变化，形成新的残余应力状态。

(3) 管接头数值模拟完整性试验

以局部结构或者完整结构的应力分析结果作为初始条件，构建整体结构模型进行的模拟运行工况的应力分析，超出了设备制造工艺的范畴。

该试验可看作是管接头模拟试验的最高级，能达到结构和胀接工艺参数的优化，是管接头实物模型难以实现的。其技术原理是设备管束耐压强度试验后的残余应力在运行工况下的重新分布，与工况应力组合成操作残余应力，已属于设备运行阶段的范畴。

真正的整体结构模型在周向应该是完整的，而不是部分的。因为即便管板结构轴对称，其管接头排布也不一定轴对称；即便管接头排布轴对称，其设备结构也不一定轴对称；即便设备结构也轴对称，但其外来载荷也可能非轴对称。整体结构模型在轴向也应该是完整的，而不是局部截取一段换热管长度的，特别是各换热管承受的热载荷通常是非轴对称的，这将导致各换热管的热应力及其轴向位移有很大的差异。何况，带弓形缺口或其他缺口的折流板无论在结构周向还是结构轴向都带来了明显的非对称形状。

3.2　管接头试验结果解读

3.2.1　检测报告及结果分析

　　根据需要，新的管接头试验可以采取渗透检测、解剖检测、应力应变检测等作为辅助手段进行试验。要注意的是胀接管接头的拉脱力与试验加载条件有关[3]。由于泊松效应，受拉时换热管有横向收缩效应，引起残余接触压力的下降，使拉脱力偏低。相反，受压时换热管会横向胀大，产生附加的接触压力，使压出管接头的载荷偏大。这两种情况的差异随着管板厚度的增加而增大。

（1）报告内容

　　管接头试验报告应包括实际产品基本情况、管接头试样设计、管接头工艺设计、零部件检测结果、焊接和（或）胀接过程记录、连接效果计算分析、耐压试验和密封性试验、管接头拉脱力、解剖试样检测和总评等内容。

（2）胀接工艺曲线

　　胀接工艺评定试验中反映工艺参数与胀接效果的关系曲线不仅有机电胀的转矩与管壁减薄量曲线、转矩与拉脱力曲线，还有液袋胀的液压与管壁减薄量曲线、液压与拉脱力曲线。

（3）拉脱力检验曲线

　　某单件管接头胀接后的拉脱力载荷位移曲线见图3.2，这是其基本形式。必要时，多个管接头的载荷位移曲线绘制在同一个坐标上，以便于比较判断。由于各件管接头的数据曲线具有分散性，宜拟一条包络线作为实际产品胀接操作的依据，如图3.3中的虚线所示。工程实际表明，换热管从管接头中脱出的位移不大，因此，载荷位移曲线关键的一段是位移不超过20mm的那一段。

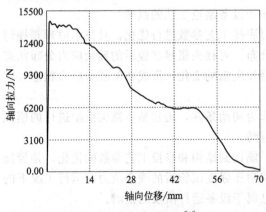 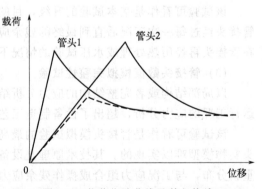

图3.2　载荷位移曲线[4]　　　　　　　图3.3　载荷位移曲线及其包络线

管接头试验技术文件的签署和流转等一系列过程管理应符合压力容器技术文件的要求。

（4）密封性有色水渗透检验

就是在试样耐压试验时在水中加入龙胆紫或其他有色水，通过试样的染色位置确定水的渗透程度。当确认试验无渗漏或试验合格后，沿换热管轴向剖开管接头，取出换热管观察其与管板段贴合的那一段外表面，看是否染有有色水的颜色，如果有，则说明有色水已从管接头间隙中渗进去，管接头胀接不够紧密。通过剖开试件还可以观察到有色水渗入管接头的深度与均匀性等情况，见图 3.4。

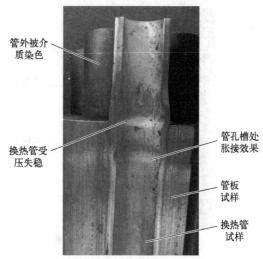

管外被介质染色

换热管受压失稳

管孔槽处胀接效果

管板试样

换热管试样

图 3.4　管接头压脱的"象足效应"

（5）密封性清水渗透速度检验

有色水渗入管接头间隙中的深度，除以试压时间，也可以得出渗透速度。文献［5］根据试样耐压试验时水滴开始从管接头间隙中渗漏的时间，计算出渗透速度为 4.6mm/min，远小于法国 RCC-M《压水堆核岛机械设备设计和建造规则》中管接头评定相关规定的 40mm/min，确认胀接工艺满足设计规范的要求。

关于管接头胀接中机电胀接与液压胀接工艺的优点和缺点，业内只在工艺适应性、胀接效率上有一定的认识，对两者的胀接残余应力分布的数值实验模拟也已取得初步成果。但是分析研究还不够充分，尚需更广泛的实验和更深入的检测分析，才能对两者进行合理的比较。

3.2.2　胀接工艺评定的误解

鉴于管接头泄漏是常见的失效形式，其连接强度及密封强度应该是制造质量中重要的技术指标。工程实际中列管热交换器的各种用途差别较大（见 3.3.2 中表 3.1～表 3.17），只根据管接头的常用材料和规格来统一其胀接工艺是片面的，也是不科学的。

业内在胀接工艺评定中存在七个不当的认识。

误解之一是管接头的拉脱力等于其密封强度。这是两个具有一定关系但有明显区别的概念。前者表达的是力学载荷，反映连接结构的机械强度；后者表达的是可靠性，反映连接结构的密封强度。在其他条件相同的情况下，内表面光洁度低的管孔较粗糙，由此制作的管接头可以提高拉脱力，但是该管接头的密封性可能较差一些。反之，内表面光洁度高的管孔较光滑，由此制作的管接头在满足拉脱力要求的同时，很可能获得更好的密封性。

误解之二是管接头的压（顶）脱力等于其拉脱力，在拉脱力试验时不区分正向拉脱与反向拉脱的模拟评定。小范围调查发现，所谓的管接头拉脱力试验实际上大多数不是拉脱的，而是压（顶）脱的。其实例如图 3.5 所示，具体工装如图 3.6 所示。

图 3.6 所示的工装结构中，压头受力段和换热管的外径与定位套的内径之间的间隙不能太大，压头插入段与换热管内径之间的间隙也不能太大，以保证轴向载荷沿着轴向施加到管接头上。

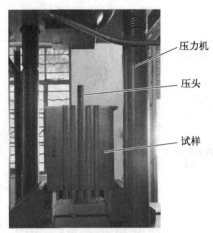
图 3.5   管接头压脱试验

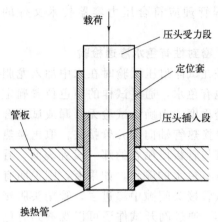
图 3.6   管接头顶脱试验工装

拉脱一词沿用自有关标准，严格来说拉脱力试验宜称为松脱力试验，这样把拉脱力试验和压脱试验都包括了。图 3.7 和图 3.8 所示的管接头拉脱检测工装都是较为合理的，但图 3.8 的工装在换热管内没有阻碍，不影响换热管径向收缩变形，显得更优。

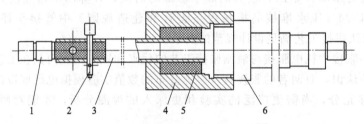
图 3.7   管接头外拉脱试验工装[5]
1—上卡头；2—销轴；3—换热器；4—卡具；5—管板；6—下卡头

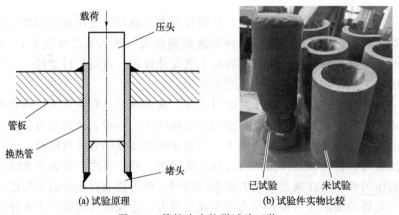
(a) 试验原理   (b) 试验件实物比较
图 3.8   管接头内拉脱试验工装

在图 3.8 所示的工装中，换热管要有足够的长度避免堵头拉力对管头产生非轴向载荷的影响，堵头要有足够的厚度避免自身变形对换热管产生非轴向载荷的影响。

误解之三是在拉脱力试验时不分正向拉脱和反向拉脱。合理的选择需要根据评定所应用的产品对象来确定，当热交换器运行中的换热管具有从管板的背面向正面（即从壳程侧向管程侧）顶出管板孔外的趋向时，称为反向拉脱，松脱力试验应该从模拟管板的背面把换热管端部顶向管板正面。反之，当热交换器运行中的换热管具有从管板的正面向背面（即从管程侧向壳程侧）缩进管板孔内的趋向时，称为正向拉脱。松脱力试验应该从模拟管板的背面把换热管拉离管板背面，而不宜从模拟管板的正面把换热管顶向背面。热交换器运行中的同一块管板上，布管区中间的管接头与布管区周边的管接头有可能在力学行为上是相反的，某种工况下当布管区中间的管接头趋向正向拉脱时，布管区周边的管接头却趋向反向拉脱。这是因为，从机加工和细观力学看，一方面管板孔不是理想的圆筒形圆孔，另一方面换热管在轴向受拉和受压时的力学变形行为是完全不同的，分别有使管径产生变大和变小的趋势。松脱力试验从模拟管板的背面顶向正面过程中，换热管由于泊松效应产生管径变大的趋势，如果加上管孔内环槽处胀接效果使得换热管难以从管孔中压出，结果换热管在管板背面处产生失稳，形成"象足效应"，如图 3.4 所示。松脱力试验从模拟管板的正面向背面拉脱过程中，换热管由于泊松效应产生管径变小的趋势，如图 3.8(b) 所示。

文献 [6] 5 个管接头试样的拉脱力平均值高出理论计算值约 12%。

误解之四是忽视管束两端两块管板管接头的差异性，包括工况参数的差异和管接头拉脱方向的差异。工况参数的差异自然是热交换的结果，此外，对于立式运行的管束，结构和物料自重可能会附加给上端的管接头、下端的管接头各一个明显不同的载荷；双管板管接头的拉脱力存在拉脱载荷在两块管板上如何分配的问题，宜分别按两块管板各自管接头所受实际工况的设计要求进行拉脱试验；同样一个管接头的拉脱倾向，由于管板向管程外拱出去引起的，与由于换热管收缩而向壳程内缩进去引起的，两者的行为具有细观力学及其效果的差异。

误解之五是管接头胀接试验证明产品的管接头胀接效果。可以说，管接头胀接试验不合格的胀接工艺是制造不出合格的管束产品的，但是试验合格的胀接工艺也无法保证能制造出合格的管束产品。因为一方面是管束产品上诸多管接头的运行状态具有工况分散性所引起的差异性，胀接试验设计没有考虑这些差异性，没有明确试验合格的最低要求；另一方面是模拟试样是小尺寸结构，离大尺寸的管束产品还有明显的差距，不细致的模拟试验在相当程度上只起到心理安慰的作用。

误解之六是管接头胀接中的强度胀与强度焊的组合是没必要的。

误解之七是管接头胀接中的强度胀接优于密封胀接。其实两者不能一概而论，它们侧重的质量指标不同。强度胀接保证了管接头的拉脱强度，但是不一定有优良的密封效果。这一点有别于强度焊接与密封焊接的比较。通常来说，强度焊接的密封效果优于密封焊接。

3.3 特殊热交换器管接头分类及技术对策

管接头的特殊性只是一个相对而言的概念，在诸多特殊性中，很多管接头结构饱含工匠智慧，遗憾的是这些散布在各种换热设备上的创新点没有得到系统的总结，业内技术人员个体难以在本职岗位上了解前人经验。这里也难以依据常规的概念进行分类。

3.3.1 基于管接头结构特性的管接头分类

(1) 同一块管板上不同结构的管接头

实践中极少遇到在同一块管板上对布管区中间与周边不同区域的管接头提出不同连接结

构的案例。但当挠性薄管板在布管区周边与不同直径、壁厚的换热管组合成管接头时,管板与换热管端两者在压力和温度作用下的变形协调中的转角是不同的。如果是直径相对大、壁厚相对厚的换热管,其管接头的转角小一些;如果是直径相对小、壁厚相对薄的换热管,其管接头的转角大一些。转角大小改变了结构形态,从而改变了受力状态。结构有转角即弯曲,弯曲即一边受拉伸,另一边受压缩。管接头受拉伸的一侧很可能弱化了在制造时的胀接效果,甚至形成缝隙,为介质渗入形成缝隙腐蚀创造条件。因此,对潜在这种可能性的管接头宜设计成无胀接的背面焊接连接结构,而且焊封的拉脱力校核还应该加上这部分由弯曲引起的应力。对于管板上布管区中间的管接头,因为其管端和管板都没有值得注意的变形转角,可以设计成不同的结构。

(2) 同一块管板上不同尺寸的管接头

实践中极少遇到在同一块管板上对布管区中间与周边不同区域的管接头提出不同连接尺寸或质量技术要求的案例,即便文献 [7] 的三合一硫磺冷却器上布置了外径不同的两种换热管,其连接要求也是一致的。笔者怀疑这样全体统一的要求是否存在部分质量过剩,增加了制造成本,因为事物中的关键总是少数的。

(3) 背面管接头的全焊透结构

例如,图 3.9 中绘有网格线的左侧是某管板背面镍基堆焊层,换热管在管板背面与堆焊层对接,标注有数字尺寸的凸台是加工成与换热管对接焊的坡口结构。图 3.9(a) 的传统结构被优化成图 3.9(b) 的新结构[8]。新结构在坡口增设的台阶只有 $\phi 28\text{mm} \times \phi 26.7\text{mm} \times 1\text{mm}$ 这一微小的尺寸,不但便于换热管与管孔对中,避免管接头错边,而且容易焊透实现全壁厚融合。

乙烯裂解装置薄管板式废热锅炉是回收高位热能的重要设备,换热管与热端管板的连接技术要求十分严格。文献 [9] 研究该废热锅炉换热管与管板的内孔对接焊技术,设计了图 3.10 的内孔焊对接管接头结构。虽然该结构较为复杂,尺寸精度要求高,但是经过工艺评定后制定了热端管板加工、管台焊接坡口成形、预热和消除应力热处理、焊接工艺参数、焊缝返修、无损检测等施工工艺方案,成功地应用在了废热锅炉的国产化制造中。

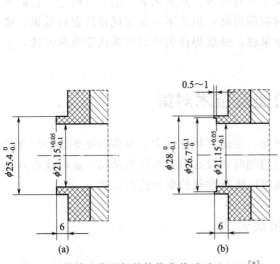

图 3.9 管接头背面焊结构优化前后对比 (1)[8]

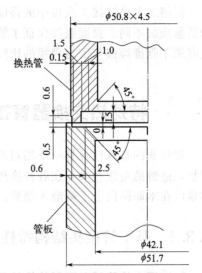

图 3.10 管接头背面焊结构优化前后对比 (2)[9]

(4) 换热管与管板基层焊接的管接头

带耐腐蚀复合层的管板通常是在基层堆焊复合层后再钻管孔，但是有的换热管需要与管板基层焊接，对于这种设计的管接头，制造时需要在管孔内而且是复合层下进行管接头的焊接，操作过程较为困难，而且不便对管接头焊缝进行无损检测，就只好在管接头焊接后才在管桥上堆焊耐腐蚀复合层。

(5) 隔热管接头结构

图 3.11 是组合氨冷器中具有独特功能的隔热管接头结构。

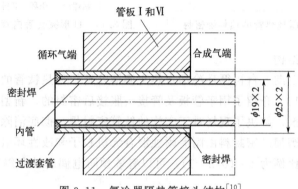

图 3.11　氨冷器隔热管接头结构[10]

(6) 减应力槽管板管接头结构

管板开裂是炼油厂催化裂化装置油浆蒸气发生器等热交换器的主要失效形式，原因主要是焊接残余应力与管板温差应力相叠加。在管板上开设减应力槽来减小焊接残余应力，并配合管接头内缩焊接形式是解决管板开裂的有效手段之一[11]，如图 3.12 所示。

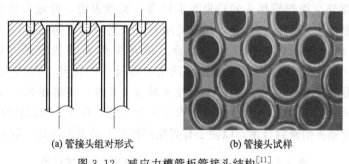

(a) 管接头组对形式　　　　(b) 管接头试样

图 3.12　减应力槽管板管接头结构[11]

(7) 填料函管接头结构

文献 [12] 不仅介绍了管壳式热交换器中换热管与管板的一种活性连接技术（图 3.13），还介绍了从预紧比压、填料层厚度、材料性能等方面对该技术进行的分析，以及分别对软填函密封、O 形圈密封、V 形圈密封等结构进行的耐压实验研究。实验结果表明，预紧比压是决定密封效果的关键因素，填料层的厚度及填料的材料性能对密封效果也有很大的影响。这一结构可用于石墨或者玻璃钢等非金属换热管与管板的密封。

文献 [13] 介绍了另一种填料函密封的管接头结构，其主要应用于由 U 形管与夹套管组合结构的多套管热交换器。其内管和内管管板的连接见图 3.14，其外管和外管管板的连接见图 8.35。

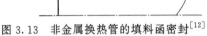

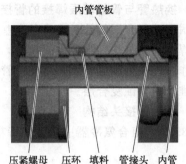

图 3.13 非金属换热管的填料函密封[12]　　图 3.14 U形夹套管内管管端与管板连接[13]

(8) 粘接管接头结构

针对秦山核电站三期 8 台再循环冷却水热交换器几百根传热钛管的严重损伤及几十起泄漏案例，文献 [14，15] 介绍了用于管板及管接头胀接后密封的、新型耐磨耐蚀有机无机杂化的高分子复合黏结剂，解决了现场难于实施的钛管密封焊，彻底消除了电化学腐蚀并抑制了海水对管板的冲刷磨损。密封料由耐磨耐蚀混合无机粒子和改性环氧树脂复合黏结剂两部分组成，两者的质量比例为 1∶(0.3～1)，可以有效预防电偶腐蚀和缝隙腐蚀引起的热交换器传热钛管失效。

3.3.2　基于热交换器结构特性的管接头分类

列管式热交换器常应用到化工装置、煤化工装置及核电站各回路中，笔者认识到这三个领域中热交换器管接头的连接质量要求不同，在管接头结构、强度及密封性方面有明显的差别，核电站各回路热交换器管接头的质量要求较高。实践表明，管接头质量技术可以参考，不宜照搬，质量技术除了高低之分外，还有适用对路及适可而止的选择。

基于前面的理论分析、案例介绍、经验总结和少数关键技术的专题调研，笔者在表 3.1～表 3.17 中列出了关于石油化工普通热交换器及一些特殊工况热交换器的特点，以及保证管接头质量的结构及连接工艺的专门技术对策。此外，还将在 3.4 节以热交换器式反应器的管接头为专题，在 4.2 节以特殊结构管接头为专题，在 4.3 节以特殊材料管接头为专题，进一步讨论管接头的密封技术，以便于有兴趣的技术人员更全面地了解有关基本情况。

表 3.1　普通热交换器及其管接头的特点和技术对策

产品案例	一般的浮头热交换器	U形管束热交换器	固定管板式热交换器
热交换器特点	管程长一般 6m；常规制造工艺	同一般的浮头热交换器	同一般的浮头热交换器
设计技术对策	1. 可对所有管板提出保证硬度均匀性的具体检测要求 2. 根据管板和换热管的材料，分别提出具体的硬度范围，保证两者的硬度差 3. 测绘设计用于更新用的管束，应向装置管理员了解是否有需要改进的地方 4. 管板厚度不宜小于 50mm 5. 浮头盖连接螺柱的选材和计算要考虑介质腐蚀的情况	U形段管束的防振夹持结构不要妨碍 U形管的轴向自由伸缩	1. 如果壳程设计膨胀节，应对实物性能与设计性能的一致性提出技术要求 2. 管程介质为颗粒状固体物时，介质入口端换热管管接头应与管板平齐

续表

制造技术对策	除按《管壳式热交换器制造工艺规程》及《换热管胀管规程》制造外，还强调如下基本对策： 　1. 按要求委托材料检测，即便是贴胀，也要控制管板和换热管的硬度差 　2. 胀接评定的试样要与产品实物相符，试验应有编号和结果报告；管接头胀接试样应与实物一致，如果存在差异，应基于试样结果对产品实操工艺适当调整，例如试样剖开后可检测到管板试样管孔内的硬度比较与管板试样孔口处的硬度差异，就可以调整胀接载荷 　3. 如果管板钻孔存放时间较长，配件厂应实行防尘防锈措施。例如清理加工的铁屑，吹干冷却液、覆盖防尘薄膜 　4. 如果换热管管接头除锈后存放时间较长，配件厂应实行防尘防锈措施 　5. 不锈钢换热管管接头在穿进管板孔之前，也要清洁 　6. 保证整个管板厚度内的胀接质量一致 　7. 管束下架后，组装进壳体前，拉杆螺母二次拧紧并点焊固定。拉杆螺母在折流板间距调整完毕后即拧紧，并在穿管完成后再次拧紧，点焊固定。某些被换热管遮蔽的拉杆螺母可在首次拧紧后点焊固定	U 形管应单根试压，夹具掩蔽的管接头段应通过替代方法检测其质量	应保证膨胀节产品实物满足技术要求

表 3.2　大型重型管束热交换器及其管接头的特点和技术对策

产品案例	例 1：硫磺回收装置第一、二、三硫冷器(三合一硫冷器)，ϕ4000mm×15000mm，单重 170t 例 2：环氧丙烷反应器，ϕ4000mm×15000mm，单重 200t
热交换器特点	重量大于 20t，起吊难，转移不便，装进壳体不容易；往往是固定管板式热交换器
设计技术对策	1. 大直径管束管接头可能受到径向不均匀温度场引起的附加热应力作用 　2. 在折流板上靠近顶部处设置吊耳孔，用于安装临时耳板或 U 形索扣，折流板通过软索与吊梁相连，吊车再起吊钢梁 　3. 起吊工具作为产品不可缺少的辅助部分，应在项目技术询价和产品使用说明书中明确要求 　4. 在管板正面设置若干环首螺栓，用于抽拉管束进出壳体 　5. 提出保证管板质量均匀性的具体检测要求 　6. 保证壳体刚度与管束重量匹配 　7. 对于管束可抽式结构，管束应设计滚轮结构，壳体应设计相应的导轨 　8. 提出根据材料性能和零件规格尺寸，在原有胀接评定基础上适当调整胀接参数的要求 　9. 提出对管接头胀接操作中最先进行胀接的首检要求和中间抽检要求 　10. 轻度贴胀提高为紧密胀接 　11. 先液袋胀接后机械滚胀
制造技术对策	1. 强调表 3.1 的基本对策 　2. 按要求委托检测大管板材料质量 　3. 考虑壳体内全盲穿管或半盲穿管的必要性 　4. 制定管接头焊接顺序，预防管板密封面变形；必要时，可几台机同时焊接管接头但是要预防管板密封面变形，焊接过程中跟踪密封面平面度变化，检测并控制 　5. 提出对管接头胀接操作中最先进行胀接的首检要求和中间抽检要求，检查人员签字确认 　6. 管束下架后，无论存放或装到运输车板上，应分别支承管板和折流板，使两者处于相互平行且均与换热管垂直的状态 　7. 正式起吊前应试吊以检查平衡 　8. 轻度贴胀提高为紧密胀接 　9. 先液袋胀接后机械滚胀

表 3.3　固定管板式特殊（超长）热交换器及其管接头的特点和技术对策

产品案例	聚丙烯循环气体冷却器	丙烷冷凝器
热交换器特点	单向管程较长，12～18m；管接头内孔焊，管接头流态形；壳程无膨胀节	管程较长，12～18m；管壳程异种材料；壳程无膨胀节
设计技术对策	1. 传统的吊装方法可能损伤管接头，应计算确定两吊点（钢丝绳）之间的最小间距，并在施工图上注明 2. 提出对管接头胀接操作中最先进行胀接的首检要求	同聚丙烯循环气体冷却器
制造技术对策	1. 强调表3.1的基本对策 2. 提出对管接头胀接操作中最先进行胀接的首检要求	同聚丙烯循环气体冷却器

表 3.4　无法经过正常的试压检验而出厂的管束及其管接头的特点和技术对策

产品案例	等到问题反映时，生产进程已到大半
热交换器特点	管束结构特殊，已有工装不适，制作新工装成本高，业主无法提供壳体，也无法外借工装，等等；质量没有保证，风险大
设计技术对策	1. 设计工装从管程加压，从管板背面检查管接头耐压密封强度 2. 管接头PT检测 3. 提出对管接头胀接操作中最先进行胀接的首检要求
制造技术对策	1. 强调表3.1的基本对策 2. 配件厂及早核实是否具有试压工装，抓紧委托设计制造试压工装 3. 换热管应单根试压，夹具掩蔽的管接头段应通过替代方法检测其质量 4. 换热管进行扩管试验 5. 严格保证各工序质量。例如，先进行不送丝的打底焊接，由总检员目视检查，必要时可经低压气密检查，然后再送丝焊2层 6. 提出对管接头胀接操作中最先进行胀接的首检要求
备注	承接这类任务时对特殊结构应有敏感性，应及时确认和反馈，做好预案对策

表 3.5　相变热交换器及其管接头的特点和技术对策（1）

产品案例	焚烧炉蒸汽发生器（废热锅炉）
热交换器特点	单管程；壳程水（偏碱性）受热蒸发；壳程无膨胀节；薄管板，而且周边是圆弧过渡的折弯结构；高温侧管板带耐冲刷耐热衬里
设计技术对策	1. 管接头采用匀压强度胀接工艺 2. 与业主商量，考虑管接头消除焊后残余应力的必要性及可行性 3. 支持板数量要足够，间距不要太宽，以免换热管受介质蒸发影响，引起强烈振动 4. 烟气进口端管板因高温而采用隔热耐磨等防护措施 5. 管接头胀接操作初始时，对最先进行胀接的几个管接头进行胀接效果的首检，以确认胀接参数是否合适 6. 管板设计参考文献[16] 7. 管接头结构参考文献[17] 8. 调整参数。对于直径较大、往复流程较多、流程间温差较大、缺乏成熟经验的平垫片有效密封宽度 b 修正为 $3.3\sqrt{b_o}$（b_o 为垫片基本密封宽度）。复合波齿或复合齿形金属垫片有效密封宽度 b 修正为 $3.3\sqrt{b_o}+3\mathrm{mm}$。带隔板，尤其是多管程隔板法兰密封计算中，局部调整隔板部位垫片压紧力的计算，以 N（垫片接触宽度）代替 b，即 $b=(2.0\sim2.6)b_o$。

续表

制造技术对策	1. 强调表 3.1 的基本对策 2. 管板周边折弯成形后,再加工管板中间布管区的内外表面 3. 注意挠性管板周边变厚度过渡段的几何尺寸,用模板检测其形位偏差 4. 注意挠性管板上的管孔要落在规定区域内,不要因偏差进入周边厚度过渡区内,以免管接头承受附加应力 5. 根据换热管管接头抛光清洁后的可能外径来调整管孔的直径偏差 6. 管板与壳体之间的环缝焊接后,再焊接管接头,减少管接头附加应力 7. 先焊高温端管板的管接头,后焊低温端管板的管接头 8. 不应把最靠近蒸发空间的两层管排的管接头作为首先的焊接对象,这两层管接头应在焊工熟练操作后焊接 9. 开发出只有 30mm 厚的薄管板管接头的胀接技术,保证管接头密封强度 10. 提出对管接头胀接操作中最先进行胀接的首检要求 11. 壳程蒸发空间的内件(如果有的话)应预先组焊,禁止在管接头胀接或焊接后踩踏换热管,以免损伤管接头

表 3.6 相变热交换器及其管接头的特点和技术对策 (2)

产品案例	催化装置油浆蒸发器	冷凝器
热交换器特点	4～6 多管程,流程间温差应力显著;管程有应力腐蚀开裂环境;壳程水(偏碱性)受热蒸发;壳程无膨胀节	
设计技术对策	1. 管接头强度校核时应考虑流程间温差应力的影响 2. 其他对策同表 3.5	防止内件结构对冷凝液体的流道造成阻塞
制造技术对策	1. 强调表 3.1 的基本对策 2. 根据换热管管接头抛光清洁后的可能外径来调整管孔的直径偏差 3. 管板与壳体之间的环缝焊接后,再焊接管接头,减少管接头附加应力 4. 先焊高温端管板的管接头,后焊低温端管板的管接头 5. 不应把最靠近蒸发空间的两层管排的管接头作为首先的焊接对象,这两层管接头应在焊工熟练操作后焊接 6. 开发出只有 30mm 厚的薄管板管接头的胀接技术,保证管接头密封强度 7. 提出对管接头胀接操作中最先进行胀接的首检要求 8. 壳程蒸发空间的内件(如果有的话)应预先组焊,禁止在管接头胀接或焊接后踩踏换热管,以免损伤管接头	

表 3.7 挠性管板热交换器及其管接头的特点和技术对策

产品案例	焚烧炉蒸汽发生器(废热锅炉)
热交换器特点	同表 3.5
设计技术对策	同表 3.5 注意管板厚度不够引起的径向应力超标问题
制造技术对策	同表 3.5

表 3.8   管板壳程侧防腐衬层热交换器及其管接头的特点和技术对策

产品案例	初底油减三线及三中热交换器	富 CO_2 甲醇/富 H_2S 甲醇热交换器	变换炉进气加热器/中压蒸汽过热器
热交换器特点	浮头结构,两管板双面堆焊	U 形管束结构,管板双面堆焊	U 形管束结构,管板双面堆焊
设计技术对策		1. 强调管接头强度胀接的密封强度 2. 管接头胀接操作中可在换热管端部约 25~30mm 区域定位胀接的方式先固定换热管[18] 3. 提出对管接头胀接操作中最先进行胀接的首检要求,判断定位胀的抗拉脱力是否足够防止在后续沿管板全深度胀接时发生滑动错位 4. 注意选择管接头胀接方式。液压胀接后换热管的长度会缩短,在换热管中引起轴向拉应力[19]	同富 CO_2 甲醇/富 H_2S 甲醇热交换器
制造技术对策	强调表 3.1 的基本对策	1. 管接头强度胀接密封试样应与实物一致,其差异性应作为产品实操工艺的调整依据 2. 换热管回厂后需复验,满足壳程防腐要求 3. 换热管应单根试压,夹具掩蔽的管接头段应通过 PT 方法检测其质量 4. 根据换热管复检外径来调整管孔的直径偏差 5. 其中的胀接采用液袋胀接 6. 管接头胀焊完成后需经过氦渗漏检测 7. 严格保证各工序质量。例如,总检员目视检查 8. 提出对管接头胀接操作中最先进行胀接的首检要求 9. 注意薄壁管接头焊接时不能熔化管壁至内壁,也不能高温氧化腐蚀换热管内壁,管内通入惰性气体保护 10. 胀管区质量的有效检测[20]	同富 CO_2 甲醇/富 H_2S 甲醇热交换器

表 3.9   壳程侧较高压热交换器及其管接头的特点和技术对策

产品案例	原油加热器	催化装置油浆蒸发器
热交换器特点	浮头结构且壳程压力高于管程压力	浮头结构且壳程压力高于管程压力
设计技术对策	壳程试压可能使浮头盖承受过大的外压,浮头垫片被压垮而失去回弹性,需兼顾多种工况设计校核。一般要增加螺柱	同原油加热器
制造技术对策	1. 强调表 3.1 的基本对策 2. 其中的胀接采用液袋胀接 3. 严格保证各工序质量,特别是管接头焊接质量	同原油加热器

表 3.10   管板和换热管等硬度管接头热交换器及其管接头的特点和技术对策

产品案例	惠州某公司进口的热交换器:煤化工装置热交换器、富/贫甲醇热交换器Ⅰ、贫甲醇冷却器、煤气-冷却气热交换器、水煤气废热锅炉
热交换器特点	管板和换热管材料等硬度的条件下胀接管接头
设计技术对策	1. 选优设计换热管与管孔的间隙公差 2. 强调管接头胀接试验 3. 提出根据材料性能和零件规格尺寸,在原有胀接评定基础上适当调整胀接参数的要求 4. 提出对管接头胀接操作中最先进行胀接的首检要求

续表

| 制造技术对策 | 1. 强调表 3.1 的基本对策
2. 与材料供应商专门商讨材料性能的技术指标及控制对策
3. 提出对管接头胀接操作中最先进行胀接的首检要求 |

表 3.11　多管板热交换器的密封及其管接头的特点和技术对策

产品案例	热交换器包含其他多功能工况	介质高度危害且应避免管程和壳程间窜通内漏的场合
热交换器特点	单一管束上组装有三块管板	固定管板式热交换器单一管束上每端组装有两块管板,共四块管板,常称双管板热交换器
设计技术对策	关注热交换器换热与蒸发、分解、蒸馏及聚合反应等两个或者多个功能的组合,以及特殊工况下管接头的受力分析和耐腐蚀性分析	同左栏
制造技术对策	1. 中间管板与两端管板之间相隔 1m 至几米不等的远距离深度强度胀接技术及工装的研发[21] 2. 三块管板接头的胀接顺序与两端管板接头的焊接顺序的合理化评定	参照左栏

表 3.12　高强度材料管束及其管接头的特点和技术对策

产品案例	核电站蒸汽发生器
热交换器特点	管接头材料强度高
设计技术对策	按专项标准规范进行设计
制造技术对策	例如对于材料强度较高的 Incoloy825 换热管和 12Cr2Mo1(堆焊 Incoloy625)管板的管接头,要通过试验保证足够的胀接载荷满足胀接质量要求,以免有害介质渗透到接头焊缝内引起腐蚀[22]

表 3.13　低应力管接头热交换器及其管接头的特点和技术对策

产品案例	管程侧管接头存在应力腐蚀工况
热交换器特点	管接头焊接后残余应力较低,可耐应力腐蚀工况
设计技术对策	1. 管程侧管孔周边加工有环形槽,相当于应力释放槽 2. 相对而言,管接头采用换热管端面基本与管板面平齐的组合后焊接应力低,采用管端凸出管板面的角接组合后焊接应力高 3. 管程侧管孔不胀接的一小段与换热管静配合,管孔内一大段与换热管间隙配合后胀接
制造技术对策	1. 小坡口;2. 精准组对;3. 低参数施焊管接头;4. 管接头施焊后消除残余应力
备注	低应力管接头可分为焊接后低应力管接头和运行时低应力管接头。后者才是真正耐应力腐蚀工况的管接头,但前者是后者的基础,后者需要通过预应力结构技术抵消介质工况载荷引起的应力

表 3.14　其他特殊管接头管束热交换器及其管接头的特点和技术对策

产品案例	苯乙烯第二脱氢反应器	甲醇合成装置终冷器	冷却器	聚丙烯循环气体冷却器	管程低残余应力的管接头
热交换器特点	采用管板背面对接焊管接头结构	可能两端的管接头都设计成管板背面对接内孔焊	离管端一段距离不胀接	1. 内孔焊式管接头 2. 管接头端口加工成弧形的流态化结构	1. 管接头只胀接就满足强度和密封要求,不焊接 2. 要求管接头焊接后消除残余应力
设计技术对策	同表 3.17 相应要求	1. 管板背面堆焊层上开设与换热管对接焊的坡口 2. 管板背面堆焊层上管孔周边开应力释放槽			1. 适当加厚管板 2. 考虑增加管孔环槽的必要性 3. 对管板和换热管材料的力学性能指标提出具体可行的要求
制造技术对策	同上栏	1. 同左栏 2. 管板背面所有凹凸台的平整度及先焊端的收缩,都影响到后焊端的组对间隙	1. 强调表 3.1 的基本对策 2. 应用深孔调节胀管器或专门的匀压胀管器	同表 3.3 相应要求	1. 管接头胀接工艺评定的技术支持 2. 产品胀接的质量保证和检测 3. 管接头焊接后消除应力及其对胀接的影响工艺评定

表 3.15　其他特殊结构管束热交换器及其管接头的特点和技术对策

产品案例	螺旋扁管管束	盲穿管束	大壳体小管束（非废热锅炉及蒸发器类）	非均匀布管的管束	防振管束
热交换器特点	管束内缺少支持板	由于某些原因,只能在壳体内盲穿换热管的管束	大壳体内的小管束需要固定,以便能够随着壳体一起转动	换热管在管板上的分布是不均匀的,存在明显的非布管区,或与 GB/T 151 的管板结构明显不一致	壳程进出口大口径
设计技术对策	1. 管板足够厚,管接头足够长,连接可靠,防止换热管振动导致管接头松动 2. 管束外围需设置若干强度足够的支持圈,各支持圈之间的轴向支撑需要有足够的强度 3. 设计专门的吊运方案	1. 综合管束长度和折流板间距与换热管资料,设置足够的管孔公差 2. 提出折流板与折流板、折流板与管板之间的管孔同轴度要求	管束既要在壳体内定位可靠,也要保证管束可沿轴向自由地热胀冷缩	1. 假设多种布管方案,综合 SW6 软件计算结果确定管板及其连接结构的尺寸 2. 在非布管区设置假管 3. 采用应力分析设计管板及其连接件	1. 考虑管束振动的计算校核 2. 合理设置防冲挡板等辅件

续表

制造技术对策	1. 保证管接头连接质量 2. 保证管束外围各支持圈本体强度及支持圈之间的支撑强度	1. 下料时保证每一块折流板的平整度，折流板钻孔前叠装时保证折流板与折流板叠装紧密 2. 钻孔时保证折流板与折流板之间各管孔以及折流板与管板之间各管孔的同轴度	综合热交换器整体结构确定是否需要在壳体内穿组装管束，采用相应的质量保证措施	1. 保证管接头连接质量 2. 正确制造安装辅件	正确制造安装防冲挡板等辅件

表 3.16　其他耐腐蚀管束热交换器及其管接头的特点和技术对策

产品案例	铜管热交换器、渗铝管热交换器、0Cr13 管热交换器
热交换器特点	专门的胀接工艺；专门的焊接工艺
设计技术对策	按专项标准规范进行设计
制造技术对策	1. 强调表 3.1 的基本对策 2. 铜管管束制造参照文献[23] 3. 换热管端渗铝层清理干净是关键，清理后应定量抽检 4. 管板孔应根据换热管端渗铝层清理后的实际外径适当调整 5. 注意管接头焊接时管内壁不熔化也不被氧化，通入惰性气体保护

表 3.17　反应器一体化热交换器及其管接头的特点和技术对策

产品案例	苯乙烯第二脱氢反应器	环氧丙烷反应器
热交换器特点	高温工况；一端的管接头设计成管板背面对接内孔焊结构，而且坡口本身无定位结构	管接头需经渗透检测；往往是大直径结构
设计技术对策	管板背面结构中与换热管对接的管板凸台壁厚应略大于换热管壁厚，以预防换热管与管板组对时的偏差对焊接效果产生不良影响	1. 参照表 3.2 2. 反应介质往往易燃易爆，管接头需经气密试验
制造技术对策	1. 强调表 3.1 的基本对策 2. 内孔焊结构中与换热管对接的管板凸台壁厚应略大于换热管壁厚 3. 逐层焊接，逐层检测。注意焊接的合理顺序 4. 优先采用匀压胀接技术。如果采用机电胀，要检测胀管器实际尺寸是否存在超标的偏差；还要检测并控制管孔内各处的直径基本一致，如果存在超标的偏差，需要调整该管孔接头的胀接参数，以使管接头在管板全厚度范围内都有满足要求的胀紧度 5. 如果是外来施工图，管板背面结构中与换热管对接的管板凸台壁厚应略大于换热管壁厚，以预防换热管与管板组对时的偏差对焊接效果产生不良影响 6. 提出对管接头胀接操作中最先进行胀接的首检要求 7. 采用专用工具对焊缝逐条检测	参照表 3.2
备注	产品案例另见 3.4 节	

3.4　热交换器式反应器管接头的密封

反应器和热交换器都是石油炼化及化工装置关键的、量大面广的设备。随着工艺技术和产业规模化的发展，过程工业工程中出现越来越多服役环境极端化与尺寸大型化的设备，由此不仅带来高参数的设计，引发超出在用标准适用范围的设计拓展以及设备失效模式的变化[24]，还带来工厂加工能力、制造工艺及无损检测技术的发展需求[25]。其中，国内企业在大型管壳式热交换器材料、结构设计、应力分析、换热管接头焊-胀技术、管板堆焊、现场组焊以及无损检测等关键技术方面取得相应的科研成果[26]。大型固定管板式反应器在过程工业生产中越来越被广泛应用，顺酐反应器就是典型，文献［27］以该案例为对象全面深入研究了其制造工艺。反应器及其撤热热交换器的结合可逐步提高两者结构紧凑性，实现轻量化建造，本节以此为分析对象，把各种列管热交换器式反应器按照分体式管连结构，分体式直连结构，分体式内连结构，一体化设备结构的顺序分成四类，逐一举例简介，从结构特点出发讨论这一特殊热交换器管接头的密封技术。

3.4.1　与反应器分体式撤热冷却器的管接头

(1) 撤热冷却器的流态化防疲劳管接头

固定管板式循环气冷却器是聚烯烃装置中与反应器紧密相随的核心设备，如图 3.15 所示。其两端管箱轴向的进出口通过带弯头的管道分别与反应器上、下段相连，构成气相反应沸腾床所需气体的循环流道，把反应后升温的气体引出来冷却到合适的温度再送回反应器。

由于换热效果的需要，该冷却器换热管较长，气流介质作用下换热管容易振动损伤管接头。又由于循环气夹带少量粉料，为了便于气固流畅，避免堵塞，该冷却器的管接头设计成流态化结构，因此管接头对胀焊工艺要求较高，在修磨管口后应保留足够的焊缝，抵御振动疲劳开裂。在制造技术上，换热管与管板的深孔焊本已具有一定的难度，如果要求在管接头深孔焊之后再将其管孔口处传统的直角结构加工成流态化的弧形结构，就涉及焊缝与母材之间、管孔口与深孔焊缝之间以及相邻管孔口之间等三种结构关系的协调问题，三种结构的成形加工分别使用了去材的机械加工、增材的铆焊加工和修整的手工加工等手段。某聚丙烯装置气体冷却器管接头端部结构设计成流态化结构，使介质进出管接头时均衡地保持所需的特种工艺流态。产品制造中通过对传统工装进行改造，开发应用了机械成形、内孔焊、液袋胀接、仿形修整、流道抛光、管板端面修磨等精细化加工

图 3.15　聚丙烯气相反应器与循环气冷却器

技术,才完全满足设计结构的加工要求,如图 3.16 所示[28-31]。

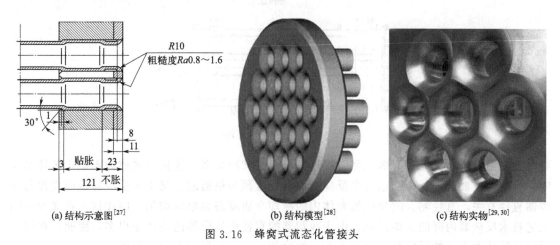

(a) 结构示意图[27]　　　　　　　　(b) 结构模型[28]　　　　　　　　(c) 结构实物[29, 30]

图 3.16　蜂窝式流态化管接头

有文献把管接头的流态化结构称作流线型结构,文献 [29] 则把管接头的流态化结构称作多维曲面结构,并指出这种结构可以基于管孔端口圆角半径、换热管径及换热管中心距的尺寸关系,设计成管束布管区域内管板原来的所有平面恰好被加工去除的形貌,由此而来的多维曲面结构可以使换热介质进、出口的局部阻力系数由常规的约 1.0 减小到 0,实现换热介质的高效分流。此结构不仅可以大大降低换热介质的驱动功率,而且可以避免管板运行中出现裂纹,有利于锅壳式锅炉或管壳式热交换器的安全运行。

(2) 撒热冷却器的段间整齐管接头

随着装置的大型化,传统的冷却器长度在满足工艺要求方面遇到了瓶颈。对此,某国外高密度聚乙烯装置循环气冷却器采用了图 3.17 所示的壳程分段结构专利技术,通过增设两块配对的中间管板把传统的壳程分为共用一个管程的两段壳程,传统的一台管束分为设计参数不同的两段管束,每段管束的换热管根数都是 3000 根,而且换热管在两块配对的中间管板上的排布是相同的,要求两块配对的中间管板上排布位置对应的每一对管接头都要对齐[32],也就是两段换热管的中心线一致,所有换热管端口之间的间隙均匀,每一对管接头之间的间隙均匀。为了保证两块配对的中间管板之间的密封,需要通过数值模拟计算各种工况条件下两块管板的变形,进而判断两块管板之间预留的间隙是否足够。间隙过小,两段管接头的管端相互顶碰,使管接头的受力、管板的受力和管板的密封受力变得复杂;间隙过大,携带粉体的气流经过管接头管端间隙时会引起复杂的旋流、积聚或堵塞,无法顺畅通过冷却器管程。此外,在耐压试验和设备安装等环节也提出了相应的技术要求。慎重地说,两块管板之间的实际间隙还应考虑到管板钻孔变形、管接头焊接变形等制造工序的影响,以免各种附加应力对管接头造成损伤。

3.4.2　与反应器直连式撒热冷却器的管接头

任何化学反应的过程都会伴随热效应的产生,因此传热问题是化学反应器普遍存在的基本问题。以环氧乙烷这一应用广泛的化工产品反应过程为例,由于反应放热强烈,反应结果又十分敏感地依赖温度状况,因此传热问题成为环氧乙烷工艺技术的关键问题[33]。国际上环氧乙烷工艺技术主要有 Dow 公司、SD 公司和 Shell 公司三种有所区别的工艺技术,相应的反应器简称 EO 反应器,都是立式安装的固定管板列管热交换器。由于环氧乙烷反应后需

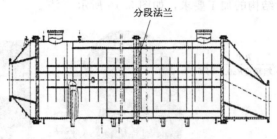

图 3.17　壳程分段冷却器[31]

要马上降温，因此反应器下部也都直接连接有列管式冷却器，连接方式成为不同工艺技术反应器外貌的主要区别。个别也有在反应器前端设置预加热器的。又由于反应器生产规模与反应器直径有关，直径越大的反应器壳体内的冷却介质流态越难以均匀，因此这一点成为不同工艺技术反应器内部的主要区别。由于冷却器的直径比反应器的直径小得多，因此，在设计时要关注从大直径的反应器过渡到小直径的冷却器时，介质流态的均匀性。

(1) 法兰连接冷却器

Dow 公司技术的反应器和冷却器通过法兰直接连接，如图 3.18 所示。法兰可拆卸结构便于对反应器和冷却器的管接头进行维护。

图 3.18　反应器与换热器法兰直连

(2) 焊接连接冷却器

2019 年 7 月，中国一重首次采用自主研制的体外锻造技术，一次成功锻造了国内最大直径 $\phi 8.8m$ 的 EO 反应器超大管板锻件，为整块管板上管接头的均匀性打下了基础[34]。而传统工艺拼接的管板自身结构性能不均匀，设备运行中的力学行为不均匀，使管接头的受力不均匀。管接头除承受特别的反应热应力外，与卧式热交换器设计的不同之处是管接头承受大型管板自重作用，与上管板和下管板连接的管接头受力不一样。重大反应器的管接头需要精密的装配精度，以保证管接头焊接和胀接效果的均匀性，杜绝易燃易爆介质的任何泄漏。

SD 专利技术 EO 反应器和冷却器的直接串联焊接连接如图 3.19 所示，冷却器壳体一端与反应器封头顶部上的大开孔直接组焊连接，合并为了一台设备，这种不可拆卸结构因为内部空间有限，不便对反应器和冷却器的管接头进行检修维护，因此设备制造时要更加关注管接头的优化设计和每一工序制造质量，避免设备运行后出现管接头的修理。SD 公司的反应器结构较 Shell 公司的反应器结构复杂，壳体内以折流杆夹持换热管，而 Shell 公司则采用斜置的折流板形式。折流杆既便于介质纵横流动，平衡热分布状态，也能提高换热管的抗振性能，保护管接头运行中的稳定性。折流杆相对于折流板的管间流场扰动较小，流动阻力也小，但是对管间冷却介质沸腾气泡的破碎作用和强化传热作用的效果要差一些[35,36]。

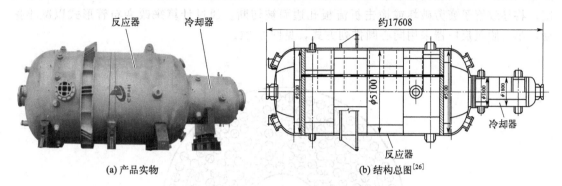

(a) 产品实物   (b) 结构总图[26]

图 3.19　SD 专利技术 EO 反应器

单位：mm

3.4.3　与反应器分体内连式热交换器的管接头

图 3.20 所示是苯乙烯脱氢反应器顶部的中间热交换器结构，膨胀节设置在高温入口端。

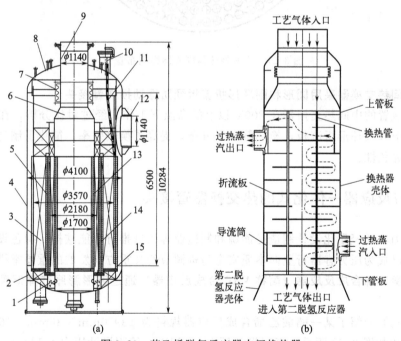

(a)   (b)

图 3.20　苯乙烯脱氢反应器中间换热器

1—内部瓷球；2—下封头；3—脱氢催化剂；4—筒体；5—氧化催化剂；6—圆锥体；7—膨胀节；8—上封头；

9—中心接管；10—人孔；11—热电偶管；12—管口；13—中心栅网；14—中间栅网；15—外部栅网

(a) 来源：参考文献［37］；(b) 来源：参考文献［38］

这类特殊热交换器采用了诸多有利于管接头的技术对策[39]：

(1) 中间热交换器把膨胀节从入口高温端移到两块固定管板之间的较低温处

改善膨胀节的高温热应力状态，间接地改善管接头的受力状态。

（2）中间热交换器采用同心圆排列布管预防振动损伤管接头

苯乙烯第二、三脱氢反应器上部的中间热交换器，属于管壳式热交换器。由于壳程中过热蒸汽流速快，当横向穿越管束时，可能激发管子振动或声振动。如果振动剧烈到一定程度，将导致管子疲劳破坏或撞击折流板孔边而被切断。通过计算来改变布管形式以减小振动，第二脱氢反应器采用同心圆排列方式，见图3.21。

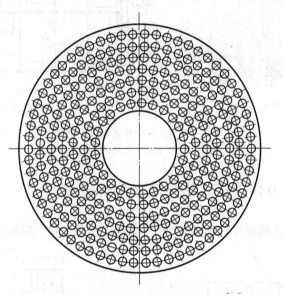

图 3.21 中间换热器同心圆排列布管[39]

（3）中间热交换器采用圆形和圆环形折流板预防振动损伤管接头

苯乙烯装置的中间热交换器在800℃以上的高温下工作，经过对比分析，在管束结构设计中采用圆形和圆环形折流板，换热管环形分布，提高了换热效率，简化了制造工艺，并增加了设备的完整性。

3.4.4 与反应器一体化式的热交换器管接头

大型压力容器轻量化设计制造是能源和制造业等领域推行节能减排、绿色设计与制造的重要途径，已成为压力容器行业向本质安全与资源节约并重方向发展的重要举措。

（1）醋酸乙烯合成反应器（简称 VAC 合成反应器）通过波形膨胀节降低管接头的附加应力

文献［40］介绍了某一醋酸乙烯合成反应器规格为 $\phi3950mm \times 36mm \times 16694mm$，重约192t，结构如图3.22所示。壳程设计压力1.6MPa，管程设计压力1.1MPa，壳程、管程设计温度都是225℃，壳程操作介质是纯水，管程操作介质是乙烯、醋酸、氧气、二氧化碳、氮气、醋酸乙烯、水等。反应器的壳体材料16MnR。管程对晶间腐蚀要求很高，一方面提高材料等级，管箱筒体材料采用16MnR+316L复合板，管板材料采用16Mn锻件堆焊316L，换热管材料采用316L，保证包括管接头在内的管程结构的耐腐蚀性；另一方面，在管程和壳程设计温度相同的条件下，还在壳程设置3波形膨胀节，协调管程和壳程的热膨胀位移差，尽量消除管接头的附加应力。

（2）环氧丙烷反应器（简称 PO 反应器）通过专有技术保证管接头质量来承受分散的热载荷

2018 年 4 月，国内首套双氧水直接氧化法（HPPO 法）制环氧丙烷成套技术顺利完成工业装置满负荷标定，其物耗、能耗、转化率、选择性等各项标定指标均优于设计值，产品质量超过国标优级品标准[41]。图 3.23 所示立式安装的固定管板式热交换器是双氧水氧化丙烯合成环氧丙烷装置中关键的环氧化反应器[42]，其密封技术有两大特点。

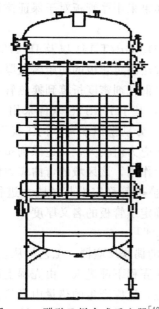

图 3.22 醋酸乙烯合成反应器[40]

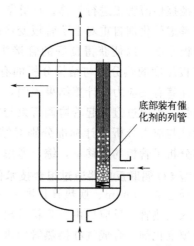

底部装有催化剂的列管

图 3.23 环氧丙烷反应器[42]

一方面，通过反应工艺技术均衡热载荷。首先双氧水和丙烯等原料混合物由底部进入反应器，然后经过装有催化剂的列管，在列管中反应生成环氧丙烷和少量副产物，最后由顶部流出反应器。此反应为强烈放热反应，且原料混合物刚接触列管下部催化剂时反应最为剧烈；沿列管从下到上，反应物浓度上升，原料混合物浓度下降，反应放热随之减少，反应热由流过列管与壳体之间的冷却介质带走。如果反应热不能及时被带走，列管内的热量积聚，温度上升，副反应加剧，造成副产物增加，反应物中环氧丙烷的收率下降。为了避免下管板上的管接头承受过大的热载荷，在列管的底部设有支承件，在支承件上方从下至上分别设有惰性瓷球、加入惰性瓷球的催化剂、催化剂。在催化剂中加入惰性瓷球即减少催化剂量，以降低原料混合物刚接触列管下部催化剂时反应的剧烈程度。进一步改善反应程度的技术对策是采用多段式列管反应器[42]，把同一壳体内原来的每一条反应列管，分成上、中、下多段反应管，在每一段反应管中装填各自的催化剂。

另一方面，通过管接头结构质量提高承载能力和密封强度。双氧水学名为过氧化氢溶液（hydrogen peroxide），别名乙氧烷，是一种化学性质不稳定的无机化合物，属于爆炸性强氧化剂，也是世界卫生组织公布的致癌物。环氧丙烷（propylene oxide）又名氧化丙烯，有毒。因此，环氧丙烷的生产过程对列管式固定床反应器结构强度及连接密封的要求很高，反应器国产化厂家通过专有质量技术降低管接头的附加应力，提高管接头的密封强度。

文献［43］也公开了一种列管式固定床环氧丙烷反应器的改进技术。其关键是通过在列管式固定床反应器的管程中装填多层催化剂且控制各层间量的比例来分散反应，避免催化剂集中引起的反应热局部集中。将丙烯、双氧水、甲醇、助剂等多种原料送入列管式固定床反应器时，进料方向与所催化剂的活性递增方向一致。结果表明反应放热均匀，催化剂床层温度为 25～50℃，管程内热点温升≤10℃，管程进口压力为 1～3MPa（表压）。

（3）催化合成反应器通过优化管板厚度改善管接头受力状况

图 3.24 所示某合成反应器直径较大，反应过程中不断进行放热，操作中对内部温度的均匀性控制不当，很容易出现局部结构的飞温现象，如果采用厚管板对于保证该设备长周期运行的风险较大，因此选用了挠性薄管板结构[44]。

文献［44］采用 GB/T 150、SH/T 3158、西德 AD、GB/T 151 以及 JB 4732 标准中的方法对大直径挠性薄管板进行计算。计算前先按传统方法确定管板的初始名义厚度。有限元模拟计算中考虑催化剂自重对上下管板变形的影响，将催化剂密度折算到换热管上。为了确定恰当的管板厚度，以便获得良好的管接头受力状况，基于 ANSYS 软件采用 APDL 语言建立不同管板厚度的热分析与结构分析的有限元模型，分别模拟 6 种不同工况下的热-结构耦合分析，计算有关应力。计算结果表明，管板边缘区应力值较大，从边缘到布管区中心呈波动衰减趋势，管板过渡段起着协调管束与管板的变形作用，该区域的弯曲应力值较大。最后按规则设计与应力分析设计标准分别对结构应力、换热管稳定性与拉脱力进行了强度评定，同时也分析了管板的位移量，综合考虑有关因素确定了管板的名义厚度。

（4）大型 CO 偶联反应器通过组合技术保护管接头[45]

壳体直径达 ϕ6000mm、换热管长度 L=8000mm 的偶联反应器，工艺气从上管箱进入，由分布器导入换热管，反应后由下管箱排出。冷却水从壳程下部进入，由壳程上部排出。换热管内部装填催化剂，合成气在换热管内进行偶联反应，反应产生的热量由换热管外的冷却水带走。保护换热管和管接头的措施如下：

第一，冷却水从壳程底部进入，沿换热管外表壁面被汽化，将反应过程中产生的热量带走。

第二，在封头上设介质入口，入口处设挡板式分布器。

第三，壳体带有 3 波形大型膨胀节。

第四，管板采用三层复合材料（碳钢、不锈钢、镍）进行堆焊。

第五，沿壳体壁设置环形导流筒和导流板，减少了温差及热应力。

第六，反应器管束采用格栅式折流圈，即每一根换热管由三条格栅支撑，使得管束无振动，流体分布均匀且阻力小。

第七，带开孔挡板分配器和环形多通道冷却液分配结构，通过挡板开孔和导流使流体分布均匀，反应温差减小。

（5）大型甲醇合成反应器制造中管接头残余应力的控制

图 3.25 是某单位制造的 250kt/a 甲醇合成塔，按结构形式属于固定床式换热反应容器，是当时国内同类合成塔中单体规模最大的。该设备规格为 ϕ4014mm×13881mm×66mm；换热管数量 4309 根，规格为 ϕ44mm×2mm×7000mm；带堆焊层管板规格为 124mm＋7mm。此反应器较为特殊的结构决定了其管接头的关键制造工艺[46]。

首先是对于该厚壁管接头的胀接，为预防壳程的锅炉水杂质渗入下管板管接头中引起腐蚀，必须保证胀接质量。因此采用先胀后焊对策，以免焊缝提高了胀接变形的难度，同时也便于检查胀接效果。

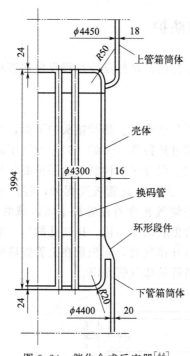

图 3.24 催化合成反应器[44]

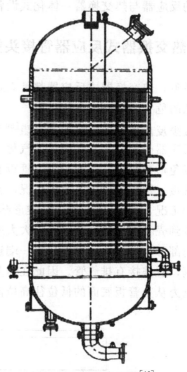

图 3.25 甲醇合成塔[46]

其次是尽量减少相关焊接施加给该管接头的残余应力。一方面，上、下管板是镶嵌在加强段筒体内部，且均为双面全焊透结构，焊肉较厚，因而易使管板产生焊接变形，如果管接头两端都先于管板该缝焊接，则管接头会承受此莫名的附加应力；另一方面，管束的支持板为整圆板，决定了筒体的最终合拢焊缝必须在筒体的中间部位，且此条焊缝只能进行局部热处理，如果管接头两端都先于管板该缝焊接，则合拢焊缝的收缩会通过两块管板施加给接头（特别是管板周边的管接头）沿轴向压缩换热管的应力。

水冷式与气冷式百万吨级甲醇反应器技术开发不仅是规模的放大[47,48]，还包括大流量高速流冷却介质经过换热管间时的列管防振对策。图 3.26 所示夹条式支承格栅结构使每一条换热管都紧固在了夹条上的圆弧中，取得了很好的防振效果。

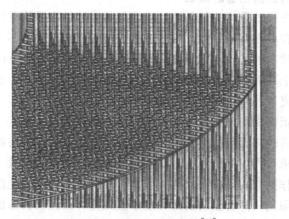

图 3.26 夹条式支承格栅[48]

类似的反应器与热交换器一体化式设备还有三聚氰胺反应器[49]、聚合反应器[50] 等。

3.4.5 热交换器式反应器管接头的壳程防护

目前所见，热交换器式反应器都是立式安装运行的，虽然反应过程发生在管程，但是有些值得注意的危害因素却出现在壳程。

（1）减少反应器上部管接头的热阻[50,51]

有的反应器壳程冷却水在壳体内汽化，蒸汽堆积在壳程上部管接头的下面，这些蒸汽需及时排出以免形成热阻，进而避免上管板底面局部过热损伤。文献 [51] 设计了薄钢板制造的圆锥形管板，适用于压力不高的工况，文献 [52] 设计了锻件制造的圆锥面管板，适用于压力较高的工况，如图 3.27 所示。锥形凸出的那一面设置在管板壳程侧，将汽水混合物中的气相引流到壳程周边的气相空间，大大缩短壳程侧气相介质在管板中间区域的停留时间。上管板的内部开有排气孔，排气孔的一端连通上管板底面的高位，排气孔的另一端连通至上管板的外侧，且连接有排气管。因此在需要时，打开排气管，则积聚在上管板底面的气相依靠自身的压力从上管板底面的低位往高位流动，最终从排气管排出。

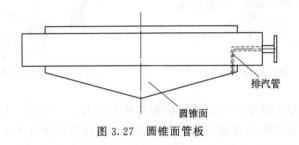

图 3.27　圆锥面管板

（2）增强管板上表面排污，减少管板上表面积液[53,54]

不少立式反应器壳程冷却水通常循环运行，长期运行过程中累积了一些杂质，沉积在管板壳程侧的表面。反应器检修时需排净壳程的水和杂质，传统的平面形管板在直径较大时，或者管板表面存在凹变形时难以实现这些要求。如果管板上表面呈朝上的拱形状或倾斜平面状，并且在管板周边开有排液孔，就可以在运行中或需要时，打开排出管，把沉积在下管板顶面的杂质排出，避免过多的夹杂覆盖下管板的上表面造成局部过热损伤。

（3）减少反应器内部换热管的热阻

管接头结构因其连接处受力的复杂性及其密封的重要性而受到重视，对热交换器式反应器内部折流板的重视程度相对低一些，关于这些折流板的研究报道不多，因为大多数折流板采用了热交换器标准推荐的常规形式，结构和功效简单。曾有发现反应器壳程水介质的杂质沉积在大直径折流板上表面的局部缓流区域，阻碍换热管的换热，影响反应均衡性，对换热管和折流板造成垢下腐蚀，应予以关注。

（4）浅曲面薄管板提高耐压强度，降低管板温差热应力

薄管板常用于具有较高温度的热交换器，以减少管板壁后方向的温差及其热应力，但是常见的平面形薄管板承受内压的能力有限，相对而言，曲面薄管板属于壳结构，承受内压的能力高一些，可以用作高温高压工况的热交换器管板。球面薄管板是曲面薄管板的一种。由于管接头焊接的结构限制，薄管板的曲面深度不宜太深，因此较大球面半径的浅球面薄管板是综合性相对适宜的结构。鉴于浅球面薄管板是一种非标管板，其合理的壁厚设计一直是工程应用的难点。文献 [55] 基于 JB 4732—1995 分析设计标准及通用有限元软件，对某热交换器用浅球面非标管板进行了分析设计，重点对分析设计的应力分类法和极限载荷法计算管板壁厚进行了对比研究。结果表明，相对于平面厚管板，在相当条件下，基于分析设计方法计算得到的浅球面管板厚度降低了约 75%；在 4MPa 设计压力下，应力分类与极限载荷两种分析设计方法得到的浅球面管板厚度相当。

3.4.6 热交换器式反应器管接头的管程防护

立置的管壳式热交换器，其管程介质属于有毒有害流体时，为了停车时方便排除干净管程介质，可有五个方案。

第一个方案是标准推荐的结构。GB/T 151—2014 标准资料性附录 H 关于管接头焊缝形式中，有 d) 和 e) 两种结构可用于立式热交换器上管板不允许有积液的场合。这两种焊缝形式都是换热管缩入管孔内，焊缝只连接换热管端部壁厚和管孔，由于换热管壁厚很薄，焊缝的抗拉强度有限。除此之外，标准推荐的结构还有另一个隐患，就是管接头焊接过程难免产生的管板整体平面凹变形会储存积液。因此这两种焊缝形式不是十分完美的结构。

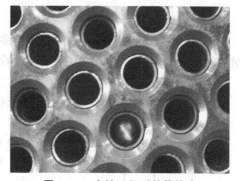

第二个方案是管接头焊接后再加工去除余高的平管头结构。工程中常采用管孔端口开设深坡口的结构，如图 3.28 所示，待管接头焊接后，再机械刮削焊缝至与管板表面平齐。该方法可以解决焊缝高度有限导致的抗拉强度偏低的问题，但坡口加工和焊接相对困难。

第三个方案是设备整体倾斜[56]。无论是轻微的倾斜还是明显的倾斜，都将涉及所有进出口法兰密封面的倾斜，牵连较多。

图 3.28 大坡口组对的管接头

第四个方案是非平面管板。如图 3.29 所示，上管板的上表面是拱形的，构成一块中间厚周边薄的不等厚管板，液体自然会从管板较厚的中间区域流向周边，管板中间不会积液，是立式热交换器上管板平管头结构的一种替代方案。

第五个方案如图 3.30 所示，上管板的上表面是倾斜的，构成一块不等厚斜面管板，液体自然会从图中管板较厚的左侧流向右侧，完全排放干净，是立式热交换器上管板平管头结构的另一种替代方案。该结构的缺点是会引起管板周边应力分布的周向不均匀性。

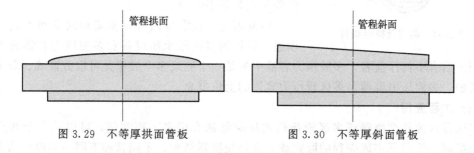

| 图 3.29 不等厚拱面管板 | 图 3.30 不等厚斜面管板 |

如果管板的管程一侧设计成图 3.29 和图 3.30 所示的不等厚管板，停车时让残液方便地

从较厚的部位向较低的部位流动，再集中从管口高度最低的几个管接头口排到下管箱，或者排出管箱，则绝大部分的管接头结构不必设计成平管接头结构，采用传统工艺即可加工制造，有利于保证产品质量。对于不等厚的管板结构，主要的问题是要控制管板厚度差，不要超过设计的名义尺寸，以免斜面上的流体介质分布太不均匀，避免对工艺产生明显的不良影响。

以 DN1000 的管束为例，只要管板厚度差有 10mm 即可方便残液流动，ϕ25mm 换热管的管接头坡口高低差最大只有 0.25mm，试验表明，这对管接头焊接操作影响不大。同时，该结构因为管板强度和刚度不对称而引起的应力不对称分布的不良影响也不会很大。

综上所述，热交换器式反应器管接头的结构和功能各有不同，包括材料防腐蚀、抵抗振动和疲劳、便于介质进出、降低热应力、优化胀接均匀性、改善受力状况等，强化技术的针对性很强。热交换器和反应器两者的深度结合，提高了设备结构紧凑性，实现了大型压力容器的轻量化建造，是推行节能减排、绿色设计与制造的突破和创新[57]。

3.5　多区段式热交换器管接头的密封

(1) 客观现象

文献 [58] 针对工程实践中越来越多在工艺上前后连接，而且在结构上相互装配或者安装方位相邻，而且介质通道有别于传统管道的同类设备，统称为多区段承压设备，主要是串通的分段式、分室式或分区式反应器或热交换器。这些紧密相连的设备，其名称相同而工业上习惯以名称加序号的方法来标识。另外，热交换器还因其结构上分开的管程和壳程而属于 TSG 21—2016[59] 中的多腔压力容器。类似的多腔设备还有夹套式压力容器等。常见的夹套管式换热结构的内腔和夹套是不串通的，但是刺刀管热交换器（又称插入管式热交换器）是个例外，其换热组件包括一根中心内管和一根换热外管，如图 3.31 所示[60]。中心内管的两端都是开放端，换热外管的两端分别为开放端和封闭端。换热外管的开放端连接于下管板，中心内管的上开放端连接于上管板，中心内管的下开放端穿过下管板直接插入到换热管的封闭端。因此夹套的内腔和夹套是串通的。

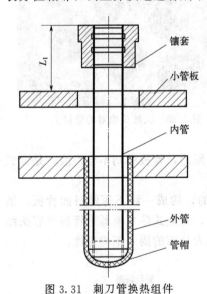

图 3.31　刺刀管换热组件

（图中标注：镶套、L_1、小管板、内管、外管、管帽）

由此可见，在设备内部介质流动的空间上是否能够串通，可作为多区段承压设备和多腔压力容器的主要区别。但是后者不排斥前者，多腔压力容器中的某一个腔或多个腔里是可以分段式、分室式或分区式的。多腔压力容器是多区段压力容器的上位概念。

(2) 工程应用

多区段式纯热交换器或多区段换热式反应器都有很多工程案例，可以从多个基点去分类，包括同一管程下多段壳程的卧式或立式热交换器结构、不同管程下同一壳程分为多壳区的热交换器结构、分体化式多段热交换器结构、一体化式多段热交换器结构以及换热与其他功能区段直连的设备结构等。由于本书篇幅所限,笔者将对各种多区段式热交换器另作专文介绍,这里只提一下典型应用,例如卧式的双壳程四管板二联列管热交换器式反应器[61]、苯乙烯装置三联热交换器[62]、五段低温多效海水蒸发器[63]以及立式的二段重叠热交换器[64]、苯乙烯装置四联热交换器。

(3) 技术特点

多区段式热交换器的工艺特点是多管程或多壳程联通,流程之间和区段之间存在交互影响,某一流程前段的参数对后段的参数有不良影响时难以通过另一流程进行及时的调控。多区段式热交换器的结构特点是零部件紧凑、功能复杂高效,而且外形尺寸较长、较大,单体很重。卧式设计时要特别关注支承平衡不致变形、支承灵活不致阻挠,避免管接头附加应力;立式设计时要特别校核风载荷附加给管接头的应力,此外,管束上管板上表面管端不宜存储介质,管束上管板下表面不要积存气相形成热阻,管束下管板上表面管接头应胀接消除间隙,避免缝隙腐蚀。制造时多种零部件材料组焊工艺评定较多,热处理参数需满足不同材料要求而操作范围窄,工期较长。检修时内部空间有限,施工不便,一般无法更新换热管。

参 考 文 献

[1] 鲍碧霞,王昌盛.铜制 U 形换热器制造焊接技术的研究 [J].压力容器,2020,37 (5):74-78.

[2] 刁晓丹,梁学峰,高磊.工作温度对换热管与管板胀接接头性能的影响 [J].压力容器,2023,40 (5):19-24.

[3] 严惠庚.换热管液袋式液压胀接装备与技术 [D].上海:华东理工大学,1998.

[4] 胡玉红,陈龙,张强,等.换热器管板胀接接头高温下拉脱实验研究 [J].科学技术与工程,2009,9 (15):4534-4538.

[5] 李伟,王强,杨笑瑾,等.镍基合金换热管与镍基合金管板液压胀接试验研究 [J].化工机械,2017,44 (4):386-389.

[6] 洪瑛,王学生.基于材料双线性模型的液压胀管理论计算 [J].化工设备与管道,2019,56 (3):20-25.

[7] 蔡建明.大型硫磺回收装置三合一硫冷器设计 [J].石油化工设备,2019,48 (2):38-42.

[8] 关庆鹤,廉松松,李国骥.一种镍基合金堆焊管板与换热管对接焊坡口加工工艺研究 [J].锅炉制造,2018 (2):45-48.

[9] 高海水.列管式废热锅炉制造中内孔焊接技术的应用 [C]//中国机械工程学会压力容器分会,合肥通用机械研究院.全国第四届换热器学术会议论文集.合肥:合肥工业大学出版社,2011:97-102.

[10] 凌翔轔,沈林,张少勇,等.组合氨冷器的设计及制造 [C]//压力容器先进技术:第九届全国压力容器学术会议论文集.合肥:合肥工业大学出版社,2017:918-925.

[11] 高磊,张迎恺,霍欢.油浆蒸气发生器减应力槽管板焊接工艺研究 [C]//中国机械工程学会压力容器分会,合肥通用机械研究院.全国第四届换热器学术会议论文集.合肥:合肥工业大学出版社,2011:72-76.

[12] 胡柏松,李金红,赵景利.管壳式换热器中换热管与管板的活性连接技术 [J].河北工业大学学报,2009,38 (4):24-27.

[13] 张治川,黄磊,周波.重叠式多套管换热器结构与管头密封设计 [J].压力容器,2012,29 (3):22-25,79.

[14] 杨振国.核电装置热交换器的失效分析及其应用 [D].上海:复旦大学,2011.

[15] 杨振国,袁建中,祝凯,等.一种预防核电装置换热器腐蚀失效的管板口密封方法:CN102435093A [P].2012-05-02.

[16] 张贤福.高压挠性薄管板的计算 [J].压力容器,2014,31 (4):49-53.

[17] 吴磊,周挺,张海波,等.加丝内孔焊工艺开发及其在厚壁管废锅上的应用 [C]//压力容器先进技术:第八届全国压力容器学术会议论文集.北京:化学工业出版社,2013:798-802.

[18] 郑东宏,王仕航,吕俊娥,等.Ni-Cr-Fe 合金 690 在压水堆核级承压设备中的应用 [J].压力容器,2015,32 (9):66-74.

[19] 曹亚熹,李永华,曹锦荣.立式预热器换热管裂纹原因分析及对策 [C]//中国机械工程学会压力容器分会,合肥通用机械研究院.第五届全国换热器学术会议论文集.2015:284-287.

[20] 师绍猛，王哲，曹刚，等．非能动余热排出热交换器制造阶段胀管区质量检测 [J]．压力容器，2015，32（10）：67-70.

[21] 唐再文，肖枝明，赵琳．三管板换热器深度强度胀接工艺初探 [J]．化工机械，2019，46（4）：378-381.

[22] 李金梅，齐文宽，蒋春宏，等．蒸汽发生器 Incoloy825 换热管泄漏原因分析 [J]．石油化工腐蚀与防腐，2019，36（4）：51-54.

[23] 刘敏．V 形密封槽在薄壁换热管与管板胀接连接接头中的应用 [J]．压力容器，2014，31（4），24，65-69.

[24] 陈学东，崔军，范志超，等．我国高参数压力容器的设计、制造与维护 [C]//压力容器先进技术：第八届全国压力容器学术会议论文集．北京：化学工业出版社，2013：9-21.

[25] 聂颖新．加氢反应器等大型石化容器制造的发展现状 [J]．压力容器，2010，27（8）：33-39.

[26] 赵景玉，黄英，赵石军．大型管壳式换热器的设计与制造 [J]．压力容器，2015，32（3）：36-44，75.

[27] 付庆端．大型固定管板式反应器制造工艺研究 [D]．昆明：昆明理工大学，2020.

[28] 牛步娟，周彩云，姚博贵，等．第一反应器顶部冷凝器关键制造要点解析 [C]//2020 年第六届全国换热器学术会议论文集．合肥：中国科学技术大学出版社，2021：129-134.

[29] 卜银坤．一种新型管板的结构设计 [J]．化工设备与管道，2013，50（1）：25-28.

[30] 蒋小文．浅析管壳式换热器换热管与管板的连接管接头 [C]//中国机械工程学会压力容器分会，合肥通用机械研究院．全国第五届全国换热器学术会议论文集．2015：215-221.

[31] 王雪松．聚丙烯循环气冷却器的制造与检验 [J]．石油化工设备技术，2009，30（5）：5，7-10.

[32] 于兰，闫东升．浅谈分段式循环冷却器的设计要点 [J]．石油化工设备技术，2018，39（6）：19-21.

[33] 唐玉雁．环氧乙烷反应器研究 [D]．上海：华东理工大学，2001.

[34] 杨晓禹．大型石化 EO 反应器超大整体管板研制 [R]．黑龙江：中国第一重型机械股份公司，2020.

[35] 李鱼，赵石军，赵景玉．环氧乙烷反应器的国产化研制 [C]//中国机械工程学会压力容器分会，合肥通用机械研究院．全国第四届换热器学术会议论文集．合肥：合肥工业大学出版社，2011：114-117.

[36] 李春会，张宗尧．SHELL 和 SD 环氧乙烷反应器的对比 [J]．一重技术，2018（3）：25-27，53.

[37] 张国松，张勇，刘斌，等．苯乙烯装置 SMART 反应器制造 [J]．压力容器，2006，23（3）：28-31.

[38] 钱小燕．苯乙烯装置中的高温换热器设计 [J]．压力容器，2006，23（5）：29-31.

[39] 刘明福．脱氢反应器结构的改进及应力分析 [J]．压力容器，2002，19（8）：21-23.

[40] 王传志，刘玉华．醋酸乙烯合成反应器焊接试验与制造工艺 [J]．压力容器，2009，26（10）：24-29.

[41] 中国石化石油化工科学研究院科研处．中国石化开发的双氧水法制环氧丙烷成套技术完成满负荷标定 [J]．石油炼制与化工，2018，49（7）：24.

[42] 陈超，李艳明，周惠萍，等．多段式列管反应器及利用该反应器制备化合物的方法：CN103111240A [P]．2013-05-22.

[43] 王根林，丁克鸿，徐林，等．一种用列管式固定床反应器合成环氧丙烷的方法：CN109999727B [P]．2021-11-26.

[44] 徐君臣，吴云龙，沈鋆，等．大直径挠性薄管板合成反应器的有限元分析 [J]．压力容器，2016，33（4）：30-36.

[45] 郭宏新．大型偶联反应器研制 [R]．江苏：江苏中圣高科技产业有限公司，2015.

[46] 王文全，王风友，岳伟，等．大型甲醇合成塔的制造技术 [J]．化工设备与管道，2013，50（6）：19-24.

[47] 毛红丽，周霞，张惠敏，等．气冷甲醇反应器的设计 [C]//压力容器先进技术：第八届全国压力容器学术会议论文集．北京：化学工业出版社，2013：6.

[48] 徐刚．中国石化压力容器发展史 [M]．北京：中国石化出版社，2020：301-311.

[49] 王菊，鹿凤云，赵飞．三聚氰胺主反应器管束制造关键技术 [J]．化工设备与管道，2021，58（1）：29-33.

[50] 马维丽，赵家炜，曹文辉．聚合反应器内冷管组与壳体的组装 [J]．压力容器，2011，28（10）：56-59.

[51] 李聪晓，栾振威，凡，等．一种挠性薄板锥形管板立式废热锅炉：ZL201910278524.X [P]．2019-07-05.

[52] 黄嗣罗，陈孙艺，刘恒，等．一种防壳程气相热阻的换热器：CN 212931093U [P]．2021-04-09.

[53] 陈孙艺，吴为彪，陈东标，等．一种防管程积液的换热器：CN 212931091U [P]．2021-04-09.

[54] 陈孙艺，黄嗣罗，吴为彪，等．一种防壳程固相热阻的换热器：CN 212931092U [P]．2021-04-09.

[55] 张国晋，王泽武，胡大鹏．换热器浅球面非薄管板分析设计 [J]．化工设备与管道，2013，50（6）：5-9.

[56] 姜红梅，王微，胡玉梅．管壳式换热器换热管与管板的特殊连接结构 [J]．纯碱工业，2013（3）：25-27.

[57] 刘农基，聂颖新，陈崇刚，等．广西石化渣油加氢反应器轻量化设计制造 [J]．压力容器，2015，32（1）：

25-35.

[58]　陈孙艺. 多区段反应器相连结构技术进展 [C]//压力容器先进技术：第十届全国压力容器学术会议论文集（上）.
　　　合肥：合肥工业大学出版社，2021：425-433.

[59]　TSG 21—2016 固定式压力容器安全技术监察规程.

[60]　刘斌. 第一废热锅炉管束制造工艺研究 [J]. 压力容器，2017，34（5）：64-69.

[61]　张铎，丛国玉. 合成氨生产的 $750m^2$ 主热交换器设计 [J]. 化工设备设计，1998（4）：4，39-42.

[62]　陈亮，郭巧霞. 苯乙烯装置三联换热器 E-2201 泄漏原因及防护措施 [J]. 化工管理，2019（16）：153-155.

[63]　柴帅，张健，高伟，等. 海水淡化装置回热器技术研究 [J]. 石油化工设备技术，2021，42（5）：8-15.

[64]　杨国强，杨景轩. 立式重叠换热器的应力计算 [J]. 化工设备与管道，2017，54（5）：23-26.

第4章

特殊管接头的焊接工艺评定

与 GB 151—1999[1] 标准相比 GB/T 151—2014[2] 标准修订了管接头强度焊接的定义及结构形式，增加了内孔焊；增加了资料性附录 H "换热管与管板连接接头的焊缝形式"；取消了附录 B "换热管与管板连接接头的焊接工艺评定"。

4.1　管接头的焊接分类及其评定要求

管接头密封的焊接大多与管接头的强度焊接结合在一起，管接头的组对形式可以根据换热管与管板孔两者的相对位置来区分。管端有四大类结构，包括凸出管板正面、与管板正面平齐、缩进管板孔内、与管板背面连接。管接头的焊接也主要分为四种，包括正面端部外焊接、管孔内焊接、管接头背面角接焊接、管板背面对接焊接等。这些结构的主要区别在于：前两种管接头中换热管插入管孔内，后两种管接头中换热管位于管板背面，不插入管孔内；前三种管接头中换热管外径基本与管孔内径相等，第四种管接头中换热管内径基本与管孔内径相等。

4.1.1　管接头的焊接分类

GB/T 151—2014 标准推荐了换热管与管板焊接接头共五个系列、20 种的管接头和焊缝形式，分别是：

① 强度焊接的 4 种形式见 GB/T 151—2014 标准中的图 6-19，可用于标准规定的设计压力，但是不适用于有较大振动、有缝隙腐蚀倾向的场合，是该版修订的内容。

② 资料性附录 H 包括可选用的其他 5 种形式，其中有两种可用于立式热交换器上管板不允许有积液的场合。附录 H 由标准中 6.6.2.4 条引用，因此也属于强度焊接的形式。

③ 内孔焊接的 4 种接头形式见 GB/T 151—2014 标准中的图 6-22，是该版新增加的内容。

④ 胀焊并用的 4 种管孔结构见 GB/T 151—2014 标准中的图 6-20、图 6-21，可用于振动或循环载荷、存在缝隙腐蚀倾向以及采用复合管板时。

⑤ 关于拉撑管板的资料性附录 L 包括 3 种形式，分别是强度焊接、强度焊接加贴胀或全焊透形式。其实全焊透就是强度焊接的一种。

关于挠性管板的资料性附录 M 包括 2 种形式，分别是强度焊接加贴胀或全焊透形式，与附录 L 中的结构一致。

其他标准对焊接管接头的处理与 GB/T 151—2014 标准相似。

4.1.2　胀焊并用的优缺点及最佳方案

基于标准的技术原则，工程实际中结合管束等因素再分析，还是存在一些个性化的特殊管接头，这些管接头在结构上、材料上或者质量上或多或少具有一些特殊性，其制造工艺上有别于一般的管接头。

通常的焊胀并用管接头如图 4.1 和图 4.2 所示。

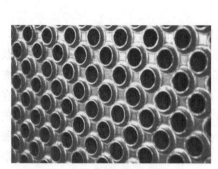

图 4.1　焊胀管接头正面

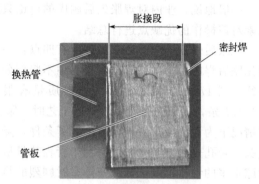

图 4.2　焊胀管接头剖面

(1) 基本应用

管接头连接的胀焊组合并用是普遍使用的方法，如图 4.3 的厚管板管接头胀焊试件和图 4.4 的薄管板管接头胀焊试件。

图 4.3　厚管板管接头胀焊试件

图 4.4　薄管板管接头胀焊试件

管接头连接中胀焊并用工艺的优点和缺点，既可以体现在胀焊并用与单单焊接或者单单胀接的比较中，也可以体现在胀焊并用时先焊后胀、先胀后焊或者胀焊交替循环的工艺效果对比中，还可以体现在贴胀、强度胀和密封焊、强度焊的组合上。业内已对这些议题有了一定程度的认识，公开报道也不少，这里就不再展开讨论。

(2) 强强联合的优点

有人认为强度焊和强度胀的组合是不允许的，其依据是 GB/T 151—2014 标准中没有相关的条款认可，其他标准中也不见推荐这种连接要求。也有人认为这种双强度工艺是无意义的或者是没有必要的，因为其中包含了多余的结构强度。对此，笔者认为需要具体分析。标准只能规范基本的、普遍的情况，实际上，标准虽然没有明确推荐这种连接要求，但是也没有明确否定这种连接要求，某些工况下运行的管接头结构就是需要双强度工艺才能达到其效果，对一般的管接头来说双强度工艺是没必要的，具体由设计人员分析定。通常情况下，管接头可以依靠焊接连接来满足强度和密封要求；由于换热管难免存在振动，可以对管接头进行贴胀防止这种振动对焊接连接的影响。要想通过对管接头进行强度胀来满足连接强度和密封要求，足够的管桥厚度和合适的材料组合是基础。文献［3］在大型硫磺回收装置的三台硫冷器合成为共用一个壳体的一台硫磺冷却器设计中，就对管接头提出了强度焊接加强度胀接的连接要求，有时这种强强联合还是有必要的。

（3）先胀后焊的优点及适用范围

一般地说，业内对焊胀先后顺序的讨论只限于可操作性及其制造质量。这里再加入设计因素对该操作的优缺点进行总结。

先胀后焊优于先焊后胀的理由有四点：一是依 GB/T 151—2014 标准的 6.6.3.4 条，采用先胀后焊的制造工艺时，管接头中不胀部分也应胀至管孔两端的坡口根部，这段胀接长度往往达到 17mm，对管接头的连接质量有很大的提升；二是依 GB/T 151—2014 标准的 7.4.4.1 条，采用先胀后焊的制造工艺时，胀接长度 l 的增大会提高管接头的拉脱力，在某些情况下为设计减薄管板厚度创造了条件，降低设备成本；三是对于厚管板和管程高温的管接头，管孔全区域完全胀贴有利于管程热量从管端传到管孔乃至整个管板厚度，消除不胀段间隙带来的结构温差，降低开停车时剧烈的热应力；四是消除不胀段长度内的间隙可以消除有害介质浓缩的空间，减轻或者避免壳程介质的间隙腐蚀。

先胀后焊技术也有适用范围。文献［4］以常见的低碳钢换热管与低合金钢管板胀焊连接接头为研究对象，采用有限元法进行了热交换器管子与管板焊接过程的模拟，研究了焊接温度场作用下，不胀区长度对先胀后焊接头胀接区残余接触压力的影响。计算结果表明焊接对胀接区的影响主要表现为胀接区接触范围及接触压力数值的减小，当增大不胀区长度时，焊接对胀接区的影响有所减小。分析案例中当不胀区域的长度取现行规范中的 15mm 时，管板不开槽和开槽结构的接触压力分别减小 49.7％和 51.6％。先胀后焊连接接头设计应考虑焊接对胀接的削弱作用，对于中等厚度的管板、胀接连接性能要求较高的胀焊接头，不推荐采用先胀后焊。

（4）胀焊胀的最佳方案

先定位胀接再焊接，最后又胀接，这是解决先胀后焊技术适用范围问题的最佳对策，而且其另一个显著的好处是解决了管接头连接强度和密封强调的周向不等同问题。

实际中影响管接头待胀接段装配间隙不均匀的第一个原因是管束组装中换热管轴向定位的点焊问题。图 2.20 和图 2.21 展示的管接头内泄漏方位似乎有一个共同点，就是裂纹位于上部，主要原因可通过图 4.5～图 4.7 说明。一般地说，由于自重的影响，规格较大的换热管装配到管孔后上半部的间隙最大。如图 4.5 所示，定位点焊的问题是不但固化了这种不均匀的装配间隙，而且即便是装配均匀的间隙也会在点焊的侧向牵拉下变成不均匀的间隙。如果取消定位焊而直接施焊，先焊的一小段也会产生点焊的不良效果。焊接完成后上面顶部一侧焊缝处的残余应力最大，常成为应力腐蚀开裂的启裂源点；胀接完成后管接头间隙较大的一侧，或者与之对应的间隙较小的另一侧，这两侧的贴合效果都是较差的，壳程介质容易从该处渗入产生间隙腐蚀。其中间隙较大的一侧，管孔壁因为胀接不够而欠缺回弹性，抱不紧换热管外壁，同时这一侧换热管因为过胀可能开裂；间隙较小或者无间隙的一侧，换热管因为胀接不够而难以进入塑性状态，管孔壁也欠缺回弹性，抱不紧换热管外壁，胀接之后管壁和管孔都恢复为原来的弹性状态，相当于没有胀接。

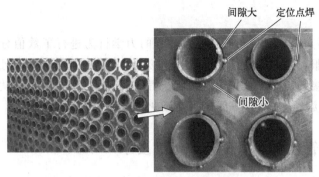

图 4.5　定位焊使管接头间隙不均匀（1）

图 4.6 所示的定位点焊位于管接头的上部，规格较小的换热管可能会被点焊的冷却收缩往上提起，管接头上半部的间隙相对较小。图 4.7 所示失效的两个管接头焊缝被削开后，可以断定管接头内的间隙或焊缝是不均匀的，左边的间隙较大或者左边的焊缝根部未焊透。这与焊工右手握住焊枪施焊的习惯以及左边不便于施焊有关。

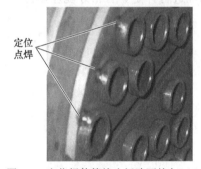

图 4.6　定位焊使管接头间隙不均匀（2）

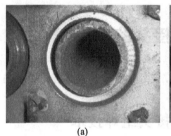
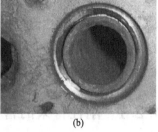

（a）　　　　　　　（b）

图 4.7　管接头左边的间隙较大

实际中影响管接头待胀接段装配间隙不均匀的第二个原因是管孔加工质量问题。管孔质量除了管孔直径尺寸大小的偏差外，还有管孔形状的偏差，这两个问题与管板内部材料硬度不均匀有关，软硬不一的锻件难以保证钻孔的质量。文献［5］分析指出，对管接头密封性能影响程度由大到小的缺陷依次为：加工管孔内环形槽时未脱落的切削瘤、偏心的环形槽、由于管孔直径偏差大而导致环形槽相对变浅。

实际中影响管接头胀接间隙不均匀的第三个原因是换热管的加工偏差问题。包括横截面非圆形、管壁厚度不均匀，以及批量堆放热处理引起的材料性能不均匀。

现在，有多种技术可以改善或者取消管接头胀接前的定位点焊。解决该问题的技术对策包括：一是设计和制造上尽量控制换热管和管孔之间的间隙。二是制造时以定位胀接取代定位焊接，没有定位焊接的要求时也增设定位胀接，使换热管和管孔先达到静配合，以保证管接头焊接和胀接效果沿着周向分布具有轴对称的均匀性。对于高等级热交换器来说，管接头的定位胀是必要的。三是对于管端不高于管板平面的管接头采用不加焊材的自溶定位焊。四是采用专用工具对管接头逐个施加外力进行定位。五是通过开展有关因素与胀接效果的关系研究，例如采用有限元分析技术揭示定位措施与胀接效果的关系，全方位揭示管接头的胀接效果。

　　此外，针对双管板还存在双重的先胀后焊技术方案，见 8.3.3 节第（4）点关于双管板的密封质量技术。

（5）先焊后胀

　　文献［6］对热交换器管子与管板连接过程的力学行为进行了数值分析。在所研究范围内，管板均发生屈服，先焊后胀接相比没有焊接的纯粹的液压胀接在更小的胀接压力下施胀即可得到最大残余接触应力，且先焊后胀所获得的最大平均残余接触应力更大；在相同的胀接压力下，焊后胀接比液压胀接的管板加工硬化程度小，管板回弹好。

4.1.3　标准对管接头焊接工艺评定的要求

　　换热管与管板的强度焊焊接接头，以前要求按 GB 151—1999 标准附录 B 的规定进行焊接工艺评定，重新修订的 GB/T 151—2014 标准取消了有关内容，只在制造、检验与验收部分强调两点：一是"8.9.1 焊接应采用经评定合格的焊接工艺"；二是"8.9.2 产品焊接试件应按 TSG R0004—2009[7] 规程和 GB 150.4—2011[8] 标准的有关规定并符合设计文件的要求"。目前，TSG R0004—2009 规程已被 TSG 21—2016[9] 规程替代。锅炉、压力容器、热交换器等制造焊接工艺都需要按 NB/T 47014—2023[10] 标准进行评定，合格才能应用。

4.2　特殊结构管接头的焊接

　　特殊结构的管接头很多，部分可参见表 3.1～表 3.17。

4.2.1　刚性管束的管接头组焊技术

　　刚性结构管束与刚性结构的热交换器在概念上是有区别的。一般地说，结构上要求管束具有足够的刚性，以便于吊运以及顺利与壳体组装。这里所提的刚性管束，可以从多个角度进行定性描述：一是整体上长度与直径的比值较小的管束，长径比不大于 3；二是换热管的规格相对于常见的 ϕ25mm×2.5mm×6000mm 而言，直径更大、壁厚更厚、长度更短，例如换热管直径不小于 ϕ32mm；三是管束支持板或折流板数量较多、间距较窄，或者具有中间筒等约束性强的内件；四是厚管板的固定管板管束。在制造和运行中，这类刚性较强的管束其换热管会施加给管接头较大的应力。

（1）带中心筒管束管接头的焊接

　　图 4.8 所示某台带中心筒的固定管板管束，管板被设计成环形板，中心筒直径较大，显著地提高了固定管板的刚性，粗短的换热管也具有很强的刚性。在焊接管板与壳体的环焊缝过程中，环焊缝沿管束轴向的收缩强烈地带动管板间距缩小，反而使管端顶着管接头焊缝往外推，其变形直接凸出管板表面 3mm，而原来这些管接头焊缝是与管板表面平齐的。因此，这类管接头的焊接应该在壳体与管板的环焊缝焊接之后再进行。

　　据此可以推断，该管束管接头刚性略小一点的话，其管接头不一定直观地凸出管板变形，但是其连接强度和密封性能肯定已受到损伤。运行中视管程和壳程的压力、温度工况，大多数情况下都会加重这种变形损伤，而不是抵消这种变形损伤。

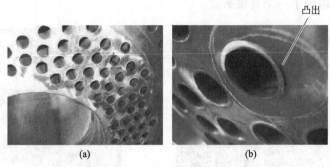

图 4.8 带中心筒的管束管接头凸出

（2）长径比较小的固定管板管束管接头的焊接

GB 151—1999 标准适用的管壳式热交换器公称直径最大值为 DN2600，修订后的 GB/T 151—2014 标准适用的管壳式热交换器公称直径最大值为 DN4000。如果基于换热管通常的长度 6000mm 来计算，标准修订前后最大公称直径下的长径比从约 2.3 降低到了 1.5；如果基于热交换器的公称直径为 DN1000，换热管通常的长度 6000mm 来计算，则长径比为 6.0。因此，权且把 1.5～6.0 作为管束长径比的常见范围。3.75 是该范围的中间值，数值越小表明管束整体结构的刚性越强。图 4.9（a）所示的某硫磺回收装置塔底重沸器主体尺寸为 DN2400×5000mm，长径比约为 2.1，属于刚性管束。图 4.9（b）所示的管束尺寸为 DN2500×1200mm，长径比为 0.48，属于刚性强的管束。

(a) 重沸器刚性管束　　　　　　　　　(b) 强刚性管束

图 4.9 大直径刚性管束

在大直径壳程的进、出口段管束流态同样不均匀的条件下，越长的管束化解这种不均匀影响的能力越强，刚性强的管束由于长度较短，难以化解这种不均匀的不良影响，应提高管接头的焊接要求。

（3）对接焊接结构管接头的焊接

很多抗振能力较强的管接头结构具有突出的优点，例如，图 4.10 所示管板孔背面的凸台可以实现与换热管对接焊接，如图 4.11 所示。其抗振能力比角接焊接的管接头强。缺点是管板加工成本高，适用的换热管直径不宜太小。有的管板孔背面没有轴向凸台也能实现与换热管对接焊接，但是难以检测是否全焊透。业内也常把管板背面各种管接头的组焊结构称为背面焊结构。

管接头背面焊接时，通常使用图 4.12 所示的工具对坡口进行氩气保护[11]。由于返修困难，这类管接头使用图 4.13 所示的工具逐一对每个管接头焊缝进行耐压检验[12]，只有当检验结果合格后才能组焊下一个管接头。

图 4.10　管板孔背面轴向凸台

图 4.11　管接头对接焊接

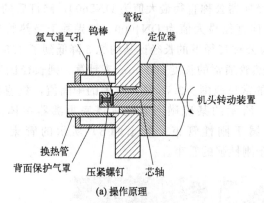

(a) 操作原理

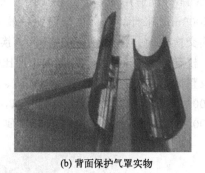

(b) 背面保护气罩实物

图 4.12　背面焊接管接头坡口的保护[11]

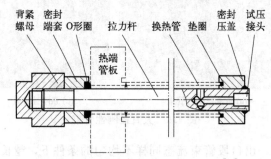

图 4.13　背面焊接管接头的耐压检验[12]

（4）角接焊接结构管接头的焊接

管接头正面焊接时通常采用角接焊接结构，一般不需要对焊接进行气体保护。高等级管接头则可使用图 4.14 所示的工具对焊接进行保护[13]。其中外购的工装与焊枪喷嘴相似，使用时需要凭经验调节分别从工装与喷嘴出来的两个圆形气流，避免产生的紊流带入空气，否则会失去保护作用。改进的双弧形结构保护气工装，其第 1 弧形与焊枪喷嘴外表面贴合，第 2 弧形与定心杆外表面贴合，不仅使得工装气流保护无死区，同时使工装气流量略低于焊枪喷嘴气流量，避免紊流的产生，使得保护效果最大化。

（5）全厚度全焊透管接头的焊接

某硫磺装置废热锅炉的固定管板式管束，换热管规格为 ϕ38mm×5mm×6000mm，管

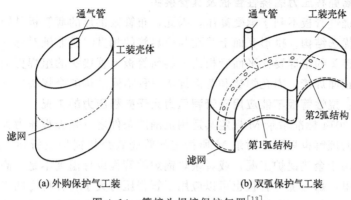

(a) 外购保护气工装   (b) 双弧保护气工装

图 4.14　管接头焊接保护气罩[13]

束的刚性较强，因此采用了标准推荐的全厚度焊接的管接头。管孔及其管接头试样剖面见图 4.15。这类管接头封底焊缝焊接的需要，使得封面焊处的坡口较宽，换热管排布设计时应有合适的管间距，使管接头的焊接操作拥有足够的空间。

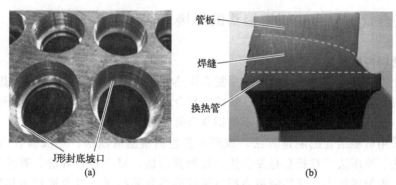

图 4.15　全厚度焊管接头试样

管接头的全厚度全焊透结构，其抗振能力比对接焊接的管接头强。缺点是管板越厚则全焊接管孔坡口占用的管板面积就越大，结构利用率相对低一些；而且只适用于较大管径的换热管，焊接工艺评定试样较小，难以检测薄管板的热变形，因此焊接操作较为严格。

4.2.2　挠性管板的管接头组焊技术

管接头的结构设计及其质量技术要求是保证管板结构功能的重要内容。

（1）挠性管板及其管接头

有人认为挠性管板的主要特性就是容易变形，因此壳程可以承受较高内压，这是片面的。笔者认为挠性管板的主要特性在于壁薄。在相同工况下，挠性管板中间布管区沿厚度方向的温差相比厚管板的温差明显较小，大大降低了热应力。挠性管板周边与壳体连接的弧形结构具有易于协调变形的挠性，也大大降低了管程和壳程之间连接处的局部应力。

由于挠性管板较薄，管接头主要通过焊接来保证强度，而难以通过强度胀接来保证强度。有的管接头在强度焊后再要求贴胀，也只是为了消除换热管与管孔之间的间隙，避免间隙腐蚀。应用于余热锅炉的挠性管板往往连接较大的厚壁管，因此管接头需多层焊才能填满所需的焊脚高度。其中的首层焊接是否焊透十分关键。

（2）承受较高壳程压力的挠性管板及其管接头

较小壁厚的挠性管板不利于承受高压，因此，布管区拱形的薄管板是同时适用于壳程高压和管程高温的优选结构。拱形壳面上管孔与换热管的相贯线是非轴对称（但是可以是面对称）的，这种管接头的组焊要比平面管板或者斜面管板上管接头的组焊更加有难度。根据需要也可设置包括正面焊接、内孔焊接和背面焊接三种不同结构的全焊头要求。

（3）误解一：挠性管板不能应用于管程压力大于壳程压力的工况

GB/T 151—2014 标准附录 M 规定其适用范围的条件之一是壳程压力大于管程压力的工况，对这一条文的理解也只限于附录 M 所指定的管壳式余热锅炉及所列工况、规格尺寸范围。如果不是应用于余热锅炉工况，或者余热锅炉的管程设计温度不是很高，尚不需要在管板上浇铺隔热衬里，那么挠性管板也可以应用于管程压力大于壳程压力的工况。

（4）误解二：挠性管板及其管接头可以应用于管板明显变形的工况

应该说，即便管板的厚度能够通过相关工况下的强度计算校核，也不希望任何管接头所在的管板有明显变形，因为变形不利于管接头的强度及密封。必要时，应对薄壁管板的布管区进行加强。

4.2.3 复合管与复合管板管接头的焊接工艺评定

（1）不锈钢内壁复合换热管

在石油化工及其他化工热交换器中用复合换热管替代全耐蚀钢等材料的换热管可以节约设备成本。以低碳钢为基管与不锈钢、钛或锆复合制造的换热管应用较广泛，外包不锈钢复合管、内衬不锈钢复合管及内外双面不锈钢复合管是常见的三种。

其主要采用机械结合的制造方法，成形工艺包括室温液压法、热液偶合内压法、旋压法、内拉拔法、滚压法、双管套衬复合法、轧制复合法、复合板卷焊法、管外卷焊复合法、电磁成形法、喷射成形法、采用液氮冷缩衬里管的冷套装技术，以及通过加热使外管膨胀，从而增加内管扩张量的热液压偶合技术等。它们工艺简单、质量稳定，各有优缺点，适用于不同材质组合和规格尺寸的复合管生产。具体如：

① 双管套衬复合法。先分别制造不锈钢管和碳钢管，再把不锈钢管插到碳钢管里面，最后将内层不锈钢管和外层碳钢管紧密贴合在一起。这种方法制造的复合管没有纵向焊缝，但根据内外管之间紧密贴合的不同方式，如果内管和外管之间通过钎料填焊紧密，则有钎焊焊缝，如果内外管之间是通过内压胀大内管使两者紧密，或者通过外管收缩则没有钎焊焊缝。

② 复合板卷焊法。先制造复合板，再按复合管所需的尺寸将复合板功割或板条，最后将毛坯板条料沿纵向卷制成形。这种方法制造的复合管只有沿纵向的一条焊缝，并且内层不锈钢和外层碳钢形成同一条纵缝。纵缝焊接采用外坡口单面焊，焊材为不锈钢。

从理论上分析，异种金属纵缝焊接不容易焊透，通过内窥镜检查管内侧的焊缝发现，有些地方存在断续没焊接的现象。

③ 管外卷焊复合法。在已成形的不锈钢管外表面以碳钢条形板材沿纵向卷制包裹成形外层。这种方法制造的复合管外层只有沿纵向的一条焊缝，内层不锈钢管一般为无缝管。其外层的制造工艺类似于碳钢有缝管的制造工艺。

一般不采用冶金结合工艺来大批量制造复合换热管，例如：

① 管内离心熔融复合法。高温下熔融状的不锈钢水在高速旋转的基管内因为离心力的

作用而紧贴在基管内壁，冷却后不锈钢和基管紧密结合在一起。这种工艺方法适用于较大口径和壁厚的换热管。

② 管内渗涂复合法。三元化学镀、包埋法热渗、浸润法热渗、冷焊喷涂等成熟工艺适用于某些特定的耐腐蚀成分与母材的复合，在不锈钢复合管制造中的借鉴应用还在研制阶段。这种工艺技术的复合管因为复合层很薄，不宜用于管内流体含砂石等颗粒的场合。

（2）复合管与复合管板的管接头设计及焊接试验

有时因为两种换热介质特性的缘故，适宜选用复合管作为换热管。外包不锈钢复合管应用于耐壳程介质腐蚀的场合已有成功的例子，但内衬不锈钢复合管应用于管壳程介质腐蚀的场合相对较少，尤其是内衬不锈钢复合管与复合管板连接的双复合管接头应用具有较大的技术难度。图4.16(b)是按图4.16(a)制造的双复合管接头，包含三个管接头，工艺评定过程先后进行了复合层焊接和焊接接头的耐腐蚀试验。

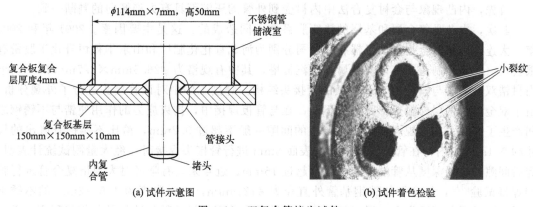

(a)试件示意图　　　　　(b)试件着色检验

图4.16　双复合管接头试件

不锈钢管储液室用于盛装腐蚀介质，对管接头焊缝进行耐腐蚀静态试验，堵头可防止腐蚀介质泄漏。管接头分别在焊接后和胀接后经过表面着色检测合格，再进行耐腐蚀静态试验，试验中可通过试件基层复合板的加热来调节储液室内的温度。

管接头焊接试验时复合管的制造采用双管套衬复合法，复合管与复合板的管接头组对尺寸采用不同的配合形式，有关参数见表4.1，焊丝材料为H1Cr24Ni13。

表4.1　管接头形式及检测结果

试件号	复合板材质及规格/mm	复合管材质及规格/mm	管孔倒角	试件数量	管子凸出高度/mm	管接头数量	焊丝直径/mm	焊接电压/V	焊接电流/A
①	150×150×(10+4)	ϕ19×(2+0.1)	0.5×45°	1	0	3	ϕ1.6	14～16	120～130
②	150×150×(10+4)	ϕ19×(2+0.1)	2×45°	1	4	3	ϕ1.6	14～16	120～130
③	150×150×(10+4)	ϕ25×(2.5+0.1)	2×45°	1	0	4	ϕ1.6	14～16	120～130
④	150×150×(10+4)	ϕ25×(2.5+0.1)	2×45°	1	0.5	1	ϕ1.6	14～16	120～130

试件号	复合板材质及规格/mm	复合管材质及规格/mm	管孔倒角	试件数量	管子凸出高度/mm	管接头数量	焊丝直径/mm	焊接电压/V	焊接电流/A
⑤	150×150×(10+4)	φ25×(2.5+0.1)	2×45°	1	1	1	φ1.6	14~16	120~130
⑥	150×150×(10+4)	φ25×(2.5+0.1)	2×45°	1	4	3	φ1.6	14~16	120~130

(3) 课题之一：复合层的脱离现象分析及技术对策

对管接头进行外观检查，发现个别管端的复合层向管内凸出，说明复合层和基层之间有脱离现象，如果介质进入间隙，会加剧腐蚀的程度。该问题的成因分析如下：

首先，内凸现象与套衬复合法中内衬受到外管的压缩而具有失稳倾向的判断一致。

其次，内凸是复合层和基层的热膨胀系数不同造成的，这是主要因素。2001年和2004年，大连冰山集团金州重型机器有限公司分别为河北宣化化肥厂和山东华鲁恒升化工股份有限公司（德州）制造了一台双金属管氨汽提塔，其中有规格为φ26.5mm×2.7mm的不锈钢内衬锆双金属管与厚度10mm管板的管接头结构，焊接工序中对该管接头进行了外观分析：由于双金属管两层材料热膨胀系数不同，在与管板焊接中，拘束应力的作用使锆与不锈钢之间产生了间隙；在常规焊接条件下产生的间隙一般不超过0.2mm，锆比不锈钢管胀出的尺寸约0.4mm以内；在管接头伸出管板表面8mm进行管接头焊接时，经大量测试统计表明，焊后间隙的扩展深度从管端算起一般不超过15mm。近年来，有学者对大规格复合管进行管端焊接试验[14]，复合管的碳钢基管外直径为φ1219mm，内衬厚度为1.5~2mm的不锈钢衬里，通过反复试验发现，通过调整工艺参数只能减少内衬的鼓包数量及其鼓包程度，无法根本解决鼓包问题。

根据前人的经验进一步实践证明，确定合理的接头形式，在可靠的焊接工艺保证下，焊后加工去掉一小段存在层间脱离的复合管的技术对策在个别热交换工况下也是可行的。另一个有效的对策是焊接前在靠近管端100mm的复合管内插入静配合的塞管，采取胀管器的原理使塞管与换热管的内复合层紧密贴合。塞管既在物理结构上预防了内复合层向管内凸出，也吸收扩散了部分焊接热量，减少了复合层的热膨胀程度。

(4) 课题之二：管接头焊缝开裂分析及技术对策

对表4.1的焊接管接头进行着色检查，发现大部分管接头管口内壁与管端的交界转角处存在长约2~4mm的纵向裂纹，每个管接头的裂纹数量约2~3条。在管接头表面进行热喷铝，可以覆盖住裂纹缺陷，但是由于不锈钢表面光滑，铝和不锈钢之间无法牢固紧贴，进行耐腐蚀静态试验证实存在同样的开裂问题。

管接头焊缝开裂问题的原因分析如下：复合管的复合层太薄，焊接热冷却过程中被拉裂；复合管的复合层太薄，不锈钢分量不足，无法完全盖住管接头的碳钢；钎焊复合的内外层之间残留有钎料中的低熔点金属成分，在管接头焊接中熔进了管接头焊缝[15]。

结果表明，如果换热管内壁不锈钢复合层的厚度达到或大于0.6mm，则管接头的氩弧焊接质量能满足要求，否则管接头焊缝容易开裂。采用铬镍成分较足的细焊丝作为填充金属，也有利于防止管接头焊缝开裂。

(5) 课题之三：管接头焊接热的均匀性分析及技术对策

在焊接试验过程中，管接头如图4.17所示垂直放置施焊。实际生产中管束一般是水平组装，管接头如图 4.16 所示水平放置施焊，操作难度大，两者之间的差异特别是热的不均匀会给焊接质量带来不良影响。

改进措施：管接头的每一层焊缝均要一次性连续焊完；应用自动焊机对垂直放置的管束管接头施焊，精心设计管接头上下左右的焊接参数。

(6) 课题之四：内外双面复合管与复合管板管接头的焊接

内外双面复合管或形象化地称为"三明治"复

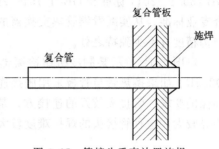

图 4.17 管接头垂直放置施焊

合管。图 4.18 所示是内外壁均复合后尺寸为 $\phi33.5\text{mm} \times 2.8\text{mm}$，不锈钢复合层厚度 0.5mm（或更薄）的复合管，由复合板卷制成形后通过纵缝焊接而成。

图 4.18 内外双面复合管

双面复合管要注意的是其纵缝焊接不透，特别是管内侧的焊缝，存在断断续续未焊接的现象。质量合格的内外双面复合管与复合管板的管接头焊接工艺和仅有内壁单层不锈钢复合层的复合管与复合管板的管接头焊接工艺相同。

4.3 特殊材料管接头的焊接

特殊材料的管接头很多，可分为耐腐蚀材料的管接头和洁净材料的管接头两大类，部分可参见表 3.16。自从 GB 151—1999 标准增加了铜换热管及有色金属设计数据，近二十年来，铜管热交换器得到了较大的发展。铜管热交换器管束结构一般是固定管板式和浮头管板式，也有 U 形管式，但壳体带膨胀节的固定管板式热交换器较少见。管程通常是多流程设计，换热管有白铜管、锌白铜管、紫铜管和各种黄铜管等多种。铜合金管板的生产方法，包含熔炼、成分分析、浇铸、锯切、加热、轧制、断切、平整、分切、机加工等步骤，通常是熔炼、连铸连轧而一次成型，精加工外直径可达 2000mm[16]。视管板厚薄和管壁厚薄，管接头的连接包括纯胀接、强度胀接加密封焊接和贴胀加强度焊接等。一般地说，壁厚者更适合焊接，而连接方式也与介质的腐蚀性有关。与碳素钢管和不锈钢管的热交换器相比，铜管热交换器应用数量不多。但是因铜管具有良好的导热性、洁净性、塑性及其内表面强化螺纹易加工等特点，以及黄铜对大气、海水和氨以外的碱性溶液的耐蚀性高等优点，该类设备在一些特定场合，特别是电力、化工等行业应用较多，如电厂凝汽器和热网加热器，石油化工和食品行业常见的大型制冷机组冷凝器、蒸发器以及大型气体压缩机的级间冷却器等，是其他材料的设备无法替代的。因此其设计、制造及检验除应遵循 GB 150.3—2011[17] 标准、

GB 150.4—2011 标准和 GB/T 151—2014 标准、JB/T 4755—2006[18] 标准外,往往还需符合专业标准。从实践看铜管热交换器的制造技术路线整体上没有很大改变,但管接头工艺及结构精度有不少独特之处。

以图 4.19 所示某制冷机组冷凝器为例,换热管为 0.5mm 薄壁的紫铜管,管板材质为Q245R。如果换热管与管板采用胀接连接,运行中管接头的泄漏既影响制冷效果,又不符合环保的要求。管接头较好的连接方式是焊接加贴胀,由于铜管与管板的结构尺寸及材质特性差异较大,这种管接头的焊接难度较大。

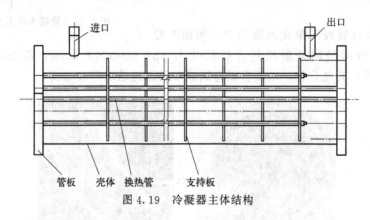

图 4.19　冷凝器主体结构

4.3.1　管接头焊接技术分析

① 由于紫铜与碳素钢在熔点、热导率和线膨胀系数等方面存在较大差异,给焊接带来一定的困难。铜的线膨胀系数比碳钢大 40%,而且铜-铁二元合金的结晶温度区间很大(约为 300~400℃),焊接应力之间使焊缝更容易产生热裂纹。另外由于管壁较薄,焊接时极容易把管子熔掉。

② 管子的管径小,管板管孔之间的管桥小,相邻的管口焊接时会相互干扰,从而影响管接头的焊缝质量。焊接时必然会带来操作困难的问题。

③ 结构设计上基于分程和密封的考虑,要求管接头不得凸出管板,要与管板端面平齐,这必然减小了焊缝的高度与强度。

④ 由于换热管的管壁较薄,对于贴胀而言,胀紧度的控制同样是一个难题。胀接力的大小控制不好,会出现过胀(胀裂)和欠胀的问题,影响焊缝的受力。

为方便操作控制,综合技术和经济两方面,一般使用气体保护焊焊接管接头。

4.3.2　焊接对策

(1) 坡口设计

管接头的坡口设计,根据介质的压力、工作的温度、密封性能等各方面的要求有不同的形式。经过分析和多次工艺试验后,管孔结构设计成图 4.20 所示的形式。

(2) 焊接方法

管子与管板的连接,根据不同的结构形式和材料可以有不同的焊接方法。常用的有焊条电弧焊、手工氩弧焊、自动氩弧焊、脉冲氩弧焊、气焊等。脉冲 TIG 焊,由于焊接过程中采用的是脉冲式的加热，其能量集中，熔池金属高温停留的时间短，热影响区小，焊接变形小，而且焊接过程稳定，有利于调整能量和控制熔池形状，使得焊缝成形好。

（3）焊接材料和参数

由于铜容易氧化而生成 Cu_2O，使焊缝易出现裂纹及气孔，故在焊接材料的选择时必须考虑其中需含有一定量的脱氧剂。采用三种不同纯度的焊丝进行焊接管接头试验，结果显示，纯度最高的焊丝 HS02 所焊接的焊缝无裂纹和气孔，而其他两种则分别出现了裂纹和个别气孔，因此对紫铜和碳钢管接头的焊接选用 HS02 焊丝。

焊接参数直接决定接头的内在质量和焊缝的外观。由于碳钢管板的导热性较铜管板差，应选用小的焊接参数。针对该管接头的多次试验表明，采用表 4.2 的参数可取得满意的结果。

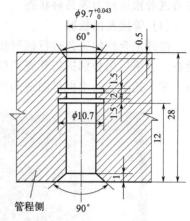

图 4.20　管板管孔结构

表 4.2　焊接参数

预热时间 /s	预热电流 /A	基值电流 /A	脉冲频率 /Hz	焊接电流 /A	气体流量 /(L/min)
1	40	40～50	2～4	70～90	8～10

（4）焊接注意事项

由于氢和氧是引起焊缝出现裂纹及气孔的主要根源，因此在施焊前，对管板、支持板孔、管板孔、换热管两端内外表面 100mm 范围的长度及焊丝都进行清理。最后用洁净的白布擦拭时应无污物、灰尘。

按制定的焊接参数焊接时，由于管板管桥之间的间距小，如果管接头按通常顺序焊接，焊缝之间会相互产生影响，而且对防止管板的变形也是不利的。因此焊接时在不同管接头之间采用十字对称跳焊的焊接顺序施焊，并且应由经培训合格的焊工进行。另一种对策是把管束立起来在水平位置焊接管接头。实际施焊时，注意保护气的流量要缓和，按照从管板中心向四周对称的顺序施焊。

有学者将高频感应钎焊应用到纯铜接头和 S304 不锈钢管焊接上取得了成效，这可作为与铜管束有关的焊接工艺的研究方向。

4.4　特殊管接头的质量检验

文献 [19] 综述了国内热交换器管子管板焊接的一般现状，结合图片列表说明了管接头目视检查中的 9 种不合格缺陷。其中除裂纹和表面气孔外，还有一般不引起注意的 7 种缺陷，包括管壁烧穿或减薄，多余的焊封，管端熔化，咬边，通规检查焊缝突出物（内缩和平齐结构），电弧擦伤、打磨伤或飞溅物，焊缝颜色等。在此基础上，针对焊接的局限性和特殊性，从前期坡口设计到焊接和检验过程提出了改进方法，加强焊缝的检验保证质量。工程实践中，也有的管接头特殊质量要求难以常规手段检测，例如在密封上要求承受热态内压、管程耐压的气密性检验，在应力状态上要求管接头制造完工后的应力分布具有低应力、预拉应力或者预压应力等某种状态。

（1）管接头的检验

　　按评定合格的工艺进行铜管接头样品的焊接和胀接后，管接头先100％进行12h的渗透检查，合格后再分别进行管壳程的耐压试验，最后吹扫干净内腔的水渍对产品进行充氮气保压。按上述工艺技术批量制造的冷凝器产品实物如图4.21～图4.23所示。

图4.21　铜管接头实物

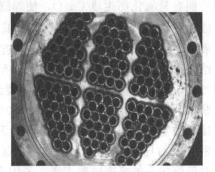

图4.22　紫铜管焊接管接头

图4.23　冷凝器产品实物

（2）焊接参数控制

　　有经验的专业人员凭肉眼观察焊接接头的颜色变化就可以估计施工中的焊接参数是否在正常的范围内。彩插图4.24所示的奥氏体不锈钢管接头焊缝表面层呈现淡淡的金黄色，表明焊接参数尚可，但是管孔内焊缝根部所在位置有一圈明显的乌黑色，表明焊接过程输入的热量过多，这是焊接参数超出上限引起的结果，反映了工艺纪律不严。有的焊工纯粹为了焊透根部故意提高焊接参数，既然焊接参数经过工艺评定是合适的，就没有必要再调整了。

（3）焊接操作手法

　　有的焊工为了快速填满坡口而提高送入焊丝速度。为了协调焊接速度，就需要相应提高焊接参数，这是不规范的焊接操作。也有的焊工在正常的焊接参数下施焊，但是操作手法不正确，熔池偏向了换热管一侧。结果都可能出现图4.24所示焊缝根部过烧的现象，因烧损而退化的金属失去耐腐蚀性能。即便对乌黑色的焊接接头表面进行酸洗处理，也恢复不了材料的耐腐蚀性能。

（4）多层焊接的首层检验

　　焊接质量要求较高的管接头其首层焊缝很关键，根据需要可以选择肉眼观察、低倍放大观察、图4.25所示的肥皂液气密性试漏、渗透检测等检查。首层合格后才能进行第二层和面层的焊接。

文献［20］针对末级硫冷凝器的失效泄漏问题，在管板、换热管和管接头焊缝等不同部位取样，采用多种手段进行了检测分析。根据宏观检查、剖面分析、金相组织分析和腐蚀产物分析等结果进行判断，设备失效泄漏主要是由热交换器管接头焊缝腐蚀穿孔造成的。图4.26所示的管接头存在大量未焊透、未熔合等多种焊接缺陷，在硫酸露点腐蚀和应力腐蚀的共同作用下，加快了管接头腐蚀，管接头焊缝出现穿孔泄漏。由此可见，对管接头结构进行优化设计，进行首层焊接是否焊透的专项检查，对提高管接头质量很重要。

图4.25　气密性试验

图4.26　管接头剖面[20]

（5）管接头焊缝的射线（RT）检测

目前，GB/T 151—2014标准图6-22中内孔焊的四种接头形式，只有其中的a）和b）两种结构可以进行RT检测，国内尚未有成熟技术针对c）和d）两种结构进行RT检测。

参 考 文 献

［1］　GB 151—1999 管壳式换热器.

［2］　GB/T 151—2014 热交换器.

［3］　蔡建明. 大型硫磺回收装置三合一硫冷器设计［J］. 石油化工设备，2019，48（2）：38-42.

［4］　王海峰，马凤丽，桑芝富. 先胀后焊连接中焊接对胀接连接强度的影响［J］. 压力容器，2010，27（12）：13-20.

［5］　严惠庚. 换热管液袋式液压胀接装备与技术［D］. 上海：华东理工大学，1998.

［6］　张宪刚. 换热器管子与管板连接过程力学行为的数值分析［D］. 哈尔滨：哈尔滨理工大学，2015.

［7］　TSG R0004—2009 固定式压力容器安全技术监察规程.

［8］　GB 150.4—2011 压力容器　第4部分：制造、检验和验收.

［9］　TSG 21—2016 固定式压力容器安全技术监察规程.

［10］　NB/T 47014—2023 承压设备焊接工艺评定.

［11］　朱宁，高申华，周兵风. 300mm 管板与后壁换热管内孔对接焊自熔焊技术［C］//压力容器先进技术：第九届全国压力容器学术会议论文集. 合肥：合肥工业大学出版社，2017：956-962.

［12］　汪兵，吴磊，张海波. 厚壁管废热锅炉制造关键技术介绍［J］. 化工机械，2019，46（3）：322-325.

［13］　王俊恒，李锡伟，唐兴全，等. TA2 阵列式密集焊缝的 TIG 自动焊技术［J］. 压力容器，2022，39（2）：83-88.

［14］　宋丽平，张保林. 不锈钢与碳钢复合管焊后鼓包的控制［J］. 焊接技术，2019，48（5）：113-115.

［15］　李多民，刘小辉，陈孙艺. 内复合换热管与复合管板焊接工艺试验研究［J］. 现代制造工程，2006（4）：85-87.

［16］　杨仁忠，时小明，史建华. 铜合金管板的生产方法［P］. 江苏：CN102000958A，2011-4-6.

［17］　GB 150.3—2011 压力容器　第3部分：设计.

［18］　JB/T 4755—2006 铜制压力容器.

［19］　朱志刚. 换热器管子-管板焊接现状和改进方法［J］. 化工设备与管道，2021，58（1）：24-28.

［20］　杨春天，郭志军，马一鸣，等. 硫黄回收装置末级硫冷凝器失效分析［J］. 石油化工腐蚀与防护，2021，38（2）：48-52.

第5章

特殊管接头的胀接工艺评定

GB/T 151—2014[1] 标准增加了胀接连接的胀度计算公式及胀度控制值，但是只提供了常用换热管材料机电胀接的胀度选用值，而且是一个范围值，缺乏具体的选值指引，其他材料及其他胀接方法的胀度值尚需通过工艺试验确定。除此之外，与 GB 151—1999[2] 标准相比，该标准仍然没有对换热管与管板的连接接头提出胀接工艺评定的要求，因此有必要总结一些相关的内容。

文献［3］综述了换热管与管板液压胀接的技术进展，换热管与管板接头胀接的研究主要从理论分析、有限元分析和试验研究三个方面进行。其理论分析的模型主要有换热管单管与无限平板（管板）组对模型和单管套筒模型两种，有限元分析模型主要有平面应力模型、平面应变模型、2D 轴对称模型和 3D 模型四种，试验研究包括拉脱试验（压脱试验）、密封试验、应力腐蚀试验、X 光衍射试验和应变测量等五种。通过这些分析和试验，可以比较不同结构参数下胀接接头的连接强度、密封性能和胀后残余应力，判断工况的适应性，也可以对各种方法的结果进行比较，从中选优，还可以通过比较取得某种相互验证。基于这些方法，针对管接头的结构及胀接效果，无论是理论分析还是数值模拟，前人都做了大量分析研究。但不少获得政府资金支持的研究内容缺少创新性，只是一些重复性的工作，有的离工程实践还有明显的差距，工程意义不大。

5.1 管接头的胀接方法及工艺评定的必要性

5.1.1 传统的胀接方法

管接头密封的胀接只针对管接头中换热管插入管孔内足够深度的结构，足够深度是指能适当使用具体的胀接工具。胀接手段按所使用的工具不同可分为液压胀管、机电胀管、橡胶胀管或爆破胀管等。一般认为匀压胀接指的是液压胀接、液袋胀接和橡胶胀接，也有把爆炸胀接列为匀压胀接的[4]。其实匀压只是一个压力相对均匀的概念，数值试验分析表明，液压胀接后的残余应力也很不均匀。笔者推断，爆炸胀接后的残余应力更不均匀，因为爆炸波瞬态传递过程不稳定，管孔内的小空间存在反射波，换热管与管板的窄小间隙也存在反射波，波的传播及其交互影响较为复杂。

针对管接头胀接方法有较多的研究[5-12]。各种胀接方式的区别是换热管内壁施加作用力的方式不同，不同胀接工艺方法对管孔结构有不同的细节要求，互换性差。液压胀接是由Krips等在20世纪70年代首先开发的[13,14]。笔者在文献［15～17］的基础上结合经验对常见的胀管方式与其性能做了比较，结果见表5.1。表中液压胀接包括液袋胀接。

表 5.1 不同胀管方式与其性能比较

性能比较	胀管方式				
	机电胀接	橡胶胀接	液压(袋)胀接	火药爆炸胀接	电脉冲爆炸胀接
载荷特征	线挤压、交变载荷	静态柔压	静态柔压	爆炸冲击能	高压脉电能
嵌槽程度	管壁填槽不满、拉脱力小	管壁填槽多、拉脱力大	管壁填槽较多、拉脱力较大	管壁充分填槽、拉脱力大	管壁填槽弱、拉脱力小
胀接力控制	不易	易于控制,各接头之间的偏差值小于5%	可控	各管间互有干扰,拉脱力不易控制	可控
管壁减薄量	较大	无	小	无	无
管子轴向伸长	较大	无	较少	无	无
管内表面	粗糙、硬化	光滑、无硬化	光滑、无硬化	略有硬化	无硬化
胀紧度控制	精确	精确	精确	一般	一般
胀接长度	有限制	较短,长则宜分段	很长	较长	有限制
适用材料	较窄	极广	极广	较广	有限制
铜管的胀接	不适用	最适用	适用	不适用	不适用
深孔内胀接	不适用	适用	适用	适用	适用
管内壁冷作硬化	较大	极小	极小	较小	较小
胀管口径	小口径困难	小口径尚可	小口径容易	小口径容易	小口径容易
胀口残余应力	最大	较小	最小	较大	较小
生产效率	一般	较高	较高	最高	最高

从胀接性能来看，橡胶胀管与液压胀管最好；爆炸胀管的生产效率最高。十多年来，液压胀接和液袋胀接工艺逐渐得到了广泛应用，但橡胶胀接工艺没有取得业界的认识和实践推广。橡胶胀管的优点：属于软特性的胀管工艺，换热管内外表面的胀接区与未胀接区之间存在变形段圆滑的过渡段，分界并不明显，残余应力小，抗应力腐蚀和抗疲劳的性能好；无管子轴向延伸，与爆炸胀管一样适用于先焊后胀；胀接时无水、油等杂质，易清洗，也无铁离子渗透，特别适用于不锈钢管、铜管等有色管材的胀接，且能支持胀后焊工艺[18]；对管子尺寸精度和表面粗糙度要求不高，管径偏差要求不严，且适合于椭圆管的胀接；适用范围大，ϕ10～100mm的管径及1mm壁厚的薄壁管均能进行良好的胀接；液压控制拉杆，易于控制胀管质量和调节胀紧度，快捷、高效、安全。

通常来说，机电胀管的能力比液压胀管的能力强，但是机电胀接的效率低，润滑剂对管接头有污染，而且胀管器容易损伤换热管内表面的防腐膜。有人提出液压胀接只能用于贴胀，消除换热管和管孔之间的间隙，不宜用于强度胀，机电胀接能通过滚珠的碾压实现换热管壁厚的减薄，液压胀接很难取得机电胀接那样的减薄。

5.1.2　创新的缩胀方法

　　传统的管接头胀接被通俗地称为一种管孔直径扩大的胀紧连接技术，但实际上是管板孔弹性回复的缩紧连接技术。真正完美的管接头胀紧是换热管端通过冷缩与管板孔装配后的管外径恢复性胀紧。当换热管端经过液氮浸泡冷却后直径收缩，当收缩到小于管板孔的尺寸，再通过适当的推力将换热管端段推进常温的管孔，就可以组装成紧密连接的管接头。管接头恢复常温的过程也是换热管外直径尺寸复原的过程，管端直径从冷缩后的尺寸恢复回原来的直径尺寸，这一增量实现了管孔的胀紧。这一过程中换热管端不发生塑性变形，而且管孔也基本不发生塑性变形，两者都保持原有的组织状态，因而较为完美。这种冷缩后的回弹胀紧技术可以解决厚度小于 30mm 的薄管板管接头连接问题，不会损伤换热管，是一项合理有效的新技术，但是制造操作难度较大。

　　GB/T 151—2014 标准规定，强度胀接时换热管材料的硬度应低于管板的硬度，这是针对传统的扩大换热管内直径的胀接方法而言的。笔者的工程实践中，遇到过换热管材料硬度略高于管板硬度时只允许强度胀接的管接头要求，也取得了业主满意的效果。机器组装中，安装钳工常把轴承加热后套进转轴中，轴承冷却后与转轴之间达到了紧配合的效果。近年来，国内液氮冷缩衬里管的冷套装技术已有工程应用[19]。该技术应用到热交换器管接头的紧密连接，具有明显的优点：首先，该方法主要依靠金属材料热胀冷缩这一物理性能，可免除相接零件材料的强度或者硬度差的要求；其次，该方法对相接零件材料的强度等力学性能损伤较小，特别是对换热管材料几乎没有损伤；再次，该方法的管接头胀接后不存在非胀接区与胀接区的过渡段，换热管管程的残余应力主要是压应力，没有拉应力，有利于防腐蚀；最后，该方法的管接头胀接后同时具有定位胀接和密封胀接的效果。

　　显然，这项新技术的影响因素也很多，其应用技巧及效果尚难绝对掌握，需要具体案例具体分析。例如，根据冷缩胀接的技术原理，很可能换热管和管板孔都在材料的线弹性受力状态下实现管接头的连接，那么这种管接头与换热管端进入塑性变形状态的管接头相比，其拉脱强度有多少？是否也有一个弹性范围？在高温环境下管接头紧密性是否会松弛……

5.1.3　胀接试验技术规程的必要性

　　关于这方面的影响因素很多，具体如下：

　　① 传统的、普通的管接头连接结构应用于普通运行工况的热交换器时，对管接头的质量要求没有特殊要求。但是对于尚未熟练掌握胀接工艺技术的操作者，其应进行胀接操作的工艺评定试件合格后才能进行产品的胀接操作。

　　② GB/T 151—2014 标准中没有关于管接头胀接工艺评定的条款，行业内也缺乏有关标准规定，企业实操中试样结构形状及尺寸大小的确定缺乏依据，随意性较大。有的是单管单孔制作的试样，试验时把整个管端完全夹扁了[20]，还有的是多管多孔制作的试样，试验时只对中间的几个管接头进行检测而周边的管接头不检测，总之各不相同，评定结果的可靠性和权威性难以体现。

　　③ GB/T 151—2014 标准中关于管接头贴胀或者强度胀接是两种基本的要求，并没有限定介于这两种胀接强度之间的其他胀接概念的设计和实践应用，但是新技术的应用需经过深入研究分析和检测评定。例如，定位胀接、初始胀接、开管槽的次强度胀接、不开管槽的强

度胀接等。

④ 现行工程项目的管接头胀接工艺评定只针对管接头连接形式，没有考虑管接头复杂的载荷，试样管板的初始应力基本为零，无法模拟换热设备运行时的管板应力。

⑤ 胀接评定试样的管板材料与实际设备管板材料不一致，有的以厚钢板代替锻件模拟管板；换热管按不同炉号和批次热处理等制造过程存在操作和工况差异，不同炉批号的换热管甚至可能存在明显的力学性能差异，工艺评定所用换热管材料与实际设备所用换热管材料也就可能不一致。

⑥ 现行工程评定只针对管板一端的胀接，在试验设计时忽略了很多影响因素：没有考虑管束两端管接头的差异，特别是先焊后胀时换热管受到结构制约，无法沿轴向自由位移；没有考虑管接头先焊后胀时焊缝对胀接的制约，或者先胀后焊时焊接对胀接的影响；没有考虑胀接效果在热处理前后的对比；没有考虑实际设备管接头焊后热处理对胀接的影响，或者胀接评定试样的热处理与实际设备管接头的焊后热处理不一致；没考虑设备实际运行工况对管接头胀接效果的影响。

⑦ 现代工程中大直径柔性管板结构逐渐增多，设计时大多数没考虑热交换器运行时的管板大变形对管接头胀接结构的影响，管接头胀接工艺评定只考虑结构的静态。

⑧ 现代工程中热交换器工艺复杂性对管接头防腐性能的要求。例如某煤制氢装置中的变换炉进气加热器/中压蒸汽过热器、甲烷化调整热交换器/低压蒸汽热交换器，其管板壳程侧设置了耐腐蚀堆焊层，并要求管接头在壳程堆焊层这一厚度有限的结构上通过胀接达到密封性要求。

⑨ 现代工程中相变热交换器对管接头的防振和密封要求。例如利用烟气余热的废热锅炉、炼油催化装置中的油浆蒸发器等，其壳程介质从液相转化成气相。

⑩ 现代工程中壳程较高压力热交换器对管接头的要求，与通常管程较高压力时对管接头的密封要求有所不同。例如某原油长距离输送站的原油加热器，为减少压力损耗以及便于清洗设备，让压力较管程蒸汽压更高的原油走壳程。

⑪ 现代工程中与反应器一体化的热交换器对管接头的要求。例如，早期的乙苯脱氢工艺的苯乙烯反应器、双氧水法环氧乙烷反应器、乙二醇反应器等。

5.2　管接头胀接的材料性能

管接头材料的可焊性是一种热加工性能，而管接头材料的可胀接性则是一种塑性加工性能。对于由多种不同材料组成的管束，设计时必须明确换热管及管板材料的质量指标及检测要求。材料性能是管接头的胀接基础。对于特殊材料管接头或特殊结构管接头，材料性能更是保证管接头胀接质量的关键。管接头液压胀接压力的计算、胀接效果的数值模拟或者管接头的失效分析，都需要用到材料强度性能数据。

5.2.1　换热管力学性能的差异

(1) 换热管力学性能数据的检测偏差及误用

胀接分析时需要换热管周向的材料力学性能，工况载荷作用下与管束有关的分析时需要换热管轴向的力学性能。

　　第一个偏差是检测方法偏差。胀接所需求的换热管材料性能是周向性能，而现实真正检测的材料性能绝大部分是纵（轴）向性能。

　　第二个偏差是试样结构偏差。对于同一根换热管的材料纵向性能，其试样可以是整圆的一截管段，也可以是这一截管段沿纵向剖开几部分后得到的局部，而非整圆。对于厚壁管，可以是从管壁中加工出来的标准试样；对于薄壁管，也可以把管壁剖开并展平后再加工成试样。最接近管接头实际结构的换热管材料性能是指换热管保持原状态，不作纵向剖开，只按一定的标准长度制作成试样，通过专用的夹具夹持进行拉伸检验所获取的力学性能，强调的是换热管的材料性能。对于尺寸规格或者其他原因造成无法以管段作为试样的情况，沿换热管纵向剖开按一定的标准规范制作成试样进行拉伸检验所获取的力学性能，侧重的是材料的力学性能，宜称为原管材的力学性能，有别于换热管的材料性能。

　　NB/T 47011—2022《锆制压力容器》（代替 NB/T 47011—2010）在规范性附录 B 中提出了管材对接焊缝拉伸试样的 4 种结构形式和加工要求，分别如图 5.1～图 5.4 所示。图 5.1 的紧凑型板接头带肩板形拉伸试样适用于所有厚度板材的对接焊缝试件；图 5.2 的紧凑型管接头带肩板形拉伸试样型式Ⅰ适用于外径大于 76mm 的所有壁厚管材对接焊缝试件；图 5.3 的紧凑型管接头带肩板形拉伸试样型式Ⅱ适用于外径不大于 76mm 的管材对接焊缝试件；图 5.4 的管接头全截面拉伸试样适用于外径不大于 76mm 的管材对接焊缝试件。目前，尚未看到对同一炉批换热管不同试样拉伸力学性能检测结果对比分析的公开报道，这些试样规定的内容值得换热管材料拉伸力学性能检测试样设计参考。

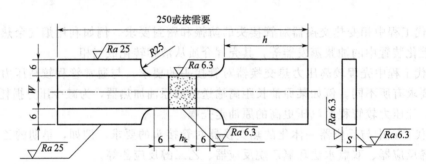

图 5.1　紧凑型板接头带肩板形拉伸试样

S—试样厚度，mm；W—试样受拉伸平行侧面宽度，不小于 25mm；h_k—焊缝最大宽度，mm；
h—夹持部分长度，根据试验夹具而定，mm

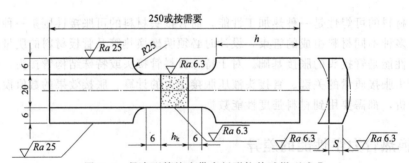

图 5.2　紧凑型管接头带肩板形拉伸试样型式Ⅰ

为取得图中宽度为 20mm 的平行平面、壁厚方向上的加工量应最少

　　第三个偏差是换热管按炉分批生产的材料性能的差异。目前，换热管产品虽然大都满足

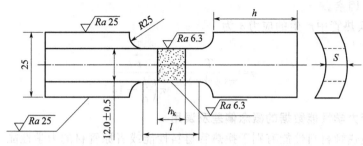

图 5.3 紧凑型管接头带肩板形拉伸试样型式 Ⅱ

l 为受拉伸平行侧面长度，等于或大于 h_k+2S，mm

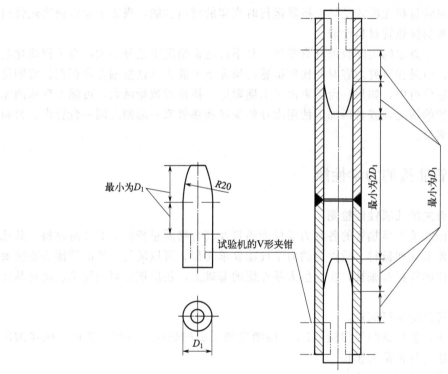

图 5.4 管接头全截面拉伸试样

D_1—夹持钢管端部适配芯柱的外直径，mm

管材标准的要求，但是生产中由于钢坯以及换热管热处理批次等各种因素累积造成各种力学性能差异，个别换热管胀接试验评定的工艺参数并不适用于其他批次的换热管，按同一种工艺参数对整台管束管接头实施胀接时胀接效果的均匀性有明显偏差。即便是常用的规格为 $\phi25\text{mm}\times2.5\text{mm}$ 的 20 钢换热管，不同换热管厂家的产品力学性能也可能达15%的差异，而胀接工艺参数恰好是一种合理区间值，欠胀接或者过度胀接都不利于管接头的质量保证。

引起力学性能实际数值具有明显差异的主要原因有三点：一是胀接过程强烈的塑性变形使材料塑性硬化；二是试样结构的影响，即管材保持截面整圆或者沿纵向剖成弧片后两者的结构差异对弹塑性变形行为的影响，截面整圆管段承受轴向拉伸时受到双向约束，管弧片段承受轴向拉伸时只受到单向约束；三是换热管几何规格的影响，即换热管外径 ϕ 与其壁厚 t

的比值变化这个因素。

拉力 T 在换热管中产生的应力 σ 为

$$\sigma = \frac{T}{\pi(\phi+t)t} = \frac{\dfrac{T}{t}}{\pi\left(\dfrac{\phi}{t}+1\right)} \tag{5.1}$$

（2）换热管力学性能数据的概念偏差及误用

管接头的换热管材料性能有别于换热管材料性能或者原管材的力学性能。

换热管与管板组成管接头后，此换热管材料性能是指换热管经过胀接后保持横截面整圆或沿纵向剖开按一定的标准规范制作成试样进行拉伸检验所获取的力学性能。因此，上述换热管原管材的力学性能、换热管材料性能和管接头的换热管材料性能是三个有区别的概念。其中管接头的换热管材料性能才是热交换器运行时真实的材料性能，现实中通常把换热管材料性能当作管接头的换热管材料性能。

分析表明，三个概念的实际数值具有差异，只不过通常情况下差异不大，为工程简化起见不作严格区分，但是在研究内容对此比较敏感的情况下不能否认这些偏差的存在。特别是安全评定或者事故分析中，如果一台管束由于工期紧迫、换热管数量巨大，可能出现从两家供应商采购换热管的情况，或者再加上使用库存的少量换热管来一起制造同一台管束，材料性能就可能差异明显。

5.2.2　换热管胀接的力学性能

（1）与胀接有关的几项性能检测

目前，有关标准关于换热管的各种力学性能项目及其合格质量指标主要针对材料及其规格而定，这与其他形式如板材、锻件等的力学性能要求相似，可以满足一般的管接头胀接要求。对于特殊结构的管接头胀接，在这些力学性能的基础上，还应该针对胀接工艺满足其特定要求。

第一是换热管件的扩口试验。

如图 5.5 所示，扩口试验后渗透（PT）检测发现了纵向裂纹，不利于管接头胀接的质量保证，甚至无法进行正常的胀接。

第二是换热管件的压扁试验。

如图 5.6 所示，压扁试验后 PT 检测没有发现明显的缺陷，有利于管接头胀接的质量保证。

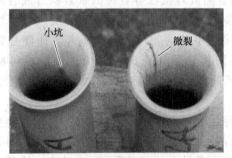

图 5.5　管件扩口试验

图 5.6　管件压扁试验

第三是换热管件的周向拉伸强度。

为了掌握换热管相对准确的力学性能，以确定最佳胀接参数，可制作环向拉伸试样，即在管段内加塞图 5.7(a) 所示的两个对半的 D 形块填实，通过 D 形块传递拉力检测其力学性能[21]。除此之外，还可利用该工装检测换热管表面硬度。这种试样可避免管壁展开成平板过程的加工硬化造成的不良影响。对于内径较小的换热管，可改进成图 5.7(b) 所示的扁管试样，就是把圆管压成扁管，在扁管段内加塞两个对半的长 D 形块作为受力件传递拉力检测其力学性能。长 D 形块可提高自身抗弯能力，但是圆管塑性变形成扁管的过程也改变了材料性能。

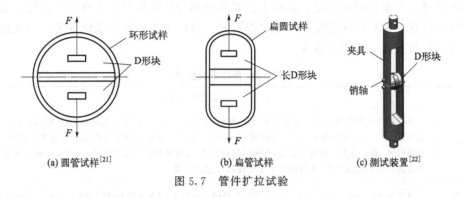

(a) 圆管试样[21]　　　(b) 扁管试样　　　(c) 测试装置[22]

图 5.7　管件扩拉试验

换热管件周向拉伸强度的第二种可行的检测方法，就是截取一截管段，封堵一端，并把另一端设计成管接头，利用液压胀管器往管段内加压，直到管段鼓胀，屈服后产生塑性变形，甚至管段破裂。在这个过程中，同步记录管段内压及管段最大变形处外径或应变的变化，据此绘制载荷-应变关系曲线，从曲线上判断材料弹性变形与塑性变形各阶段的特点，最终确定强度性能[22]。换热管件周向拉伸强度的第三种判断方法，就是应用德国专家提出的经验公式，金属材料横向的冲击韧性 A_{KV} 值是纵向冲击韧性 A_{KV} 值的 0.7 倍[23]。

第四是换热管的韧性或者冷脆性。

双相钢具有耐腐蚀和高强度等综合性能，铬钼钢具有较高的强度极限，碳素钢渗铝后具有某种耐腐蚀性能，这些管材性能的强化往往造成韧性的降低，胀接过程容易开裂。有材料在低温下脆性突出，采用冷缩回弹胀紧技术时要控制在合适的温度范围内操作。

(2) 换热管的标准及材料特性——以铜管材为例

标准 JB/T 4755—2006[24] 标准中规定了铜制压力容器的设计、制造、检验和验收要求。铜制常压容器亦可参照该标准。该标准适用的设计压力不大于 35MPa，适用的设计温度范围按铜材及其复合钢板允许的使用温度确定，其中除应考虑铜衬层和钢壳层材料分别允许的使用温度外，还要考虑衬层和壳层材料弹性模量的差别以及热膨胀系数的差别。

GB/T 151—2014 标准中的 5.4 条所列常用换热管标准中包括 GB/T 8890《热交换器用铜合金无缝钢管》[25] 和 GB/T 1527《铜及铜合金拉制管》[26]。与换热管密切相关的标准是适用于火力发电、舰艇船舶、海上石油、机械、化工等工业部门制造热交换器及冷凝器用的铜合金无缝圆形管材标准 GB/T 8890—2015。该标准规定了工程应用中常遇到的一些质量技术要求，例如换热管材状态分为软（M）、半硬（Y2）和硬（Y）等三种，换热管供货外径均为负偏差，而且分为两个级别，即偏差较小的高精级和偏差相对大一点的普通级；要求黄铜管应进行消除内应力处理，并进行残余应力试验；要求取样对管内表面进行碳膜试验，等等。

铜管的另一相关标准是适用于一般用途的圆形、矩（方）形管的 GB/T 1527—2017 标准，其特别之处是对管材状态增加了轻软（M2）和特硬（T）状态，对有耐蚀要求的管材规定了选作项目，按 GB/T 10119—2008[27] 标准进行。

上述两个标准均参照了欧盟 BS EN 12451：1999[28] 标准，规定了铜管的要求、试验方法、检验规则、标志、包装和运输，但 GB/T 8890 还结合了市场需求和电力行业客户的特殊要求。还有一项国内铜型材产品常用的标准 GB/T 5121.1～5121.27—2008[29]，规定了铜及磷等 26 种成分的检测方法。

有资料表明，设计选材应依据不同机组温度和压力参数、不同循环水质中的溶解固形物和悬浮物含量结合铜材特性确定，制造工艺要照顾到各所选铜材的冷热加工特性。表 5.2 为各种铜材的特性。铜材构成管接头时均可焊可胀，具体工艺参数应试验评定，但其换热管一般不允许两段拼接的对接焊缝存在。

表 5.2   各种铜材特性

名称	定义及特性内容
白铜	是以镍为主要添加元素的耐蚀铜基合金，呈银白色，有金属光泽，镍含量越高，颜色越白，外观与不锈钢相似，但只要镍含量不超过 70%，肉眼就会看到铜的黄色。铜镍之间不论彼此的比例多少都可以形成连续固溶体，而且恒为 α 单相合金，具有很好的耐蚀性，尤其能耐高速流动的(1～4.5m/s)海水的腐蚀，抗冲击浸蚀和应力腐蚀开裂，在较高温度下还保持一定的强度
锌白铜	这是含 Zn 20%～27%、Ni 12%～18%的铜锌镍三元合金，具有高的化学稳定性和良好的冷热加工性能
红铜	即纯铜，又名紫铜、赤铜，由硫化物或氧化物铜矿石冶炼而得，具有很好的导电性和导热性，塑性极好，易于热压和冷压加工。GB/T 1527—2017《铜及铜合金拉制管》标准中 T2、T3 管材的许用应力见 GB 151—1999《管壳式换热器》中表 D6，但该表在新版标准 GB/T 151—2014《热交换器》中已被删除
黄铜	首先是普通黄铜，或称简单黄铜：由铜、锌组成的黄铜，其含锌量变化范围较大，因此其室温组织也有很大不同。根据 Cu-Zn 二元状态图可知，黄铜的室温组织有三种。含锌量在 35%以下的黄铜，其室温下的显微组织由单相的 α 固溶体组成，称为 α 黄铜；含锌量在 36%～46%范围内的黄铜，其室温下的显微组织由 α+β 两相组成，称为 α+β 黄铜（两相黄铜）；含锌量超过 46%，低于 50%的黄铜，其室温下的显微组织仅由 β 相组成，称为 β 黄铜。GB/T 8890—2015《热交换器用铜合金无缝管》中 H68A 管材的许用应力见 GB 151—1999 标准中的表 D6 其次是复杂黄铜，亦称特殊黄铜：三元以上的黄铜称为复杂黄铜。为了提高黄铜的耐蚀性、强度、硬度和切削性等，在铜-锌合金中加入少量（一般为 1%～2%，少数达 3%～4%，极个别的达 5%～6%）锡、铝、锰、铁、硅、镍、铅等元素，构成三元、四元，甚至五元合金
锡黄铜	锡能溶入铜基固溶体中，起固溶强化作用。但是随着含锡的增加，合金中会出现脆性的 γ 相(CuZnSn 化合物)，不利于合金的塑性变形，故锡黄铜的含锡量一般在 0.5%～1.5%范围内。常用的锡黄铜有 HSn70-1、HSn62-1、HSn60-1 等。前者是 α 合金，具有较高的塑性，可进行冷、热压力加工。后两种牌号的合金具有 α+β 两相组织，并常出现少量的 γ 相，室温塑性不高，只能在热态下变形。GB/T 8890—2015 标准中 HSn70-1 管材的许用应力见 GB 151—1999 标准中的表 D6
铝黄铜	铝能提高黄铜的强度、硬度和耐蚀性，但使其塑性降低，铝黄铜适合作海轮冷凝管及其他耐蚀零件。GB/T 8890—2015 标准中 HAl77-2 管材的许用应力见 GB 151—1999 标准中的表 D6
铅黄铜	铅实际上不溶于黄铜，而是呈游离质点状态分布在晶界上。铅黄铜按其组织有 α 和 α+β 两种。α 铅黄铜由于铅的有害作用较大，高温塑性很低，故只能进行冷变形或热挤压。α+β 铅黄铜在高温下具有较好的塑性，可进行锻造
锰黄铜	锰在固态黄铜中有较大的溶解度。黄铜中加入 1%～4%的锰，可显著提高合金的强度和耐蚀性，而不降低其塑性。锰黄铜具有 α+β 组织，常用的有 HMn58-2，冷、热态下的压力加工性能相当好

续表

名称	定义及特性内容
铁黄铜	铁黄铜中,铁以富铁相的微粒析出,作为晶核而细化晶粒,并能阻止再结晶晶粒长大,从而提高合金的力学性能和工艺性能。铁黄铜中的铁含量通常在1.5%以下,其组织为α+β,具有高的强度和韧性,高温下塑性很好,冷态下也可变形。常用的牌号为HFe59-1-1
镍黄铜	镍与铜能形成连续固溶体,显著扩大α相区。黄铜中加入镍可显著提高其在大气和海水中的耐蚀性。镍还能提高黄铜的再结晶温度,促使形成更细的晶粒。HNi65-5镍黄铜具有单相的α组织,室温下具有很好的塑性,也可在热态下变形,但是对杂质铅的含量必须严格控制,否则会严重恶化合金的热加工性能

5.3 特殊结构管接头的胀接

5.3.1 基于特殊管板的管接头胀接

(1) 厚管板管接头的胀接

在液压胀接技术设备开发应用前,厚管板管接头的胀接通常采用分段机电胀接的方法来实施。分段胀接不仅便于换热管金属的轴向流动,还可以对同一台管束中同一根换热管两端的管接头进行轮流胀接,保持管接头胀接效果的均匀性。分段胀接时,各段的先后顺序是从管接头正面往背面排列还是反过来排列,胀接效果是有差异的。当管接头采用先焊后胀的连接工艺时,一般先从靠近焊缝的那一段开始胀接。

(2) 薄管板管接头的胀接

GB/T 151—2014标准资料性附录M挠性管板中之所以推荐了图M.4b) 换热管与管板连接的全焊透结构,是因为薄管板管接头的胀接困难;3.1.2.2小节介绍了缩胀法,这也是实现薄管板接头胀接的有效方法。

(3) 大直径管板管接头的胀接

大直径管板管接头的胀接面临两个难点。

第一是材料性能和热处理状态,以及规格尺寸不均匀。一方面,大直径管板的材料性能及热处理状态不均匀;另一方面,管板上布管多,大量换热管需要分批次制造,如果热交换器的制造工期短,还可能需要不同的制造厂供货,这些情况必然会造成不同制造厂供应的换热管,或者同一制造厂供应的不同批次的换热管材料性能和热处理状态、规格尺寸等存在差异。按各种性能状态相应制定胀接工艺的工作量非常大,按一种性能状态统一制定的一种胀接工艺应用于所有管接头的胀接时,管接头的胀接效果不一致,质量不可靠。因此应分别控制管板和所有换热管的质量技术指标及指标偏差,保证质量均匀性。

第二是大直径管板在钻孔、焊接管接头的过程中容易发生拱形变形,先胀接的一端还会对未胀接的另一端施加交互作用,各种因素引起布管区的平面度变化。这样会导致管孔中心线与原来管板平面的垂直度发生变化,换热管中心线与管孔中心线不重合、不平行,对胀接质量产生不良影响,管接头的周向和轴向胀接效果更加不均匀。

(4) 管接头管板背面复合层处的胀接

复合层材料性能有别于管板主体材料性能,应注意胀接载荷能够兼顾两者的适用范围,否则宜分别胀接（先在低载荷下胀接，后在高载荷下胀接）。当在复合管板覆层上开槽时，应特别注意覆层的复合方法，保证覆层材料的硬度与换热管的硬度差值符合胀接的要求。

（5）双管板管接头的胀接

对于双管板管接头，先胀接外侧（第1块）管板的管接头，后胀接里边（第2块）管板的管接头。

（6）部分区域布管的管板管接头的胀接

部分区域布管的管板，各不同位置的管接头会承受不同的附加载荷，可以称为基于位置的特殊管接头结构，需要特别关注。

与布管区中间区域内的管接头所承受的载荷相比，处于布管区周边的管接头还承受壳体连接处的边缘载荷的作用，这里称第一附加载荷的作用；如果是处于布管区与非布管区交界处的管接头，在管束运行中还要承受管板自身结构不对称与受压面积不均匀所引起的弯矩的特别作用，这里称第二附加载荷的作用；在此基础上，如果是处于壳程流体进口区域的管接头，在管束运行中还要承受管板周边连接结构变化与介质动能变化的特别作用，这里称第三附加载荷的作用；如果管程流态不均匀，往往也是靠周边的管接头在管束运行中受到管程工况的差异化作用，这里称第四附加载荷的作用；在管束吊装或转移中，周边的管接头还要承受捆绑纤维布带的勒紧作用，这里称第五附加载荷的作用。因此，图2.1～图2.4的管接头失效位置应该是这些附加载荷的作用叠加到介质工况载荷作用的结果。

5.3.2 基于特殊换热管的管接头胀接

（1）厚壁管接头的胀接

由于胀接能力的原因，较厚管壁的管接头胀接更多选取机电胀接，不过这里所谓的厚壁管只是一个相对于常用换热管规格的概念。即便是厚壁管，只要强度计算和工艺评定试验合格，也可以采用液压胀接。

（2）薄壁管接头的胀接

见5.5节管接头的橡胶胀接。

（3）大口径换热管接头的胀接

某热交换器换热管的规格为 $\phi55mm\times2mm$，管接头采用先焊后胀的方法连接，要求机电胀接长度为（39+1.5）mm，靠近焊缝区保留8mm长的不胀接区域，制造工序完工后实测确定不胀接区域为零，而且焊缝也受到挤压。分析不符合设计要求的成因，发现是机电胀管器在管孔内反转退出时继续碾压管壁的结果，后来通过调整胀珠（柱）后端的圆角位置，使其向胀珠（柱）前端移动解决了该问题[30]。胀珠结构尺寸改造后，换热管有效的胀接长度分为两部分：一部分由胀管器前进胀接时完成，即正常的胀接区域；另一部分由胀接结束、胀管器反转回退时完成。遗憾的是，该技术改造只是由于管接头结构与设计要求的结构不一致而进行，该文献中没有就原来不胀接区实测为零而且焊缝也受到挤压的管接头进行密封性能、强度性能和耐腐蚀性能的检测，未能说明原来的管接头是否符合运行工况要求。

（4）耐腐蚀复合管管接头的胀接

复合管包括复合层位于基管内壁和复合层位于基管外壁两种形式。复合管接头除了存在焊接技术问题外，还存在胀接技术问题。复合管管接头的胀接不仅要同时兼顾基层和复合层的材料性能，还要避免复合层在胀接中减薄开裂。相比之下，复合层位于基管内壁的复合管胀接更加复杂一些。

机械工艺复合管依靠复合层和基层之间的贴紧作用实现复合，焊接熔敷的复合层具有组织硬化倾向。还有一种制造复合管的工艺技术，就是在基管表面热渗透有效成分，由此形成的复合管也存在表面硬化倾向。机械工艺复合管和焊接熔敷复合管这两类复合管的基层材料性能也存在差异。在胀接过程中，复合管可能会出现层间脱离、复合层减薄甚至开裂等问题。传统胀接工艺由于存在扩孔过程，难免会摊薄表面的渗透层，疏散渗透层的有效成分，缩胀法仍然是解决该问题的潜在方法。

5.3.3　基于特殊制造工艺的管接头胀接

（1）基于胀焊并用的管接头制造

当采用先焊后胀的制造工艺时，应按 GB/T 151—2014 的规定在靠近焊缝的那一端留有 15mm 的不胀接区域。当采用先胀后焊的制造工艺时，胀接区域应直到焊缝坡口的根部，不留下不胀接区域；而且管接头的焊缝施焊最好是起弧位置错开的两边，视坡口结构情况，第一遍焊接可以是不加焊丝的自熔焊。

（2）减缓对相邻管接头胀接影响的胀接

为研究换热管与管板胀接顺序对换热器胀接质量的影响，文献 [31] 采用胀接参数化模拟研究方法先对不同的换热管-管板胀接压力和初始间隙进行研究。结果表明：胀接压力相同、间隙不同时，卸载后残余等效应力和残余接触应力值差别较小；初始间隙相同、胀接压力不同时，卸载后残余应力和残余接触应力值差别较大；换热管的残余等效应力和残余接触应力随着胀接压力的增大而增大，其变化趋势一致。文献 [32] 采用胀接参数化模拟研究方法对换热管-管板不同的胀接顺序进行研究，得到换热管残余等效应力、残余接触面应力大小及分布规律。针对某台带有 204 个管接头的厚壁管板管束，建立 3D19△ϕ15 有限元分析模型，计算研究表明：在胀接保压阶段，等效应力最小的胀接顺序为模型外围管接头-中间管接头-内部管接头；完全卸载后，残余等效应力最小、残余接触面应力最大的胀接顺序也为外围管接头-中间管接头-内部管接头；胀接顺序为外围管接头-中间管接头-内部管接头时，胀接质量最好；胀接顺序不同时，模型同一节点处胀接压力卸载以后，对相邻换热管的紧密性和拉脱强度影响较大。

实践经验表明，几个相邻的管接头胀接时，后面胀接管接头对前面已经胀接的管接头存在不良影响，需要采取有效的技术对策，有关内容进一步的具体讨论见 6.2.3 节。

5.4　特殊材料管接头的胀接

特殊材料换热管主要应用于耐腐蚀或者洁净要求等特殊的场合，例如，压缩机段间介质冷却的铜合金换热管、高压加热器的铁素体不锈钢换热管、石油化工耐腐蚀的碳素钢表面渗铝换热管等。

5.4.1　铜材管接头的液压胀接

铜材强度和硬度相对较低，不耐碰撞和摩擦，因此适宜在专门的洁净厂房内制造；制作过程和吊运中要设置专用工具，注意预防表面损伤或变形。设计、制造及检验时所依据的各项标准要明确，材料技术指标及检测要求应明确，视铜换热管的规格和长度、折流板的间距和数量，铜材管束的配合尺寸精度要高，如果是零部件检修更新制造应注意现场测绘检验相关尺寸，避免强力装配损坏，或松动装配诱导运行中的振动损伤。制造工艺要照顾到各所选铜材的冷热加工特性。这里通过几个案例分别说明材料为白铜、紫铜、黄铜的换热管束胀接工艺技术的注意事项。

压缩机级间冷却器白铜管接头的液压胀接案例如下。某装置压缩机级间冷却器管板材料为白铜 ASTM B171 UNS-C71520，厚度 $\delta = 26mm$，换热管和定距管材料为白铜 ASTM B111 UNS-C71520，规格为 $\phi19.05mm \times 1.65mm$，折流板和滑板材料为白铜 ASTM B171 UNS-C71520，拉杆材料为白铜 ASTM B187 UNS-C71520。在网络上搜索 ASTM B 类标准目录可查到 ASTM B171/B171M—2018[33] 标准、ASTM B111/B111M—2018[34] 标准、ASTM B187/B187M—2016[35] 标准。这些标准材料是一种成分为 70Cu-30Ni 的白铜，硼等微量元素对该合金组织和性能有不利影响，形变加工对其耐蚀性也有不良影响。当管束结构件受到腐蚀减薄，强度降低，会削弱管接头的连接强度，甚至造成冷却器的腐蚀失效。因此严格按材料技术指标采购、检测和验收这些材料，才能提供冷却器的质量基础。另外，白铜外观上与不锈钢近似，要避免混料。白铜管管束产品如图 5.8 所示。

(a) 管束　　　　　　　　(b) 管头

图 5.8　白铜管管束

对于铜材管接头的连接，当采用焊接时，一方面由于焊接会使接头性能如力学性能、导电性能及耐腐蚀性能均有所降低，焊接时低熔点合金元素蒸发，气孔敏感性较高，易产生裂纹、未焊透、未熔合等缺陷[36]；另一方面过小的焊接参数使焊接热迅速被铜材传走，过大的焊接参数容易使管板产生热变形，因此很多铜材管接头只要求进行强度胀接连接，不要焊接连接。为保证铜材管接头的强度和密封性能，需要进行管接头试件的拉脱力及解剖试验，管板孔内设置小尺寸的多条密封槽管接头胀接订购专门的胀管器。管接头试样解剖图和产品如图 5.9 所示。为了简化结构，管束设计中用定距杆代替拉杆定距管结构，定距杆直接与折流板焊牢，提高管束整体结构的刚性。

(a) 试样解剖　　　　　　　　(b) 产品制造

图 5.9　黄铜管管接头

橡胶胀接铜管接头也是可行的方法，优点是橡胶与铜之间的摩擦系数小，胀后橡胶易回弹，不易损伤铜管内表面。

5.4.2 铜材管接头的机电胀接

文献［37］对 T2 铜管和 Q345R 管板进行了润滑式机电胀接试验，润滑剂采用水性润滑剂，通过拉脱力测试表明：铜管壁厚减薄率控制在 5％～8％的范围就能满足实际产品的生产需求，水性润滑剂可以用于 T2 铜管接头的机电胀接管接头质量具有足够的可靠性。

(1) 制冷机组冷却冷凝器紫铜管接头的机电胀接

某乙烯装置冰机冷却器的管束采用紫铜管，紫铜管与管板的连接采用强度胀接加密封焊接的方法。管束组装过程如图 5.10 所示。

图 5.10　紫铜管管束组装

实践经验表明，紫铜经过明显变形的加工会产生材料硬化，强度提高而塑性降低，适用于紫铜管接头的胀紧度范围较窄。国际上日本三菱重工制冷机组紫铜管接头的贴胀技术较为成熟，国内能够只采用胀接方法就取得管接头密封效果的制造厂家不多。图 5.11 是只要求紫铜管与管板强度胀的某热交换器，铜换热管的长度只有 3m。因为铜材较软，以前的管接头容易在振动下松脱。为防止管接头泄漏，一方面提高管板孔、折流板管孔和铜管之间的配合精度，减少间隙，另一方面在铜管与其最接近的第一块折流板处也轻微贴胀。采用机械式胀接时，为了使管接头胀接后的周向残余应力更加均匀，可选取多个滚珠的胀管器。图 5.12 的五珠胀管器就优于常用的三珠胀管器。图 5.13 是紫铜管管束组装图。

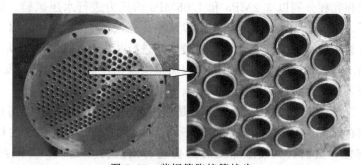

图 5.11　紫铜管胀接管接头

(2) 低压加热器黄铜 U 形管接头的机电胀接

文献［36］于 2006 年分析总结了主体材料全为紫铜的固定管板式热交换器制造技术，

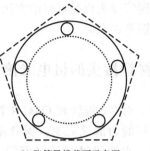

(a) 胀管器实物　　　　　　　　(b) 胀管器横截面示意图

图 5.12　五珠胀管器

图 5.13　紫铜管管束组装

结合管程紫铜管接头的焊接，壳程紫铜板材的拼接及其焊接，介绍了相关结构特点、性能、焊接缺陷与产生原因，以及防止与消除其缺陷、优化制造施焊质量的工艺措施，其中管接头连接结构先采用 3%～5% 胀紧度的贴胀后再焊接，焊接时从管板布管区中心区域向四周辐射方向、对称分区轮流施焊，减少了管板的变形。筒体纵、环焊缝采用不预热的单面坡口双面成形埋弧自动焊。

文献［38］于 2006 年报道，某化肥厂低压加热器按 GB 151—1999 标准、JB/T 8184—1999[39] 标准进行设计、制造、检验与验收。该热交换器为 U 形管式，管程设计压力 2.12MPa，进出口设计温度 277℃/160℃；壳程设计压力 0.66MPa，进出口设计温度 150℃/261℃。管板材质为 16MnⅢ，厚度为 112mm。U 形管材质为 HSn70-1，规格为 $\phi20mm×1mm$ 的黄铜管，冷弯成形。黄铜换热管与管板连接采用贴胀加强度焊接。设备制造完毕后，管程和壳程分别以 3.2MPa 和 1.08MPa 的压力进行水压试验。壳程试验完毕后将水放出、吹干，按设计要求的方法进行氨渗试验，充入 1% 体积的氨，以 0.7MPa（表压）检查换热管与管板胀接接头的气密性。氨渗透试验进行 2～3h 后发现管接头大面积泄漏，将管束从壳体中抽出，发现整个管束换热管外表面呈淡蓝色，直管段和弯管段有不同程度的贯穿性裂纹。分析表明，这是应力腐蚀所致[40]。

其实，GB/T 10567.2—2016[41] 标准就是利用黄铜在氨气氛中应力腐蚀敏感性强的原理，将试样暴露在氨气氛中 24h，然后在 10～15 倍的放大率下观察裂纹的检测方法。为了有效预防应力腐蚀，黄铜材料成形加工后需要进行消应力热处理，并隔绝腐蚀性的运行环境。例如，对冷弯 U 形管的弯管段及至少包括 150mm 的直管段进行温度为 260～300℃ 的退火处理，高温下保温 1～3h，空冷。但是对于铜管接头，要较大程度消除其加工应力是比较困难的。因此，设计制造黄铜热交换器时应避免直接采用氨渗漏方法对产品进行泄漏检查，必要时可慎重考虑采用氨渗漏方法对试件进行检查，最好采用气密或者氦渗漏试验。

图 5.14 是某一台锡黄铜管束的组装过程。

图 5.14　锡黄铜管束组装

5.4.3　铁素体不锈钢换热管接头的胀接

在国内核电机组中，高压加热器的换热管已经普遍采用 SA803TP439 铁素体不锈钢管。该管材与奥氏体不锈钢不同，具有脆性转变温度较高的特性，该特性直接影响换热管的胀接质量。文献［42］从化学成分和胀接温度等方面对这种材料脆性转变温度的影响因素进行了研究探讨，并通过模拟胀接试验，验证了该种材料的胀接性能，为核电高加的生产制造提供参考。

5.5　管接头的橡胶胀接

20 世纪 90 年代，国内外针对热交换器制造中传统机电胀管工艺存在的残余应力问题展开了新技术研发。其中的橡胶胀接技术是 20 世纪 70 年代由日本开发的胀管方法，和液压胀管一样属于可控胀接，被认为胀接贴合是残余应力最小的胀接方法，可避免应力腐蚀和间隙腐蚀。橡胶胀管新技术的工作原理是在橡胶受力变形的基础上发展起来的，如图 5.15 所示。它是利用圆柱形橡胶弹性体的轴向压缩力 T 产生的径向压力将管子胀接在管板上的。当把装有圆柱形橡胶弹性体的加载拉杆一起插到管孔内，拉杆基于顶环的固定可以施加拉力 T 让橡胶体受到轴向压缩，

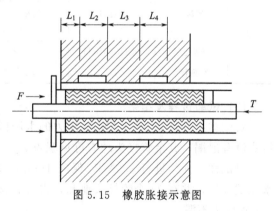

图 5.15　橡胶胀接示意图

轴向压缩使橡胶体产生很大的径向扩展压力，足以使管子材料发生变形，从而将换热管胀接于管板孔，实现管子与管板间的连接。

与液压胀管器相比，橡胶胀管器为防止橡胶在高压下的轴向移动，在胀管接头的两端装有特殊的硬橡胶密封环，采用高强度钢制造的拉杆能承受活塞腔内约 20MPa 高压水或油的拉力，拉力与顶环的背压达到平衡，组成了一个内力系统，不需要其他支撑或约束。二十多年来，液压胀接和液袋胀接工艺通过工装设备和技术的完善逐渐得到了广泛应用[43-47]。但

橡胶胀接工艺无法自我完善，需要管孔内设计有较宽的孔槽，这对管接头结构有所削弱，至今也没有取得业界的推广应用，与其自有的技术特点有关[48]。工艺试验分析表明，橡胶胀接一般只适用于薄壁管和贴胀，不太适用于厚壁管和强度胀，对管孔结构和胀接设备的要求独特，操作过程要遵守专有规程。

5.5.1　橡胶胀管试验

(1) 胀接试样

2005 年，设计制造了 3 台固定管板式小热交换器进行试验，有关数据见表 5.3。每个试样中同时使用不锈钢和碳钢两种换热管，但是把两种材料分开，各自集中排列在一起，而不是随意混合排列，管槽结构尺寸组合和其他技术要求均参照 GB 151—1999 标准。表 5.3 中管槽结构数据组中的数值与图 5.15 中的标志 L_1-L_2-L_3-L_4 分别对应。

表 5.3　试样及工艺参数

试样	零件名称	材料	规格/mm	数量	硬度/HB	胀接压力/MPa
试样 1	管板 1	16MnⅡ	$\phi500\times50$，管槽结构 8-3-6-3	2	142～147	(管板未经热处理)
	换热管 1	0Cr18Ni10Ti	$\phi25\times2.5$	18	166	10～15.5
	换热管 2	20	$\phi25\times2.5$	18	133	8～13.5
试样 2	管板 2	16MnⅡ	$\phi500\times100$，管槽结构为 10-9-8-9 和 10-9-6-9	2	158～192	(管板经过热处理)
	换热管 3	0Cr18Ni10Ti	$\phi25\times2.5$	18	166	14.5～15.5
	换热管 4	20	$\phi25\times2.5$	18	133	13～14.5
试样 3	管板 2	16MnⅡ	$\phi500\times50$，管槽结构为 8-9-9-8	2	158～192	(管板经过热处理)
	换热管 3	0Cr18Ni10Ti	$\phi25\times2.5$	8	166	20.0
	换热管 4	20	$\phi25\times2.5$	28	133	15.5

(2) 试验过程及结果

对试样 1 进行 2.0～2.5MPa 压力的水压试验后，发现只有管板 2 和换热管 2 的 3 个管接头没有泄漏，其余管接头均有可见漏点。

对试样 2 连续进行 3.0MPa 保压 15min、3.5MPa 保压 10min、4.0MPa 保压 12min 的水压试验后，共有 34 个管接头泄漏，占总管接头数的 47.2%。当升压至 6.0MPa 后，只有 8 个管接头不漏。

对试样 2 分别进行碳钢换热管 15MPa、不锈钢换热管 20MPa 的补胀后重新试水压，没有明显的改善效果。

对试样 3 进行管槽结构为 8-9-9-8 的改进并提高胀接压力后，试压 3.0MPa 保压 15min 只有 1 个管接头泄漏。

试验过程及个别试样解剖见图 5.16～图 5.19。其中图 5.19(a) 是胀管的内表面变形，图 5.19(b) 是胀管的外表面变形。

图 5.16 胀管试验操作

图 5.17 胀管试样解剖

图 5.18 管孔解剖

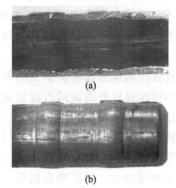

(a)

(b)

图 5.19 胀管内外表面

5.5.2 结果分析及技术改进

(1) 结果分析

根据多次试验以及上述结果，发现橡胶胀接技术存在如下值得注意的问题：

① 如图 5.20 中的上半部所示，由于管槽结构 L_2 较宽，换热管橡胶强度胀后其变形较大，并且以槽边的 0 点为支点产生杠杆作用，引起端部的缩口效应，影响橡胶棒顺利抽出。

② 橡胶被胀接后其两端容易产生毛刺类的凸缘，多次循环后需清理毛刺，影响进一步顺利操作的连续性；橡胶被过胀后还会出现开裂的现象。

③ 橡胶棒的循环使用次数即疲劳寿命短问题。如果橡胶被胀接后无法回弹而堵在管孔内，要将其取出来而又不损伤管内壁是很麻烦的。

④ 橡胶棒长度需要依据多种因素确定。第一个因素是设计要求的胀接长度，而胀接长度又与管板厚度有关。第二个因素是橡胶棒的回弹性，不同回弹性的橡胶棒，所需橡胶棒长度不同，很难计算准确，回弹量是否总是原始长的线性比例要试验确

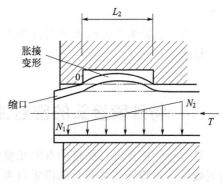

图 5.20 胀接压力及收口效应示意图

定。第三个因素是实际胀接长度的可控性要通过工艺评定试验确定。如果无法一下子确定橡胶棒长度，也可以使用较短的橡胶棒分多次多段胀接，但涉及操作及效率问题。文献［43］提出了胀管压力公式，但同时指出需通过试验确定胀接压力。

⑤ 胀接操作初期，沿管板厚度的径向胀接压力不均匀，如图 5.20 中的下半部所示，靠近管板背面一段的压力 N_2 较高，靠近管接头一段的压力 N_1 较低，因此，不宜用于较厚的管板胀接。这是因为橡胶棒从管口里端往管口外端压缩过程中，压缩力的传递特性造成的，管口里端的橡胶棒先受到轴向压缩，从而最先径向扩胀，扩胀产生的摩擦力阻碍橡胶棒的进一步压缩，就形成了管口里端胀接压力高，管口外端胀接压力低的分布状态。胀接操作时，通过延时卸下拉杆的拉力，可以提高管口内胀接压力的均匀性。随着胀接的进行，开槽段的管壁被胀进槽内，此时该段的径向压力反而会比两侧没有开槽处的压力小。

⑥ 拉杆强度要高，韧性要够，特别是其端部带螺纹的部位对应力集中较敏感，质量要有保证。如果拉杆断裂在管孔内，要将其和橡胶体取出来而又不损伤管内壁是很麻烦的。

⑦ 橡胶胀管、液压胀管、机电胀管或爆破胀管等不同工艺方法对管孔结构有不同要求，互换性差，需开展一种管孔结构同时适用于多种胀管工艺的可行性研究。

（2）优缺点分析

橡胶胀接的优点除前面提及的外，还有管外壁与管孔贴合紧密（图 5.17），胀接变形段的内表面过渡处较外表面的过渡处更圆滑（图 5.19），对管子尺寸精度和表面粗糙度要求不高，快捷、高效、安全。

其缺点是：①对管孔结构有专门要求，孔内槽宽较大。②如果一次采购过多作为关键材料的专用橡胶棒，会存在橡胶老化问题，即便少量采购橡胶棒，其质量检测所损耗的试样数量也是不会减少的。橡胶棒合格后，其二次加工长度需要依据前述的多种因素确定，显得很麻烦。③拉杆的液压操作装置较笨重。④长时间操作后要注意检查和控制液压油温。

（3）技术改进

基于上述分析采取以下对策。

在胀接头上设计预防管口收缩变窄的结构，并在操作时向管口内稍微施加一点轴向顶紧力，如图 5.15 中的顶环和力 F，可以解决胀接缩口问题。

为了取得较佳的胀接效果，橡胶胀接的管板管孔凹槽结构应有针对性设计[49]，通常在管孔内靠近管板两个表面的位置分别设计一个环形槽，槽形截面可以是矩形或弧形，槽宽 L 宜按 $L = 1.5 \sim 1.8\sqrt{Rt}$ 计算，式中，R 为换热管半径，t 为换热管壁厚。加工管槽时，可以从管板的两侧进刀和退刀，从而避免现有技术存在的损伤孔壁等缺陷，有效提高胀接接头的拉脱力和密封性能，同时在保证胀接质量的情况下降低所需的胀管压力，但是加工效率降低一半。

另外，还需要对橡胶胀管机枪头油缸[50] 以及适用的橡胶棒特性及其对胀接力的影响进行定量研究。

5.6 特殊管接头的密封性要求

通过对管接头进行胀接的有限元模拟分析，可以获得结构的应力云图，进而判断胀接的密封效果。影响管接头密封的因素很多，但是判断管接头密封是否可行的依据只有一条。根据力的平衡原理可知，确保密封的充分必要条件是在换热管和管孔直接接触的连续界面上，

产生的接触压应力 σ_y 应大于或等于壳程介质的压强 p。再综合运行工况，则胀接管头密封性能的判断准则为

$$\sigma_m = \frac{1}{n}(\sigma_y - \sigma_b) \geqslant p \tag{5.2}$$

式中　σ_m——管束管接头在各工况下的密封应力，MPa；

　　　σ_b——工况作用下热交换器整体模型分析中壳程侧管板近表面区的径向拉应力，取各工况中分析结果的大值，与管板上的区位有关，MPa；

　　　σ_y——管束管接头局部模型胀接分析中换热管和管孔间的直接接触压应力，MPa；

　　　n——安全系数，取 1.1～1.5。

在同一块管板的诸多管接头中，只有 σ_b 是不同的。σ_b 既随着管板的位置变化而变化，也随着工况的变化而升降。根据式(5.2)，可对管板上不同区位的管头在各工况下的密封性能进行评估。

参 考 文 献

[1] GB/T 151—2014 热交换器.

[2] GB 151—1999 管壳式换热器.

[3] 李志海，刘雁，宣征南，等.换热管与管板液压胀接技术进展[J].机械设计与研究，2016，32（6）：81-86.

[4] 寿比南，谢铁军.GB/T 151—2014《热交换器》标准释义及算例[M].北京：新华出版社，2015.

[5] Haneklaus N，Reuven R，Cionea C，et al.Tube expansion and diffusion bonding of 316L stainless steel tube-to-tube sheet joints using a commercial roller tube expander[J].Journal of Materials Processing Technology，2016，234：27-32.

[6] 张宪刚.换热器管子与管板连接过程力学行为的数值分析[D].哈尔滨：哈尔滨理工大学，2015.

[7] 许紫洋.核电站辅助系统换热器液压胀接过程模拟与接头性能分析[D].上海：华东理工大学，2015.

[8] 于洪杰，钱才富.液压胀接头密封性能的力学表征[J].化工机械，2010（6）：758-762.

[9] 段成红，钱才富.换热器管子与管板接头拉脱力的研究[J].北京化工大学学报（自然科学版），2007，34（3）：308-312.

[10] 段成红，钱才富.操作条件对胀接接头密封性能的影响[J].化工设备与管道，2007，44（2）：18-21，31.

[11] 段成红.管子与管板连接接头的强度和密封性能研究[D].北京：北京化工大学，2007.

[12] Alaboodi A S.Kinematic simulation of three rollers in circular motion using 2D planar FE modeling[J].International Journal of Engineering and Advanced Technology，2014，3（4）：368-372.

[13] Krips H，Podhorsky M.Hydraulist ches aufweitenein neues Ver fahren Zur Befestigung Von Rohren[J].VGB KraftwerksTechnik，1976，56（7）：144-153.

[14] Krips H，Podhorsky M，马桂平.一种新型的胀管法——液压胀管[J].石油化工设备，1985，14（8）：51-56.

[15] 周瑞强，蔡业彬.换热器管与管板连接的工艺对比[J].现代制造工程，2001（11）：42-44.

[16] 葛乐通.换热器管子与管板胀接技术及最新进展[J].江苏化工，1996，24（5）：37-41.

[17] 王贺永，颜惠庚，杜存臣.小口径管换热设备的电爆炸胀接变形能的计算[J].化工机械，2008，36（5）：271-273.

[18] 邱毅强，陈孙艺.空调两器管头焊接技术[J].电焊机，2004，34（9）：57-58.

[19] 郭志芳，马险峰，黄邵军.不锈钢衬管冷装技术在小直径复合管上的应用[J].压力容器，2017，34（12）：68-71.

[20] 李养宁，陈浩，刘党委，等.TA2薄壁换热管管板自动TIG焊接工艺研究[J].化工设备与管道，2018，55（3）：29-31.

[21] 苑世剑.现代液压成形技术[M].北京：国防工业出版社，2009：54-55.

[22] I.Barsoum，K.F.Al Ali.Development of a method to determine the transverse stress-strain behaviour of pipes[C].Shanghai，China：Proceedings of ICPVT-14，P0140.23-26 September，2015.

[23] 叶文邦，张建荣，曹文辉.压力容器工程师设计指导手册：上册[M].昆明：云南科技出版社，2006：15.

[24] JB/T 4755—2006 铜制压力容器.

[25] GB/T 8890—2015 热交换器用铜合金无缝管.

[26] GB/T 1527—2017 铜及铜合金拉制管.

[27] GB/T 10119—2008 黄铜耐脱锌腐蚀性能的测定.

[28] BS EN 12451：1999 铜及铜合金 热交换器用无缝圆形管.

[29] GB/T 5121.1～5121.27—2008 铜及铜合金化学分析方法.

[30] 王立辉, 李伟. 管子管板机电胀接工艺改进 [J]. 压力容器, 2019, 36 (10)：67-70.

[31] 段明德, 盛青志, 张壮雅, 等. 胀接压力与初始间隙对换热器胀接质量的影响 [J]. 化学工业与工程, 2019, 36 (5)：70-79.

[32] 段明德, 盛青志, 张壮雅, 等. 换热管与管板胀接顺序对换热器胀接质量的影响 [J]. 机械设计与制造, 2021, (9)：255-260.

[33] ASTM B171/B171M—2018 压力容器、冷凝器和热交换器用铜合金板和薄板的标准规范.

[34] ASTM B111/B111M—2018 铜和铜合金无缝冷凝管和套圈坯料的标准规范.

[35] ASTM B187/B187M—2016 铜母线、线材和型材以及通用线材、棒材和型材的标准规范.

[36] 阮鑫, 陈伟, 王成君. 紫铜换热器的焊接缺陷及焊接工艺优化 [J]. 现代制造工程, 2006 (1)：88-90.

[37] 邓桂成, 梁三星. 水性润滑机电胀接工艺试验研究 [J]. 日用电器, 2014 (8)：62, 63.

[38] 王正方. 黄铜换热管的腐蚀破坏及预防措施 [J], 压力容器, 2006, 23 (2)：11, 46-48.

[39] JB/T 8184—1999 汽轮机低压给水加热器 技术条件.

[40] 王正方, 王勇, 曲大伟. 低压加热器氨渗漏试验失效原因分析 [J]. 金属热处理, 2007 (S1)：111-114.

[41] GB/T 10567.2—2016 铜及铜合金加工材残余应力检验方法 氨熏试验法.

[42] 阮云峰, 赵敏凯, 史晓玮. 核电高加换热管的胀接工艺性探讨 [J]. 电站辅机, 2012, 33 (2)：6-8, 28.

[43] Allam M. Estimation of residual stresses in hydraulically expanded tube-to-tubesheet joint [C]// ASME Press Vess Piping Conf PVP 327. New York：ASME, 1996：189-199.

[44] Allam M, Chaaban A, Bazergui A. Estimation of residual stresses in hydraulically expanded tube-to-tubesheet joints [J]. Journal of Pressure Vessel Technology, 1998, 120 (2)：129-137.

[45] Allam M. Optimum expansion and residual contact pressure levels of hydraulically expanded tube-to-tubesheet joint [J]. Trans Can Soc Mech Engng, 1997；21 (4)：415-434.

[46] Allam M. Effect of tube strain hardening level on the residual contact pressure and residual stresses of hydraulically expanded tube-to-tubesheet joint [C]//ASME/JSME Joint Press Vess Piping Conf PVP 373. New York：ASME, 1998：447-455.

[47] 葛乐通. 换热器管子与管板胀接技术及最新进展 [J]. 江苏化工, 1996, 24 (5)：37-41.

[48] 严惠庚. 换热管液袋式液压胀接装备与技术 [D]. 华东理工大学, 1998.

[49] 陈孙艺, 郝俊文, 马秋林, 等. 一种具有凹槽的换热器管板：ZL 03209701.8 [P]. 2004-09-29.

[50] 马秋林, 郝俊文, 陈孙艺, 等. 一种橡胶胀管机枪头油缸：ZL 03209702.6 [P]. 2004-09-29.

第 3 篇

热交换器管接头密封
的技术拓展

　　管接头密封的焊接和胀接技术既简单又复杂。简单在于其应用的普遍性和操作的便利性，焊接、胀接或单独使用或两者组合。

　　复杂在于其特殊工况条件下设计的结构是否与所需要的强度达成了优化组合，在于针对其特殊的管接头结构与特殊管接头材料所编制的施工工艺是否经过评定并确认有效，在于完工后的结构质量是否与当前的检测技术相匹配，在于实际运行的介质工况是否与设计条件相吻合。图 C.1 是对低温管壳式热交换器管内外流体分析的管程温度场云图❶，通过耦合换热法分析对换热过程进行三维数值模拟而得。从图中可知，通常的热交换器温度都是很不均匀的，由此推断结构内的热应力也很不均匀，对结构密封带来很复杂的影响。

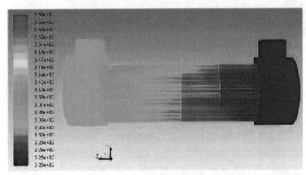

图 C.1　管内外流体耦合换热法分析的管程温度场云图❶

　　管接头密封技术的拓展就是进行细致、深入的专项技术研发，更精准地满足个性复杂的管接头的密封需求包括但不限于管接头胀接分析模型的设计，机电胀接数值模拟，管接头液压胀接解析解分析，管接头胀接参数及其残余应力的分布关系，管接头防振强度技术对策及其拉脱力设计校核的完整性等。采用柔性金属取代传统的弹性体作为密封材料是一种金属密封技术❷，这种新密封对高温、高压和强腐蚀的环境有着良好的耐受性，具有克服传统弹性体密封技术局限性的巨大潜力。

　　管束内的结构件存在纵向振动失效的客观现象，这是一种新的发现，而且有关研究的公开报道基本空白，因此作为技术拓展的内容之一，特别是提出了可应用于管束中的双向拉杆组件、双头拉杆组件，以及应用于低锥度壳体的一种动态随紧密封折流板等颇具针对性的技术对策，值得业内实践。

　　因此，以管接头胀接分析及质量技术作为第 6 章的主题，以热交换器管接头的高等级要求作为第 7 章的主题进行拓展分析。

❶　程坦．机械式蒸汽再压缩系统（MVR）换热过程的数值模拟及结构优化设计 [D]．武汉：武汉工程大学，2015．
❷　崔晓杰．金属密封技术的研究进展及密封机理分析 [J]．石油机械，2011，39（S1）：102-105，108．

第6章
管接头胀接分析及
质量技术

　　管接头胀接分析除了第 5 章的工艺评定试验方法外，也可以采用解析式法、有限元方法。有限元方法模拟技术要求高，但是相对成本低、见效快，得到了高校院所的普遍应用。有限元分析结果可以指导实物试验的设计，常得到工程界的青睐。目前，有限元方法在应用中存在一些共性的问题：一是所报道的大多数案例是在低水平上对类似问题进行同类的重复分析，具有差异性的案例由于建立不同的分析模型时带有"随意性"，特别是其中包含的管接头数量不一致，带给结果的差异性不明确，各自的分析结果就难以放在一起进行比较，无法优化；二是模型输入的边界条件、加载方式、材料性能等与实际情况存在差异，分析结果难以直接指导实际生产，需要工程修正。

6.1　管接头胀接分析的模型设计

6.1.1　管接头模型分类

　　(1) 管接头力学模型
　　这里所说的力学模型可通过数学或者几何图形表达，通常是两者结合在一起来充分表达模型结构和某种物理性质。正面焊接或者内孔焊接的管接头在力学模型中都可以归属为固支节点，具有这类固支结点的管束并非都具有绝对强的刚性，只不过是在其他结构尺寸相同的条件下，与力学模型归属为夹持节点的强度胀接管接头，或者力学模型可归属为简支节点的轻度贴胀管接头的管束相比，刚性有明显的提高。当管接头的连接采用焊接和胀接组合的形式时，在力学模型中可归属为固支节点。
　　(2) 管接头有限元分析模型
　　这里所说的有限元模型可通过源文件或者几何图形表达，源文件的编写是几何图形描述方法之一，通过软件界面的窗口菜单操作也可以构建几何图形。通过模型单元节点的自由度可以虚拟结构连接处的关系是固支、夹持还是简支，例如，通过两个面的接触单元可以模拟夹持功能。
　　要注意的是，无论管接头是胀接连接还是焊接连接，换热管和管板均是两个结构及材料物性都不同的实体，在管接头的有限元分析模型中，不宜把两者设计成一体化而不加区别。例如分析管束振动引起的结构损伤时，应通过接触单元模拟换热管和管板孔之间的关系。除非前人有过专门的相关研究，通过不同模型的分析结果比较，证实可以不加区别建模。

（3）分析模型的几何维度

前人分析中主要采用 2D 模型。汪建华等[1,2] 建立了两个管接头的平面分析模型研究不同的管间距和不同换热管壁厚下胀接时相邻管接头之间的影响规律。李鹏[3] 对 2D 37 管孔有限元模型进行了模拟分析，发现后胀接的管接头会削弱先胀接的管接头残余接触应力，同时后胀接的管接头也因为相邻接头已经胀好，其残余接触压力无法达到单管接头胀接时的大小。另外非相邻的管接头胀接时，由于距离较大，彼此之间几乎没有相互影响。不过该文献只分析了 3 个管接头的胀接，而且采用的是对称模型，实际上其研究的模型每一个管接头周围有 6 个管接头。在分析其他管接头胀接时，由于受力的不对称性不能采用对称模型，2D 模型同样无法反映残余接触应力在轴向的变化规律。朱慧[4] 采用 2D 7 管孔管板模型分析了相邻管接头胀接的影响，得到的结论与文献 [3] 的结论相反，平均残余接触压力增大。笔者初步分析认为，对同一现象的多项分析之所以出现结论不一致甚至相反的现象，主要原因是这些模型及其结果都无法全面、正确地反映胀接处的残余接触应力。因此有必要跳出2D 有限元分析的局限，建立结构更完整的 3D 有限元分析进行分析，而且模型中管接头的数量应该足够到能更正确地反映周边管接头对中间所关注管接头的影响。

管接头的焊接模拟也存在类似的模型结构问题。既有采用 2D 模型的[5]，也有采用 3D模型的，但是模型中管接头的数量不一。与不少分析中采用单个管接头模型不同[6]，文献 [7] 在管接头先胀后焊的焊接模拟分析中采用了 7 个管接头的 3D 实体模型，文献 [8]在管接头胀接试验中采用了 7 个管接头的 3D 实物模型。

6.1.2　管接头胀接模型的规范化

（1）关于分析模型的管接头数量

常见公开报道的一种管接头模型结构是只选取管板布管区域 30°范围内的结构进行胀接有限元分析，其主要理由是换热管在管板上的连接区域具有轴对称性，其次的理由是为了提高计算效率[9]。如果说，很早以前的案例分析限于数值计算软件、硬件的能力，出于节约计算时间的需要，而取了一个小区域的结构来建立模型，这是可以理解的。但当前的计算条件都显著改善了，计算分析能力也大为提高了，为什么不取更大角度范围的结构进行建模分析，而仍然"照搬"前人的模型呢？笔者只好认为，一方面是由于业内缺失关于建模范围的合理依据和明确指引，另一方面是对前人成果"完美性"的默认和无条件的全盘接收。

面对常见的结构，分析人员没有考虑到管接头与其周边结构的差异，也没有考虑到相邻管接头先后胀接的相互影响。在液压胀接时，管板上布满了管孔，对某一管接头进行胀接时会对其周围管接头产生影响。虽然已有一些文献报道了管接头之间相互影响的分析研究，但是这种分析也限于只包含 2～3 个管接头的模型，而且关注的焦点在于管接头残余接触应力沿轴向的分布。更深入地，周围所有管接头胀接时对中心管接头胀接结果的影响，或者管接头残余接触应力沿周向的分布，都缺乏全面的分析。

在胀接过程中，对中心管接头产生影响作用的周边相邻管接头数量还与换热管的排列形式有关。无论换热管排布在整体上是按纵向和横向格子的排列方式，还是按同心圆放射向的排列方式，都是换热管之间按方形排列时起影响作用的管接头数量最多，按三角形排列时起影响作用的管接头数量相对少。图 6.1 是按正方形排列的管接头模型，对中心管接头产生影响作用的周边相邻管接头数量为 8 个。

至于非相邻但是只隔开一个管接头的两个管接头在胀接时是否存在影响，或者由于设置隔板槽、拉杆而隔开一定间距的两个管接头在胀接时是否存在影响，都尚未见报道。

（2）关于分析模型的统一标记

为了便于表达和比较各种不同管接头模型的研究成果，这里以 19 个 ϕ25mm 管接头的三维模型为例，提出了图 6.2 所示的管接头规范化标志及其说明。

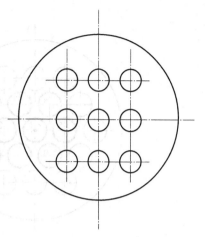

图 6.1　正方形排列管接头模型

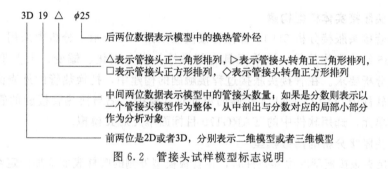

图 6.2　管接头试样模型标志说明

6.1.3　管接头胀接模型的设计

（1）管接头胀接模型几何图设计

为了分析某中压废热锅炉管接头的液压胀接效果，根据管板厚度为 300mm，换热管为 ϕ25mm×2mm，在管板上呈正三角形排列等资料，建立 3D19△ϕ25 管孔管板模型。其几何模型沿管接头轴向的视图如图 6.3 所示[10]。该模型包括 19 个管孔的管板区域，对中心管接头 1 产生影响作用的周边相邻管接头数量为 6 个，因此分析时中间标有 1～7 顺序号的 7 个管孔处建有换热管模型，换热管与管孔之间建有接触副。序号 2～7 这 6 个管接头外围的管孔因为对序号 2～7 这 6 个管接头的胀接有影响而如实设置，又因为不需要分析序号 2～7 这些周边管接头的胀接过程而未建立其外围管孔的换热管模型，也就是说外围只是管孔模型，因为不带换热管，因而不是管接头模型。该模型主要分析中心管接头 1 胀接后残余应力分布的变化规律，以及周围管接头胀接时对中心管接头胀接的影响。残余应力包括换热管与管板间的残余接触应力以及换热管与管板非接触处胀接后的残余应力。热交换器管接头的编号以及坐标轴的方向如图 6.3 所示。图中 A 点是管接头 1 上与管接头 2 最近的位置，也就是传统概念上的管桥厚度处；B 点是管接头 1 上与管接头 2 及管接头 3 等距离的相邻位置，或者说三个管接头之间的相邻位置，也就是传统概念上的三角区。

图 6.3 中 Z 向为轴向，$Z=0.2$m 为管板壳程侧表面，$Z=0.536$m 为管板管程侧表面，它们之间是管板，胀接压力作用的区间是 $Z=0.203\sim0.521$m（下同）。

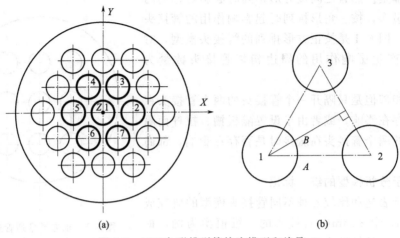

图 6.3　正三角形排列管接头模型和编号

(2) 管接头胀接实体模型构建

热交换器管接头胀接分析 3D 19 管孔管板模型如图 6.4 所示。分析中采用 ANSYS 软件中的 SOLID185 结构实体单元,该单元具有超弹性、应力钢化、蠕变、大变形和大应变能力,可以满足分析要求。在管接头胀接过程接触副的构建中,把换热管的外表面作为接触面单元,并选用软件中的 CONTA174 接触面单元对其模拟;把与换热管接触的管板孔表面作为柔性目标面单元,选用软件中的 TARG170 目标面单元对其模拟。

(3) 管接头胀接分析的离散模型

在确定管接头胀接模型的边界条件时,在管板模型外侧的圆柱表面施加固定约束,在换热管的壳程侧端面施加固定约束。在确定管接头胀接模型的载荷条件时,在胀接区施加胀接压力。胀接时载荷为均匀的胀接压力,施加在换热管伸入管板部分的内表面上;胀接压力先从 0 逐渐加载到设定的最大值,再逐渐卸载回到 0。划分网格得到的有限元模型如图 6.5 所示。

图 6.4　管接头胀接分析 3D 物理模型

图 6.5　换热管与管板胀接分析网格模型

(4) 管接头胀接模型的材料性能

在有限元分析计算中,对材料的定义是相当重要的。这是由于材料的屈服极限对胀度的影响很大,而胀度又是直接影响胀接接头性能的主要参数,同时此接头的有限元分析是材料非线性的,因此采用真实的非线性数据将使得数值解更加准确。换热管与管板材料的应力应变曲线由材料拉伸试验得到,如图 6.6 所示。遗憾的是,公开报道的大部分模拟案例关于材料的应力应变关系采用了材料标准数据绘制的曲线，与真实数据的曲线之间存在不清楚的偏差。有关讨论内容见 5.2.1 节。

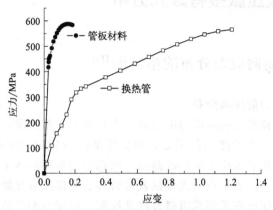

图 6.6 换热管与管板材料的拉伸曲线

（5）胀接顺序

调查确认，管束制造中常见的正常胀接操作是逐层胀接的，即胀接完成同一高度的一层管接头，再胀接相邻的上一层或下一层管接头。对每一层管接头的胀接，通常是从最左端那个管接头开始胀接，然后逐一胀接该层的下一个管接头，到最右端那个管接头胀接完成。当接着胀接另一层管接头，则从最右端的管接头开始胀接，逐个胀接各个管接头直到最左端那个管接头的胀完。如此从左到右、从右到左的顺序，循环往复，直到管板上所有的管接头都胀接完好。文献［11］采用 3D30△φ19.05 模型对厚管板进行了机电胀接和液压胀接的实物试验分析，虽然管接头数量较多，但是胀接顺序与通常情况有出入，如图 6.7 所示。该文献认为，如果在胀接时递延从外往内胀接，换热管轴向延伸就有可能使管子发生弯曲，因此采用由中间向外对称胀接的方法。与图 6.3 的模型相比，图 6.7 中的模型虽然没有整体结构意义上的中心管接头，但是由周边 6 个胀接管头包围的管接头 3 或 4 都可以视为中心管接头。不过，再考虑图中标记序号作为胀接顺序才算是更实际的模拟的话，两个图的模型都与实际产品的胀接操作有差距。至于这些差距的大小或者是否有不容忽视的后果，尚有待研究。

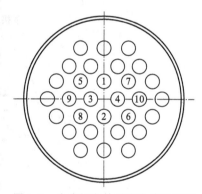

图 6.7 由中间向外对称胀接的顺序

图 6.3 的分析模型，胀接压力为 250MPa。管接头胀接顺序是 1—2—3—4—5—6—7，首先胀接中心管接头 1，然后依次胀接周围的管接头。胀接管接头 7 时，管板和换热管的 Misses 应力云图如彩插图 6.8 所示，似花瓣形貌。工程界更关注模型内部的应力分布，为显示清楚内部应力情况，管程侧的部分模型已被剖去，因此管接头表面的应力分布未显示。图 6.8 是业内较早展示多个管接头三维模型胀接后塑性变形状况的[10]。约 5 年后，另一探讨热交换器胀管工艺优化的文献[12]也采用 1 个中心管孔及其周围环绕 8 个管孔的三维胀接分析模型，该模型中换热管外壁和管孔之间也设定为摩擦接触。文献［12］可以算是笔者读到的关于构建该类多个管接头三维模型进行胀接分析的第二篇文章，遗憾的是该文献没有绘制胀接后连接面残余接触应力的分布曲线，分析结果的数据资源利用不够。

6.2　管接头液压胀接有限元分析

6.2.1　液压胀接周向应力分布的星齿图[10]

(1) 模型测评及应力的周向分布

为了直观地表达胀接残余接触应力沿着管接头环向的分布状况，通过比较选用了极坐标图，坐标图的中心设为中心管接头的圆心，坐标图的周向标记出中心管周边各管接头的位置，坐标图极半径的长短表示应力水平的高低，依据管接头环向各个关键位置的应力高低描绘成坐标上相应的一个点，各个点的连接线就是管接头胀接残余接触应力曲线，如图 6.9 所示。图中的应力分布曲线没有采用圆滑过渡线来绘制，因应力的高低变化致使其分布曲线呈星齿状，这里形象化地称之为星齿图。

图 6.9 中，模型 1 为网格疏模型，具有 29.6 万个节点、27.9 万个单元，分析结果不具有完整的轴对称性；残余接触应力水平分布在 1.25～2.75MPa 的坐标范围内，最大应力比最小应力高出 120%。而模型 2 为网格密模型，具有 59.7 万个节点、57.2 万个单元，分析结果具有明显的轴对称性；残余接触应力水平分布在 1.24～2.38MPa 的坐标范围内，最大应力比最小应力高出约 92%。相对于模型 1，模型 2 更均匀一些，但是还有优化的空间和必要性；与管接头实际应力分布情况更接近。因此，后面的分析全部在模型 2 进一步优化后进行。

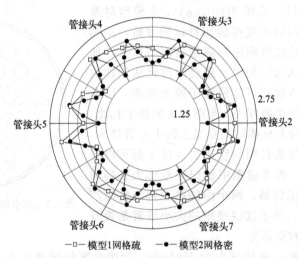

—□— 模型1网格疏　　—●— 模型2网格密

图 6.9　不同网格密度下管接头 1 胀接后残余接触应力环向分布的星齿图（单位：MPa）

(2) 模型只有中心管接头 1 处胀接后的应力分布

管接头 1 胀接后换热管不同轴向位置胀接残余接触应力环向分布的星齿图如图 6.10 所示。从图中看管接头轴向应力分布，只胀接第一个管接头时，换热管胀接残余接触应力沿 Z 轴位置不同而变化，随着管孔深度从管板壳程侧往管程侧方向增加，应力呈先增大后减小的趋势。再从图中看管接头环向应力分布，应力也是呈星齿状的不均匀分布，并且以一段 M 形的曲线按 60°一次循环沿环向分布。在中心管接头与外围几个管接头相对应的位置，其残余接触应力相对较小。

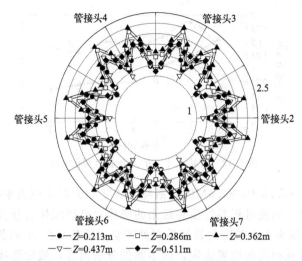

图 6.10　管接头 1 胀接后换热管不同轴向位置胀接残余接触应力环向分布的星齿图（单位：MPa）

(3) 模型所有管接头胀接后中心管接头 1 的应力分布

管接头依次胀接后，管接头 1 处（$Z=0.362$m）残余接触应力环向分布的星齿图如图 6.11 所示。在 $Z=0.362$m 处胀接残余接触应力相对较大，因此取此处的残余接触应力进行分析。因胀接管接头比较多，其结果分成两个图表示，如图 6.11(a) 和（b）。图 6.11(b) 中残余接触应力水平分布在 1.4～2.38MPa 的坐标范围内，最大应力比最小应力高出 70%，相对模型 2 优化前更加均匀。

从图 6.11(a) 中可以看出管接头 2 胀接后，管接头 1 的残余接触应力整体会略微减小，但是在与管接头 2 相邻的位置 A 点处，管接头 1 的残余接触应力反而增大。同理其他管接头胀接时，它们与管接头 1 相邻处的残余接触应力增大，其他位置的残余接触应力减小。

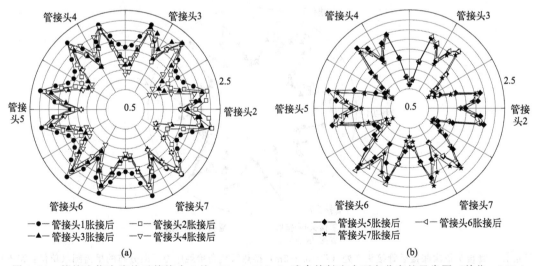

图 6.11　管接头依次胀接后管接头 1 处（$Z=0.362$m）残余接触应力环向分布的星齿图（单位：MPa）

从整个胀接历程来看，管接头 2～7 胀接后，管接头 1 上与管接头 2 相邻位置 A 点处的残余接触应力变化相应为 1.4MPa→1.88MPa→1.6MPa→1.4MPa→1.5MPa→1.3MPa→1.4MPa，最终复原为最初的 1.4MPa，如图 6.12 中曲线 A 所示；与管接头 2 及管接头 3 等距离的相邻位置 B 点处的残余接触应力变化相应为 1.55MPa→1.25MPa→1.05MPa→

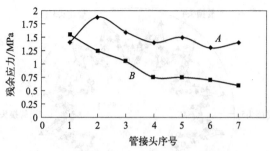

图 6.12　管接头 1 上的残余应力变化曲线

0.75MPa→0.75MPa→0.7MPa→0.6MPa，最终无法复原为最初应力水平，如图 6.12 中曲线 B 所示。据此判断，胀接时相邻管接头后来的胀接对已经胀接管接头的残余接触应力产生较大影响，中心管接头 1 上的密封强度最弱处不是由管桥处的 A 点位置来决定，而是由其周边 6 个与 B 点所在相同的位置决定，就本案例分析而言，最后胀接的管接头 7 与中心管之间的 B 点所在位置的残余接触应力最低，是密封强度最弱处。传统的管板加工质量技术要求中主要的一点是控制管桥厚度不要太薄，这一要求在表面上是为了保证加工精度所需要，其背后的理论依据则是避免太薄的管桥结构在胀接中进入了塑性变形状态，致使管孔缺失了弹性回复抱紧换热管的力学行为，起不到密封作用，因此传统的要求似乎抓住了关键，但是忽略了旁边的危险所在。

（4）模型所有管接头胀接后周边管接头 2 的应力分布

　　管接头依次胀接后管接头 2 处（$Z=0.362m$）换热管残余接触应力环向分布的星齿图如图 6.13 所示。图中管接头 4～6 与管接头 2 不相邻。管接头 4～6 分别胀接后，管接头 2 处换热管的残余接触应力基本不变，从而可以判断胀接时不相邻的管接头胀接时对相互结构中的残余接触应力影响较小，可以忽略不相邻的管接头胀接的影响。

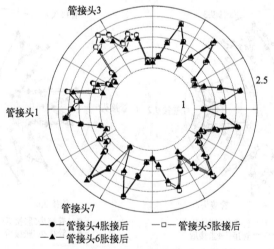

图 6.13　管接头依次胀接后管接头 2 处（$Z=0.362m$）换热管残余接触应力环向分布的星齿图（单位：MPa）

6.2.2　液压胀接轴向应力分布的拱门图

　　管接头 1 胀接后，不同轴向位置处胀接残余接触应力分布采用三维坐标表示时，如图 6.14 所示。其应力分布呈拱形隧道状，因而这里称为拱门图。从图中可以看出，在胀接区两侧各有一个较窄的高水平残余接触应力区域，胀接残余接触应力在两个峰值之间呈拱形分布。另外，从环向（即不同管接头位置处）来看，胀接残余接触应力也是分布不均的。

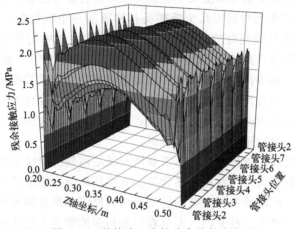

图 6.14　管接头 1 胀接残余接触应力

文献［13］模拟分析了液压胀接的管接头。80mm 厚的管板上 ϕ19.3mm 的管孔装配 ϕ19mm×2mm 的换热管，管板和换热管的材料都是 16Mn，管接头模型经过 200MPa 的贴胀后，再以最适宜的压力 240MPa 进行强度胀，接触面沿轴向分布的残余接触应力如图 6.15 所示。从图中可以看出，在胀接区两侧也各有一个较窄的高水平残余接触应力区域，而更高接触应力水平的是管孔中开槽的边缘。

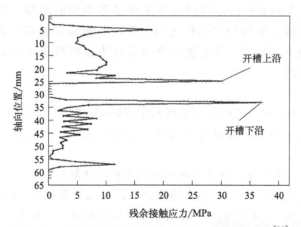

图 6.15　液压胀接管接头残余接触应力沿轴向分布[13]

6.2.3　液压胀接效果及其影响因素的认识

（1）主要结论

通过 3D19△ϕ25 管孔管板模型分析换热管与管板连接接头胀接残余接触应力沿轴向和环向的变化规律，以及周围管接头胀接时对中心管接头胀接的影响，可以得到下面的基本结论。

沿轴向分布看，在胀接区两侧各有一个较窄的高水平残余接触应力区域，这一点与前人的研究结果一致。胀接残余接触应力沿轴向分布不均。

从环向来看相邻管接头交互作用后的基本态势，残余接触应力也是分布不均的，呈星齿状分布；初步分析表明，环向应力分布呈星齿状与中间管接头周边分布的 6 个管接头所形成的结构有关。在中间管接头上与周围几个管接头相对应的管桥位置，其残余接触应力曲线呈 M 形分布；在中间管接头上与周围几个管接头相间隔的三角区位置，其残余接触应力曲线呈 V 形分布；V 形分布曲线底部的应力水平与 M 形分布曲线中间那个底部的应力水平相比明显较低，因此，V 形分布曲线底部所对应位置是管接头的密封失效泄漏的潜在通道。这样的分析结果既深入又具体，是单根换热管与等效圆筒模型组成的管接头简化模型分析中不可能获取。由此而来，令人怀疑业内基于等效圆筒模型的弹塑性理论所推导的胀接压力计算公式的工程适应性。或许这就是为什么国内胀管机的产品使用说明书中，毫无缘由地在胀接压力计算公式里设置一个内压放大系数的原因。

两个相邻管接头之间的管桥宽度处，需要同时满足两侧的管接头都保持较高残余接触应力的需求，后面胀接管接头对已经胀接的管接头有挤压影响，相互挤压后较容易把管桥宽度内的材料都胀接透彻，所以管桥宽度处胀接变形效果显著；但是因为已经胀接的管接头其换热管已在先前的胀接中产生塑性变形，而且难以在相邻的管接头胀接的挤压后回复变形，所以管桥宽度处胀接密封效果不好。

不相邻的管接头胀接时对相互结构中的残余接触应力影响较小，可以忽略不相邻的管接头胀接的影响。

实际上，管束中虽然大部分管接头具有轴对称的周边结构是轴对称的，但这只从该管接头所在管板平面上的局部区域观察所获得的认识，如果扩大观察区域，或者沿管束轴向考察管接头在壳程空间内的结构，也许是不均匀的结构。特别是管束周边那一部分管接头的周边结构是非轴对称的，同时也就更加是不均匀的结构。液压胀接时以同一个工艺参数去对一个管接头不均匀的结构进行操作，各管接头获得的周边应力分布当然是不均匀的。如果采用不均匀的三滚支胀管器对管接头进行机电胀管，获得的周边应力分布当然是更加不均匀的。

（2）技术对策

管接头上对应三个管接头之间的三角区残余接触应力较低，初步分析是因为管接头之间的空白区域不宜太大。空白区域对管接头残余接触应力大小的影响是一个值得研究的新课题。

相关的，管接头的排列方式对空白区域的大小和形状都有影响。笔者分析某国产胀管机胀接使用手册中确定最大胀接压力 p_{max} 的方法时，发现其系数 K_1 的计算与管接头的排列方式关联。由此可见，管接头的排列方式对残余接触应力大小的影响也是一个值得研究的新课题。

针对 GB/T 151—2014 标准所列管接头常用的正三角形排列、转角正三角形排列、正方形排列和转角正方形排列等四种排列形式，传统的胀管方法所采用的胀管器已不适应高质量的胀接要求，需要进行新型胀管器的研发，以便管接头周边取得更加均匀的残余接触应力。关于减缓对相邻管接头胀接影响的胀接，上面的分析讨论也表明，几个相邻的管接头胀接时，后面胀接管接头对前面已经胀接的管接头存在不良影响，所以几个管接头之间的方位所在处胀接密封效果

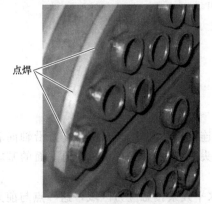

点焊

图 6.16　点焊导致管端段在管孔内的偏心

较差。值得关注的制造技术对策是，当需要胀接某一中心管接头时，如果在其周边相邻几个管孔内都塞上防胀塞子，提高其结构强度，对于减缓中心管接头胀接时对周边管接头的影响是有一定的效果的。

(3) 工程因素的影响

如果考虑工程因素的影响，将使胀接管接头的残余接触应力分布更加复杂和不均匀，对管接头的密封存在不利影响。例如，图 6.16 展示因定位需要而对管接头的点焊，这个焊点将限定胀接过程中被点焊处管壁及管孔的变形位移，而该管接头其他绝大部分未被点焊的位置将获得自由的变形，最终致使靠近管端口这一小段的胀接出现偏心变形。同理，管孔或者换热管的非圆形偏差、管孔或者换热管胀接段的非等直径偏差、管孔或者换热管材料性能的均匀性、换热管的非等壁厚、管孔间距的非均匀性都会对胀接效果产生明显的影响，其具体规律性有待数值实验深入分析。

6.2.4 机电胀接数值模拟

(1) 机电胀接的优势

管接头的机电胀接法是最早得到应用的传统胀管方法，即便在当前液压胀接法已经广泛应用的情况下，仍不失其独特的优点，常被一些工程项目指定采用。文献 [14] 介绍了 300MW 核电机组蒸汽发生器的管子管板胀接结构为间隔机械分段胀接，与目前大规模推广的二代改进型蒸汽发生器全程液压胀接有较大区别。因为间隔机械分段胀接具有操作简单、方便、成本低、可靠性相对较高等诸多优点，所以在低功率核电机组蒸汽发生器管子管板制造中广为采用。

(2) 机电胀接的模拟

相对于液压胀接的数值模拟，机电胀接的数值模拟研究及其成果报道较晚。文献 [15] 运用 ANSYS 软件对管板进行了机电胀接过程的模拟，分两个工况：工况一模拟整个胀接过程，模拟胀接过程中换热管的应力和变形情况；工况二模拟换热管拉脱过程，检验其胀接松紧程度。

文献 [16] 采用数值分析方法研究了 304L 不锈钢管子与 Q235B 管板之间采用机电胀接、液压胀接及先焊后胀等方法实现连接的过程中，管-板结构的力学行为，并得出如下结论：机电胀接过程中，管子与管板接触后每经历一次辊子的碾压都会出现等效应力和接触应力急剧上升和回落的现象，管板的应力值在这样的反复变化下整体逐渐升高，等效应力上升到最高与回落到最低之间的差值逐渐减小，而接触应力上升到最高与回落到最低之间的差值则逐渐增大，最终残余接触应力在整个胀接区较均匀地分布；在管板弹性模量 $190 \sim 220$GPa 的范围内，残余接触应力随弹性模量增大而增大；在胀形量 $0.13125 \sim 0.140625$mm 的范围内，残余接触应力随胀形量减小而减小；接头的拉脱强度约为 20MPa。

液压胀接时在加载阶段管板接触区的等效应力随着载荷增大线性增加，当管板屈服后等效应力先保持不变，随后再次线性增加，而接触应力则一直近似线性增加。在卸载阶段等效应力先线性下降，之后经历了二次抛物线形的先降后升，接触应力则近似线性减小[16]。

(3) 液压胀接和机电胀接的组合法模拟

文献 [17] 开展了液压滚珠整形器中滚珠对套管的挤压试验，得到了不同加载载荷与径向位移的关系。在此基础上，采用有限元分析方法，选取套管和滚珠为研究对象，考虑套管材料的弹塑性和滚珠与套管的接触非线性特性，建立了液压整形器滚珠径向挤压套管力学模型和数值计算方法，得到了挤压后套管的径向位移，并与试验结果进行了对比，两者吻合较好，验证了数值模拟方法的正确性。最后研究了液压整形器中滚珠对不同材料套管挤压的影响，结果表明：当套管材料相同时，随着加载载荷的增大，卸载后 3 种不同材料套管的塑性位移和回弹量均呈增大趋势；当加载载荷相同时，随着材料强度的增加，卸载后套管的塑性位移呈现降低的趋势，而回弹量呈现增大的趋势。笔者从文献［17］的整形器工作原理中认识到，液压提供了动力，滚珠在一定程度上体现了机电胀管器中滚柱的行为，两者的结合作为液压滚珠胀管的雏形，为新型胀接技术原理的开发提供了不同的思路。

6.3　管接头液压胀接解析解分析

　　胀接压力是指作用于换热管内壁使其径向变形的内压，是制造工艺中管接头连接强度及密封可靠性的关键指标，一般由各制造厂根据有关热交换器产品标准、胀管机使用说明书，结合历史经验和工艺评定确定。研究发现，文献［18］中列出的管接头胀接压力式计算结果非常大，甚至无法实现，国内外标准和资料中对管接头胀接压力相关概念的表述存在明显差异，对这些因素认识不清会影响设备制造中的产品质量。为了引起业内关注，这里以国内外液压胀管机操作手册的内容为基本指引，对胀接压力的各种概念进行分析比较，并以常见热交换器高等级管接头组合材料为案例对其紧密度的胀接压力进行计算分析。

6.3.1　液压胀接压力的相关概念

(1)　某进口胀管机胀接压力的基本概念

　　文献［18］中列出了液体胀接的 3 个基本压力概念及其两个计算式［式(6.1) 和式(6.2)］，但是未指出公式的出处。经溯源，计算式由 H. Krips 和 M. Podhorsky 在 20 世纪 70 年代研发液压胀管机时提出，是弹塑性解的经典计算式，后来由供应商 BALCKE-DÜRR 提供的某胀管机操作手册作了介绍。

$$\frac{p_o}{\sigma^t} = \frac{2(U_P^2 - 1)}{\beta \sqrt{3U_R^4 + 1}\,[(1+\nu)U_P^2 + 1 - \nu]} \times \frac{E_P}{E_R} + \frac{U_R^2 - 1}{2} \tag{6.1}$$

$$\frac{p_H}{p_i - p_o} = \frac{\beta}{1 + \dfrac{E_P}{E_R} \times \dfrac{U_P^2 - 1}{U_R^2 - 1} \left[\dfrac{U_R^2(1-\nu) + 1 + \nu}{U_P^2(1+\nu) + 1 - \nu}\right]} \tag{6.2}$$

式中　p_o——界限压力 (limit pressure)，指撤去胀接液压后使管板的弹性恢复等于管子弹性恢复的液压膨胀压力，MPa。此时不存在残余贴合压力，即 $p_H = 0$ MPa。笔者认为这相当于国内同行所说的贴胀压力的概念。

　　　　p_i——最大液压压力 (maximum expansion pressure)，指液压胀接的最大压力，MPa。为了使胀接后有残余贴合压力 p_H 存在，需要式(6.2)等号左边的数值大于零，即分母 $p_i > p_o$，但具体需要 p_i 比 p_o 大多少则取决于胀接紧密程度和拉脱力的大小。这里，笔者以 p_{it} 表示贴胀最大液压压力，p_{iq} 表示强度胀接最大液压压力。

p_{H}——贴合压力（adhesion pressure），是管子与管板之间的残余贴合压力，MPa。由文献 [18] 可知，通常贴胀时 $p_{\text{H}}=20\text{MPa}$，强度胀时 $p_{\text{H}}=700\text{MPa}$，紧密胀时 $p_{\text{H}}=200\sim700\text{MPa}$。具体取值应考虑工况变化的影响。笔者据此绘制了图 6.17，经国内外案例计算和比较分析，认为文献 [18] 提供的参数有错误。文献 [18] 中强度胀接时的压力宜修正其贴合压力为 $p_{\text{H}}=70\text{MPa}$，紧密胀接时的压力宜修正其贴合压力为 $p_{\text{H}}=20\sim70\text{MPa}$。

ν——泊松比。

σ^{t}——管子材料屈服时的应力，MPa。

E_{p}——管板材料弹性模量，MPa。

E_{R}——管子材料弹性模量，MPa。

β——减薄系数，取决于管板的有关几何尺寸，笔者根据文献 [18] 中的图 6 回归得

$$\beta=0.0714U_{\text{p}}+0.7301 \tag{6.3}$$

U_{p}——管板半径比，计算式为

$$U_{\text{p}}=\frac{2S-D}{D} \tag{6.4}$$

S——管板孔中心距，mm。

D——管板孔径，mm。

U_{R}——管子内外径比，计算式为

$$U_{\text{R}}=\frac{d_{\text{o}}}{d_{\text{i}}} \tag{6.5}$$

d_{o}——管子外径，mm。

d_{i}——管子内径，mm。

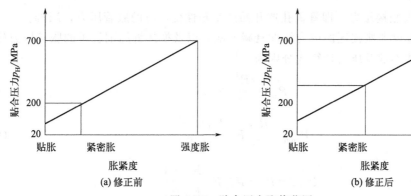

图 6.17 贴合压力取值范围

（2）国内学者对胀接压力的解

陈钢和严惠庚参照国外学者的计算式，分别改写出贴胀压力 p_{f} 的表达式[19,20] 为

$$p_{\text{f}}=\frac{2R_{\text{eLt}}(K_{\text{s}}^{2}-1)}{\sqrt{3K_{\text{t}}^{4}+1}\times K_{\text{s}}^{2}(1+\mu_{\text{t}})+1-\mu_{\text{t}}}+\frac{R_{\text{eLt}}(K_{\text{t}}^{2}-1)}{2} \tag{6.6}$$

$$p_{\text{f}}=\frac{\dfrac{2R_{\text{eLt}}}{\sqrt{3}}\ln K_{\text{t}}}{1-2c} \tag{6.7}$$

$$c = \cfrac{1}{K_t^2(1-\mu_t)+1+\mu_s+\cfrac{E_t(K_t^2-1)}{E_s(K_s^2-1)}[1-\mu_s+K_s^2(1+\mu_s)]} \tag{6.8}$$

式中　E_s——管板材料弹性模量，MPa；

　　　E_t——换热管材料弹性模量，MPa；

　　　R_{eLt}——换热管材料屈服强度，MPa；

　　　μ_s——管板的泊松比；

　　　μ_t——换热管的泊松比；

　　　K_s——外筒管板的外径与内径的比值；

　　　K_t——换热管的外径与内径的比值。

文献［21］根据弹塑性理论分析了液压胀接过程中换热管与管板胀接接头在加载和卸载工况下应力-应变的状态，采用双线性材料模型以及双圆筒几何模型，推导了换热管与管板之间胀接后的残余接触压力理论计算公式。该公式在结构上与式(6.2)类似，但是由于只基于力学理论和简化模型，没有考虑管板几何尺寸等实际情况，在内涵上尚有差距。

(3) 某国产胀管机胀接压力基本概念

根据浙江台州大洋液压胀管设备制造有限公司提供的《超高液压胀管新技术》，可知如下液体胀接的 3 个基本压力概念及其计算式[22]。

　　P_o——换热管全（壁厚）屈服压力，即换热管外壁刚发生塑性变形时的胀管压力，MPa。此时只有换热管变形，管板不受力，称为换热管预胀阶段。

　　P_{min}——最小胀接压力，即换热管外壁与管孔已经接触，但是管板处于弹性变形状态，仅管孔壁有局部塑性变形，两者之间开始产生残余应力但其径向残余应力为零时的胀管压力，MPa。笔者认为这相当于国内同行所说的贴胀压力的概念。

　　P_{max}——最大胀接压力，即管板孔壁开始产生塑性变形时的胀管压力，MPa。

在考虑管板厚度非胀接区的应力线性衰减影响，以及换热管周围管桥的胀接压力放大影响后，有关计算式参数及压力计算式分别为[22]

$$P_o = \frac{2R_{eL}^t}{\sqrt{3}}F_t \ln k \tag{6.9}$$

$$P_{min} = \frac{R_{eL}^t}{\sqrt{3}}F_p \frac{K_1^2 k^2-1}{K_1^2} \tag{6.10}$$

$$P_{max} = P_o + R_{eL}^s F_p \frac{K_1^2-1}{K_1^2+1} \tag{6.11}$$

式中　R_{eL}^t——管子材料的屈服强度，MPa；

　　　R_{eL}^s——管板材料的屈服强度，MPa。

换热管全屈服时的径比

$$k = \frac{r_c}{r_i} \tag{6.12}$$

对于管孔正三角形排列

$$K_1 = \frac{3.5S-2.5D}{D} \tag{6.13}$$

对于管孔正方形排列

$$K_1 = \frac{3S - 1.6D}{D} \tag{6.14}$$

系数

$$F_t = 1 + \frac{d_i + \sqrt{k-1}}{2L} \tag{6.15}$$

$$F_p = 1 + \frac{D\sqrt{k-1}}{2L} \tag{6.16}$$

式中　L——管板厚度中间局部胀管区域，mm；

　　　r_i——换热管全屈服时的内半径，mm；

　　　r_c——换热管全屈服时的外半径，mm。

其他符号的含义同前。

（4）典型管接头结构参数

针对常见热交换器，表 6.1 列出了常见 3 种管接头结构尺寸的计算参数。

表 6.1　结构尺寸计算参数

换热管规格 /mm	管板孔中心距 S/mm	Ⅱ级管束管板孔径 D/mm	管板半径比 U_p	管子内外径比 U_R	减薄系数 β
$\phi 19 \times 2.0$	25	19.30	1.5907	1.2667	0.8437
$\phi 25 \times 2.5$	32	25.30	1.5296	1.25	0.8393
$\phi 32 \times 3.5$	40	32.40	1.4691	1.28	0.8350

根据上述国外胀管机计算式（6.1）和式（6.2）所需要的材料性能参数，表 6.2 列出了常见 3 种材料组合的计算参数。笔者认为，胀接在常温进行，因此表 6.2 中管子屈服时的应力取 GB 150.2—2011[23] 标准或相应标准中换热管材料在温度≤20℃时的许用应力。这除了是根据溯源理解外，还出于以下理由：第一，这样取值包含适当的安全系数，可从设计的角度预防过度胀接导致换热管开裂，在国内外相关材料质量技术管理及市场信息存在微妙差异的情况下，这一点还是必要的；第二，工程中虽然可以以换热管材料的实际性能检测值作为屈服应力的依据，但是也只能作为参考，因为换热管的性能检测以轴向拉伸为标准，而胀接时起决定作用的是换热管的周向力学性能，一般换热管的周向屈服强度都小于其轴向屈服强度；第三，即便这样，其胀接压力计算结果也明显高于国产胀管机的计算结果，如果按习惯取屈服极限值，则国内外胀管机胀接压力的计算结果差异更加显著。

表 6.2　材料性能计算参数

材料	换热管		16Mn 管板			中铬钼钢管板	
	屈服时的应力 σ^t/MPa	弹性模量 E_R /10^3MPa	弹性模量 E_p /10^3MPa	模量比 E_p/E_R		弹性模量 E_p /10^3MPa	模量比 E_p/E_R
10	245(GB/T 6479)	201	201	1.0		210	1.045
0Cr18Ni9	137(GB/T 13296)	195	201	1.031		210	1.077
0Cr17Ni12Mo2	137(GB/T 13296)	195	201	1.031		210	1.077

6.3.2　进口胀管机胀接压力计算

(1)　由 $\phi 19\text{mm}\times 2.0\text{mm}$ 换热管组合的管接头胀接压力

对于常用的 $\phi 19\text{mm}\times 2.0\text{mm}$ 规格的换热管，把表 6.1 中的有关参数分别代入式（6.1）和式（6.2），简化为

$$p_{\text{o}}=(0.3078714722\,\frac{E_{\text{p}}}{E_{\text{R}}}+0.302264445)\sigma^{\text{t}} \tag{6.1a}$$

$$p_{\text{i}}=p_{\text{H}}(1.185255423+1.822437598\,\frac{E_{\text{p}}}{E_{\text{R}}})+p_{\text{o}} \tag{6.2a}$$

① 对于 10 钢换热管和 16Mn 管板组合的管接头，由式（6.1a）得界限压力

$$p_{\text{o}}=(0.3078714722\times 1.0+0.302264445)\times 245\approx 149.49(\text{MPa})$$

文献［13］对与该案例基本相同的案例，分别应用式（6.6）和式（6.7）计算得到理论的贴胀压力分别为 164MPa、150MPa，与上式计算的 149.49MPa 略有差异。

由式（6.2a）得贴胀最大液压压力

$$p_{\text{it}}=20\times(1.185255423+1.822437598\times 1.0)+149.49\approx 209.64\ (\text{MPa})$$

以及修正贴合压力前取 $p_{\text{H}}=700\text{MPa}$、修正贴合压力后取 $p_{\text{H}}=70\text{MPa}$ 计算得强度胀接最大液压压力分别为

$$p_{\text{iq}}=700\times(1.185255423+1.822437598\times 1.0)+149.49\approx 2254.88(\text{MPa})$$
$$p_{\text{iq}}=70\times(1.185255423+1.822437598\times 1.0)+149.49\approx 360.03(\text{MPa})$$

② 对于 10 钢换热管和中铬钼钢管板组合的贴胀管接头，由式（6.1a）得界限压力

$$p_{\text{o}}=(0.3078714722\times 1.045+0.302264445)\times 245\approx 152.88(\text{MPa})$$

由式（6.2a）得贴胀最大液压压力

$$p_{\text{it}}=20\times(1.185255423+1.822437598\times 1.045)+152.88\approx 214.67(\text{MPa})$$

以及修正贴合压力前后计算强度胀接最大液压压力

$$p_{\text{iq}}=700\times(1.185255423+1.822437598\times 1.045)+152.88\approx 2315.67(\text{MPa})$$
$$p_{\text{iq}}=70\times(1.185255423+1.822437598\times 1.045)+152.88\approx 369.16(\text{MPa})$$

③ 对于 0Cr18Ni9（S30408）或 0Cr17Ni12Mo2（S31608）换热管和 16Mn 管板组合的贴胀管接头，由式（6.1a）得界限压力

$$p_{\text{o}}=137\times(0.3078714722\times 1.031+0.302264445)\approx 84.90(\text{MPa})$$

由式（6.2a）得贴胀最大液压压力

$$p_{\text{it}}=20\times(1.185255423+1.822437598\times 1.031)+84.95\approx 146.19(\text{MPa})$$

以及修正贴合压力前后计算强度胀接最大液压压力

$$p_{\text{iq}}=700\times(1.185255423+1.822437598\times 1.031)+84.95\approx 2229.83(\text{MPa})$$
$$p_{\text{iq}}=70\times(1.185255423+1.822437598\times 1.031)+84.95\approx 299.39(\text{MPa})$$

④ 对于 S30408 或 S31608 换热管和中铬钼钢管板组合的贴胀管接头，由式（6.1a）得界限压力

$$p_{\text{o}}=137\times(0.3078714722\times 1.077+0.302264445)\approx 86.84(\text{MPa})$$

由式（6.2a）得贴胀最大液压压力

$$p_{\text{it}}=20\times(1.185255423+1.822437598\times 1.077)+86.84\approx 149.80(\text{MPa})$$

以及修正贴合压力前后计算强度胀接最大液压压力

$$p_{iq}=700\times(1.185255423+1.822437598\times1.077)+86.84\approx2290.45(\text{MPa})$$
$$p_{iq}=70\times(1.185255423+1.822437598\times1.077)+86.84\approx307.20(\text{MPa})$$

上述液压胀接压力数据列于表6.3，比较可知，修正贴合压力前的强度胀接最大液压压力计算值巨大，是不合理的，也是无法实现的，修正贴合压力后的强度胀接最大液压压力计算值则是可以接受的，也是业内有能力实现的；再结合与文献［18］同一单位的作者同类报道［24］中所提供的信息，确认这里对强度胀接最大液压压力计算的修正是必要的。

表6.3 胀接压力数据表

换热管/管板的材料组合	换热管规格 /mm	界限压力 p_o/MPa	贴胀最大液压压力 p_{it}/MPa	修正贴合压力前强度胀接最大液压压力 p_{iq}/MPa	修正贴合压力后强度胀接最大液压压力 p_{iq}/MPa
10钢/16Mn	$\phi19\times2.0$	149.49	209.64	2254.88	360.03
	$\phi25\times2.5$	141.34	201.48	2246.18	351.82
	$\phi32\times3.5$	142.62	196.91	2042.54	332.61
10钢/中铬钼钢	$\phi19\times2.0$	152.88	214.67	2315.67	369.16
	$\phi25\times2.5$	144.60	206.37	2306.63	360.79
	$\phi32\times3.5$	145.53	201.17	2093.21	340.30
0Cr18Ni9 或 0Cr17Ni12Mo2/16Mn	$\phi19\times2.0$	84.90	146.19	2229.83	299.39
	$\phi25\times2.5$	80.30	141.57	2224.54	294.72
	$\phi32\times3.5$	81.0	136.10	2013.70	274.16
0Cr18Ni9(S30408) 或 0Cr17Ni12Mo2(S31608)/中铬钼钢	$\phi19\times2.0$	86.84	149.80	2290.45	307.20
	$\phi25\times2.5$	82.17	145.10	2284.86	302.44
	$\phi32\times3.5$	82.54	139.16	2064.19	280.71

(2) 由 $\phi25\text{mm}\times2.5\text{mm}$ 换热管组合的管接头胀接压力

对于常用的 $\phi25\text{mm}\times2.5\text{mm}$ 规格的换热管，式(6.1) 和式(6.2) 同理简化为

$$p_o=\left(0.2957240008\frac{E_p}{E_R}+0.28125\right)\sigma^t \tag{6.1b}$$

$$p_i=p_H\left(1.191469081+1.81544857\frac{E_p}{E_R}\right)+p_o \tag{6.2b}$$

把表6.2的有关材料性能计算参数分别代入式(6.1b)、式(6.2b) 进行同样的计算，所得结果见表6.3。

(3) 由 $\phi32\text{mm}\times3.5\text{mm}$ 换热管组合的管接头胀接压力

对于常用的 $\phi32\text{mm}\times3.5\text{mm}$ 规格的换热管，式(6.1) 和式(6.2) 同理简化为

$$p_o=\left(0.2630093722\frac{E_p}{E_R}+0.3192\right)\sigma^t \tag{6.1c}$$

$$p_i=p_H\left(1.19760479+1.51655725\frac{E_p}{E_R}\right)+p_o \tag{6.2c}$$

同理，把表6.2中的有关材料性能计算参数分别代入式(6.1c)、式(6.2c) 进行同样的计算，所得结果见表6.3。

6.3.3　国产胀管机胀接压力计算

以 $\phi 19\text{mm} \times 2.0\text{mm}$ 换热管组合管接头为例，为了免除换热管全屈服时的内外半径计算麻烦，以换热管胀接前的尺寸计算径比

$$k = \frac{r_c}{r_i} \approx \frac{d_o}{d_i} = \frac{19}{15} = 1.2\dot{6}$$

把有关数据代入式（6.13）和式（6.14），整理后分别得

$$K_1 = \frac{3.5 \times 25 - 2.5 \times 19.3}{19.3} \approx 2.03$$

$$K_1 = \frac{3 \times 25 - 1.6 \times 19.3}{19.3} \approx 2.29$$

把有关数据代入式（6.15）和式（6.16），整理后分别得

$$F_t = 1 + \frac{14 + \sqrt{1.2\dot{6} - 1}}{2L} \approx 1 + 7.3\ \frac{1}{L} = \begin{cases} 1.146 & L = 50 \\ 1.073 & L = 100 \\ 1.037 & L = 200 \\ 1.024 & L = 300 \end{cases} \tag{6.15a}$$

$$F_p = 1 + \frac{19.3\sqrt{1.2\dot{6} - 1}}{2L} \approx 1 + 5.0\ \frac{1}{L} = \begin{cases} 1.10 & L = 50 \\ 1.05 & L = 100 \\ 1.025 & L = 200 \\ 1.01\dot{6} & L = 300 \end{cases} \tag{6.16a}$$

由此可见，随着厚管板中胀接长度的增加，两个影响系数均减小；胀接长度达 300mm 时，其影响程度只有 2.4%、1.7%。取正三角形排列的 10 钢换热管与 16Mn 锻件管板，管孔胀接长度 $L = 100\text{mm}$，把有关数据代入式（6.9）～式（6.11），整理后分别得

$$P_o = \frac{2 \times 205}{\sqrt{3}} \times 1.073\ln1.2\dot{6} \approx 60.04(\text{MPa})$$

$$P_{min} = \frac{205}{\sqrt{3}} \times 1.05 \times \frac{2.03^2 \times 1.2\dot{6}^2 - 1}{2.03^2} \approx 169.24(\text{MPa})$$

$$P_{max} = 60.04 + 295 \times 1.05 \times \frac{2.03^2 - 1}{2.03^2 + 1} \approx 248.82(\text{MPa})$$

上述计算式中 10 钢换热管材料的屈服强度按 GB 6479—2013 标准取 205MPa。$P_{min} = 169.24\text{MPa}$ 与表 6.3 中的 $p_{it} = 209.64\text{MPa}$ 相比，低约 19.3%，$P_{max} = 248.82\text{MPa}$ 与表 6.3 中的 $p_{iq} = 359.98\text{MPa}$ 相比，低约 30.9%。

6.3.4　国内外胀管机胀接压力的比较

相同的或不同的热交换器管接头胀接工程案例很可能具有不同的技术背景，因而其可比性具有条件，甚至于无法比较，制造技术人员除应对此有清醒的认识外，还要对液压胀接技术有如下两点认识：一是国内外各种胀管机操作手册所依据的技术原理有明显区别，有的进口胀管机胀接压力的计算以管接头密封需求为基础，国内胀管机胀接压力的计算以管接头密封能力为基础；二是国内外关于管接头胀接压力及其影响因素的阐述也存在诸多差异，这些

差异表现在管接头结构几何参数、胀接压力的高低及其可行性、技术原理、压力概念内涵等 4 方面[25]，具体如下。

（1）从换热管结构参数上对比

进口胀管机压力计算中只用到胀接前的尺寸，大洋胀管机压力计算中除用到胀接前的尺寸，还用到换热管全屈服时的尺寸以及胀接长度。

（2）从管接头材料性能上对比

进口胀管机压力计算中只用到换热管材料的屈服应力，大洋胀管机压力计算中除用到换热管的屈服应力，还用到管板材料的屈服应力。

（3）从数值计算结果上对比

根据进口胀管机操作手册计算得几种典型管接头结构的贴胀最大液压压力 p_{it} 为 136.10～214.67MPa，略小于大洋胀管机操作手册提出的最小胀接压力 P_{min}；根据进口胀管机操作手册计算得强度胀接最大液压压力 p_{iq} 为 2013.70～2315.67MPa，显著不合理地大于大洋胀管机操作手册提出的最大胀接压力 P_{max}，目前国产的胀管机无法满足 p_{iq} 的要求。经修正贴合压力后，根据进口胀管机操作手册计算得强度胀接最大液压压力 p_{iq} 为 274.16～335.58MPa，虽然也明显大于大洋胀管机操作手册提出的最大胀接压力 P_{max}，但是在可接受的工程范围内，单纯依靠液压是可以实现强度胀的。

（4）从技术上分析

该进口胀管机的贴胀贴合压力取 20MPa，强度胀接贴合压力修正后取 70MPa，紧密胀接贴合压力修正后取 20～70MPa，是通常的参照值，由此计算得到的最大液压压力 p_i 是基于胀接紧密程度和拉脱力的大小而言的，侧重于密封的需求，撇开了管接头不同材料组合对胀接工艺的影响，主要反映热交换器工况变化对胀接需求的影响。

大洋胀管机操作手册提出的最小胀接压力 P_{min} 和最大胀接压力 P_{max} 是基于胀接原理及其胀紧的最佳效果而言的，侧重于管接头的密封能力，主要反映制造中管接头材料组合适宜的胀接压力范围，未包含热交换器工况对胀接效果的需求。

（5）从概念上分析

GB/T 151—2014[26] 标准沿用了其老标准胀度（胀接率或胀紧度）的概念，对不同换热管材料的强度胀接提出具体的胀度要求，所提出的胀度计算式只包含管接头的几何尺寸，依据的是接头零件的外形尺寸。进口胀管机操作手册中强度胀的含义不一定与 GB/T 151—2014 标准中强度胀的含义等同，因为标准中把胀接分为贴胀和强度胀接两种技术级别，如何在工程中实现这两种工艺以及检验这两种工艺的质量有待实践不断深化。基于热交换器工况对管接头贴合的需求，再结合管接头材料组合所能提供的贴合效果来设计管接头，以类似于垫片密封紧密度的概念来综合反映制造中管接头的胀接效果，显然更加合理。

国内外各种胀管机操作手册指导确定的胀接工艺参数虽然是有区别的，但是这种区别只限于胀接技术原理及其工艺参数的设计计算方面，不会影响工艺参数的工程应用。胀接工艺参数在不同的胀管机都可以实现操作，依据国产胀管机操作手册所确定的胀接工艺参数可以通过进口胀管机在管束产品上应用，依据进口胀管机操作手册所确定的胀接工艺参数也可以通过国产胀管机在管束产品上应用。

6.4 液压胀和机电胀的胀接参数等效性分析

有时候，热交换器工程中需要对管接头机电胀接与液压胀接的等效性进行推断或其交互影响进行判断，相关情况包括：

① 高等级管接头需要采用混合胀接方法，以便同时获取胀接残余应力在环向的均匀性和轴向的均匀性，避免残余应力的非均匀性；

② 制造中因工装设备加工能力及意外故障等原因缺乏其中之一胀接手段时，不得不进行两种方法的相互替代；

③ 有的管接头既要在靠近壳程的一段获得好的密封性以抵御腐蚀介质的渗入，因而采用了机电胀接，同时又要控制靠近管程这一段胀接后的残余应力水平以避免管程介质的应力腐蚀，因而采用了液压胀接；

④ 有的管接头在维修中就采用了机电胀接与液压胀接两种手段[27]；

⑤ 对不同的胀接工艺进行比较分析时，各种方案中输入的能量要与其效果有合理的关联，这是工艺技术的基础。

6.4.1 机电胀接功率

换热管与管板管孔之间的残余压应力是判断管接头密封性能的基础性指标，而胀接过程的压应力取决于换热管与管板管孔之间的压紧力 N 及贴合面的胀接面积 $A = 2\pi(r+t)L$。其中各符号的含义见图 6.18，L 是胀接长度。压紧力 N 可通过机电胀接、液压压力 p 胀接、橡胶胀接或爆炸胀接等方法产生，是探讨机电胀接与液体胀接等效关系的共同参量，也是连接两种方法的桥梁。

(1) 机电胀接总力矩 M_j

用理论方法模拟真实胀接过程较困难，为简化分析，忽略胀接前后管壁厚度减薄的变化，管接头材料在反复周期性滚动胀接中的应变硬化。机电胀接过程中，设克服滚柱与换热管内壁之间的摩擦力所需要的力矩为 M_z，滚柱使其所在处管壁产生扩张变形所需要的力矩为 M_b，一件胀管器上的 n 条滚柱都使其所在处管壁产生扩张变形所需要的力矩为 $M_n = nM_b$，使管头所在管孔产生扩张变形所需要的力矩为 M_k，系统损耗的力矩为 M_s，如图 6.19 所示。

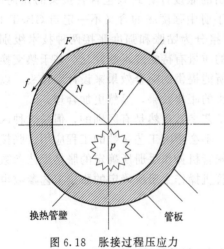

图 6.18 胀接过程压应力

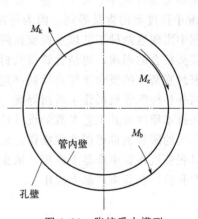

图 6.19 胀接受力模型

机电胀接总力矩

$$M_j = M_z + M_n + M_k + M_s \tag{6.17}$$

(2) 滚动转矩 M_z

胀管器旋转需要克服内摩擦和外摩擦，内摩擦产生于芯轴和滚柱之间，外摩擦产生于滚柱和管内壁之间。在外摩擦的基础上滚柱才能直接对胀接变形做功。其所需最小转矩

$$M_z = Fr \geqslant fr = (n\mu N)r = n\mu Nr \tag{6.18}$$

式中 F——滚柱需要的切向力，应不小于滚柱与管内壁之间的摩擦力 f，N；

　　　　n——每件胀管器上的滚柱数量，数量越多，摩擦力越小，一般取 3；

　　　　μ——胀管器与管内壁之间的摩擦系数，取静摩擦系数，钢与钢之间无润滑时的静摩擦系数为 0.15，有润滑时为 0.1～0.12；

　　　　N——胀管器滚柱与管内壁之间的正压力，沿换热管的径向，N。

一般地，普通胀管器滚柱中心轴线与换热管中心轴线之间存在螺旋角 $\beta = 2.5° \sim 3°$。这里为简化起见，忽略该螺旋角的影响，以便根据材料力学的经典公式来估算正压力 N。当半径为 r'、长度为 L_0 的滚柱施加给换热管内壁正压力 N 时，视作圆柱体与平面互相接触的情况，两者接触面中心最大压强 p_{max} 的计算式为[28,29]

$$p_{max} = 0.418 \sqrt{\frac{NE}{L_0 r'}} \tag{6.19}$$

式中，E 是接触物体材料的弹性模量。理论分析表明，两个物体相互接触时，危险点恰好在接触面中心下面的某个深度。按照第四强度理论，该点的接触强度条件为[28]

$$0.6 p_{max} \leqslant [\sigma_c] \tag{6.20}$$

式中，$[\sigma_c]$ 为许用接触应力，可由机械设计手册查得，这里取 $[\sigma_c] = 124\text{MPa}$[23]。上式取等号也是安全许可的条件，对应最大压强 p_{max} 的是最大正压力 N_{max}。联合式(6.19)和式(6.20)，得

$$0.418 \sqrt{\frac{N_{max} E}{L_0 r'}} = \frac{[\sigma_c]}{0.6} \tag{6.21}$$

整理得

$$N_{max} = \frac{L_0 r' [\sigma_c]^2}{0.0629 E} \tag{6.22}$$

把式(6.22)代入式(6.18)，且取等号，得所需最小扭矩

$$M_z = \frac{n\mu}{0.0629} \times \frac{L_0 rr' [\sigma_c]^2}{E} \approx 14.308 \frac{L_0 rr' [\sigma_c]^2}{E} \tag{6.23}$$

对于常用的 10 钢换热管，$E = 2.01 \times 10^5 \text{MPa}$；常用的 $\phi 19\text{mm} \times 2.0\text{mm}$ 规格换热管的强度胀接胀管器滚柱的长度 $L_0 = 52\text{mm}$，平均半径 $r' = 4.5\text{mm}$；常用的 $\phi 25\text{mm} \times 2.5\text{mm}$ 规格换热管的强度胀接胀管器滚柱的长度 $L_0 = 42\text{mm}$，平均半径 $r' = 5.5\text{mm}$。把这些数据代入式(6.23)，则有

$$M_z^{\phi 19} = 14.308 \times \frac{52 \times 7.5 \times 4.5 \times 124^2}{2.01 \times 10^5} \approx 1921(\text{N} \cdot \text{mm})$$

$$M_z^{\phi 25} = 14.308 \times \frac{42 \times 10 \times 5.5 \times 124^2}{2.01 \times 10^5} \approx 2528(\text{N} \cdot \text{mm})$$

(3) 换热管变形弯矩 M_n

滚柱在滚动的同时对管接头内壁施加线分布的挤压载荷，在一圈滚动中可视该载荷大小不变而方向沿着管内壁切向移动；滚柱挤压后的管内径略大于挤压前的内径，曲率变小了，见图 6.20。被胀接管段是一截管环，根据胀管器中 n 条滚柱均匀分布的特性，把这截管环

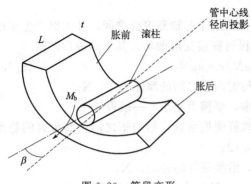

图 6.20　管段变形

的胀接分解为 n 段管壁的胀接，则每一段管壁的胀接力学行为是相同的，可以假设每两段管壁之间不存在相互制约的因素。贴胀使换热管外壁与管孔内壁接触，管接头的这种变形可等效为管壁发生弯曲变形的过程，这里忽略由于粗略地等效所引起的误差。

一段管壁的扩胀是在滚柱的作用下向外弯曲形成的，类似于一段直壁在滚柱作用下的弯曲变形。宽为 b、高为 h 的矩形截面梁的弯曲正应力强度条件式为

$$\sigma_{\max}=\frac{6M_{\max}}{bh^2} \tag{6.24}$$

设当弯曲正应力达到管材的流变应力 σ_f 时，管壁流动变形，则需要消耗的力矩为

$$M_n=nM_b=n\frac{bh^2}{6}\sigma_f=n\frac{Lt^2}{4}\times0.5(R_{eL}+R_m) \tag{6.25}$$

式中　R_{eL}——换热管材料常温下的屈服强度，MPa；

$\quad\quad R_m$——换热管材料常温下的抗拉强度，MPa；

$\quad\quad \sigma_f$——一般地，对于 10 钢换热管可取 $\sigma_f=270$MPa；

$\quad\quad L$——胀管器旋转一圈完成的轴向胀接长度，由图 6.21 所示被长度为 L_0 的滚柱贴合的管内壁长度 L_t、图 6.22 所示胀管器旋转一圈后滚柱沿轴向旋进的长度 ΔL、图 6.23 所示滚柱前端的换热管变形过渡区 L_d 等三部分组成，即

$$L=L_t+\Delta L+L_d \tag{6.26}$$

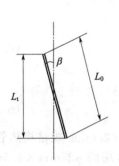

图 6.21　滚柱贴合长度

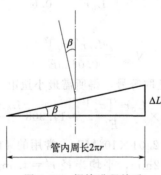

管内周长 $2\pi r$

图 6.22　螺旋进程关系

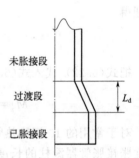

未胀接段

过渡段

已胀接段

图 6.23　变形过渡区

其中

$$L_t=L_0\cos\beta \tag{6.27}$$
$$\Delta L=2\pi r\tan\beta \tag{6.28}$$
$$L_d=(1.5\sim2.0)t \tag{6.29}$$

把式（6.27）～式（6.29）有关常数代入式（6.26）得

$$L=L_0\cos\beta+2\pi r\tan\beta+2t \tag{6.30}$$

对于常用的 $\phi19$mm×2.0mm 规格和 $\phi25$mm×2.5mm 规格换热管，上式的结果分别为

$$L^{\phi19}=52\cos3°+2\pi\times7.5\times\tan3°+2\times2\approx58.5(\text{mm})$$
$$L^{\phi25}=42\cos3°+2\pi\times10\times\tan3°+2\times2.5\approx50.3(\text{mm})$$

把有关常数代入式(6.25) 得

$$M_{\text{n}}^{\phi 19} = 3 \times \frac{58.5 \times 2^2}{4} \times 270 \approx 47385 (\text{N} \cdot \text{mm})$$

$$M_{\text{n}}^{\phi 25} = 3 \times \frac{50.3 \times 2.5^2}{4} \times 270 \approx 63661 (\text{N} \cdot \text{mm})$$

(4) 管孔变形力矩为 M_{k}

强度胀不但消除换热管外壁与管孔之间的间隙，还使管孔产生一定的弹性变形，因此强度胀的力矩除了管壁变形弯矩 M_{n} 外，还包括管孔变形所消耗的力矩 M_{k}。强度胀接过程中，与管内壁只有局部受到滚柱挤压的作用不同，孔内全壁面都受到管外全壁面的挤压作用，把孔内壁面与管外壁面之间相互挤压作用的载荷简化为压强 p_{k}。管内壁的局部挤压是径向向外的，管外壁的全壁面挤压是径向向内的，向外的最大正压力 N_{max} 应不小于向内的挤压力才能实现扩胀。据此，对每一段管壁有

$$N_{\text{max}} \geqslant \frac{A}{n} p_{\text{k}} \tag{6.31}$$

式中，A 是每一段胀接管壁的外表面积，$A = \pi(r+t)L$，则

$$N_{\text{max}} \geqslant \frac{\pi(r+t)L}{n} p_{\text{k}} \tag{6.32}$$

① 换热管强度胀的径向位移。GB/T 151—2014 标准中的 6.6.1.4 条提出了强度胀接连接时的胀度计算式

$$k = \frac{d_2 - d_{\text{i}} - b}{2t} \times 100\% \tag{6.33}$$

式中　k——碳素钢和低合金钢换热管的胀度，推荐取值 6%~8%，这里取 8%；

　　　d_2——换热管胀后内径，mm；

　　　d_{i}——换热管胀前内径，mm；

　　　b——换热管与管板管孔的径向间隙，对于常用的 ϕ19mm×2.0mm 规格和 ϕ25mm×2.5mm 规格的换热管，通常 $b = 0.25$mm；

　　　t——换热管壁厚，mm。

把有关数据代入上式，得

$$8\% = \frac{d_2^{\phi 19} - d_{\text{i}}^{\phi 19} - 0.25}{2 \times 2} \times 100\%$$

和

$$8\% = \frac{d_2^{\phi 25} - d_{\text{i}}^{\phi 25} - 0.25}{2 \times 2.5} \times 100\%$$

即换热管胀接后的径向位移为

$$\Delta r^{\phi 19} = 0.5(d_2^{\phi 19} - d_{\text{i}}^{\phi 19}) = 0.57 (\text{mm})$$

和

$$\Delta r^{\phi 25} = 0.5(d_2^{\phi 25} - d_{\text{i}}^{\phi 25}) = 0.65 (\text{mm})$$

② 换热管液压强度胀的内压与机电胀接滚柱压力的等效关系。JB 4732—1995（2005 年确认）[30] 标准在其附录 A.1.1 条中指出，该附录的计算公式适用于需要进行应力分析但是不需要进行疲劳分析的压力容器及其部件；当应用于壳体厚度 t 与壳体中面半径 r 之比为 $0.02 \leqslant t/r \leqslant 0.10$ 的范围时，其结果在工程上是足够精度的；当 $t/r > 0.10$ 时，可参考应用，其结果一般偏保守。对于常用的 ϕ19mm×2.0mm 规格的换热管，$t/r = 2.0/8.5 \approx$

0.24，对于常用的 $\phi25mm\times2.5mm$ 规格的换热管，$t/r=2.5/11.25\approx0.23$，因此应用该附录公式进行应力分析的结果将偏保守和安全。其中内压 p 作用下圆柱壳上任意部位径向薄膜位移为

$$\Delta r=\frac{p(r+0.5t)^2}{Et}(1-0.5\nu) \tag{6.34}$$

式中，ν 是泊松比，取 0.3。应用上式分析液压胀接管接头的换热管时，换热管内压 p 应减去等效管外压 p_k，整理得

$$p_k=\frac{\Delta rEt}{(1-0.5\nu)(r+0.5t)^2}+p \tag{6.35a}$$

把上式代入式(6.32)，得液压胀接内压与机电胀接压力的等效关系为

$$N_{max}\geqslant\frac{\pi(r+t)L}{n}\Big[\frac{\Delta rEt}{(1-0.5\nu)(r+0.5t)^2}+p\Big] \tag{6.36}$$

这里再引用另一条反映 p_k 与 p 之间关系的计算式，供读者参考。压力容器中由两个同心圆筒缩套在一起而形成的双层圆筒，内衬筒可以承担部分由于内压引起的筒体内壁拉应力。在内压 p 作用下，双层筒体之间界面半径 r_c 处的界面压力的经典式[31] 为

$$p_k=\frac{p}{1+\dfrac{E_i}{E_o}\Big(\dfrac{t}{r_c-t}\Big)\Big(\dfrac{r_o^2+r_c^2}{r_o^2-r_c^2}+\mu\Big)^2} \tag{6.35b}$$

式中　E_i——薄壁内衬筒材料的弹性模量，MPa；

　　　E_o——厚壁外筒体材料的弹性模量，MPa；

　　　r_o——厚壁外筒体外半径，mm；

　　　r_c——厚壁筒体与薄壁内衬筒之间的界面半径，mm；

　　　t——薄壁内衬筒壁厚，mm；

　　　μ——厚壁外筒体泊松比。

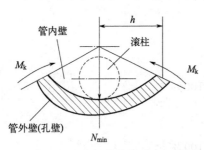

图 6.24　机电胀接管孔变形力矩模型

长期以来，业内以等效圆筒模型来研究管接头胀接过程的受力状况，因此式(6.35b)可以引用为孔内壁面与管外壁面之间挤压强度 p_k 的计算式。

要注意的是，上式引用到管接头时，换热管的尺寸应该替换为与管内孔贴合时的尺寸，换热管材料的弹性模量应该根据贴合时材料是弹性状态还是塑性状态选取，r_o 应基于管桥宽度确定，r_c 宜取管孔半径。

③ 管孔变形力矩 M_k。机电胀接时，管孔变形力矩 M_k 与滚动摩擦力矩 M_z 的作用原理不同，前者通过力矩来作用，简化的力学模型见图 6.24，后者通过转矩来作用。为了实现管孔变形力矩，需要一个最小的滚柱压力 N_{min}，但是该压力不能超过 N_{max}，以免压溃滚柱和管壁，也即 $N_{min}\leqslant N<N_{max}$。而且，$N_{min}$ 作为一种线分布的集中载荷，通过管壁的传递间接扩散到管孔内壁上，管孔内壁表现出抵抗变形的作用，可等效为管段截面的变形力矩，设该变形力矩为 M_k。

根据力矩平衡原理，得

$$M_k=N_{min}h \tag{6.37}$$

取式(6.36)的等号作为 N_{min}，代入上式，得

$$M_k = \frac{\pi(r+t)Lh}{n}\left[\frac{\Delta rEt}{(1-0.5\nu)(r+0.5t)^2}+p\right] \tag{6.38}$$

式中，h 按普通的三滚柱胀管器计算，对于常用的 $\phi19\text{mm}\times2.0\text{mm}$ 规格的换热管，$h=r\cos30°\approx6.5\text{mm}$，把有关数据代入上式，得

$$M_k = \frac{\pi(7.5+2.0)\times58.5\times6.5}{3}\times\left[\frac{0.57\times2.01\times10^5\times2.0}{(1-0.5\times0.3)(7.5+0.5\times2.0)^2}+p\right]$$

$$=3782.87025\times3731.162223+3782.87025p\approx14114502.57+3782.87025p(\text{N}\cdot\text{mm})$$

对于常用的 $\phi25\text{mm}\times2.5\text{mm}$ 规格的换热管，$h=r\cos30°\approx8.66\text{mm}$，把有关数据代入上式，得

$$M_k = \frac{\pi(10+2.5)\times50.3\times8.66}{3}\times\left[\frac{0.65\times2.01\times10^5\times2.5}{(1-0.5\times0.3)(10+0.5\times2.5)^2}+p\right]$$

$$=5701.96448\times3036.165577+5701.96448p\approx17312108.28+5701.96448p(\text{N}\cdot\text{mm})$$

(5) 转矩耗损 M_s 及其对机电胀接总转矩 M_j 的影响

胀管器运转过程要做功，所消耗的功率除上述分析计算的力矩外，还有其他一些特别的影响因素，包括胀管器的内摩擦、外摩擦及早润滑情况；胀管器的精度及其变形；管板管孔或换热管的光洁度及结构偏差；是否存在先焊接后胀接，换热管是否是有缝管；管孔内是否存在环槽，以及管板是否存在较厚的复合层；胀接过程是否需要对管口进行翻边，是否是远距离深孔胀接；等等。要逐个考虑诸多因素的影响是十分复杂的，这里基于工程试验的方法通过一个系数 a 来综合反映其影响。根据实践经验，a 取值 5%～15%，每一项超出普通规格胀管器的因素，都可以设定 a 提高 1%。

(6) 机电胀接转矩与液压压力的等效关系

把式(6.23)、式(6.25)、式(6.38) 代入式(6.17)，整理得

$$M_j = 14.308\frac{L_0 r r'[\sigma_c]^2}{E}+n\frac{Lt^2}{4}\times0.5(R_{eL}+R_m)+$$

$$\frac{\pi(r+t)Lh}{n}\left[\frac{\Delta rEt}{(1-0.5\nu)(r+0.5t)^2}+p\right]+aM_j \tag{6.39}$$

$$M_j = \frac{1}{1-a}\left\{\begin{array}{l}14.308\dfrac{L_0 r r'[\sigma_c]^2}{E}+n\dfrac{Lt^2}{4}\times0.5(R_{eL}+R_m)+\\[3mm]\dfrac{\pi(r+t)Lh}{n}\left[\dfrac{\Delta rEt}{(1-0.5\nu)(r+0.5t)^2}+p\right]\end{array}\right\} \tag{6.40}$$

对于常用的 $\phi19\text{mm}\times2.0\text{mm}$ 规格的换热管，把各项计算结果代入上式，并简化得

$$M_j^{\phi19} = \frac{1}{1-a}\left[1921+47385+(14114502.57+3782.87025p)\right]$$

$$=(14163808.57+3782.87025p)/(1-a)(\text{N}\cdot\text{mm}) \tag{6.41}$$

对于常用的 $\phi25\text{mm}\times2.5\text{mm}$ 规格的换热管，把各项计算结果代入上式，并简化得

$$M_j^{\phi25} = \frac{1}{1-a}\left[2528+63661+(17312108.28+5701.96448p)\right]$$

$$=(17378297.28+5701.96448p)/(1-a)(\text{N}\cdot\text{mm}) \tag{6.42}$$

6.4.2 胀管机输入功率

(1) 功率与液压压力的等效关系

机电胀接时外加转矩与轴所传递的功率及转速之间的关系式[32] 为

$$M_e = 9549 \frac{P}{v} \tag{6.43}$$

式中 M_e ——转矩，N·mm；

  v ——转速，r/min；

  P ——功率，kW。

当外部输入管接头的转矩大于或等于机电胀接所需的总转矩，即 $M_e \geqslant M_j$ 时，胀接才能完成。依据该条件式，对于常用的 $\phi 19mm \times 2.0mm$ 规格的换热管，联合式(6.43) 和式(6.41)，得到满足胀接载荷条件时所需机电功率与所需液压压力的等效关系式

$$9549 \frac{P}{v} \times 10^3 \geqslant (14163808.57 + 3782.87025p)/(1-a)(N \cdot mm) \tag{6.44}$$

即功率与液压的等效关系式为

$$\frac{P}{v} \geqslant (1.483276633 + 3.961535501 \times 10^{-4} p)/(1-a)(N \cdot mm) \tag{6.45}$$

对于常用的 $\phi 25mm \times 2.5mm$ 规格的换热管，联合式(6.43) 和式(6.41)，得

$$9549 \frac{P}{v} \times 10^3 \geqslant (17378297.28 + 5701.96448p)/(1-a)(N \cdot mm) \tag{6.46}$$

即功率与液压的等效关系式为

$$\frac{P}{v} \geqslant (1.819907559 + 5.971268698 \times 10^{-4} p)/(1-a)(N \cdot mm) \tag{6.47}$$

(2) 关系式简化

根据 6.3.1 节液压胀接压力的相关概念可知，这里的 p 即式(6.2) 中强度胀时的贴合压力 p_H，可取 $p=70MPa$，a 取 5%，则适用于 $\phi 19mm \times 2.0mm$ 规格换热管的式(6.45) 进一步简化为

$$\frac{P}{v} \geqslant (1.483276633 + 0.3961535501 \times 10^{-4} \times 70)/(1-5\%) = 1.590534086(N \cdot mm) \tag{6.48}$$

适用于 $\phi 25mm \times 2.5mm$ 规格换热管的式(6.47) 进一步简化为

$$\frac{P}{v} \geqslant (1.819907559 + 5.971268698 \times 10^{-4} \times 70)/(1-5\%) = 1.959690989(N \cdot mm) \tag{6.49}$$

由此可见，选择较低转速进行机电胀接时，只需要消耗较低的功率，这对材料强度高、厚壁较厚的管接头来说，尤其重要。式(6.48) 和式(6.49) 只是对普通规格的胀管器成立，当选择的胀管器变化，或者管接头规格变化时，这些公式的系数相应变化，功率与液压的等效关系需重新取值计算。机电胀接与液体胀接的等效关系是一个值得研究的大课题。

6.4.3 管接头胀接枪的胀接压力

（1）胀紧度的选取

在实际操作中，胀管率是一个范围，换热管壁薄时取低值，承受压力不高时取低值，换热管与管板孔间隙小时取低值。反之则取高值[33]。

图 6.25 是采用内孔千分表检测试样的胀紧度。

图 6.26 是采用内孔千分尺检测产品的胀紧度。

（2）胀接压力的选取

目前液压胀接操作中的胀接压力由胀管机的液压系统产生，压力输出由控制箱控制。由于控制箱包括调节阀、压力表和电气元件等复杂零配件，其输出压力还要经过一段较长的高压管线才能传递到胀管枪。压力经过频繁转换和传输损失后，胀管枪输出到胀管头的真实压力与液压系统产生的压力相比已有明显的折扣，给胀接压力的控制及其效果评定带来困难，因此需要对胀管头的真实压力进行检测和控制。

 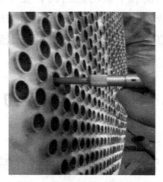

图 6.25　试样胀紧度检测　　　　图 6.26　产品胀紧度检测

图 6.27 为一种具有胀接压力显示的胀管机，其中胀管枪、压力显示仪、胀管头三者串联连接在一起。与传统的胀接工装相比，它在胀管头和胀管枪之间的传压管上增设了一个压力显示仪。

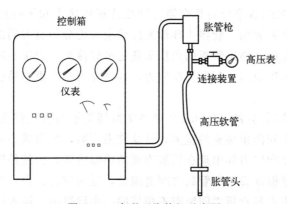

图 6.27　串联型胀管机示意图

图 6.28 为另一种具有压力显示的胀管枪，包括枪体、胀头连接器、胀管头、主手把、辅助把手、开关、吊耳、压力显示仪、高压管线、安全电源。其中压力告示仪与枪体是一体

式结构，也可以把两者设计成分体式设置。压力显示仪、胀管头既可以并联连接，也可以串联连接。

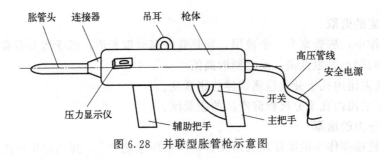

图 6.28　并联型胀管枪示意图

与现有胀枪相比，新型胀管枪的创新之处及其效果表现在：①直观的压力数值及其动态变化告示，适用于需要超压警示和欠压警示的操作方式，实时确认并控制胀接压力满足工艺要求，使热交换器产品本质上不折不扣满足制造工艺技术要求；②具有操作数据写入储存、历史数据查阅和下载功能结构，便于事后对实际操作数据存档，分析研究及优化工艺参数；③分体式告示仪结构可保持枪体结构的完整性和强度均匀，适用于对现有胀管机的改造，只要一个小直径的压力引出孔，就可以连接分体式告示仪。

6.5　管接头的残余应力

6.5.1　管接头制造时的残余应力

(1) 管接头焊接的残余应力

管接头密封度与管接头的密封原理有关。文献［16］采用数值模拟分析发现管-板接头焊后最大等效应力位于屈服强度更高的焊道及其附近管板区，最大径向应力位于管板一侧，为拉应力，管板处的周向应力是拉应力。

文献［6］基于 ANSYS 平台对热交换器伸出管板角接头和平焊接头的焊接残余应力进行了数值模拟，分析结果表明，管接头环焊缝的残余应力分布具有局部性的特点，最大等效应力出现在焊根处。无论是伸出管板的角接头还是平焊接头，管接头环焊缝在管桥焊接热影响区位置上都是径向为压应力，环向为拉应力，这种应力状态更容易引起径向裂纹的萌生和扩展。

文献［5］利用有限元软件 ABAQUS 对热交换器管子与管板焊接残余应力进行数值模拟，比较了伸出角接头和内角接头的优劣。计算结果表明，内角接头残余应力比伸出角接头小；两种模型的最大径向应力都出现在管板表面的热影响区，也就是管桥处，对管板表面裂纹有主要影响；在焊缝根部管子与管板之间缝隙处，径向应力较小，对应力腐蚀开裂的影响不大；而且焊缝根部管子与管板之间留有不胀接的一小段缝隙，渗入该处的介质可能会与焊缝根部的应力共同引起应力腐蚀开裂，对管子与管板连接失效影响较大；与伸出角接头相比，内角接头的环向应力小一些；相邻两换热管之间由于后面换热管的焊接加热作用，使前面管子焊缝局部应力值下降，有利于降低应力腐蚀开裂的敏感性。

（2）管接头胀接的残余应力

文献［34］选取 SB-163UNS N06690 镍基合金换热管开展了胀接试验，检测分析换热管胀接残余应力。研究结果表明，换热管胀接过渡区残余拉应力最大，胀接区域次之，未胀接区域最小；机电胀接工艺使管子变形量明显大于液压胀接，过渡区域残余拉应力相对较大，且随壁厚减薄率的增加而变大。因此指出，胀接残余拉伸应力是造成核岛换热设备换热管应力腐蚀开裂的主要原因。

（3）管接头残余应力的消除

对于包含焊接的管接头，在管程介质环境下具有应力腐蚀倾向时，技术要求对焊接管接头进行消除应力热处理。其实，胀接也依靠换热管和管孔之间的胀接残余应力实现管接头的强度和密封，但是很少有技术要求对胀接管接头进行消除应力热处理来预防其应力腐蚀倾向。反而，对于焊接管接头具有应力腐蚀倾向的场合，不少设计取消管接头焊缝，只采用强度胀接来实现管接头的强度和密封。难道胀接管接头的残余应力不具有应力腐蚀倾向？要想透彻地理解这个问题，关键是弄清其中残余应力水平的高低及其分布状况，残余应力是拉应力还是压应力，高水平残余拉应力的分布所在区域是否与敏感介质充分接触。

据不完全统计，各种应力概念不下 700 种，许多应力的产生机理及其作用各不相同。焊接残余应力主要在焊缝冷却过程中产生，由于焊接接头各部位的收缩不同，协调的结果是同时出现总量平衡的拉应力和压应力。正是因为这种残余应力是由焊接热引起的，因此当管接头整体进行热处理，均匀地达到某一高温并同步冷却，就可以重新调整残余应力。调整的结果是原来的大部分拉应力和压应力"相互抵消"，从而在相当程度上消除其残余应力。胀接残余应力主要是换热管的塑性变形和管板孔的弹性变形引起的，协调的结果是换热管上的压应力和管板孔上的拉应力。高温热处理不能改变管接头塑性变形和弹性变形的状况，因而无法在相当程度上消除这种残余应力，所以管接头中的拉应力始终存在，成为应力腐蚀的条件之一。工程实践中，有的热交换器设备法兰螺柱密封存在高温松弛现象，GB/T 151—2014 标准中的 9.2.10 条要求对介质工作温度高于 250℃ 的热交换器在升温时及时做好法兰的热紧工作。与此同理，强度胀接的管接头随着装置的开车停车经历了多次高温热循环后也存在松弛的可能，因此不适用于高温的场合。

（4）管接头残余应力的防治

针对油浆蒸汽发生器管板开裂的问题，文献［35］阐述了管接头周边设置减应力槽结构的防治作用，对未开槽管外伸角焊缝、管头平齐焊缝与开槽管头内缩焊缝的管板进行了焊接残余应力测试。测试结果显示，开槽管头内缩焊缝管板的焊接残余应力明显小于未开槽管板的焊接残余应力，表明减应力槽使得管板的焊接残余应力值大为减小。文献［36］则进一步研究了减应力槽的槽深、槽宽及倒角等 3 个结构参数对油浆蒸汽发生器管头部分应力分布的影响。文献［37］也以油浆蒸汽发生器的管板结构为例，在符合 GB/T 151—2014《热交换器》要求的情况下进行了减应力槽的设计，分别设计了换热管直径为 25mm 和 32mm 的管板减应力槽。值得注意的是，减应力槽结构深度如同管板上的隔板密封槽深度一样，对管板整体强度有不容忽视的影响，可以基于管板的主体尺寸具体分析。

6.5.2　管接头运行工况下的残余应力

（1）胀接管接头高温下的残余接触压力及拉脱力

高温运行的结构往往存在热应力。ANSYS 提供了三种热应力分析方法：第一种是直接法，使用具有温度和位移自由度的耦合单元，同时得到热分析和结构应力分析的结果；第二种是间接法，首先进行热分析，然后将求得的节点温度作为体载荷施加在结构应力分析中；第三种是在结构应力分析中直接定义节点温度。

制造过程中胀接管接头引起的预应力属于二次应力，设计载荷引起的应力属于一次应力。严格来说，运行工况下的管接头在二次应力上叠加了一次应力，设计校核时应按这两种应力叠加后的失效判据对管接头进行安全评估。遗憾的是，这方面的研究很少，尚未见报道。文献 [9] 通过数值模拟分析了设计载荷之一，即温度对胀接效果的影响。结果表明，随着温度的升高，换热管膨胀量增加，使得胀接区域的残余接触压力增大，形成较高残余接触压力的密封环数量增多；当温度超过某一数值后，由于换热管膨胀变形量增加，形成了过多的密封环，反而会降低每道密封环的残余接触压力。通过对不同操作温度下的换热管拉脱力实验分析与模拟值进行对比分析，得到二者的最大相对误差为 10.6%，验证了模拟计算的正确性。但是，文献 [9] 未交代高温下换热管拉脱力实验的细节，特别是高温分布的均匀性。

文献 [38] 关于高温对胀接管接头影响的模拟分析结果分别见图 6.29、图 6.30，可以说与上述文献 [9] 的结论类似。遗憾的是这两个案例分析的对象都是 1/12 的 $3D\phi19$ 模型，与工程实际有偏差。不过，文献 [39] 考虑热交换器管板胀接接头和高温拉伸实验机结构，设计了 17 个 $3D1\phi19$ 试件和实验方案，对液压胀接接头在高温条件下的拉脱力变化规律进行实验研究。结果表明，当温度在 100℃ 内时，拉脱力随着温度升高显著增大，受胀管率的影响较大；当温度在 100~300℃ 时，拉脱力随着温度升高略有降低，残余接触压力则明显降低，胀管率的影响逐步变小。由此可见，不同学者的实验结果与模拟结果基本得出相同的结论。

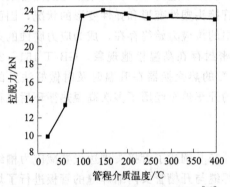
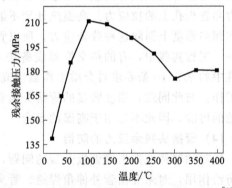

图 6.29 管接头不同温度下的拉脱力[37]   图 6.30 管接头不同温度下的残余接触压力[37]

遗憾的是，上述文献分析的是高温下的结果，尚未见报道管接头经历常温和高温热循环后，其残余接触压力或拉脱力是否有所变化。

（2）高压下管接头的残余接触压力及拉脱力[40]

这里的高压，不是指"大容规"[41] 附件 A 中 A3 条把压力容器设计压力 p 归属于 $10.0\text{MPa} \leqslant p < 100.0\text{MPa}$ 范围的绝对高压工况，而是一种相对高压工况，即短时起出设计压力的耐压试验工况，以及运行压力高出设计压力的工况。高压固定管板式热交换器如果采用挠性管板技术可显著减小管板的厚度，对于壳程高压工况的挠性管板推荐采用外拱曲面薄管板，使结构受力更加合理。初步调研，对于常见的管程高压工况，挠性管板未见采用（从管程侧向壳程侧）内拱曲面的薄管板，只能采用平面薄管板，主要有设计和制造两个原因：一是内拱曲面薄管板周边与壳体形成了较容易构成腐蚀环境的"介质静止死区"结构；二是

管头焊接相对困难，需要开设更大角度的坡口。高压预冷器是天然气处理厂脱水脱烃装置的关键设备，文献［40］对某大型高压预冷器制造后期耐压试验中管板严重变形的原因进行了分析。壳体内径 $\phi1200mm$，管板间距 11884mm，在经过 16.5MPa 的管程水压试验卸载后，前端、后端管板的凹陷深度分别为 39mm、12mm；在再保持 12.4MPa 的壳程水压试验时，前端、后端管板的凹陷深度分别回弹到 8mm、5mm；而当壳程水压试验卸压后，前端、后端管板的凹陷深度分别变成 15mm、10mm。该文献采用有限元方法对上述水压试验过程进行模拟，计算选用了基于大变形的几何非线性分析类型，结果表明，换热管在水压试验过程中，管程加载阶段的失稳是导致管板产生明显变形的主要原因；根据模拟分析进行强度评定，尽管管板存在变形，仍是合格的。遗憾的是，该文献只校核了管板这个单一对象，未对管板变形后管接头的连接强度及密封强度进行分析评定，明显有所欠缺。笔者判断，水压试验中管板的内凹变形必然导致管接头沿管板径向外侧的残余接触压力松弛，甚至产生间隙；虽然壳程介质是干天然气，但是设计取壳程腐蚀余量 2mm，说明有一定的腐蚀性。因此，运行工况下该预冷器管接头很可能从壳程侧出现缝隙腐蚀，其密封性值得关注。

业内通常认为，运行工况下由于管程内压的作用，管接头的换热管段被介质内压胀住，管段与管板孔之间的残余接触压力要大于胀接后的残余接触压力。但是，文献［42］中的模拟分析结果并不支持这种想当然的主观判断，见图 6.31 和图 6.32。

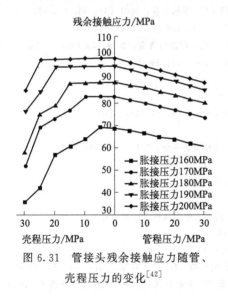

图 6.31 管接头残余接触应力随管、
壳程压力的变化[42]

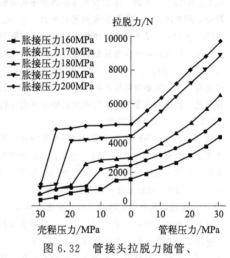

图 6.32 管接头拉脱力随管、
壳程压力的变化[42]

（3）持久运行中管接头残余接触压力的衰减

如果设备运行中存在压力、温度的波动，流体介质特别是气流引起的振动，或者频繁开停车引起载荷循环管接头的残余接触压力势必逐渐衰减，其连接强度和密封强度都将有所降低，需要在热交换器的检修维护中对管接头适当重新胀接，恢复其紧密性能。不过尚未见这方面的实践和研究报道。

参 考 文 献

［1］ 汪建华，陆皓，袁敏刚．胀管接头的弹塑性有限元分析及其应用（二）——相邻管孔胀管影响的研究［J］．压力容器，1999，16（5）：21-24，30，84．

［2］ 汪建华，陆皓，袁敏刚．胀管接头的弹塑性有限元分析及其应用［J］．压力容器，1997，14（5）：32-36．

［3］ 李鹏．厚管板液压胀接有限元分析［D］．上海：华东理工大学，2013．

[4] 朱慧. 核电蒸汽发生器换热管与管板液压胀接技术研究 [D]. 上海：华东理工大学，2011.

[5] 蒋文春，巩建鸣，陈虎，等. 换热器管子与管板焊接接头残余应力数值模拟 [J]. 焊接学报，2006（12）：1-4，113.

[6] 郭淑娟，张莹莹，杨坪，等. 换热器管与管板接头焊接残余应力的有限元分析 [J]. 热加工工艺，2010，39（3）：155-157，161.

[7] 王海峰，马凤丽，桑芝富. 先胀后焊连接中焊接对胀接连接强度的影响 [J]. 压力容器，2010，27（12）：13-20.

[8] 唐再文，肖枝明，赵琳. 三管板换热器深度强度胀接工艺初探 [J]. 化工机械，2019，46（4）：378-381.

[9] 丁宇奇，董日治，刘巨保，等. 换热器管板与换热管胀接密封性能影响因素分析 [J]. 化工机械，2018，45（1）：90-95.

[10] 李志海，刘雁，陈孙艺，等. 换热器管头胀接的三维有限元分析 [J]. 化工设备与管道，2018，55（2）：32-36.

[11] 杨标，冯彦香，杨琦，等. 双管板换热器厚管板强度胀接工艺探讨 [J]. 化肥工业，2010，37（4）：59-61.

[12] 李爱国，林雅岚，祁少昆，等. 热交换器胀管工艺的优化及探讨 [J]. 石油化工设备技术，2021，42（6）：19-25.

[13] 李涛，段成红. 换热管与管板连接接头的液压胀接压力分析 [J]. 化工机械，2016，43（6）：759-763.

[14] 翟君. 300MW核电机组蒸汽发生器管子-管板胀接技术研究 [D]. 哈尔滨：哈尔滨工程大学，2016.

[15] 程双胜，程超，邱兆义. 基于ANSYS的冷却器管板胀接有限分析 [J]. 船电技术，2012，32（S1）：78-81.

[16] 张宪刚. 换热器管子与管板连接过程力学行为的数值分析 [D]. 哈尔滨：哈尔滨理工大学，2015.

[17] 罗文，贾丽，谷洪文，等. 液压整形器滚珠径向挤压套管试验研究与力学分析 [J]. 化工机械，2018，45（5）：538-542，560.

[18] 林伟忠. 管壳式换热器中管子和管板的胀接 [J]. 化肥设计，1998，36（4）：53-57.

[19] 陈刚，李伟，王秀丽. 用于管板连接的液压胀管的研究与应用 [J]. 氯碱工业，2001（3）：40，41，45.

[20] 陆怡，颜惠庚. 液压胀接接头的密封压力 [J]. 化工机械，2003（3）：156-159，163.

[21] 洪瑛，王学生. 基于材料双线性模型的液压胀管理论计算 [J]，化工设备与管道，2019，56（3）：20-25.

[22] 孙幸龙，陈建俊. 液压胀管最佳胀管压力探讨 [J]. 南化科技，1990（4）：39-43.

[23] GB 150.2—2011 压力容器 第2部分：材料.

[24] 张义辉. 热交换器管液压胀接 [J]. 大氮肥，1997，20（1）：16-19.

[25] 陈孙艺. 换热器高等级管头紧密度的胀接压力分析 [J]. 化肥设计，2016，54（1）：11-16.

[26] GB/T 151—2014 热交换器.

[27] 杨林. 合成气余热回收器泄漏原因分析及维修方案 [J]. 中国特种设备安全，2019，35（5）：76-80.

[28] 苏翼林. 材料力学：上册 [M]. 北京：人民教育出版社，1979：102，150.

[29] 张栋. 机械失效的痕迹分析 [M]. 北京：国防工业出版社，1996：26.

[30] JB 4732—1995 钢制压力容器分析设计标准.

[31] 《化工设备设计全书》编辑委员会. 超高压容器 [M]. 北京：化学工业出版社，2002：35.

[32] 范钦珊，蔡新. 材料力学 [M]. 北京：清华大学出版社，2006.

[33] 严惠庚. 换热管液袋式液压胀接装备与技术 [D]. 上海：华东理工大学，1998.

[34] 王立辉，李伟，吴喜亮. 胀接工艺对镍基合金换热管残余应力的影响 [J]. 压力容器，2014，31（5）：36-40.

[35] 高磊，张迎恺，张莹莹，等. 减应力槽技术在油浆蒸汽发生器管板上的应用 [J]. 石油化工设备技术，2011，32（6）：16-18，73-74.

[36] 盖俊鹏，张巨伟，刘朋，等. 油浆蒸汽发生器管板应力槽结构参数研究 [J]. 新技术新工艺，2019（7）：56-61.

[37] 陆清婉，高磊. 油浆蒸汽发生器管板减应力槽的设计 [J]. 炼油技术与工程，2020，50（1）：33-35，40.

[38] 罗敏，于海，刘巨保，等. 介质温度对换热器胀接接头的影响分析 [J]. 化工机械，2008，35（4）：228-231.

[39] 胡玉红，陈龙，张强，等. 换热器管板胀接接头高温下拉脱实验研究 [J]. 科学技术与工程，2009，9（15）：4534-4538.

[40] 雒定明，张玉明，焦建国，等. 高压预冷器管板变形原因分析 [J]. 压力容器，2019，36（4）：52-62.

[41] TSG 21—2016 固定式压力容器安全技术监察规程.

[42] 陈龙，刘巨保，胡玉红. 管壳程压力对换热器胀接接头性能的影响 [J]. 化工机械，2010，37（5）：571-575.

第7章

热交换器管接头的
高等级要求

热交换器管接头的高等级要求涉及诸多环节，最终反映在运行过程。关于换热管与管板接头运行方面，文献［1］分析了介质温度对热交换器胀接接头的影响，认为同常温下胀接完的管接头性能相比，运行中管程介质在一内温度范围内升高使它的密封性能和拉脱强度都得到增强。因此把换热管与管板的接头按无温差处理是不太合理的。文献［2］分析了管程和壳程介质压力对热交换器胀接接头的影响，不同胀接压力加工后的胀接接头，随着管程压力变化（0～30MPa）时，接触区轴向位置不变，始终在管板靠近管程侧的第1道最大残余接触压力处；在壳程压力（0～30MPa）作用下，接触区轴向位置先在靠近壳程侧的第1道最大残余接触压力处，当壳程压力大于临界值时，接触区轴向位置逐渐变为靠近管程侧的第1道最大残余接触压力处。

热交换器管接头的高等级要求不仅反映在纯粹的热交换器本身，还涉及一类结构新颖的反应器，也就是具有反应和换热一体化功能的特殊设备。环氧乙烷反应器简称 EO 反应器，是立式安装的列管式固定床反应器，有的还在一端设置了预加热器。双氧水法制环氧丙烷的反应器，也是立式安置的列管式固定床反应器，换热管内装有催化剂。这类反应在换热管内进行，放出大量的热，需要通过壳程介质及时把热量带走才能维护反应正常进行。由于管程介质易燃易爆，要严禁介质通过管接头内漏到壳程。如果管程发生意外事故，管接头应能够承受高频率、高强度的冲击振动。表 3.17 列出了反应器一体化热交换器及其管接头的特点和技术对策，表 3.1 至表 3.16 也分别列出了其他专用设备管接头的质量技术要求，但是表中限于篇幅没有充分展开讨论。因此对高等级管接头的设计过程，特别强调拉脱力的校核，以满足强度要求；也特别强调防振技术对策，以满足密封要求。制造过程的质量控制要十分细致，包括不加焊材的自熔焊和加入焊材的焊接，包括首层焊接质检、气密性检查、无损检测和耐压强度检测。

7.1 高等级管接头的质量技术要求

GB/T 151—2014 标准对产品质量的技术要求分散在各个条款中，例如管束的质量等级分类、换热管外径的允许偏差、管板管孔直径及允许偏差、折流板和支持板外径及允许偏差、折流板和支持板管孔直径及允许偏差等。这些都是标准通用的基本要求。

具有个性的管接头质量技术要求则分散在各个设计单位和制造厂的技术规程等文件中。

7.1.1 管束管接头防振的特别结构

(1) 管板非均匀布管对管接头结构防振设计的要求

管板布管严重不对称的状况普遍存在于壳程需要设置蒸发空间的废热锅炉管束上，由于介质的蒸发往往伴随沸腾过程，换热管在沸腾环境下容易受迫振动。如图 7.1～图 7.3 所示，都不是轴对称结构。其中图 7.1 管束的换热管集中在管板中间，近似于两个互相垂直的对称面的结构；图 7.2 和图 7.3 管束的换热管集中在管板的一侧，近似于一个对称面的结构。根据管接头焊接热致管板变形的经验总结，再加上这些严重不对称布管的管板在正面或者背面管接头焊接后所产生的变形，与工况条件下管板变形叠加，将产生更加明显的变形。图 7.4 是其简明的力学模型，包括管板整体弯矩引起的整体变形、管板局部弯矩在周边非布管区引起的局部变形和管孔之间小面积的局部变形。其中影响外密封的主要是前两种变形，有的设计标准没有考虑管板整体弯矩的作用。对于高等级管束，可采用热输入相对对称的内孔焊减少变形，也可以在传统结构的管接头焊接完成后再对管板密封面进行二次精加工的技术对策。

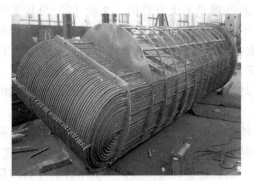

图 7.1 管板严重不均匀布管

图 7.2 蒸发器管束上部的非对称布管区（一）

图 7.3 蒸发器管束上部的
非对称布管区（二）

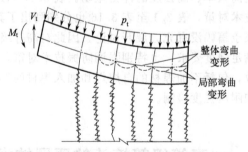

图 7.4 固定管板式、浮头式热交换器管板
和管束相连时的变形示意图[4]

管板布管不均匀也是常见的布管状况，但是有别于布管不对称，管板上不对称的布管区内其布管可以是均匀的。文献 [3] 就特殊结构管板开发了布管软件程序，适用性广、效率高，可避免手工布管带来的布管欠均匀、占用面积大、定位尺寸错误等问题。

（2）管接头结构防振设计的要求

设计者应主动判别是否有必要对流体诱发振动进行计算校核，具体可参照 GB/T 151—2014 标准的附录 C 进行。此外，对于脉动流这一新型传热技术，可以采用有限元分析方法建立热交换器的流固耦合分析模型，施加有脉动流和无脉动流两种不同工况下的边界条件和荷载条件，从模态振型和动态响应等方面分析两种工况下流体诱导振动对热交换器管的影响。文献 [5] 通过对某热交换器分别在无脉动流和脉动流两种不同作用下的振动特性进行分析，得到了如下几点结论：两种工况下换热管的振型图相似，其固有频率相差很小，说明外界流场的改变对换热管固有频率的影响很小；在无脉动流作用下，换热管中间位置的振动最为剧烈，其位移振幅最大值为 2.1mm 左右，但应力最大值却出现在换热管端部，由此可知，在换热管中间位置管束易发生碰撞现象，而在端部易发生强度失效；在有脉动流作用下，换热管中间位置的位移与端部应力随时间呈周期性变化，且位移最大值出现在中间位置，应力最大值出现在端部。

（3）关联结构设计的防振对策

U 形管束端部支持板应尽量设置在靠近 U 形段处，即缩短 U 形管悬臂结构长度，避免引起振动。

防振对策除了避免振动的发生，还可以是减缓振动的传播。管接头的隔振结构如图 7.5 所示，在紧邻管板背面增设一块支持板，该支持板的管孔形位尺寸与管板相同而且一起配钻，以保证精度，把换热管的振动隔离在该支持板之外的管束段，避免或减缓管接头受到振动的影响。该隔振结构的缺点是管板与该折流板之间那一小段

图 7.5　管板背面支持板

管束的换热效果不够好，因为壳程介质进出这一小段的流动性相对差。能同时隔振以及便于介质流动的隔振结构是夹持换热管的折流杆结构。

7.1.2　管接头拉脱力设计校核的完整性

（1）管接头拉脱力数值模拟校核

某石化硫磺车间大型固定管板式热交换器于 2009 年 9 月出现故障，检查发现在管板边缘处出现裂缝，并且有少量换热管束脱落。经管板热-力耦合场有限元分析可知，对于管程操作温度高于壳程温度的工况，应力较大区域在管板连接过渡区域，但是受温度梯度的影响，应力最大值并不在管箱筒体表面，而是在筒体内部；有温度载荷的情况下，管板连接区域的第三强度应力值和第四强度应力值增幅巨大；巨大峰值应力是保证换热管较大拉脱力的主要原因[6]。

文献 [7] 采用有限元方法对管壳式多管程固定管板热交换器换热管和管板的拉脱力进行了分析计算。考虑圆筒体和管板表面在 3 种不同温度分布组工况下的分析结果表明，在多管程热交换器的管束中，不同位置的 2278 根换热管拉脱力存在较大的差别。对照 ASME 规范规定的许用值，圆筒体和管板表面温差相对较小的工况 3 中所有换热管与管板接头的拉脱力均能满足要求，而温差相对较大的工况 1 和工况 2 中分别有 56 根和 22 根换热管与管板接头的拉脱力超过了许用值。这些已超过许用值的管接头位于靠近管板与圆筒体连接处的局部

区域，或在布管区内最小管桥面积的管板高温表面上的局部区域内，当介质的流动引起振动时，易发生破裂和泄漏。目前，还缺少因热交换器各换热管壁温度分布不同而产生不同拉脱力的解析计算方法。在现有的国家标准中，是以所有换热管的平均值来进行计算的，且无法精确地计算出每一根换热管的实际拉脱力。该文献的有限元分析为每一根换热管拉脱力的计算提供了一种值得借鉴的办法。

（2）管接头拉脱力附加项解析计算

在稳态操作工况下换热管泊松效应对换热管轴向应力影响较小，而水压试验工况下换热管泊松效应对换热管轴向应力影响较大。对于管程或壳程压力较高的热交换器，水压试验下换热管拉脱应力校核必须考虑换热管泊松效应的影响。由于内、外压力作用，换热管沿轴向产生伸缩变形，从而产生泊松效应。换热管由于泊松效应产生的伸缩变形和温度变化产生的热胀冷缩变形，两种变形都对管板产生了相同的拉或压作用，这两种作用对管板的影响是等效的，因此可以把换热管由于泊松效应引起的轴向变形量[8] 等效为由温度载荷引起的变形量。换热管泊松效应等效为沿轴向方向相同的温度载荷按下式计算[9]：

$$T_{applied} = \frac{\mu}{2\beta Et}[p_s d_o - p_t(d_o - 2t)] + T_{actual} \tag{7.1}$$

式中　$T_{applied}$——换热管的适用温度，℃；

μ——泊松比；

β——换热管材料的线膨胀系数，mm/(mm·℃)；

E——换热管材料的弹性模量，MPa；

t——换热管壁厚，mm；

d_o——换热管外径，mm；

p_s——壳程压力，MPa；

p_t——管程压力，MPa；

T_{actual}——换热管的实际温度，℃。

某甲醇合成塔设计中只考虑管程压力 12.375MPa，不考虑壳程压力时，利用上式计算得到换热管泊松效应温度为 -13.23℃，由此计算得换热管的轴向应力增加幅度达 33.18%[10]。

（3）管接头胀接质量系数

文献 [11] 在胀接接头质量事故分析及应对措施研究中报道了某一核电蒸汽发生器在完成 20050 根换热管胀接后涡流检测换热管直段部分轮廓时，在靠近管板两侧的管接头区域不但发现了 3 处漏胀，还发现了 5 处未贴合缝隙深度分别为 7.69mm、6.46mm、8.03mm、7.33mm、6.35mm，远超过设计要求的最大许可平均间隙 2.3mm；分析判定，是大型管板埋弧带极堆焊变形造成管板厚度不均匀，存在一些位置厚与一些位置薄的偏差而设定液压胀接芯轴的长度时没有考虑整块管板厚度的差异，从而造成部分管接头的未胀密面积过大。这一案例揭示的情况表明，对于设计、制造、检测技术要求和项目管理要求通常都明显低于核电蒸汽发生器的石油化工热交换器管接头来说，潜在的欠胀、漏胀问题是普遍存在的；对于通常的石油化工热交换器管接头来说，对管接头的质量检测停留在胀接件质量、胀度和耐压试验，泄漏试验是不够的。基于管接头胀接质量的客观事实，可设置类似焊接系数的管接头胀接质量系数；系数取值与胀接工装手段、胀接工艺方法及其检测方法关联，用于调整许可拉脱力的大小。

（4）完整的拉脱力校核

按传统工况的设计过程，管接头拉脱力都很容易通过标准 GB/T 151—2014 规定的简化校核，而且强度富余明显，但是无法排除该简化方法在工程实际中管头失效的影响。在相对先进的有限元分析设计过程中，由于绝大多数模型没有像文献［12，13］那样考虑换热管与折流板管孔之间的摩擦作用关系，这样的简化模型未能更全面反映管接头的应力状况，导致管接头拉脱力的校核也是简化的，同样无法排除该简化方法在工程实际中管头失效的影响。综合前面各项分析，提出如下保守建议。

对于所有结构及工况，必须考虑管接头胀接后存在未贴合的局部间隙及欠胀的局部面积，具体比例尚有待工程实验来评定。

对于高温工况，仅按标准设计计算并不能保证管接头的连接强度，特别要注意 GB/T 151—2014 标准中关于强度胀接的适用范围之一是设计温度小于或等于 300℃ 的场合。超出这一温度点，应在设计校核管接头的拉脱力时，先附加计算管接头局部温差引起的换热管轴向热应力，然后与管程壳程之间的整体温差引起的换热管轴向热应力一起，和管程与壳程内压引起的换热管轴向应力组合，得到换热管总的轴向应力，最后对该总的轴向应力校核。

对于特殊工况，就要再考虑 U 形管受到防振结构件的阻碍引起的轴向应力，或者不同换热管壁温对轴向应力的影响，以及换热管泊松效应的等效轴向载荷的影响才够完善。

对于管束装配潜在的特殊质量状况，还应考虑是否产生附加应力。例如由于制造偏差，造成运行中的部分换热管无法沿着折流板管孔轴向滑动，换热管受到管孔摩擦或阻碍，换热管的自由热膨受到了限制会产生局部热应力，热应力作用到管接头上。因此在管束设计时，应对其装配质量提出明确的要求，否则宜预计到装配质量欠佳引起的附加应力，求取如上各项应力之总和，再校核这个总应力，才有可靠的质量保证。

总之，如果缺少诸多附加应力的计算及校核，则设计计算是不完整的，校核是不可靠的，耐压试验是无法验证的。这也许就是管接头容易失效的重要原因。

7.1.3 管接头拉脱力设计校核的制造工艺调适

在个别固定管板热交换器制造过程中，需要采用先焊管接头后封闭壳程壳体的工序，高合金钢厚壁壳体的环焊缝在焊接后的冷却过程中会明显收缩，使壳体也产生明显的轴向收缩，收缩会在前面工序焊接完成的管接头上产生拉轴向推压残余应力。焊后热处理会释放一部分残余应力。热交换器运行过程中，换热管与壳体之间的温度差、管板厚度的温度差在管接头上产生附加的热应力。此外，还有内压引起的应力，以及立式热交换器的大直径、厚壁重型管板的自重在管接头上产生的附加应力。这些应力的组合十分复杂，如果不加以分析控制，会降低设备的安全性。

通过预伸长换热管组焊管接头的方法，可以使管接头承受轴向拉伸的作用；当再组焊厚壁壳体的环缝时，环缝焊接时引起的轴向收缩与管接头的轴向拉伸得以相互抵消。如果壳体的轴向收缩在抵消管接头的轴向拉伸之后尚有富余，则管接头反而承受轴向推压作用，可以提高管接头抵抗管程内压作用的能力。还有一种情况，如果热交换器制造后的换热管承受轴向拉伸作用，就可以在运行时缓和换热管热膨胀伸长受到的压缩作用。因此，高等级热交换器管接头这一关键结构可以在制造中满足多种需求的调适。

一般地说，只有通过完整的数值模拟技术才能充分掌握热交换器制造后管接头准确的轴向残余应力，以及运行工况下准确的组合应力。这对于设备制造技术人员来说是一项繁琐而且具有技术难度的工作，不过，借助粗糙的解析求解，也可以定性地了解相关工序后管接头轴向受力的基本情况。下面以某炼油装置固定管板式的蒸汽发生器为例，对其管接头的焊缝应力进行计算说明。

7.1.3.1　管接头应力计算

案例的基本结构和设计参数如表 7.1 所示。

表 7.1　结构设计参数

项目	管程	壳程
内直径 D/mm	$\phi 3800$	$\phi 3400$
最高工作温度/℃	1450	252
工作压力/MPa	0.04	4.08
设计压力 p/MPa	0.28	4.5
设计温度 T/℃	360(壁温)	260
介质	过程汽	水和水蒸气
管板材料	Q345R	
管板设计压力/MPa	4.5	
换热管数量/材料/规格	$2209/20G/\phi 38 \times 5, L = 6922$	

（1）管壳程热膨胀量

由表 7.1 可知，管壳程最高工作温度的差值达 1450℃ －252℃ ＝1198℃，温差的影响不能忽略。先不考虑管壳程压差的影响，只考虑温差的作用，由此来计算换热管与壳体的轴向膨胀位移差。取换热管与壳体材料的线膨胀系数 α 为 1.3×10^{-5} mm/(mm · ℃)，忽略管板厚度的影响取换热管长 $L = 6922$mm，基于设计温度计算壳体轴向膨胀量得

$$\Delta l_1 = \alpha L(T_s - 20) = 1.3 \times 10^{-5} \times 6922 \times (260 - 20) = 21.6 \text{(mm)} \tag{7.2}$$

换热管轴向膨胀量

$$\Delta l_2 = \alpha L(T_t - 20) = 1.3 \times 10^{-5} \times 6922 \times (360 - 20) = 30.6 \text{(mm)} \tag{7.3}$$

式中，T_s、T_t 分别是壳、管程的设计温度。

管壳程膨胀差

$$\Delta L = \Delta l_2 - \Delta l_1 = 30.6 - 21.6 = 9 \text{(mm)} \tag{7.4}$$

（2）管壳程热应力

管壳程膨胀差相当于热应变，其计算式为

$$\varepsilon_z = \frac{\Delta L}{L} = \frac{9}{6922} \approx 1.3 \times 10^{-3} \tag{7.5}$$

如果不考虑热应力引起的弹性应变，挠性管板弹性变形对应力的缓解，只考虑该热应引起的热应力由两端的管头共同承受，平均来说每端管接头承受的热应力为

$$\sigma_{zT} = 0.5E\varepsilon_z = 0.5 \times 186 \times 10^3 \times 1.3 \times 10^{-3} \approx 121.0 \text{(MPa)} \tag{7.6}$$

上式的计算对应的现象是换热管的轴向热膨胀量大于壳体的轴向热膨胀量，管接头焊缝的热应力沿着从壳程到管程的方向。

（3）内压作用下管接头焊缝的应力

管接头结构见图 7.6，根据标准 SH/T 3158—2009《石油化工管壳式余热锅炉》中的

6.7 条，管束内换热管与管板连接焊缝的剪切应力为

$$\sigma_{i\tau} = \frac{pA}{\pi d_{w} h_{H} \phi} = \frac{4.5 \times 2114.885}{\pi \times 38 \times 8 \times 0.8} \approx 12.5 \text{(MPa)}$$

(7.7)

管束周边换热管与管板连接焊缝的剪切应力为

$$\sigma_{o\tau} = \frac{pA_{J}}{\pi d_{w} h_{H} \phi} = \frac{4.5 \times 6760.385}{\pi \times 38 \times 8 \times 0.8} \approx 40.0 \text{(MPa)}$$

(7.8)

式中，d_{w} 为换热管的外直径，mm；ϕ 为焊接接头系数，该标准要求取 0.8；计算压力 p 本案例中取较高的壳程压力；换热管与管板连接的焊缝高度 $h_{H} =$ 8mm；管束内单根换热管所支撑的面积

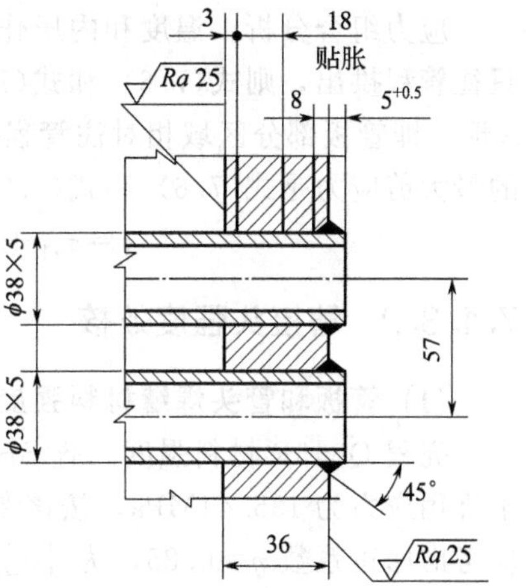

图 7.6 管接头结构

$$A = b^{2} - \frac{\pi d_{w}^{2}}{4} = 57^{2} - \frac{\pi \times 38^{2}}{4}$$

$$= 3249 - 1134.114948 = 2114.885 \text{(mm}^{2}\text{)}$$

(7.9)

管束周边单根换热管所支撑的面积

$$A_{J} \approx 0.5(d_{J} + b)b - \frac{\pi d_{w}^{2}}{4}$$

$$= 0.5 \times (220 + 57) \times 57 - \frac{\pi \times 38^{2}}{4} = 7894.5 - 1134.114948 = 6760.385 \text{(mm}^{2}\text{)} \quad (7.10)$$

其中，正方形排列的换热管间距 $b = 57$mm，管束周边假想圆直径 $d_{J} = 220$mm。

这里对应于管板在内压作用下轴向位移量大于换热管，设管头焊缝的剪应力沿着从管程到壳程的方向为负值。

(4) 组合应力及其强度评定

上述应力分量计算及其组合应力强度见表 7.2。表中的许用应力或应力强度许用极限取值见下一小节。

表 7.2 管接头焊缝组合应力　　　　　　　　　　　　　　　　　　　　单位：MPa

应力分量	计算式/应力值	应力分类性质	管接头焊缝许用应力或应力强度许用极限	评定
管壳程轴向热应力作用在管束周边管接头焊缝 σ_{zT}	式(7.6)/+121.0	二次应力	按 GB/T 5310 $R_{eL} = 144$	合格
			按 SH/T 3158 $[\sigma]_{t} = 58.3$	不合格
内压轴向作用下管束布管区中间区域管接头焊缝的剪切应力 $\sigma_{i\tau}$	式(7.7)/-12.5	二次应力	$[\sigma]_{\tau} = 48$	合格
内压轴向作用下管束布管区周边区域管接头焊缝的剪切应力 $\sigma_{o\tau}$	式(7.8)/-40.0	二次应力	$[\sigma]_{\tau} = 48$	合格

轴向应力比较分析。比较式(7.6)和式(7.7)发现，内压作用下换热管与管板连接焊缝的剪切应力只有热应力的 10.3%，焊缝主要承受热应力的作用。分析式(7.7)，式中没有考虑热载荷，这是由于管束布管区中间区域相邻换热管之间的温差较小，该温差载荷引起的应

力可以忽略不计。

应力组合分析。温度和内压作用下，如果该薄管板的变形位移是单向的 C 形，即管板只往管程拱出，则式（7.6）和式（7.7）的组合应力是相抵的。设薄管板的变形位移是双向的 S 形，即管板部分区域相对往管程拱出，同时另有部分区域相对往壳程拱入，管头焊缝承受的最大剪应力是式（7.6）和式（7.7）的和：

$$\sigma = \sigma_{zT} + \sigma_{i\tau} = 121.0 + 12.5 = 133.5 (\text{MPa}) \tag{7.11}$$

7.1.3.2 管接头强度效核

（1）管板和管头焊缝材料强度

壳程 Q345R 材料强度。查 SH/T 3158—2009 中表 8 得 Q345R 钢材在设计温度下的基本许用应力为 135.44MPa，按该专业标准，Q345R 管板材料在设计温度下的许用应力（还应考虑修正系数 $\eta = 0.85$，为 $[\sigma]_s = 135.44\text{MPa} \times 0.85 \approx 115.1\text{MPa}$）。查 GB/T 713—2008《锅炉和压力容器用钢板》得管板材料 Q345R 在设计温度下的屈服强度为 216MPa。查 JB 4732—1995（2005 年确认）中表 6-2 得 16MnR 钢材在设计温度下的设计应力强度为 134.2MPa，这里允许管板挠性变形，保守起见取 $S_m = 134.2 \times 90\% = 121.8\text{MPa}$。

管程 20G 材料强度。根据设备竣工图得管程设计温度为 360℃（壁温），查 SH/T 3158—2009 中表 8 得 20G 钢材在设计温度下的基本许用应力为 96.4MPa，按该专业标准，20G 换热管材料在设计温度下的许用应力还应考虑修正系数 $\eta = 0.55$，则 96.4MPa×0.55＝53.02MPa。查 GB/T 5310《高压锅炉用无缝钢管》得 20G 换热管在设计温度下的屈服强度为 144MPa，抗拉强度约为 270MPa。

管接头焊缝强度。管接头由母材 Q345R 和 20G 焊接组成。一般地，考虑到连接焊缝强度高于母材的强度，工程上可取管接头焊缝材料强度等于管程材料强度的 1.1 倍，即管接头在设计温度下的许用应力 $[\sigma]_t = 53.02\text{MPa} \times 1.1 \approx 58.3\text{MPa}$。但是按标准 SH/T 3158—2009，连接焊缝剪切许用应力取管板和换热管设计温度下较小许用应力的一半。查 GB 150.2—2011《压力容器 第 2 部分：材料》标准中的表 2 和表 6 得，管板在管程设计温度下的许用应力 $[\sigma]_s^{360} = 115\text{MPa}$，管板在壳程设计温度下的许用应力 $[\sigma]_s^{260} = 135\text{MPa}$，换热管在管程设计温度下的许用应力 $[\sigma]_t^{360} = 96\text{MPa}$，换热管在壳程设计温度下的许用应力 $[\sigma]_t^{260} = 115\text{MPa}$。所以设计温度下管接头焊缝的许用应力 $[\sigma]_\tau = 0.5 \times 96 = 48$（MPa）。

（2）根据标准 SH/T 3158—2009 对管接头焊缝强度校核

根据标准 SH/T 3158—2009，只评定内压作用下管接头焊缝的应力。

考虑焊缝质量的应力判定。考虑焊缝未焊透、未熔合以及存在夹渣、气孔等缺陷，应力计算式中的焊缝高度应打折扣。当折合焊缝高度只有 4.7mm，则参照式（7.7）计算得焊缝的剪切应力约为 21.2MPa；即便焊缝高度只有 4mm，其剪切应力也只有 24.9MPa。不同焊缝高度的结构在内压下的剪切应力见表 7.3。

表 7.3　焊缝高度与其承受的剪切应力

h_H/mm	8	4.7	4	3.3	2.1	1.4
内压下的剪切应力 σ_τ/MPa	−12.5	−21.2	−24.9	−30.2	−47.4	−71.1
管壳程温差作用下的轴向应力 σ_{zT}/MPa	121.0					
组合应力/MPa	108.5	99.8	96.1	90.8	73.6	49.9

根据表 7.3 可知，在设计温度下正常运行时即便管接头没有贴胀，焊缝高度只有 2.1mm，即设计值的 26.3%，管头的剪切应力也只是 47.4MPa，$\sigma_\tau < [\sigma]_\tau$，不超过焊缝材料的剪切许用应力。

不考虑安全系数的应力判定。不考虑换热管材料的安全系数 1.5，根据设计温度下许用应力保守推断换热管在设计温度下的抗拉强度 $R_{eL}^{360} = 144$MPa，焊缝的抗拉强度取其一半，即 72MPa。在设计温度下正常运行时，即便管接头没有贴胀，焊缝高度只有 1.4mm，即设计值的 17.5%，对照表 7.3，管接头的剪切应力也只是 71.1MPa，不超过焊缝的抗拉强度。

高温下的应力判定。查 GB 150.2—2011 标准中的表 2，得换热管 20 钢材温度最高到 475℃时的许用应力为 41MPa。不考虑换热管材料的安全系数 1.5，根据高温许用应力保守推断换热管在 475℃ 下的持久强度 $R_D^{475} = 61.5$MPa，焊缝的持久强度取其一半，即 30.75MPa。即便管接头没有贴胀，焊缝高度只有 3.3mm，即设计值的 41.3%，对照表 7.3，管接头的剪切应力也只是 30.2MPa，不超过焊缝的持久强度。

(3) 根据组合应力评定

这里假设挠性管板完全没有起到挠性作用或者只起到部分挠性作用，其中的轴向热应力无法通过管板的弹性变形来消除，则管接头焊缝须同时综合考虑内压和温差共同作用下的组合应力作用。经分析，内压和温差两者在焊缝产生的应力作用方向相反。因此其组合应力水平有所减小（表 7.3），超过设计温度下管接头焊缝的许用应力。

由表 7.3 可知，内压下的剪切应力随着焊缝高度的增加而降低，即焊缝越高，其抵抗壳程内压的作用越强。同时，由于管壳程温差作用下的轴向应力维持在某一水平不变，则两者的组合应力也随之升高。因此，这里存在某个焊缝高度的优化值，使得组合应力最低，而不是传统认为的焊缝越高越好。

从常规法应力校核结果来看，管束周边管接头焊缝承受的轴向应力没有通过评定，但是式(7.6)的计算中无法考虑承受热应力的结构在热应力作用下引起的弹性应变，也不考虑挠性管板结构弹性变形，而这种应变或变形对热应力有明显的缓解作用，因此该结论有待商榷。

7.1.4　管接头拉脱力设计校核的运行状况调适

(1) 管接头存在明显的差异性

大量的算例表明，同样工况参数在不同主体结构的热交换器中引起的管接头松脱力是不同的，同一块管板上的管接头在运行中承受的松脱力也是不同的。例如，当固定管板式热交换器管板中间大部分布管区上的管接头在运行中往壳程拉脱的同时，管板周边小部分布管区上的管接头在运行中可能出现往管程压脱的现象，基于本书 3.2.2 节所述关于管接头的压（顶）脱力等于其拉脱力的误解，以及工程实践中管束周边管接头较多失效的事实，高等级热交换器的设计应通过数值模拟技术区分清楚管板中间和周边管接头所承受的松脱力性质及其载荷水平，有针对性地确定其胀接参数和试样检测方法。图 7.7 展示了某固定管板式热交换器某工况下的轴向变形位移状况。从管束周边到中间管接头的轴向变形

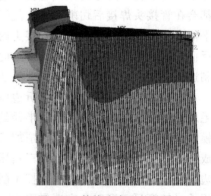

图 7.7　管接头变形的差异

位移分别为 $-0.43mm$、$0.11mm$、$0.29mm$、$0.47mm$、$0.64mm$，差异达 167%，而且周边的管接头还承受弯曲作用，成为容易失效泄漏的部位。虽然同一工况在这些管接头内引起的应力状况差别很大，但遗憾的是，设计者从来不在施工图上区别对待不同管接头的制造质量技术要求，而是不加区分地同等对待。随之而来的产品制造工艺也就一脉相承地对所有管接头一视同仁，同样的一份焊接或胀接工艺应用于所有管接头。

（2）管接头的差异程度有待研究

当然，因为焊接设备、施焊焊工或胀接设备、胀接操作工及其他因素也会引起同一份工艺在执行效果上的差异，就算忽略这些差异，也不要以为焊后热处理能完全消除管接头制造产生的残余应力，更不要相信热处理能使所有管接头最终的残余应力趋于均等。至于超出设计压力水平的耐压试验对管接头的残余应力分布产生什么影响，尚未见研究报道。因此，实际运行中各个管接头承受操作工况所引起的应力差异性将与制造引起的各个管接头残余应力的差异叠加，叠加的结果使一般人员难以准确地判断管接头的应力水平。但是，有能力的专业技术人员应该定性判定哪些管接头在运行工况作用下的应力水平是相对较高的，从而给这些管接头更多、更细致的呵护。

（3）管接头差异性的质量技术调适

总而言之，重要热交换器的管接头制造工艺应该差异化，以使各管接头在运行中的应力水平相对均衡。

对于直径较大的固定管板式热交换器，应视包括流速在内的介质参数情况确定前端管箱的进口方位，必要时在管箱内设置匀流器。管板周边几圈的管接头与管板中间的管接头在质量技术上可以有差别，具体实施办法需要具体分析，例如在施工顺序上是先焊还是后焊，在评定合格的工艺参数范围内是取高一点还是低一点，在焊接速度上是快一点还是慢一点，在焊道数量上是多还是少，甚至热处理工艺是否因不同的管接头结构而有所差异等。

对于挠性管板的固定管板式热交换器，当应用于余热锅炉时，GB/T 151—2014 标准资料性附录中的 M.1.2 条要求壳体内直径不大于 $2500mm$，M.3.6 条要求管板组装及焊接时，应采取有效措施防止管板变形，焊接后其平面度偏差应不大于 $4mm$。笔者认为，防止管板变形的有效措施应从引起变形的源头上限制其成因的出现，首先考虑焊接工艺的优化等协调性的技术对策，不要只采用临时增设加强板或者拉杆等外加的强制性对策；当挠性管板应用于非余热锅炉的固定管板式热交换器时，最好在优化管接头焊接工艺后不再采用强制性措施。对设计而言，管板平面度并非对所有热交换器都是关键的结构尺寸，有时非平的管板表面还具有特别有利的功能；对制造来说，管板平面度只不过便于统一换热管的下料长度。实际上，大于设计尺寸的预留管长所造成的管接头最终余长是多或少，不但是不一致的，而且都会在管接头焊接后切削去除，使管端基于管板表面的高度一致。如果纯粹为了保证管板的平面度而限制其变形，会在管接头内乃至整块管板上累积较高水平的残余应力，难以消除，反而不利于管接头的安全运行。由此可见，挠性管板除了适用于余热锅炉工况，还有适用于制造过程的优点，只是一般人缺乏认识而已。

对于管板周边挠性过渡段折边厚度渐变的挠性管板，通常基于最厚处尺寸采用钢板作为毛坯来制造。过渡段折边弯曲半径处的加工会存在三种路径选择：路径一是压制成形时通过模具保证内半径而在成形后车削加工外半径；路径二是压制成形时通过模具保证外半径而在成形后车削加工内半径；路径三是压制成形后需要分别车削加工外半径和内半径。过渡段折边通常承受较高的应力，非数控车削加工会在其弯曲面上留下刀痕，不利于设备安全。当壳程承受较高压工况时，宜选择路径一。

对于管程压力较高的挠性管板，管板周边挠性过渡段向管箱圆筒体一侧折边更加合适。

最后，如果整块管板所有管接头不加区别地采用同一工艺参数，则该参数的效果应是经过评定能同时保证管接头压脱力和拉脱力的。

7.1.5 管接头制造质量特别技术要求

为了提高管接头密封质量，以弥补管接头强度计算简化方法的不足，可强化如下一些制造技术对策。

7.1.5.1 管板管孔质量技术

(1) 管板强度影响管孔形状精度

如图 7.8 所示，厚管板钻孔时深孔内冷却不及时会影响钻头的刚性，从深孔内往外部排出钢屑不畅所堆积的钢屑会使钻头旋转过程变得摇摆不定，因此管板立式钻孔优于管板卧式钻孔。由于大型管板的锻造和热处理难以达到其毛坯内部与近表面的工艺参数一致性，管板整体材质不均匀，通常是内部的硬度更低一些，影响了管板钻孔的成形质量，主要表现包括：管孔内直径、管孔底直径与管孔口部直径不一致；管孔内表面出现贯通的螺旋沟痕。这两个问题都对管接头胀接密封强度有不利影响。目前尚难以通过数值模拟方法来掌握这些差异性，还是需要通过试验检测和对比分析，才能确定合适的钻孔加工工艺。

(2) 管板刚度影响管孔定位精度

图 7.9 展示了从水平方向对特厚管板的钻孔，立式数控钻床常应用于大型管板管孔的加工。不同的设计项目对管孔直径、管孔与管板表面的垂直度、管孔的凸缘式坡口等尺寸精度要求都不同，其中外圆大直径、薄板壁而且大管孔的管板因其自身刚性低，加工较困难。对此，钻孔工艺技术应有所调整，还可以通过试样模拟或者在产品上试钻的方法调控钻头的推力。

 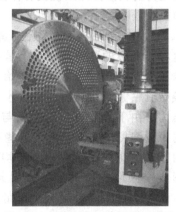

图 7.8 厚壁管板立式数控钻孔　　　　图 7.9 大直径管板立式数控钻孔

某甲醇合成塔管板组件直径达到 $\phi4000mm$，管板厚度为 116mm，表面均布直径为 $\phi38.4mm$ 的管孔，管孔数量高达 4000 余个。文献 [14] 通过 SolidWorks 软件分析了管孔加工过程管板的受力情况，为了模拟最为恶劣的工况，设置的施力点位于管板的最上方。图 7.10 的彩色云图分别显示了应力和位移的分布。可以看出，图中最上方的位移已经接近 1.2mm。该变形除了影响管孔的形位精度，还造成钻头主轴导向套封不住管孔内的冷却液，部分冷却液没有流到管孔内钻铣加工处，冷却液流量降低后会影响管孔加工质量。经采取针对性措施，加强支承管板的支架强度和刚性，增加对管板的定位夹持等，预防了该质量问题的发生。

（3）卧式钻孔技术创新质量评估

核电蒸汽发生器管板管孔数量多、孔深与孔径比较大，常采用群孔加工[10]。这样可以提高效率，但是钻孔过程中相邻管孔之间的金属挤压及孔底的冷却效果都会有别于单孔加工，需要进行专门的检测评定，以保证管孔质量。传统经验表明，在钻孔后增加一道图7.11所示的铰孔工序，能消除这些钻孔引起的管孔质量问题。

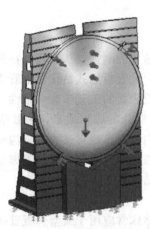

URES/mm

- 1.236e+000
- 1.133e+000
- 1.030e+000
- 9.268e-001
- 8.239e-001
- 7.209e-001
- 6.179e-001
- 5.149e-001
- 4.119e-001
- 3.089e-001
- 2.060e-001
- 1.030e-001
- 1.000e-030

图7.10　大型管板立式数控钻孔受力分析[14]　　　　图7.11　管板孔铰刀

其实，在同一个管孔内，不同深度处的管孔直径不一致只对机电胀接的管接头质量有不利影响，这是由于胀柱的条状限制了其自身与"鼓形孔腔"的紧密接触；对于液压胀接等软介质传递压力的胀接方法来说没有什么不良影响，"鼓形孔腔"的管接头结构还有利于提高管接头的拉脱强度。

图7.12铰出鳞状花痕的管孔则是另一种高质量的新型管孔。与传统内壁光滑的管孔相比，这种带花痕的孔壁在微观上是不光滑的，花痕周围要比花痕内部微微高出一点点，这就减少了换热管与管孔之间的初始接触面积，在输入同等胀接压力的条件下，花痕周围先与换热管贴紧，花痕内部然后才与换热管接触，那些最早贴紧的痕点最终获得更高的残余压力。由于管接头拉脱力只与残余压力及摩擦系数有关，与接触面积无关，所以管接头的拉脱强度更高。又因为这些花痕之间是不串通的，所以管接头的密封强度也很高。还由于这些花痕在管孔内分布均匀，经过胀接后管孔对管头的抱紧力更加均衡，管接头内形成全区域的密封屏障来阻碍介质渗透，所以管接头的整体质量有了保证。文献［15］认定"过多的密封环会降低每一道环的残余压力"的结论，在某种机理上，花痕孔壁的功效与该结论是一致的。

（4）立式钻孔技术创新质量评估

图7.13展示了采用内冷却钻杆从上下垂直方向对特厚管板的钻孔，该方法在一定程度上可以改善钻孔中管孔内的冷却效果。

（5）管孔除锈质量

对于密封强度要求不高，而拉脱强度要求高的管接头，应通过专用工具保证管孔粗糙度；对管孔进行精加工时，应针对预定使用的粗糙度加工方法预留合适的加工量，以免管孔直径超差。管孔除锈清洁如图 7.14 所示。

图 7.12　管孔内的鱼鳞花

图 7.13　内冷却钻杆应用于特厚管板立式钻孔

（6）管孔防腐保洁

管板孔加工中应使用防锈的润滑冷却液；整块管板孔加工完成后，应清除杂物，洁净内孔；存放时应覆盖塑料薄膜，防止粉尘污染，如图 7.15 所示。管板与换热管组装前，应经过干净的压缩风吹扫管孔，必要时逐个擦拭管孔内壁，去除锈迹。

图 7.14　管孔除锈清洁

图 7.15　管板钻孔后防尘覆盖

7.1.5.2　管端段质量技术

换热管表面的氧化锈是不结实的疏松物，对换热管与管孔的胀接紧密性有不良影响，必须清除。

（1）基本的除锈长度

管束组装时需要把换热管穿过所有折流板（或支持板）和第一块管板管孔，并且换热管的前端需要露出第一块管板管孔一段长度，然后才组装第二块管板管，再把露出第一块管板管孔的那一段换热管退回来，使换热管的后端退进第二块管板的管孔中。在这一组装中，换热管的前端段穿过第一块管板孔时很容易把其表面的氧化锈刮落在管孔内，不利于后续管接头的胀接。为了避免这个问题，需要把换热管前端段表面的锈层清除掉，而且露出金属光泽的管端长度不应短于两倍管板厚度。要注意的是，这里两倍管板厚度实际上是指两块管板的厚度，而且只是所要求的一个最短长度。如果能达到 3 倍管板厚度的除锈长度，那么管接头的胀接质量就更加可靠。如果是双管板管束，则换热管的除锈清洁长度要显著加长。

图 7.16 是碳素钢换热管端段除锈后组装的情况。

（2）完整的除锈周长

图 7.17 所示的碳素钢换热管端段采用手工打磨除锈，操作不均衡，除锈不够完整，还容易破坏管端外圆的圆度。应该采用专用设备进行机械抛光除锈。

图 7.16　换热管端部除锈

遗锈

图 7.17　换热管端部除锈不完整

（3）提高管段光洁度的对策

包括：除锈的长度不应小于三倍管板厚度；管端除锈后的换热管在穿进管板前应经过干净的压缩风吹扫粉尘，必要时逐根擦拭管端段；管端除锈后的换热管应在 3h 内完成穿管，8h 内完成胀接；不锈钢换热管的端段也应进行长度不应小于三倍管板厚度的除锈和清洁，不要以为肉眼看不见其表面存在黄褐色而否认氧化层或涂层的存在，而且，露出金属光泽的清洁管段更便于观察其表面质量，及时发现和处理欠佳的形貌，以免影响胀接质量。

7.1.5.3　管接头连接质量技术

（1）组合式胀接

包括液压胀和机电胀、定位胀和强度胀的组合。

某新型热交换器管子管板的连接形式为液压＋机械重叠胀接，有学者通过工艺试验分析了该种结构胀接接头的连接强度、密封性、管子变形等性能特点，并分析了该种胀接形式的可靠性[16]。但是，未见机械＋液压重叠胀接的报道。

某合成气余热回收器，换热管与管板连接的所有管接头中有 80% 都因为角焊缝存在缺陷而出现了泄漏。为了修复该管束，去除原来的角焊缝及管板孔内的那一段换热管，换热管的长度缩短了约 500mm 后回用，重新组装管束，对管接头进行先焊后胀连接。其中管接头的胀接采用前段液压胀接、后段机电胀接的办法达到了贴胀的要求，修复了管束[17]。

（2）维护良好的焊接环境

管接头气体保护焊时使用了彩条布围挡防止周边环境气流对保护气的干扰，如图 7.18 所示。

（3）优化焊接顺序

固定管板管接头的焊接质量受到周边焊接及其顺序的影响，参照图 7.19，可从三方面讨论。

图 7.18　管接头气体保护焊时的保护　　　　图 7.19　厚壁壳体与管板管接头的焊接

　　一是管板背面或其外圆与壳程筒体组对环焊缝的焊接,涉及组对环焊缝与管接头焊缝之间的焊接顺序。薄管板管接头焊接或者厚管板内孔管接头焊接时,管板背面的保护气氛对背面焊缝成形外貌质量有明显的影响,需要先焊接组对环焊缝以形成封闭保护气氛的空间。薄管板组对环焊缝的焊接可能造成管板的变形,对管接头的组对精度及管板周边密封环面的平面度有不利影响。如果先焊接管接头,然后再焊接厚管板的组对环焊缝,焊缝会附加给管板周边一个应力,并且该应力会影响布管区周边那一圈管接头的应力分布。

　　二是管头之间的顺序。对同一块管板上所有管接头的焊接顺序又可以细分为四类,包括组装管束时管板与少量换热管的定位焊接,管板中间与周边管接头的焊接,管束同一根换热管两端与两块管板管接头的焊接,大直径、大数量管接头的分区焊接。

　　三是管接头自身多层焊时的顺序。对管接头的多层焊接可以有不同的施焊顺序,以获得最佳的管接头质量。例如,首层焊后是否需要停下来检查,然后再焊接第二层;多层焊接的中间某一层焊接后,是否需要消除应力热处理,然后再继续焊接,因为同一个管头连续的多层焊接可能会引起管板的局部变形。

　　(4) 固定管板式热交换器管板的焊接顺序

　　管接头焊接会产生管程结构的收缩,管板与壳程筒体焊接会产生壳程结构的收缩。如果壳程没有膨胀节结构,而两种收缩之间的不协调超过一定程度的话就会使管板或其他结构产生变形,或者较弱的焊缝开裂。

7.1.5.4　管束组装质量技术

　　(1) 管束同轴度要求

　　文献 [18] 在外径约为 8m、换热管长约为 22m、净重约为 900t 的大型反应器管束组装中应用了一系列创新技术方法,提出了管束同轴度的质量概念和保证措施,使间距较大的两块管板和中间支持换热管的格栅孔能同轴对中,穿管过程避免管外壁的损伤。其实,提高管束的同轴度也可以保证换热管与管板孔径向间隙的均匀性,提高管接头的质量,减少管接头残余应力。

　　(2) 违反常规的技术

　　根据设计标准的计算公式,胀接长度对管接头拉脱力或者管板厚度来说,都是一个强化效果的敏感指标。事物的一分为二性也反映在标准条文上。当其所强调的主要效果在具体案例中的必要性没有那么高，如果执行该条文反而带来不利结果时，就应该酌情处理。例中的必要性没有那么高，如果执行该条文反而带来不利结果时，就应该酌情处理。不符合常规的管接头胀接包括：管接头的胀接范围从管板正面直到管板背面，中间没有不胀接区，管孔内不设环形槽；管孔的一个端口或者两个端口不设倒角，形成全长度强度胀；管接头的胀接略超出管板背面，超出的长度大约等于换热管的壁厚，形成类似于孔边的直角切向换热管的刀口效应，以取得良好的密封效果。但是，要谨慎采用这些不符常规的技术对策，只宜应用于特殊工况的管束，或者临时维护个别管接头的场合。

（3）模拟技术与实际的偏差

关于管接头的制造技术方面。文献［19］在分析换热管与管板焊接的残余应力时，把换热管、管板和焊缝定义了为有限元分析耦合场中可变形的接触体，以模拟各部分之间正常进行的热传递；通过构建柱坐标下的模型，便于规律性地对单元节点进行先后排序，然后在热源载荷步激活单元来模拟焊接的填丝过程。文献［20］也分析了焊接对管接头胀接连接的影响，但是构建的焊接模型及初始条件完全与该管接头的胀模型及其胀接结果分离，忽略胀接作为焊接的前置条件，不符合工程实际中大部分管接头的连接是先胀后焊的情况。

关于换热管与管板接头连接结构方面，文献［21］采用有限元法对管子与管板的各种连接结构建立精细分析模型，研究了不同连接形式对管板挠度、管板中心应力、换热管轴向应力以及壳体轴向应力的影响。分析模型的主体材料为 Q345，外形尺寸 $\phi440mm \times 50mm$ 的管板组焊 $\phi300mm \times 10mm$、长 800mm 的圆筒体后，再组对 52 根 $\phi25mm \times 2.5mm$、长 900mm 的 10 钢换热管，管接头依据 GB/T 151—2014《热交换器》中换热管与管板的连接结构。具体包括胀接接头模型，胀焊结合接头模型，4 种焊接接头模型，以及将换热管和管板看作一体的管接头简化模型等，对各个模型有限元分析中，对模型的壳程施入 1MPa 的内压。结果如图 7.20 和图 7.21 所示。

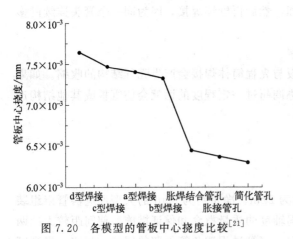

图 7.20　各模型的管板中心挠度比较[21]

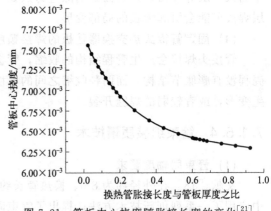

图 7.21　管板中心挠度随胀接长度的变化[21]

从图 7.20 中注意到，管子和管板全贴合的简化模型所得的挠度最小，也就是刚度最大。在工程实际中，胀接长度只是管板的一部分厚度，所以许多研究者对热交换器进行分析时，管子和管板的连接采用全厚度胀接的简化模型，这样做是不保守的。另外有结果表明，对于胀接长度接近管板厚度的满胀胀接接头，简化模型的挠度或应力的相对误差很小，采用管子和管板全贴合的简化模型是可接受的。

　　另外有分析表明对于管板中心处薄膜应力和弯曲应力的组合应力，不同模型的计算结果之间相对误差可达30%以上。

　　分析图7.22，管子和管板全贴合的简化模型得到的结果偏于不保守，其中管板中心处挠度相对误差在15%以上。

　　从上面的讨论可以看出，不同模型的模拟分析所得计算结果与工程实际之间有不同的偏差，有的偏差较大，因此并非所有进行有限元模拟分析的热交换器就一定是质量技术较高的产品。

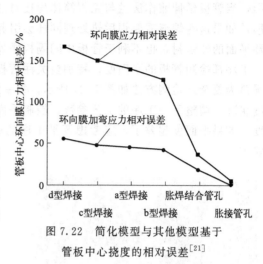

图7.22　简化模型与其他模型基于管板中心挠度的相对误差[21]

7.1.6　管接头质量检验特别技术要求

(1) 材料性能和管孔均匀性的要求

　　在管孔结构检测方面，一般都要对管板和折流板的管孔间距均匀性及其最小管孔桥宽度进行检测控制，但是对检测方法没有具体要求。而文献[18]提出的梅花形群规检测法，算是一项质量技术创新。胀紧度的计算需要管孔尺寸作为基础数据，检测的管孔位置要具有分散性，检测的管孔数量也要达到合理的抽检比例。

　　在材料性能检测方面，胀接工艺设计要以材料性能为基础。考虑到管板材料性能在三维分布上存在差异，管板材料性能数据的检测要具有分散性，还要检测点的数量也要达到适用的比例。不同批次的换热管之间其材料性能存在差异，换热管与管板之间的材料性能差异以及两者之间需要相互配制时的先后顺序。

　　在管接头表面质量方面，图7.14展示了机械旋转砂布棒对管孔进行除锈清洁的操作，吹扫锈尘的压缩空气需要经过油水分离和干燥，以免对管孔重新污染。管孔和换热管端段在装配前还可以用丙酮擦拭。管孔和换热管端段经过清洁处理后，应视环境条件控制在2~4h内完成装配。

　　此外，管接头质量特别的检验技术要求还有管接头的预应力装配，对管接头焊缝的RT检测，对管接头胀接效果的涡流检测，等等。

(2) 检验方面的高级要求

　　文献[22]分析了核电站热交换器胀接过程中的质量控制要点（胀管率和胀接未贴合的长度），研究了胀管区质量评估的三种方法（涡流轮廓曲线法、内径变化测量法和解剖测量法）。

(3) 渗透微漏检测

　　渗透微漏检测方法有多种，除了图4.25所示的常规气密性试验，还有图7.23所示的氦渗透检测。其实操时，采用内部加压向外渗漏的方法，为了避免微量渗漏成分扩散到空气中被稀释造成漏检，可以先在管接头外敷设一层透视膜。相对而言，内部加压法较内部真空法更便于操作。

(4) 固定管板式热交换器管板变形检测

　　大直径薄管板在管孔加工的过程由于应力释放或加工力的作用而引起变形，不利于管孔与换热管的组对，组对偏差会带来质量问题和附加应力。管接头焊接本来就会产生管板变形，当管板延伸兼作法兰与壳程筒体焊接时还有可能在管板周边密封环平面也产生焊接热变形，如果这些焊缝需要焊后热处理同样会引起变形。这些变形交织在一起，不利于管板周边环平面的外密封，也不利于管板中间隔板槽处的内密封。因此应从薄管板管孔加工开始，每一工序都检测管板的平面度，特别要关注管板周边的平面度，因为管板周边管接头的受力状况最为复杂。检测方法如图 7.24 所示，每一工序测算平面度的变化，根据当前工序的平面度状况，调整下一工序的工艺参数，控制平面度偏差。如果平面度偏差太大，应增加测控密度。如果平面度超差了，应考虑调平工序的必要性使最终的平面度满足管接头强度和密封要求。

图 7.23　管接头渗透微漏检测

(a)软吊线硬尺法　　　(b)硬尺游标卡尺法
图 7.24　大型管板组焊过程平面度检测

　　经验表明，大直径薄管板的平面度变化规律性不是很明朗，除了上述几项因素的影响外，还与两端管板的相互作用以及焊接操作有关。如果最终使得连带周边密封面在内的管板整体产生内凹变形，也即管板中间向管束缩进，周边向管箱方向翘出，可以肯定的是这将使周边有效密封圆外移，靠向螺柱孔，使得螺柱作用力臂缩短，有利于密封。反之则不利于密封。

　　图 7.24 所示的管板整体平面度检测有别于管板周边密封面平面度检测。虽然两种不同的平面度有一定的相互影响，但是其不良状态的后果不同。整体不平整既影响外密封，也影响内密封，周边不平整只影响外密封，中间不平整只影响内密封。

(5) 管接头的检验

　　关于焊接接头的检验，ISO 15614-8—2016[23]、ASME Code Section Ⅴ[24]、NB/T 47014—2011[25] 等标准对管子管板接头评定的检验要求各不相同。文献 [26] 列举了各个标准中对其检验要求的异同之处，提出了按国标设计产品中管子与管板检验时遇到问题的解决措施。

　　关于焊接接头的检验，文献 [27] 分析了核电站热交换器胀接过程中的质量控制要点在于胀管率和未胀合长度，同时讨论了对胀管区质量进行评估的三种方法（涡流轮廓曲线法、内径变化测量法和解剖测量法）。

　　一般地说，结构失效于强度最弱处。连接管孔和换热管的管接头焊缝只是一个不大的圆环，按管束通常卧置的方法焊接时，该环形焊缝的成形过程受到熔融金属液体自重和焊接熔池等因素的影响，焊缝的填充成形沿整个圆周存在结构尺寸的差异。从人的视力来说这种差异是微观的，从焊缝基本尺寸来说这种差异是可观的。目前，无论是石油化工还是核电热交换器，尚未见该焊缝均匀性质量要求的讨论或报道。

7.2　换热管的防振对策

传统观念的管束振动在本质上的一个概念是指流体横向流过管束时，流体诱发管束中的换热管振动，而不是整台管束的振动。不过笔者只是在这里提示一下，在本书中引用文献时仍然保留管束振动这一观念，没有必要改动前人成果的相关表达。

振动是石油化工设备常见的失效因素，但是由于其非工况指标的性质，设计中不作计算校核而常被忽略。文献［28］对空罐状态下的压力容器进行了动力学特性分析，结果表明，静强度具有一定余量的压力容器虽然不会发生强度失效，但是在空罐状态下其简体和封头都容易发生共振。对于热交换器，壳程流体横向流过管束时，流体弹性不稳定性是最常见、最具破坏性的热交换器管束激振诱因，激起管子振动或声振动，造成噪声污染；重沸器壳程的沸腾、冷凝器的介质相变和管程的脉动也会引起类似问题，对管子、壳体、管接头及流体阻力降和环境都造成不良影响。大型热交换器管束或板束的长度大，也提高了热应力破坏的可能性。更为严重的是，几个因素的交互影响，降低了大型热交换器的可靠性。因此，要充分认识大型热交换器的诸多难题，在设计和制造中制定严格的技术对策和控制措施[29]。

由于热交换器结构越来越大，以及无声振动无法检测，特别是管束的 U 形弯管段，GB/T 151—2014 标准及专业资料均没有相关要求[30,31]，管子振动问题的严重性日益突出。在以前的报道中，管束的振动只限于管子的振动。但其实，在同一个壳体内的工艺环境下，管束的其他零配件也会产生振动。

由于两相流的流体弹性不稳定性研究尚不成熟，国内外各个标准给出的分析方法仍然是基于单相流的理论，尤其是临界流速的计算，并未考虑两相流流型的影响，是不完善的[32]。文献［32］以稀醋酸酐冷凝器为研究对象，分别采用了 GB/T 151—2014 标准的计算方法和推荐的两相流计算方法来校核管束的流体弹性不稳定性。对不同计算方法进行对比与分析，结果表明，算例采用 GB/T 151—2014 标准的计算方法得到的临界速度比按两相流计算得到的临界速度高，会为热交换器埋下流体弹性振动的隐患。

鉴于计算热交换器壳程流体的临界速度存在较大困难，而通过改善管束支持结构来防止换热管的振动较为容易，成本太高，防振结构设计成为通常的技术对策。

7.2.1　管束的动特性及其振动形式

(1) 换热管的动特性

有学者建立管束模型并采用流固耦合法进行了管束在两种流体中的动特性计算分析，结果表明：管束在空气中每阶振型的频率带宽非常小，在频率带内的频率与一般有限元理论计算的频率非常接近，管束和空气的耦合作用对管束动特性的影响可忽略不计；管束在液体中每阶振型存在一个 $2n$（n 为管束的数目）频率带，频率带宽随节径比减小而增大，密度较大的液体频率带宽较大；采用附加质量法计算的热交换器管束在液体中的基频与采用流固耦合法计算的基频接近，但附加质量法无法考虑流体的晃动和与管束的耦合作用，因此无法计算由于耦合作用产生的频率带[33]。

文献［34］通过实例对该方法的使用作了详细说明，在此基础上还就如何利用计算机电算作了介绍。

（2）管束的振动

管束的振动既包括管子的振动，也包括折流板的振动；既包括大部分零件的振动，也包括个别零件的振动。在这里，立式管束的摆动也是振动的一种。当壳程流体是气体或蒸汽时，有可能发生声振动；当壳程流体是液体且横向冲刷管排达到某一速度后，由于流体的弹性不稳定性而产生弹性旋涡振动。流体在壳体进出口附近、折流板缺口区、U 形弯管段产生旋涡，并且旋涡脱落频率或主频率与换热管的固有频率吻合时，换热管可能产生很大的振幅，既导致相邻管之间的碰撞损坏，也导致管子与支持板等其他零件之间的碰撞损坏。这就是紊流抖振。流体横向流过管束时在管子后面形成一条两侧旋涡交变出现的尾流，称为卡曼旋涡，由此引起的无声振动是很难检测的。热冲击也会造成管束的松紧变动，但是不在本节的讨论之列。

弹性不稳定性是流体诱发管束振动失效的最主要原因，目前有关两相流诱发管束弹性不稳定性的设计准则尚无一致结论。刘宝庆、张亚楠等在第十届全国压力容器设计学术会议上报告了空气-水两相横向流诱发管束弹性不稳定性的试验研究[35]，主要结论如下：在其他条件相同的情况下，管束的节径比越小，越易于发生流体弹性不稳定性；在其他条件相同的情况下，相比于正方形排列的管束，正三角形排列的管束更易于发生流体弹性不稳定性；在含气率低于 80％的两相横向流中，对于节径比不小于 1.28 的正三角形和正方形排列的管束，推荐正三角形排列的管束的不稳定常数 K 为 3.4，正方形排列的管束的不稳定常数 K 为 4.0。其中节径比是指管束中相邻管子的中心距与换热管外径的比值，不稳定常数 K 是质量阻尼参数和无量纲流速之间指数关系的一个常数。根据 Connors 准则，质量阻尼参数和无量纲流速之间的指数关系可在直角坐标系上绘制出稳定区图，而 K 值线可把稳定区图分为上下两部分；上方为不稳定区，下方为稳定区。在正常操作条件下，工业热交换器要处于稳定区。

（3）流体诱导振动的可能性分析

图 7.25 是带有直钢片支持 U 形管段的管束结构。弯曲半径较大的 U 形管从端部支持板算起是一段细长的悬臂结构。对于四管程的管束，流体流经 U 形管段的方向一般是左图中的层间方向，此时如果没有层间直钢片的支持，U 形管段容易振动。但对于两管程的管束，流体流经 U 形管段的方向一般是 A 向视图中的层面方向，A 向图面不是细长的悬臂结构，而是轴向长度略大于最大弯管半径的 U 形结构。笔者认为，流体沿层面方向流过 U 形管段时虽然对换热管产生推力作用，但是作用力方向上的 U 形管段结构是稳定的，不会产生振动。

流体沿层面方向流经 U 形段时，并不是横向流经每一根 U 形管的弯曲中心线。流体的流动方向与弯曲中心线的夹角是按 90°→0°顺序变化的，分解到横向的流速矢量很低，在管束中轴线的 U 形管处其横向流速几乎为零，不易引起卡曼旋涡振动，特别是当端部支持板就设置在 U 形段与直段的交界处时，一般不需要对 U 形段设置另外的支持结构。管束直管段可以基于无支撑跨距来估断振动的可能性，但是在这里，如果想把无支撑跨距的原理应用到 U 形管段的长度来进行类似的防振判断，那是不可行的，因为 U 形管与直管是两种不同的结构。

U 形管段靠近壳体端部直达封头内，而壳体端部的开口在靠近壳体封头的圆筒体上，

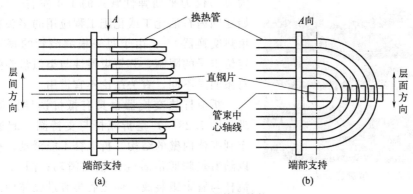

图 7.25 U 形管段结构

在端部支持板的支持和隔离下，实际上，流体经过 U 形管段的流态倾向于"死区"的缓和态，不易引起紊流抖振。当然，如果该段管束存在泡状沸腾的工况，则其防振要求另当别论。GB/T 151—2014 标准关于管束振动的附件分别属于提示性附录和资料性附录，只是参考件，设计中没有关于 U 形管段防振的强制结构，专业人员可以从中体会到 U 形管段振动分析的必要性是大或小。

（4）管束主要尺寸与振动的关系分析

图 7.26 是 DN1400 的浮头管束，长达 2500mm，弓形折流板间距约 1000mm，弓形缺口处换热管无支持间距超过 2000mm，令人怀疑其结构抵抗诱导振动的性能。其运转以及与壳体的组装都很不容易。

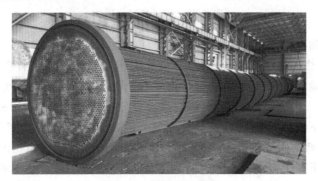

图 7.26 超长浮头管束

低压低温位热量的回收往往是基于介质的大流量来体现其价值，对于这类列管管束的设计，如果采用小直径壳体可能会由于高流速引起换热管的振动，如果采用大直径壳体可能会由于所需管板较薄而不利于管接头的胀接和振动，因此管束防振设计的高级要求并不只针对高等级热交换器。

（5）管束局部结构与振动的关系分析

理论分析、数值模拟实验和工程实践表明，图 7.27 所示的螺旋扁管（又称椭圆扁管或扭曲管）束具有传热效率高、结构紧凑、壳程流动阻力小、抗结垢以及无折流板而消除横向流、能够克服诱导振动等优点[36]。

通过 ANSYS 有限元模拟技术，可以分析空间螺旋管束的固有模态特性以及在一定振幅条件下管束的应力分布特性。结果表明，在相同尺寸下，空间螺旋式弹性管束固有频率较低，以纵向振动为主；管束的应力分布均匀，最大应力发生在管程流体进出口固定端，其最

图 7.27 螺旋扁管束

大应力仅为平面弹性管束的 1/4 左右[37]。近几年开始在国内石油化工或化肥工程应用的多头缠绕管式管束热交换器[38]，由于每一根缠绕管的每一段都受到定位卡子的限制，其管束特性与类似盘旋弹簧的分析对象明显不同，有关结论不宜借用。

折流杆热交换器也具有抵抗诱导振动的良好表现。图 7.28(a) 是折流杆与支持圈一起通过组焊固定到壳体内壁的结构，折流杆不能滑动，换热管则可以随着热膨胀沿着壳体轴向滑动；图 7.28(b) 是折流杆与管束组装成一体之后再装进壳体内的结构，折流杆和管束可以随着热膨胀沿着壳体轴向滑动。

(a) 折流杆与壳体组焊   (b) 折流杆与管束组装

图 7.28 折流杆组装形式

(6) 管束整体结构与振动的关系分析

某蒸汽-甲醇过热器管束采用 U 形管和圆环形折流板结构，自首次投用后一直存在异响、泄漏等情况，运行 8 个月及 10 个月后两次对壳程上靠近封闭端的气相甲醇 DN800 入口防冲挡板进行改造，但未见改善效果。进一步综合分析认为，大流量甲醇气进入壳程后在圆环形折流板的引导下流经 U 形弯处换热管间的间隙，由于 U 形弯处密排形成的间隙很小，强大的气流使 U 形弯之间产生碰撞，同时管内存在蒸汽和冷凝水两相流，换热管在内、外环境共同诱导作用下产生振动，实际上振动与入口防冲挡板没有关系。两年多后将该过热器重新设计为壳体不带膨胀节的固定管板式热交换器，运行状态良好[39]。

7.2.2 管束直管段的基本防振措施

下面以常见的浮头式管束为基础，列出除流体诱导振动计算分析技术以外的其他一些普遍适合的防振技术对策，再在此基础上，针对不同管束形式，提出特别的防振措施。

(1) 防腐选材

业内对热交换器主体材料的防腐蚀性能较为重视，但对非受压元件材料的防腐蚀性能不够重视。图 7.29 的支持板被腐蚀后，对换热管的支承弱化甚至失去支持，换热管更加容易被流体诱导振动，对管接头也有潜在的损伤。

(2) 调整尺寸

调整折流板间距。对于管束直管段，缩短支持间距，从结构上来讲加强了管束的刚性，但是，同时缩小了流通面积，提高了流速，反而容易引起振动。通过设计计算调整折流板间距，使管子的固有频率与卡曼旋涡的频率之比小于 GB/T 151 标准规定的 2，同时也使壳程流体的横流速度小于临界横流速度即可。

控制折流板管孔径。制造中减小管子与管孔之间的装配间隙也提高了管子和管束的刚性，当然可以预防流体诱导振动的产生。

控制折流板外圆直径。制造中根据壳体的实际内径来控制折流板的外圆直径，使两者之间的间隙缩小，也提高了管束和壳体的装配刚性，可以起到预防振动的作用。

图 7.29 被腐蚀的支持板

保证流通面积。壳程的进出口流通面积、进出口接管的流通面积及管束的流通面积是三个不同的概念，应按 GB/T 151—2014 标准有关规定设计确定。壳程设有纵向隔板时其回流端的流通面积应大于折流板的缺口面积。

(3) 紧固零件

管束整体具有良好的刚性可以避免松弛摩擦造成的损伤，也是保证与壳体装配优良的基础。

① 紧固拉杆。首先，拉杆的固定端应设在靠近壳程介质进口端的管板上，以更好地起到抵挡冲击的作用。其次，设计和制造中应保证足够的拉杆孔深和螺纹深度，拉杆端部要拧到拉杆螺孔的底部。再次，不要过早把拉杆的紧固螺母焊牢，当管束组装完毕，因为把管束从组装工作台转到试压工作台的过程中，无论是吊装、运输、卸下，还是装进和拉出专用的试压壳体，管束整体都会受力而产生松动。因此，在管束组装后还应检查拉杆锁紧螺母是否松动，如图 7.30(a) 所示。只有当消除螺母与折流板之间新的间隙之后，才把两个螺母焊牢，如图 7.30(b) 所示。有的制造厂把螺母与折流板之间也点焊牢固，算是另一种加强。

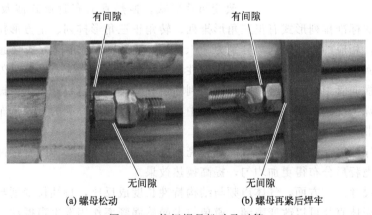

(a) 螺母松动　　　　　(b) 螺母再紧后焊牢

图 7.30 拉杆螺母松动及对策

② 定距管与折流板之间点焊。制造折流板或者支持板的钢板原材料在运输、吊运或热切割加工中会产生变形，表面不够平整，如果折流板没有经过逐块调平，就直接叠装在一起，即便通过压力机使各块折流板之间能紧密贴合后再在外圆定位焊接使之成为一件整体去

钻管孔,一旦这件整体钻孔后车削外圆时把焊缝车去,各块折流板还是会回弹变形。

或者即便折流板在钻孔前经过调平,因为在钻管孔时折流板的底部不可能大面积垫起,只是在折流板的外圆周附近周向均布几个支点,钻孔的推进力也会使折流板压弯变形。折流板的直径越大、折流板的厚度越薄、叠装定位焊在一起的折流板数量越小,折流板压弯变形就越严重。

因此,折流板不可能是完全平整的,即便定距管经过车削加工保证长度一致,管束装配完后,定距管与折流板之间还是存在不完全接触的情况。通过点焊将定距管(特别是位于折流板弓形缺口处的定距管)与折流板固定,是提高管束整体结构刚性,保持起吊平稳不变形,降低振动可能性的有效措施。

③ 增设旁路挡板。旁路挡板一般与折流板相焊,主要作用是避免壳程流体沿管束周边短路,但是通过沿纵向与折流板焊接连在一起,提高了管束的整体刚性。

④ 增设拉杆。增加拉杆数量,特别是靠近进出口处的拉杆数量,或者采用双向拉杆,都可以提高管束的整体刚性。

⑤ 管板局部布管管束折流板缺口的加固。在折流板的弓形剪切缺口处增设一条挡住缺口的方条或圆钢,可以防止换热管向缺口外振动,如图7.31所示。

图7.31 折流板缺口加固

(4) 改进结构

采用螺旋折流板结构。采用螺旋折流板可以降低流体流过管束时的冲力[40],但使用一端进、另一端出的E型单程壳体时采用螺旋折流板管束也可能造成管束失效,因为间距较窄(300mm)的螺旋折流板结构将换热管紧箍,管束刚性很高,换热管不会由于轴向受压失稳而弯曲,致使管束内部变形协调能力低,各零部件之间热膨胀差产生的应力完全作用在管接头上[41]。应该说,管接头的抗脱强度要相应提高。

双弓折流板。当壳体直径较大时,可选择双弓形折流板代体单弓形折流板,分流流体为两个流道。

改变布管形式。换热管的布管形式涉及排管形式和管间距。换热管的标准排列形式有正三角形排列、转角正三角形排列、正方形排列和转角正方形排列等四种,相应的流体排列角分别为30°、60°、90°和45°。不同方式会通过斯特罗哈准数影响卡曼旋涡频率,也会影响发生流体弹性不稳定时的临界横流速度。另外,与流体方向有关的纵向和横向管中心距则会影响声振的判断值。管中心距越小,发生声振的可能性就越大。在一些特殊工况的热交换器中,换热管中心连线可以按同心圆的方式排布,也可以是上述几种方式的混合排布。

壳体设置导流筒。设置导流筒既能减轻壳程进口流体对换热管子的直接冲击和冲蚀,也能使流体进入壳程后分布得更加均匀,提高换热效果。

调整壳体尺寸。一方面,气体声频与结构特性长度成反比,特性长度则与壳体直径成正比,通过调整壳体直径可以改变声频,避免与卡曼旋涡频率作用发生声振动。另一方面,壳体的直度、横截面的圆度、筒节间的组对错边量都要控制好,以免影响管束与壳体的总组装。

壳程设置纵隔板。纵隔板一般要与壳体内壁相焊接或相密封,这提高了管束整体的刚性。另外,它也改变了壳体横截面结构的特性长度,能破坏因声频而形成的驻波振动。

采用卧式结构。一方面，大型卧式管束的自量在管束防振中起到一个很好的阻尼作用。另一方面，立式安装的热交换器，下管板的壳程侧沉积有污垢杂质，容易使管接头受到损伤；其可抽出式管束容易在运行中出现横向摆振的问题。特别是其中拉杆与上管板连接的管束，管束就像悬吊着，当折流板与壳体存在间隙时，侧向进口的流体冲击很容易就使管束摆振。立式安装的热交换器还存在一个折流板的纵向振动问题。在壳程下进上出的管口布置中，由于介质向上脉动流动与折流板自重向下两者间不平衡状态的作用，容易使折流板上下振动，磨损换热管。如管口改为上进下出布置，介质脉动流向与内件自重一致，则可避免产生振动现象[42]。

更改管子规格。管子外径和壁厚对其固有频率有决定性的影响，外径越大和壁厚越厚，管子的固有频率也越大，发生管束振动的条件就越难成立。

管子表面改性。采用表面螺纹管、波节管或低翅管，或在管子的外表面沿周向缠绕金属丝或沿轴向安装金属条，可以抑制周期性旋涡的形成。

缺口区不布管。由于大型热交换器的换热管较长，热交换器的支撑设计尤为重要，流固耦合等许多技术问题需要考虑。由于无支承跨距的客观存在，设计要避免无支承跨距内换热管的振动，振动不仅会造成换热管被折流板的锐角损伤，也会造成管接头的松弛和间隙腐蚀损伤。

7.2.3 管束直管段的特别防振措施

在浮头式管束防振措施的基础上，其他形式的管束还可采取专门的措施。

（1）固定管板式管束的防振

防冲板与壳体相焊。介质进口处的防冲板与壳体相焊，可避免流体冲力直接作用到管束上。此时需要注意拉杆与哪一端的管板连接，以免管束拉杆与防冲板相阻碍。

折流板与壳体内壁焊接。该措施可大大提高管束的整体刚性，宜应用于较长管束。如果壳体内径较小，制造人员无法通过折流板的缺口进入里边施工，折流板与壳体内壁的焊接就只能逐件进行。此时要注意先穿一部分管子使新装折流板定位，焊接完该件，再组对下一件，逐件推进，并要避免焊接径向收缩变形不一致造成折流板管孔之间错位，影响进一步穿管。

管板全部布管时折流板缺口的加固。图7.32所示弓形折流板管束，为了预防折流板的振动，沿管束纵向除了定距管对折流板进行固定外，还可以在折流板的缺口处设置加强板进行加固。

壳体设置膨胀节。膨胀节可吸收壳体与换热管之间因热膨胀差引起的热应力，避免管子松弛，这样也就降低了振动的可能性。但要注意U形波纹管也具有自己独特的振动特性[43]。

（2）管束的防冲结构抗振

壳体多个进出口。多进口分流式是相对于单进口分流式而言的，可设计成双进双出或双进单出，以减少单个进口的流量和流速，减缓冲击。

壳体进口扩径。进口扩径成锥形的大小头结构，由于流通面积的扩大而使流速降低，缓和了对管束的

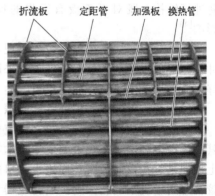

折流板　定距管　加强板　换热管

图7.32 折流板缺口的加固

冲击。

出口设置破涡流器。破涡流器可避免非正常的不稳定流态，消除变化的涡流吸引力，这样也就避免了引起振动。

管束设防冲板。防冲板通常与折流板或定距管相焊接而固定，使壳程进口流体的冲力得以分散到不同的结构件，避免冲力集中作用在壳程进口少数换热管上致其过早受到损伤。同时也能使壳程进口流体强烈的换热效果得以分散到不同的换热管，避免壳程进口少数换热管与其他大部分换热管之间受热严重不均匀而产生显著的热应力。

管束设带孔的防冲板。普通的防冲板和防冲杆结构对壳程流体压力损失较大。文献［44］采用 ANSYS Fluent 对一种筛孔式防冲板结构进行了研究，并与其他三种型式（无防冲板、普通防冲板、防冲杆）进行了对比；数值模拟时只改变壳程入口流速，其余条件不变。结果表明，采用筛孔式防冲板，一方面，入口来流受到阻挡，只能先从空隙中穿过，然后进入到管束区域，增大了流体的停留时间，既削弱了流体对管束的冲击作用，又能使流体较为均匀地流到管束区域，充分地进行换热。另一方面，由于筛孔的作用，使流体流动更加分散，流体速度更小，作用于管束上的动量更小，对管束的冲击作用更弱，从而使防冲效果更好。筛孔式防冲板的传热性能优于普通防冲板，略低于防冲杆结构，但穿孔式防冲板对流体的均布性更好，流体对管束的冲击作用更小，防冲效果优于防冲杆结构。壳程进口处介质流速 2m/s 时筛孔式防冲板处的流态如图 7.33 所示。

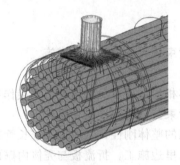 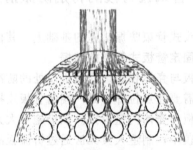

(a) 壳程流体迹线图　　　　　　　(b) 壳程流体速度矢量图

图 7.33　壳程进口处介质流速 2m/s 时筛孔式防冲板流态[44]

管束设带防冲杆。文献［45］介绍了图 7.34(a) 所示大型热交换器的国产化研制，开发的特有技术中就包括管束振动分析、折流板及管束的安装、壳体直线度及椭圆度的控制等内容，这些内容都与内部密封有关。图 7.34(b) 所示的管束在对应壳程进口处设置了三层防冲杆结构，既对折流板有很强的加固作用，也对管壳式热交换器的综合性能有明显的影响[48]。

文献［44］从传热角度考虑发现，采用防冲杆结构时，其综合传热性能要优于筛孔式防冲板。但从流场角度分析后发现，采用穿孔式防冲板结构时流体流过后更加分散，均布性更好，流体速度更小，防冲效果更好。

(3) 管束折流板的扩展孔式防振

传统的防振设计之一是控制折流板管孔与换热管之间的间隙。GB/T 151—2014 标准与其替代标准相比，把管束的质量技术等级都提高了，主要也反映在换热管及管孔的尺寸偏差上。如果管孔设计为圆孔周边带缺口的三叶孔或梅花孔的特殊扩展孔，或者在传统的折流板管孔之间增设小圆孔，则扩展孔或增设孔直接成为壳程流体的主要流道，由此而取消传统折流板的弓形缺口后，可以缩短无支撑换热管段的长度，提高管束防振能力，见 7.2.7 节。

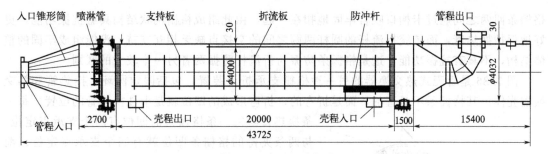

(a) 壳程进口处的防冲杆[46,47]

(b) 三层防冲杆对折流板的加固[46]

图 7.34　壳程进口处折流板的加固

(4) 管束折流板的夹持式格栅防振

采用折流杆或条状结构代替传统的折流板来支承换热管，不仅可防振，而且可以强化传热、降低流体阻力及减少污垢。夹持式格栅是在折流杆基础上的进步改善。

管束的格栅防振是管束的折流杆式防振的升级版。格栅结构形式多样，各具特性，共同点是由传统折流杆的圆杆改为矩形截面杆。例如图 3.21 的带圆弧夹条式支承格栅应用在大型高等级反应器上，能抱紧换热管；图 7.35(a) 的互卡式防振格栅条，每一条换热管周边都有上下左右 4 条格栅条夹住，格栅条两端组焊到固定环上，必要时固定环也可以组焊到壳体上。格栅条之间虽然没有相互组焊，但是通过图 7.35(b) 可知，格栅条上开设的卡槽口，

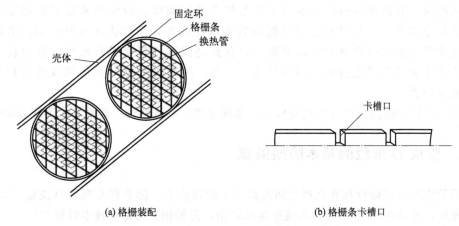

(a) 格栅装配　　　　　　　　　　　　　　　(b) 格栅条卡槽口

图 7.35　管束的互卡式防振格栅 (一)[49]

格栅条两两之间通过卡槽口咬合牢固地扣在一起，由此组成格栅网状结构具有抗振功能，更好地保护换热管，而传统折流杆的圆杆两两之间的交接点缺乏相互支持，没能组成牢固的整体结构，不具有抗振功能，这是格栅条防振与折流杆防振两者另一个较大的区别。

图 7.36 是管壳式热交换器的另一种格栅支承折流装置，包括限定圆环、换热管和热交换器壳体。其格栅条不是直的，而是折弯的，折弯形成的凹位就是卡住换热管的位置，每一条换热管与每一条格栅条的凹位有两个支承点定位，与两条夹持的格栅条凹位就有四个支承点定位。前面一个限定圆环内的格栅条是水平方向横排的，后面一个限定圆环内的格栅条是垂直方向竖排的。这样的组合结构通过前后相邻的两组格栅条交错 90°反复排列，形成具有四个凹位、八个支承点的格栅，就可以多点牢固地挟持支承换热管。传统折流杆的直圆杆按图 7.36 所示的结构组合时，换热管只获得四个支承点，比较而言的抗振功能较差。

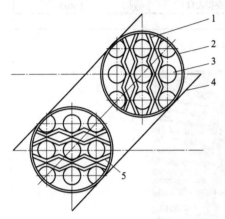

图 7.36　管束的互卡式防振格栅（二）[50]
1—竖排折弯格栅条；2—固定环；3—换热器；
4—壳体；5—横排折弯格栅条

（5）填料函式管束的防振

管束的振动对填料函的密封功能有不利良的影响。填料函的密封结构除了应具备静态密封性能外，还要考虑抗振防振和避免振动松弛的动态密封性能。应把该类管束视同浮头式管束，选取有关措施组合运用，最大限度减少振动。

（6）调整工艺

设备要为工艺服务，一般要尽量满足工艺需要，不要轻易改变工艺，但两者有一定的交互作用，有时工艺上轻微的改变就可以解决设备上的大问题。

降低流量。通过减少壳程流量或降低横流速度来改变卡曼旋涡频率，可能消除振动，但却降低了热交换器的传热效率。

控制温差。要控制换热介质在平稳的工艺指标下运行，换热流体温度频繁、急剧或过度的变化，由此引起过大的热应力对零件有直接的损伤，长此循环变化将使紧配合的零部件产生磨损，磨损进而引起配合的松动，进一步造成另类损伤。

（7）其他措施

加强检测，通过现场操作对不同工艺条件下的振动状况分析判断确定振动原因和对策。设备停车大修时，对没有振动问题的管束清除污垢，预防腐蚀减薄松动，消除非要加大流量调节才能保持换热效率的现象；对有振动问题的管束进行现场取证分析，或通过进一步的实验研究确定振动原因和对策。另外，热交换器壳体 U 形波纹管也具有自己独特的振动特性。

上述不同管束防振技术涉及调整尺寸、紧固零件、改进结构、调整工艺等四方面措施。

7.2.4　管束 U 形段的基本防振措施

U 形管束可以消除管程和壳程之间温差产生的热应力。随着热交换器高流量、大型化、多流程发展，流体在 U 形弯管处的流态越加复杂，需要相关的防振技术对策[51]。

单纯的直管，只考虑平面内的振动，即弯曲振动，振动时变形是二维的；而对 U 形管的弯管段，还应考虑平面外的振动，即扭转振动，振动时变形是三维的。弯管的最低固有频率乃是平面外振动时的一阶固有频率。如果弯管段中间有支持，其最低固有频率也可能是平面内振动时的一阶固有频率[52]。

由此可见，结构件的振动分析是专业性较强的工作，一般的技术人员对复杂振动现象的认识不够深入。由于缺少理论指导，针对有害振动现象的各种预防措施也就缺失专业方向，表现在工程实际中就是夹持 U 形段的结构形式多样，各零部件名称杂乱不一，实际防振效果未见调研报道。因此，有必要通过对管束 U 形管段各种防振结构工程实例的分析，比较各种结构功能的优缺点。

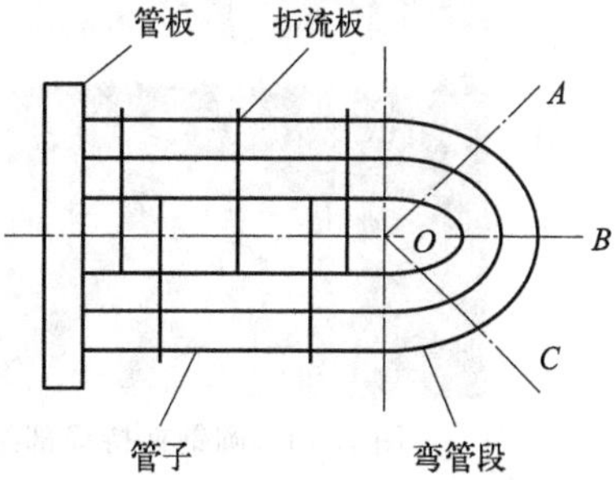

图 7.37 U 形管束结构图

U 形管束主要针对弯管部分进行防振的结构设计，TEMA 标准关于流体诱发振动的部分提供了 U 形管的固有频率计算[53,54]。如图 7.37 所示，直径 ϕ1000mm 以下的，可沿轴线在 OB 方向增设夹持结构；直径更大的，可沿管子弯曲半径在 OA 和 OC 两个方向增设夹持结构。

7.2.5 管束 U 形段的各种支持结构

基于图 7.25 关于 U 形管段潜在的振动方式，可分为层间振动、层面振动或者是层间振动和层面振动的混合振动。文献［55］把常见的 U 形管段防振结构列在一起进行了对比分析，这里进一步补充新的防振结构，分为如下 6 类 24 种。

(1) 防止层面方向振动的 4 种横向夹持物结构

图 7.38 是先在不同半径的 U 形管层之间装进直细杆，再将细杆端部焊到一起的支持结构。细杆的方向总体上垂直于管束中心线。

图 7.39 是先在不同半径的 U 形管层之间装进直钢片，再将直钢片端部焊到一起的支持结构。直钢片的方向总体上垂直于管束中心线。

图 7.39 与图 7.38 的结构相似，但图 7.38 的细杆端部并没有紧密包裹到最外层的 U 形管表面，而图 7.39 的钢片端部紧密包裹到了最外层的 U 形管表面。

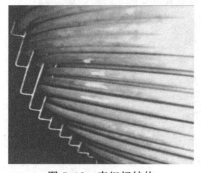

图 7.38 直细杆结构

图 7.39 直钢片结构

圆钢夹持结构如图 7.40 所示，不同高度的 J 形圆钢插入管排之间，圆钢的两端相焊连成一体。圆钢较隔板有利于流体流动，但隔板的夹持效果要比圆钢好。

　　图 7.41 是在不同半径的 U 形管层之间装进直的圆杆结构，圆杆的方向垂直于管束中心线，圆杆的外端没有再相焊到一起，而是在 U 形管段内部通过钢片把圆杆点焊连接到一起。

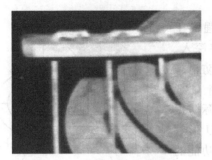

图 7.40　圆钢夹持局部结构　　　　　　　　图 7.41　直圆杆结构

（2）防止层间方向振动的 5 种纵向夹持物结构

　　图 7.42 是板条夹持结构，是较佳的支持结构。在相同弯曲半径的 U 形管层之间装进直钢片（或直圆杆），再在 U 形管最外面包扎两条夹持钢片。直钢片的另一端加工有圆孔，由

外包扎钢片

直钢片

图 7.42　外包扎加直钢片结构

圆钢穿过这些圆孔把直钢片紧固在一起。该结构在保证夹持效果时，没有把所有的 U 形管夹持紧成一个整体，能让每一根 U 形管沿轴向自由伸缩，适应了同一管束内不同的 U 形管各自热胀冷缩不同位移的需要。

　　图 7.43 和图 7.44 是在图 7.42 基础上稍微变化的结构，其中图 7.43 的两条外包扎之间通过另外的搭桥焊接到一起，形成弯曲的梯子结构。图 7.44 是类似图 7.43 的结构，但是插入 U 形管层之间的直钢片与外包扎之间焊

接，形成更牢固的结构。图 7.45(a) 是在一条中间开槽的外包扎的槽内插入圆钢，圆钢同时穿过 U 形管层之间直钢片上的圆孔，圆钢与外包扎之间焊接。图 7.45(b) 是外包扎件的侧面与纵向插入的圆钢端部组焊。

图 7.43　外包扎之间搭桥焊接结构　　　　图 7.44　外包扎与直钢片相焊结构

　　图 7.46 的核电蒸汽发生器的换热管，其 U 形段设置了多套防止层间振动的纵向夹持物结构。壳侧液态钠的冲刷作用引起的流致振动以及微动磨损是导致管壁破裂的重要因素，尤其是蒸汽发生器进出口处钠的横向流动。换热管的流致振动和微动磨损与管子的节径比、管

(a) 外包扎之间插入圆钢   (b) 外包扎侧面组焊圆钢[56]

图 7.45 外包扎之间插入圆钢焊接结构

束排列方式、管子的跨段设计以及壳侧钠流体流场等均密切相关，在设计阶段需要进行流致振动评估和微动磨损计算，但目前尚无针对快堆实际结构以及工况的流致振动和微动磨损计算软件。此外，针对流致振动有多种设计规范，这些规范如何应用以及在具体设计参数下的评价结果有待进一步分析。文献［57］针对快堆蒸汽发生器换热管实际工况提出一种三维流场速度处理方法，该方法是在调研大量相关文献的基础上搭建出合理、完整的数理模型（该模型适用于快堆蒸汽发生器换热管的流致振动及微动磨损计算），然后基于 FORTRAN 程序开发出对应的软件（该软件可按照 ASME、TEMA、GB/T 151 三大标准的要求分别进行计算）。

　　文献［58］讨论了图 7.47 中核电厂蒸汽发生器防振条的错位问题。错位表现包括换热管两侧本应对应在同一位置的两件防振条的错位，防振条沿管束轴向下插深度偏差的错位，防振条 V 形角的偏差错位，防振条 V 形角基于管束中心轴线不对称的偏差错位。错位致使换热管刚度及结构固有频率没有达到设计的要求，换热管获得的支撑不充分，进而引起相应换热管的流致振动。

 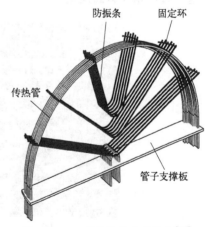

图 7.46 U 形管支持结构[53]   图 7.47 U 形换热管支持结构[58]

(3)　防止层间和层面混合振动的 11 种固定物结构

　　防止混合振动的夹持物结构限制了换热管 U 形段的层间振动和层面振动，U 形段也不能绕着弯曲中心转动，只能随温度变化产生轴向的热位移，因此 U 形段可相对视作固支。

　　图 7.48～图 7.51 是先在不同半径的 U 形管层之间装进分割成条状的支持板片，再将板

片端部焊到一起的组合式支持板结构，板片的长度方向垂直于管束中心线。该结构类似传统的弓形支持板结构。

图 7.48 外缘组焊式支持板

图 7.49 外端组焊式支持板

图 7.50 外弧板组焊式支持板

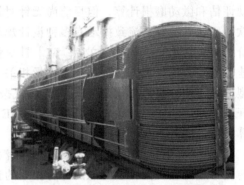

图 7.51 T 形组合式支持板

图 7.52 是针对 U 形管段的另一种夹持结构，先在 U 形管段上套上一小节管段，再通过焊接把这些管段相互紧固连接。

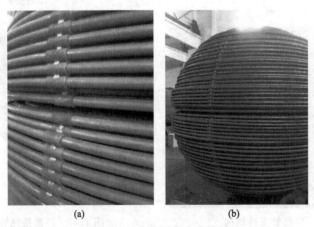

(a)　　　　　　　　　　　　(b)

图 7.52 套管组合式支持板

图 7.53 是针对螺旋扁管管束设计的换热管夹持结构。由于换热管的螺旋段不便设置附件，就在其两段非螺旋处用波浪形压板逐层压住换热管。

图 7.54 是针对蒸汽发生器工况 U 形管段设计的 V 形抗振条[59]，换热管落在 V 形内，夹持结构精密，功能独特。

图 7.53 波浪板组合式支持板

梳形工装

节距块

图 7.54 V 形抗振条[59]

图 7.55 是在 U 形管最外层包扎钢片的支持结构。包扎方向是沿着弯曲半径方向，而不是弯曲圆周方向。视管束大小等因素，包扎钢片可以是一条或两条，钢片在弯曲半径中心附近与端部支持板相焊牢固。

图 7.56 是先在不同半径的 U 形管层间装进绕弯钢丝线，再在 U 形管最外层包扎钢片的支持结构，层间钢丝线的方向总体上垂直于管束中心线。钢丝线在绕弯到某一种弯曲半径的 U 形管最外边的一层后，反向再在较大一级弯曲半径的 U 形管层上继续绕弯。

图 7.55 外层包扎钢片结构

内层钢丝线

图 7.56 外层包扎加内层钢丝线结构

图 7.57 是先在不同半径的 U 形管层之间装进波浪形圆杆，再在 U 形管最外层包扎钢片，最后将圆杆端部与钢片相焊到一起的支持结构，圆杆的方向总体上垂直于管束中心线。该结构与图 7.45 的结构类似，只不过圆杆是预先弯制好的，其直径较图 7.56 的钢丝线大。图 7.56 的钢丝线是在管束组装过程中手工绕弯的。

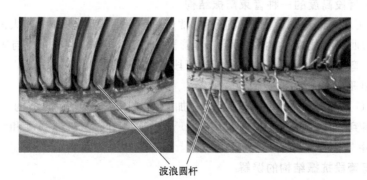

波浪圆杆

图 7.57 波浪圆杆结构

图 7.58 和图 7.59 是 1991 年申报的美国专利中有关 U 形管段的夹持结构[60]，但是笔者未见其有关工程应用的报道。

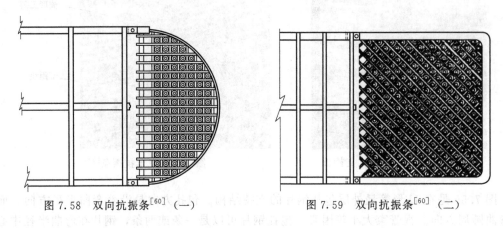

图 7.58　双向抗振条[60]（一）　　　　图 7.59　双向抗振条[60]（二）

（4）基于换热管排布方式的两种固定物结构

图 7.60 的夹持结构与图 7.48～图 7.51 的夹持结构在应用场景上有所侧重，但在作用原理上是相同的，也可相对视作固支，归入同一类。

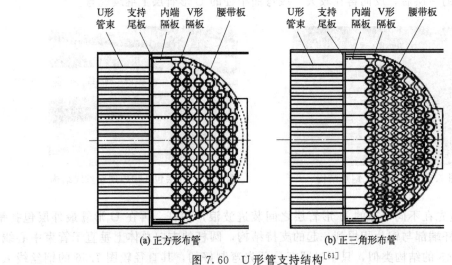

(a) 正方形布管　　　　　　　　(b) 正三角形布管

图 7.60　U 形管支持结构[61]

（5）降低弯管段高度的一种管束防振结构

如图 7.61 所示，某专利商的管束通过把常见每一 U 形管段的一个较大的弯曲半径改善为两个较小的弯曲半径之后，明显降低了弯管段的高度，缩短了弯管段与末端支持板的距离，不但加强了弯管段的刚性，还节省了弯管段占用的壳程空间。

（6）夹持 U 形管的一种扩展结构

对图 7.58 U 形管的夹持结构进行扩展，加强成如图 7.62 所示的结构。扩展后的 U 形管夹持结构可得到壳体内壁的支持，提高了 U 形段夹持结构的整体强度和结构刚性，还起到对 U 形段管束处壳程流体的导流作用。

（7）管束弯管段抗振结构的误解

对管束 U 形段支持的根本目的在于提高其整体结构刚性，避免流体作用下的振动。之所以工程实践中出现上述多种不同结构的支持方式，主要是因为缺少理论分析和指导。结合已有认识，可把业内三点误解总结如下：

图 7.61 降低弯管段高度的管束

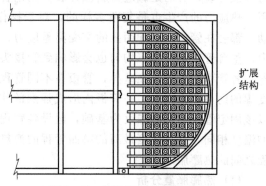

图 7.62 夹持 U 形管的扩展结构

误解一是，只要在管束弯管段加设支撑就可以延长管束的使用寿命。

虽然分析证实换热管上靠近弯曲部分及弯曲部分的变形量很大，但鉴于尚无法证明这些变形已经影响到换热管的质量和使用寿命，因此笔者不认同文献［62］所述在管束弯曲部分做有效支撑可以延长 U 形换热管及其管束使用寿命的结论，反而认为防止管束弯曲部分的大变形会增加管束内的热应力，如果处理不当，潜在缩短其使用寿命的可能性。

误解二是，管束弯管段的支撑结构具有通用性。

文献［61］认为 U 形段支持结构的通用性，笔者对此持保留态度，而且建议在具体案例中基于分析计算结果，准确选择防止层面振动的横向插入物结构或者纵向插入物结构，这样起码在夹持技术的选择上没有方向性的不当。如果没有分析计算结果的支持，不推荐防止混合层间和层面振动的插入物结构。文献［63］采用 ANSYS 软件对弯管段有多个支承的 U 形管在不同 R/l 值（R 为 U 形管中心线的弯曲变径，l 为管束直段折流板的间距）、不同的弯管段支承数以及支承为间距不均等条件下的固有频率特性进行了分析，得出了如下结论：弯管段加支承后在 R/l 值较大时对 U 形管固有频率的提升非常明显，但是 R/l 较小时提升有限；弯管段多支承时 U 形管束的固有频率随 R/l 变化存在一临界值，临界值前后固有频率变化相差较大；弯管段带多支承条件下前几阶固有频率比较接近，建议至少对前 4 阶振型进行校核；弯管段的支承间距不等时在一定参数范围内能小幅提升 U 形管的固有频率，但总体而言提升效果有限。

误解三是，管束弯管段的防振分析可以不考虑换热管直段的影响。

图 2.12 所示的某大型浮头管束分散性管接头失效还可能与管束内刚度差异引起的壳程内局部流致振动有关。换热管直段是弯曲段的连接基础，弯管段的振动必然受到换热管直段的影响。

7.2.6 管束直段与 U 形段的相互协调

管束直段在热膨胀伸长的情况下，对 U 形段支持结构存在位移变形协调要求。为方便对防振结构的必要性进行讨论，这里结合 1 台 U 形管热交换器热胀伸长量和不同管程热胀伸长之差对 U 形管段防振支持结构的自由伸缩要求，以及预防流体诱导振动的支持结构要求，确定了管束 U 形段的一种较优的防振支持结构。

炼油催化装置的油浆蒸汽发生器存在多种因素引起的管接头失效，其中有的是氯离子应力腐蚀开裂，有的是碱应力腐蚀开裂，无论管接头是哪一种失效，总少不了热应力的强化作用。热应力的产生也是复杂多样的，对于操作，开停工过程或者运行过程中较大的工艺波动，都会在管板上附加明显的交变温差应力；对于结构，管接头局部温度场不均匀会引起应力，整台管束温度场不均匀也会影响到管接头处的应力。一台 4 管程的浮头式油浆蒸汽发生器，各管程的温度存在差异，管板在不同管程温度的作用下产生热应力，热应力与管接头强度焊的约束应力叠加，在管板内形成强烈的作用，在管板薄弱环节产生疲劳裂纹[64]。这里以该固定管板的实测温度为基础，假设各管程换热管的平均温度与其所关联的管板象限区域的温度相同，计算温度最高的第四管程的换热管热胀量，以及温差最大的第一管程和第四管程之间的热膨胀差。

(1) 热膨胀量分析

投用初始状态第一管程的热膨胀量为

$$\Delta L = \alpha \Delta T L = 12.25 \times 10^{-6} \times (203 - 20) \times 6000 \approx 13.45 (\text{mm}) \quad (7.2a)$$

式中，换热管长 6000mm，常温取 20℃，其初始状态温度为 203℃，该温度下的线膨胀系数为 12.25×10^{-6} mm/(mm·℃)。随着运行持续进行，生产工况达到平衡状态时，第一管程的温度稳定为 112℃，该温度下的线膨胀系数为 11.53×10^{-6} mm/(mm·℃)，同理，其热膨胀量为

$$\Delta L = \alpha \Delta T L = 11.53 \times 10^{-6} \times (112 - 20) \times 6000 \approx 6.36 (\text{mm}) \quad (7.2b)$$

由此可见，同一管程换热管的热膨胀量很大，如果 U 形管束应用于这类工况，其 U 形段夹持结构设计就要特别谨慎。图 7.42～图 7.45 中的 U 形管段外包扎钢片就不要与管束端部的支持板相焊，而应该让包扎钢片能够与 U 形管段一起沿管束轴向自由伸展。

(2) 热膨胀差分析

投用初始状态时第一管程和第四管程的温度分别为 203℃和 80℃，相应的线膨胀系数分别为 12.25×10^{-6} mm/(mm·℃)、11.37×10^{-6} mm/(mm·℃)，则两流程之间的热膨胀差为

$$\Delta L = \Delta \alpha \Delta T L = (\alpha_1 - \alpha_4)(T_1 - T_4)L$$

$$= (12.25 - 11.37) \times 10^{-6} \times (203 - 80) \times 6000 \approx 0.65 (\text{mm}) \quad (7.2c)$$

生产平衡状态时第四管程的温度稳定为 50℃，该温度下的线膨胀系数 11.12×10^{-6} mm/(mm·℃)。同理，生产平衡状态时第一管程和第四管程之间的热膨胀差为

$$\Delta L = \Delta \alpha \Delta T L = (\alpha_1 - \alpha_4)(T_1 - T_4)L$$

$$= (11.53 - 11.12) \times 10^{-6} \times (112 - 21) \times 6000 \approx 0.22 (\text{mm}) \quad (7.2d)$$

由此分析，不同管程之间的换热管热膨胀差相对较小，不超过 0.5mm，热膨胀过程相互的牵扯似乎不大。但是当初始状态第一管程和第四管程之间的热膨胀差完全被管束结构自我约束时，可以产生热应变 $\varepsilon = \dfrac{\Delta L}{L} = \dfrac{0.65}{6000} \approx 1.08 \times 10^{-4}$，忽略热应力所引起的弹性应变，则由此产生显著的热应力

$$\sigma = E\varepsilon = 186 \times 10^3 \times 1.08 \times 10^{-4} \approx 20.09 (\text{MPa}) \quad (7.12)$$

一般地说，无论是管板本身的强度设计还是换热管与管接头的连接强度设计，均不考虑各管程之间温差引起的热应力。如果把该热应力叠加到原来的设计载荷上，原来的结构设计强度就可能不够。因此，U 形管段的防振支持结构不应使不同管程的换热管之间有强制的相互牵扯，各 U 形换热管应能够各自沿管束轴向自由伸展。各管程之间温差引起的危害可

在某热交换器上证实，其 DN1300 的壳体上在正对 U 形管束端部处设置有 DN800 的甲醇入口，抽出管束检修时，其 U 形弯曲部分内侧的弯管冲破外侧的弯管挤到外面，U 形段产生了交叉接触，分析认为这是投用热介质后，换热管的伸长量不一致造成的。换热管不一致伸长使得 U 形管段间的间隙变小，小部分管段相互紧贴，在强大气流的作用下产生振动，弯管之间发生碰撞[39]。

（3）U 形管段支持结构的选优

U 形管段的支持结构要同时满足换热管热胀自由伸长以及预防流体诱导振动的要求。一般地说，两管程的管束的 U 形段不需要另外的支持。对需要支持的四管程 U 形管段，其外包扎钢片就不要与端部支持板相焊，而应能够与 U 形管段一起沿管束轴向自由伸展；也不应使不同管程的换热管之间有强制的相互牵扯，应能够各自沿管束轴向自由伸展。

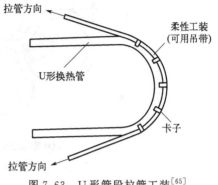

图 7.63 U 形管段拉管工装[65]

为了达到这一目的，应提高 U 形管的弯制成形质量。一方面，U 形半径应该根据折流板相应的管孔间距进行配尺弯制成形，以使其两根直段不仅能顺畅组装到管束中，也能在运行中自由伸长；另一方面，管束组装时，可使用图 7.63 所示的柔性吊带拉进 U 形管，切忌从 U 形段的一个点上敲击 U 形管，以免其端部变形。变形的 U 形段会阻碍管内介质的顺畅流动，使相邻的 U 形段排列不整齐，导致管外的防振夹持件安装困难，相互制约，无法自由伸长。

7.2.7 逆流换热管束支持板的特殊功能

常见的管壳式热交换器冷、热流体大多数按照错流换热方式布置，管束的折流板或者支持板设计成单弓形缺口，较少采用双弓形缺口、三弓形缺口或者圆盘-圆环形缺口。图 7.64 是一台管壳程逆流换热的管束，其支持板结构具有 4 个明显特点。

一是其支持板大间距布置。只设有支持板，没有折流板，支持板之间大间距布置，便于壳程流体的纵向流动，逆向流动是冷、热流体流程的主要状态。壳程绕过支持板产生的少量横向流成为次要流态，可以忽略流体横掠换热管引起的振动。

二是其双层支持板结构。多层支持板与等同厚度的单层支持板相比，具有一些独特的效果。除了钢板材料规格及数量的差异，多层支持板还具有相对高一些的结构弹性。在细长管束与壳体组装过程中，结构弹性可以缓解由于尺寸偏差引起的装配困难，也可以缓减支持板与换热管的相互作用。当双层支持板与换热管装配后，管孔间隙内具有更多的流体通道，避免杂质积存；有利于流体沿换热管外表面的纵向流动，充分实现与换热管内流体的逆流换热。但是要避免双层支持板之间形成缝隙腐蚀环境。

三是其管孔之间的窄管桥结构。窄管桥可以在有限的壳体横截面积内布置更多的换热管，单层厚

图 7.64 多弓形双层支持板

壁支持板上密排的管孔在钻孔加工时会出现后钻管孔挤压先钻管孔，使已钻管孔内壁内鼓变形的现象。如果单层厚壁支持板改为同等厚度的双层薄壁支持板，或者采用缩小间距的单层薄壁支持板，就可以将管孔传统的钻孔加工变为冲孔加工。图 7.65 所示支持板管孔不是传统的圆孔，而是设计成特殊的三叶孔，还可以是梅花孔[66,67]。这些异形孔的加工方法最好是在薄钢板上冲孔加工，或者钻好中间的圆孔后在插销加工均布于孔边的叶孔，而镗加工或铣加工不单低效，而且成本高。

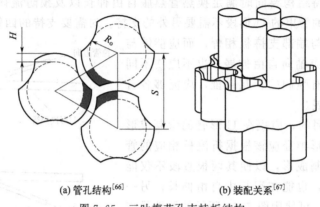

(a) 管孔结构[66]　　　(b) 装配关系[67]

图 7.65　三叶梅花孔支持板结构

四是单弓形支持板周边的多个小弓形缺口结构。把传统单弓形支持板的圆弧边裁成多个小弓形缺口，这样一拖几的多弓形缺口结构更加有利于壳程流体的纵向流动。为了便于壳程流体纵向流动，类似的支持板结构见图 7.66。

图 7.66　管束的多缺口支持板结构

7.3　管束中其他振动的对策

传统观念的管束振动在本质上是指流体横向流过管束时流体诱发换热管的振动，而不包括流体纵向流过管束时流体诱发换热管的振动，也不包括管束换热管的纵向振动。显然，纵向振动是有别于横向振动的另一个概念。管束结构除了换热管外，还包括管板这一连接件，以及折流板、支持板、拉杆和定距管等支持件。运行中的管束，除了换热管容易振动外，其他结构件也潜在振动的可能性，这正是本节要讨论的内容。

7.3.1　纵向振动的可能性

管束中的纵向振动不是典型的现象，即便偶有发生，也不会表现出明显的失效形式。但随着大直径薄管板及其他新结构零部件在固定管板式热交换器中的应用，管束或其中个别结构件的纵向振动成为值得关注的潜在现象。与换热管的横向振动由壳程工况引起不同，管束中的纵向振动既可能由管程工况引起，也可能由壳程工况引起。

(1) 壳程流体进口的流体冲击首块折流板振动

图 2.51 是热交换器运行中高速流体冲击引起折流板和拉杆变形的状况。笔者具体判断是进、出口处大流量、高流速的介质冲击了管束的首块折流板，引起折流板沿管束纵向振动，再引起拉杆受压缩，然后通过整条拉杆和定距管把压缩向末块折流板的方向传递过去，当传递到壳体开口处这一段无支持间距特别大的拉杆时，就失稳变形了。在这起案例中，弯曲失效的拉杆都不是置于管束中，而是置于非布管区的折流板中，即便流体横向流过孤独的拉杆诱发拉杆的振动，也不会引起拉杆的弯曲，只有拉杆受到纵向压缩作用才是最合理的解释。拉杆受到明显的纵向压缩作用时很容易就失稳了，如果拉杆反复受到压缩载荷的作用，受力状态在临界失稳与弹性失稳之间循环，这将导致折流板产生纵向振动的现象。

(2) 管板强度不足的波节管管束在管程压力作用下潜在纵向振动的可能性

图 2.19 所示的管束失稳发生在管程耐压试验时，卸下壳程筒体发现波纹管束整体失稳，而且管板中心向壳程凹进；根本原因是管板强度不够，换热管刚度不足。由于该热交换器壳程操作压力只有 0.52MPa[68]，即便在管程耐压试验时管束没有发生失稳，也可能在实际运行中管程动态压力的超压作用下发生同样的失稳。该管束的整体失稳由管程压力引起，与壳程压力无关，不是传统流体横向流过管束诱发的振动，而是新的失稳现象，并且管束整体失稳不同单根换热管的失稳。稳态压力作用下的管板强度不够时可能出现失稳，如果管程压力呈波动状态，就可能使管板的受力在临界失稳与弹性失稳之间循环，引起管板振动。管板振动传递到管板背面的波节管，具有纵向弹性功能的波节管就会引起管束的纵向振动。另外，换热管的纵向压缩松弛也容易引起管束的横向振动。

类似的还有 2.1.3 节所述某固定管板式高压预冷器在试压过程中先是换热管失稳，再致使管板变形及密封失效的案例[69]。

(3) 管板强度不足是废热锅炉的高温侧管板失效的潜在因素

文献 [70] 报道了某炼油厂新建硫磺回收装置的蒸汽发生器（废热锅炉）运行半年后其前端的烟气进口挠性管板发生了管接头内漏故障，分析表明前端管板紧固隔热层的锚固钉已被运行高温严重损蚀。但是该文献最后指出，造成锚固钉高温损蚀的原因需要进一步分析。当时已经确定图 7.67 所示隔热层开裂脱落失去了对锚固钉的保护功能，才导致锚固钉烧蚀，之所以还有这样客观的结论和冷静的说明，是基于合理的逻辑推理和根本原因的判断。尚需要搞清楚，究竟是管接头先开裂，壳程的锅炉水渗漏到管程瞬间汽化胀裂了隔热层，还是隔热层先开裂，然后即使锚固钉烧蚀，也使管接头高温下开裂泄漏。在后来深入分析中已经初步确定是隔热层先开裂造成的失效，在继续深入认识中也不拒绝更多的助证。

据现场操作人员反映，装置开车过程中该蒸发器内有明显的不明噪声，据这一现象可以初步推断蒸发器内部发生了强烈振动。这类蒸发器的建造技术遵循常规压力容器标准的技术路线，主要结构特点是采用挠性管板，其设计依据首次列入 GB/T 151—2014 热交换器标准

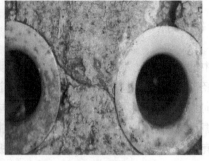

(a) 局部管孔隔热层　　　　　　　　　　(b) 局部放大

图 7.67　废热锅炉前端管板隔热层表观

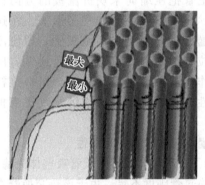

图 7.68　废热锅炉前端管板变形

的资料性附录 M，而不依据锅炉标准，在细节处理上难免有不周到之处。蒸发器前端挠性管板的耐高温隔热层是在常温下浇铸固化的，图 7.68 所示设计工况下换热管与管板都出现不均匀的变形，固化的隔热层难免会在管板的变形作用下启裂，特别是浇铸质量不佳的隔热层大概率会在管板的大变形作用下启裂，壳程内压波动或管束的振动都使裂纹扩展直至穿透隔热层，隔热层的失效使高温烟气直接作用到挠性管板和管接头，最终导致管接头开裂失效。

即便温度不高，大型挠性管板在管、壳程压力相差较大的工况中也会发生较大变形，造成管板与换热管的连接处失效。有待关注的是，气体的压缩弹性较大，而波动的高温烟气中，波动的温度与波动的压力一样具有诱发薄管板的作用。

（4）管程的高压及压力波动是管束的常见工况

文献［71］报道了某超高压聚乙烯装置一次压缩机第五段后冷却器的管箱分程隔板在开车后 2 年多时间内发生了 4 次断裂失效。根本原因是介质的脉冲作用引起隔板疲劳失效，同时下游的紧急放空与气体介质中携带的液体进一步使隔板受到冲击，两种因素共同导致了最终的断裂失效。

（5）壳程一般的工况存在支持板振动的可能性

在立式安装运行的管束中，持续从下往上流动的壳程流体对支持板施加一个托举力的作用。当壳程流体具有脉动特性时，这一托举力随之波动。如果支持板定位不牢固，波动的托举力就容易使该支持板发生上下循环的微振动。

（6）壳程纵向流工况存在支持板振动的可能性

图 7.64 所示的周边多弓形薄壁双层支持板管束，如果壳程只有纵向流，没有横向折流，支持板就存在纵向振动的可能性，需要在管束周边设置支持板定距杆。

7.3.2　纵向振动的防治对策

（1）管板防振动——挠性管板组合式加强

挠性管板的挠性指的主要是其周边与壳体连接结构的挠性。减少挠性管板中间布管区域的变形既可保护管板隔热层，也可保护管接头。减少挠性管板布管区域变形的技术思路之一是通过增设加强结构来分担原有管板的变形。

文献［72］介绍了一种拉筋加强挠性管板的双管板结构，包括薄管板、厚管板和拉筋，如图 7.69(a) 所示。拉筋的一端与薄管板固接，另一端与厚管板固接，换热管的管接头穿过厚管板与薄管板固接。在蒸发器运行时，由于薄管板弹性变形可以吸收部分热膨胀，且薄管板的导热效果比较好，因此薄管板两侧的温差小，从而减小了管板在工作中的热应力。增设的拉筋将薄管板和厚管板连接成一个整体，由于厚管板具有较强的刚性，在运行条件下其平面不容易发生变形，与其连接的薄管板的刚性也得到了强化，薄管板就不易变形而保持为平面状态。增设的拉筋将薄管板和厚管板连接成一个整体，提高了结构强度，使得薄管板与壳体的连接处承受载荷的能力有所提高，该组合结构尤其适用于大直径管板承受壳程高压介质的工况。壳体因承受内压和温度变化而引起的轴向位移与换热管热膨胀伸长量几乎相同，且方向相同，使得管接头的应力明显降低。

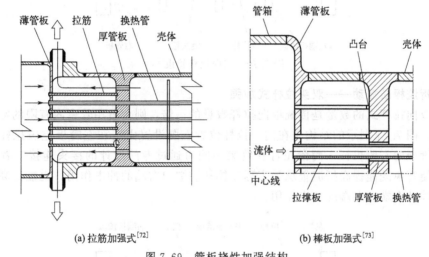

(a) 拉筋加强式[72]　　　　　　　　(b) 棒板加强式[73]

图 7.69　管板挠性加强结构

文献［73］介绍了另一种棒板加强挠性管板的双管板结构，如图 7.69(b) 所示。图中左侧管箱端部设有挠性薄管板，右侧壳程筒体内设有厚管板，薄管板和厚管板之间并列布置有多块拉撑板，每块拉撑板包括板体和排布于板体一侧的多条拉杆。厚管板设有排列的多个凸台，凸台的摆放方向与板体的宽度方向相同，板体的另一侧对接焊接于厚管板对应的凸台。薄管板开有多排支撑孔，拉撑板的多条拉杆穿插进对应排的支撑孔中且通过沉孔焊接形式焊接固定。薄管板和厚管板的厚薄是相对而言的，薄管板的厚度满足换热管轴向热膨胀的挠性变形要求，厚管板的厚度满足内压强度要求。

（2）折流板防振动——双向拉杆式加强

传统的管束只有一端管板固定有拉杆，另一端管板没有固定拉杆。顾名思义，拉杆只具有承受轴向拉力的功能，当受到轴向压力作用时，这根细长圆杆很容易就弯曲了。对于图 2.47 中的折流板和拉杆被高能流体冲击变形，技术对策是图 7.70 所示的双向拉杆加强管束结构。管束两端的管板上都连接有拉杆，左端管板连接的拉杆把折流板往左边拉紧，右端管板连接的拉杆把折流板往右边拉紧作用，每一块折流板同时受到左端管板的拉紧和右端管板的拉紧作用，折流板被牢固地定位在管束上的一个位置，管束的整体结构稳固。管程介质从管束左端箭头方向进入管束，经过换热管与壳程介质换热后从右端箭头方向离开管束，其壳程介质通常是从壳体右端进入管束，经过换热管与管程介质换热后从壳体左端离开管束。对传统管束结构来说遗憾的是只有图 7.70 中的左拉杆，其左端固定在左管板的壳程侧，难以承受壳程流体从右到左的冲击作用。而双向拉杆的右拉杆其右端固定在右管板的壳程侧，不仅能承受壳程流体从右到左的冲击作用，还能承受壳程流体轴向的振动作用。

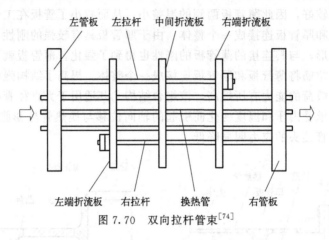

图 7.70　双向拉杆管束[74]

(3) 折流板防振动——双头拉杆式加强

如果双向拉杆式的数量是传统单向拉杆数量的一倍，则会占用管束内有限的空间，影响换热效率。图 7.71 展示的结构是在同一拉杆位置上既设置固定在左管板左段拉杆，也设置固定在右管板的右段拉杆，两段拉杆在管束中间再通过专门设计的接头连接或者焊接到一起。拉杆使管束既能提高折流板承受壳程流体从左端向右端的冲击作用，也能提高折流板承受壳程流体从右端往左端的冲击作用。

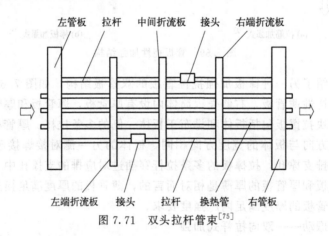

图 7.71　双头拉杆管束[75]

双向拉杆和双头拉杆对管束的加强适应了石油化工装置反向流程的需要，提升了热交换器本质安全新要求。反向流程的情形不是经常性的，但也是必要的。第一，为了维护热交换器运行效果，传统上对装置实行年度停车检修，内容之一是清除长期沉积在结构角落的杂质污垢；现在为了减少或避免停车的经济损失，探索推广了一套称为流程反向冲洗的清洁技术[76-78]，设备不必拆出，原来的设备进口、出口功能互换，送入冲洗液反向循环流通若干次，就能把大部分杂质污垢冲刷松动，带出设备外，效果良好。第二，有的装置设施技术改造也可能需要把热交换器原来的进口改为出口，出口改为进口，但壳体内的管束难以改造。第三，蒸汽系统和冷凝水回收系统中热交换器壳体出口管线下游操作不当或发生意外时，原来向前流动的介质遇到突然关闭的阀门或障碍物会使液体流速急剧改变，造成瞬时压力显著、反复、迅速变化，管道中压力急剧增大至正常压力的几倍甚至十几倍，产生反向流动的水锤，回流到管束时对管束强烈冲击；为了避免损伤管束，应提高管束抗冲击能力。

（4）折流板防振——动态随紧密封折流板

图 7.72 中管壳的内壁为圆锥面，折流板的外圆也是圆锥面，两者的圆锥角度一致，常温下装配后，两者成为贴紧的状态。装配成时把管束折流板外圆的小端往管壳圆锥体大端口内套进，明显的间隙使管束很容易套进管壳内。折流板周边与管壳贴紧配合，可消除折流板周边与管壳内壁之间的径向间隙。折流板周边与管壳内壁之间的斜锥面使两者紧密贴合的面积最大化，成为可传递受力的连接结构。运行中折流板周边跟随圆锥变形而位移，完成动态密封，减少壳程介质的短路。而且，折流板周边与壳体内壁的贴合使该连接结构可传递受力，热交换器整体结构更加稳固。

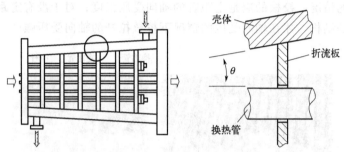

图 7.72 动态随紧密封折流板[79]

（5）必要时采用其他结构定位折流板

折流板的其他定位结构包括：折流杆夹持定位；焊接在管束周边的旁路挡板和滑道定位；焊接在折流板两旁壳体内壁上的定位块定位；折流板两侧与壳体内壁焊接定位；换热管与折流板管孔的间隙控制比现行标准值更严格，管程高温运行下换热管与折流板管孔胀紧定位；等等。

（6）稳固型分段式拉杆的加强作用

图 7.73 的分段式拉杆包括多条拉杆节段和加厚螺母。每条拉杆节段的前端部和后端部均设有外螺纹，首段拉杆节段的前端部螺纹连接管板，相邻两条拉杆节段相互靠近的端部通过旋入同一个加厚螺母实现相互连接；折流板开有与拉杆外径相匹配的拉杆孔，各拉杆节段穿过对应的折流板，且折流板的一侧面抵住加厚螺母的端面，拉杆节段的外侧还设有用于抵紧折流板另一侧面的限位件；末段拉杆节段的后端部旋有锁紧螺母，锁紧螺母与限位件共同夹紧末位的折流板。

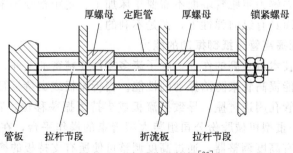

图 7.73 稳固分段拉杆[80]

分段式拉杆结构的每一段拉杆通过加厚螺母独立紧固，提供给每一段定距管足够的压紧力，保证折流板不发生倾斜和窜动，避免设备操作中振动，特别适合用于设备操作中存在较大振动的场合。独立紧固可避免压紧力在长拉杆的各定距管节段中传递过程失效，即使某段拉杆节段松动也不会影响其他拉杆节段的锁紧力，保证管束整体刚性。

图 7.72 的拉杆接头结构不仅可参考图 7.73 中的加厚螺母，还可采用花篮螺栓或者卡套接头连接，这些都是可拆卸结构。

（7）必要时采用其他结构加强拉杆

绝大多数情况下管束定距管的外径与换热管的外径相同，以免结构变化引起管束流态突变。但图 7.74 所示的管束换热管外径为 DN19，而定距管外径为 DN25，这是由于采用了较粗的拉杆。GB/T 151—2014 标准中 6.8.5.2 条指出，在需要时应对立式热交换器的拉杆进行强度校核。虽然没有具体说明，但可理解这里指的是拉杆和定距管组合时的拉伸强度；如果存在轴向受压的情况，校核的应是定距管的轴向受压强度；对于没有定距管，只有拉杆与折流板焊接连接的结构，才在轴向受压的情况下校核拉杆的轴向受压强度。

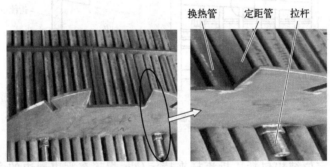

图 7.74　粗拉杆管束

（8）非布管区折流板的紧固有待加强

对于图 7.34 所示非布管区折流板的定位和紧固，一方面因为结构相对薄弱，应有数量足够的杆件或框形结构来加强。另一方面因为非布管区折流板与流体接触的作用面积集中成一块较大的面积，很可能承受更大的总作用力，也需要结构加强。

（9）精确的配件加工有利于防治管束的振动

管束由诸多零件装配而成，影响精度的形位尺寸通常包括机加工的管板管孔尺寸、拉杆端部螺纹、拉杆螺母、半机加工的定距管长度、旁路挡板平直度、滑道平直度、非机加工的换热管外圆、折流板或支持板平面度，等等。各零件加工精度对装配精度有很大影响，例如折流板或支持板很不平整、定距管长度偏差不一致、基于 GB/T 151 标准中 8.6.2 条要求定距管两端去除毛刺而误解为定距管端面不需要车床加工、定距管经车床加工后的端面与管轴线不垂直、拉杆不直而具有纵向弹性等，都是不利的。

（10）精密的装配提高管束抵御振动的能力

管束的装配也是技术量较高的作业，除了诸多零件要精密加工外，还要装配规范，把零散件紧密成整体，才能提高管束防治振动的性能。当折流板或支持板管孔不对中，就把换热管端穿进管孔时易与管孔周边碰撞，导致折流板或支持板振荡移位，管束达不到精密要求。图 7.75 所示中国第一重型机械股份公司组装大型管束的操作平台，在每一块支持板底下的弓形缺口位置都装设有高度调整器，通过高度调整可使所有支持板的换热管孔都能对中，保证穿管顺畅。

精密的管束装配效果受到组装方法的影响。不同的管束结构，在换热管穿进折流板以及管束装进壳体时都可以采取不同组装方法，以获得最佳的装配效果。

第一种是定位穿管法，指无论管束的大小、长短和轻重，在穿管初始，均先在管束横截面上分散性位置穿上一些换热管。这些位置通常包括布管区周边、折流板缺口旁边以及远离拉杆和定距管的位置。这种分散预穿可使管束初步架构尽快形成稳定的效果，保证折流板管孔和第一块管板的管孔完全对中，为后续全面铺开穿管生产打下基础。

图 7.75 支持板高度可调管束组装平台

第二种是明穿法，指在热交换器壳体外的组装平台上穿管的方法。其操作方便，简易，适合装备能力、技术水平与管束的外形尺寸、重量相匹配的制造企业采用，保证管束整体顺利套装进壳体。例如，某 DN1700、长 15000mm、重达 45t 的浮头式热交换器管束，就在明穿法组装后设置专门工装套进了壳体。其过程技术还包括壳体的同轴度控制、管束制作的直线度控制以及管束套装方案、复合板焊接控制、管壳程的水压试验设计等方面[81]。由于浮头式热交换器开、停车过程中管束会沿壳体热伸长和冷收缩，因此这一套装过程也是运行过程的预检验，是非常必要的。

第三种是交替穿管法，指在热交换器壳体一端相应的位置固定好第一块和第二块折流板，然后把所有换热管的一端穿进这两块折流板，再在壳体内相应的位置固定好第三块折流板，而且把所有换热管进一步穿进第三块折流。这样形成折流板组焊→穿管→折流板组焊→穿管的交替循环，一步一步推进，直到所有折流板组焊完成[82]。显然，该方法具有从明穿法过渡到暗穿法的特点。文献 [83] 综述了关于固定管板式热交换器的明穿、暗穿、盲穿等三种穿管方法，这里为了折流板与壳体内表面密封的组装方法就属于其中的后退式暗穿法。其优点在于依靠实际穿管检验来确保折流板组焊后管孔仍能对中，而且在每焊好一块折流板后就进行穿管检验，确保管孔对中后，才组焊下一块折流板，防止了 23 块折流板与筒体组焊后管孔对中偏差逐渐累积放大。另外，该方案采用了先组焊中间折流板，再交替组焊两边折流板的方法，避免了管孔对中的偏差从筒体一侧开始逐渐累积放大到另一侧，减小了对中偏差。由于穿管是在筒体外一根根地进行，也有效避免了壳内穿管时约 12000mm 长、共 2221 条换热管按布管方位支承的问题。相关内容还可见 8.1.4 节。

第四种是暗穿法，指在热交换器壳体内穿管的方法，操作不方便，有一定的困难。这类管束通常直径大而且很长，管束整体组装后不便于推进壳体内。此外，有的折流板周边需要与壳体内壁装配专门的密封元件，或者管束段壳体合拢缝的内表面有较高的要求，需要进入壳体内检测，因而必须先把折流板安装到壳体内。通过壳体上的人孔，或管束仍未组装上管板的另一开口端，操作人员可以沿折流板缺口或非布管区的壳体空间进入管束内部，逐步完成壳体内的施工。

第五种是盲穿法，指在热交换器壳体内组装管束的方法，操作人员无法进入管束内部，操作有较大的难度。这类管束通常也是直径大而且很长，管束整体组装后不便于推进壳体内，甚至折流板周边需要与壳体内壁装配专门的密封元件，因而必须先把折流板安装到壳体内。

第六种是顺向穿管法和反向穿管法。为了便于换热管从管束一端的第一块折流板开始顺利穿出管束另一端的最后一块折流板，换热管的穿进方向通常都是顺着管孔钻孔时钻头钻进的方向。特殊情况下需要反过来逆着管孔钻孔时钻头钻进的方向进行穿管，这时折流板管孔周边应倒角。

此外，还有引管穿管法和排管穿管法等特殊场景的方法。

精密的管束还要进一步达到精紧。当所有换热管组装后再上紧拉杆螺母时，往往是假紧固。因为管束在自重作用下与其下部组装平台之间显著的摩擦力阻碍了折流板或支持板的微位移，即拧紧拉杆端部的螺母已无法紧密管束。这样组装出来的只能是一台折流板（支持板）歪斜、整体松动的管束，换热管与折流板或支持板之间的间隙不正常，折流板或支持板与壳体之间的间隙也不正常，运行中不仅流体有超标的短路，而且折流板或支持板也容易振动。

(11) 质量技术要求专题

管束组装的很多内容只是间接关联到管接头的质量，业内要从热交换器整体的角度重视相应技术进步，才能满足管接头的高等级要求。

第一，管束设计时规范技术要求。例如管束的重心要明确，拉杆等零件的材料强度应经检测合格。又如，使用说明书应明确运行中被正常腐蚀减薄的结构是否需要进行检测校核，大直径管束的流态是否会存在滞留，壳程的液体介质释放出的气体是否会引起振动，等等。

第二，管束制造时强化技术要求。例如一般的常识是拉杆只在组装管束的初始起到对端管板和折流板的定位作用。随着管束的大型化，拉杆还要承担部分强度，提高管束刚性，以免管束在转运或组装进壳体的过程中发生过大的整体变形。要认识并发挥拉杆在组装管束过程中的再定位作用，二次调整和紧固拉杆螺母。吊装时不仅要通过试吊验证管束长度方向的平衡，还要意识到检查吊装后的组装之间是否出现新的间隙，三次紧固拉杆螺母。吊装管束的专用吊具如图 9.8～图 9.15 所示。总之要努力避免出现图 7.30 所示紧固螺母不紧的现象，保证管束的完整性等。

第三，管束维护时特殊技术要求。管束的维护不只是管束撤出装置检修，还包括运行中周到细致的操作。不但要规范操作，而且要懂得正常的工艺撤换和开、停车之间有何区别，意外操作对平稳操作有何影响，运行温度和运行压力之间有何关系，管程和壳程之间的操作顺序有何先后与轻重缓急。正常运行时，管束的折流板或支持板应能够抵御流体强烈冲击。当需要采用高效的逆流技术对装置里的管束进行冲洗，或者需要利用撤换操作的短暂间隙对管束实行快捷的在线清洗时，折流板或支持板及其拉杆也应该能够预防失效。关于管束维护，先进的超声波清洗技术不同于化学药剂清洗，不需要拆卸设备管线，可实现不停机清洗，值得实践总结。

7.3.3 振动特性专题研究

随着石油化工工程技术的发展，换热器操作条件趋于复杂化，换热器的疲劳工况在运行中时有出现。在进行换热器管板疲劳分析时，JB 4732 标准规定了以疲劳强度减弱系数 4.0 来考虑角焊缝对疲劳强度的影响，但是在应力计算时往往忽略管板与换热管实际连接接头处的峰值应力计算。文献［84］采用有限元方法分析研究管接头焊缝的峰值应力状况，证实了对换热器疲劳部位进行疲劳分析的必要性。对换热管与管板强度焊、换热管与管板连成一体（类似内孔焊结构，GB/T 151—2014 图 6-22a 型式）等多管接头焊缝的高应力进行了计算比较。根据管板弯曲变形的特点，提出了换热管在管板管孔中间相焊接的管接头，指出这是一种受力最佳、制造和检验均很方便、可避免疲劳分析且合理的管板及其换热管连接结构。

对于管束的疲劳分析，离不开管束振动特性的研究。目前业内对换热管的振动分析研究较多，对管束内细长杆件及管板的振动分析研究较少；对管束的横向振动分析研究较多，对管束的纵向振动分析研究较少。

（1）杆件纵向振动

20世纪末国内就已有学者关注杆件纵向振动的内容[85]，近期的文献［86］基于非局部理论，研究了弹性杆在任意边界约束条件下的纵向振动特性。

（2）管板振动固有频率的解析解

对于承受循环载荷的热交换器管板，当使用条件不满足 JB 4732—1995（2005年确认）[87] 标准中 3.10 条的规定时，应进行疲劳分析或疲劳试验，以确定管板承受预计循环载荷而不发生疲劳破坏的能力，因此需进行管板的固有频率计算。文献［88］把热交换器固定管板简化为均匀削弱的，放置在弹性基础上的圆平板，推导得管板振动固有频率计算式，如式(7.13)所示。

$$f_n = \frac{\omega_n}{2\pi} = \frac{k_n^2}{2\pi}\sqrt{\frac{D_t}{\rho h}} \tag{7.13}$$

式中　ω_n——管板振动固有频率；

k_n——管板加强系数，$k_1 = 3.1962$，$k_2 = 6.3064$，$k_3 = 9.4395$，$k_4 = 12.5771$，$k_5 = 15.7164$，$k_6 = 18.8565$；

h——圆平板厚度；

ρ——圆平板密度；

D_t——管板的当量抗弯刚度，$D_t = \eta(1+k)D$；

η——管板的刚度削弱系数；

k——管板的换热管加强系数；

D——管板的抗弯刚度。

$$D = \frac{Eh^3}{12(1-\nu^2)} \tag{7.14}$$

式中　E——管板材料的弹性模量；

ν——管板材料的泊松比。

分析表明，紊流压力波动引起热交换器固定管板的流体诱导振动将在管板内产生径向应力 σ_r 和周向应力 σ_θ。而振动性响应引起的应力是交变应力，当此应力达到一定值时就应该考虑疲劳分析问题。对单元操作工况进行有效的控制，避免过大的压力波动，或采取适当措施调节紊流压力波动频率，使其远离管板的固有频率都可有效降低 σ_r 和 σ_θ。若已知压力波动频率，也可在设计阶段调整管板设计参数以改变其固有频率，从而使激励作用频率远离管板的固有频率，降低交变应力的值。

（3）管板振动有限元分析

某固定管板式热交换器管板外径 820mm，换热管外径 32mm，242 根换热管正方形分布，文献［89］对该管板结构进行模态分析，采用 ANSYS 软件中的 solid186 实体单元建立 1/4 模型，在模型上施加对称载荷进行扩展计算获取了模拟结果。在简化条件下，约束管板外圆径向位移，只针对温度和压力两个因素对管板结构进行静力分析，结果表明管板变形方向由高温和高压的管程侧指向低温和低压的壳程侧，变形从管板中心沿径向逐渐变小。在此基础上，对管板结构进行了模态分析探究其振动特性。管板结构 3 阶自由模态振型云图如图 7.76 所示，管板出现不规则的浮动变形。

图 7.76　管板结构 3 阶振型云图[89]

（4）载荷对管束动特性的影响

壳程压力的影响。在较高管程温度或壳程压力作用下，管板布管区边缘处换热管受压。这两种情况下换热管应力属于二次应力，换热管弯曲后压缩刚度会下降，换热管应力随之降低。由于不同部位的换热管偏转角和应力不同，换热管压缩刚度实际变化不同，忽视这一变化将使计算结果产生明显的偏关，应该对换热管应力计算和稳定性校核提出新的方法。管板布管区应处理为变基础弹性基础板，进行热交换器系统应力分析[90]。

温度应力的影响。文献［91］为了研究分析温度应力对固定式热交换器管束动特性的影响，提出了精细有限元模型分析和简化有限元模型分析。精细模型采取空间壳单元对壳体、固定板、折流板进行模拟，采用空间梁单元对换热管进行模拟，以较完整的结构为研究对象进行分析。简化模型只以折流板缺口处的换热管为研究对象，采用空间梁单元对换热管进行模拟分析计算。结果发现，当壳壁的温度大于管壁温度时，应力刚化使换热管的自振频率有不同幅度增加，应力增幅最小的换热管固有频率增幅较小；当壳壁的温度小于管壁温度时，应力软化使换热管的固有频率有不同幅度的减小，应力减幅最大的换热管固有频率减幅较大。

残余应力的影响。使管板布管区边缘处的换热管受到压缩作用的原因除了管程温度较高或壳程压力外，还可能有制造中的残余应力。当管接头焊接胀接完成之后，再焊接管板与管束壳体之间的环焊缝，焊缝收缩就会施加给换热管一个压缩力。从工程角度来看，除此之外，值得注意的还有：当挠性薄管板与直径较大、壁厚较厚的换热管组合时，管板布管区边缘处的换热管具有较强的抗压刚性，管端在变形协调中难以出现转角，需要薄管板出现转角；反之，当挠性薄管板与直径较小、壁厚较薄的换热管组合时，管板布管区边缘处的换热管具有较弱的抗压刚性，管端在变形协调中出现明显的转角，不需要薄管板出现明显的转角。不同结构件在变形协调中转角的大小改变了结构形态，对结构动特性自然有不同的影响。管接头变形协调如图 7.7 和图 7.68 所示。

对于固定管板式热交换器，换热管的轴向压应力失稳问题除了应重点考虑管程压力作用下布管区中部的换热管，也要注意管程温度作用下布管区周边的换热管。虽然布管区中部的换热管是支撑管板的主体，但在管程介质低压高温工况下，布管区周边的换热管受到壳体的牵制，往往较布管区中部的换热管承受更大的轴向压应力。固定管板式热交换器既存在管束系统整体的失稳问题，也存在特殊位置的个别或少数换热管轴向压弯问题。

对石油化工设备的振动检测已发展到智能数字化。虽然这是一项位于设备设计制造完工之后的技术，但开展对管束纵向振动的检测和分析研究不但可以暴露问题，引起关注，还可以把定性研究推向定量研究，指引设计制造的进步。管束内的结构件存在纵向振动失效的客观现象，遗憾的是除了本节外，有关研究的公开报道基本空白。

参 考 文 献

［1］　罗敏，于海，刘巨保，等. 介质温度对换热器胀接接头的影响分析［J］. 化工机械，2008，35（4）：228-231.

［2］　陈龙，刘巨保，胡玉红. 管壳程压力对换热器胀接接头性能的影响［J］. 化工机械，2010，37（5）：571-575.

［3］　胡鹏. 特殊结构管板布管程序的开发及应用［J］. 化工机械，2019，46（6）：698-701.

［4］　丁伯民. 对 GB/T 151《热交换器》有关内容的再商榷［J］. 化工设备与管道，2018，55（2）：19-26.

［5］　郑贤中，於潜军，周宁波. 脉动流技术在管壳式换热器振动分析中的应用［J］. 武汉工程大学学报，2013，35

(8)：68-73.

[6] 张亚新，唐丽，别超．固定管板式换热器管板热-力耦合场有限元分析 [J]．机械设计与研究，2012，28（3）：124-126.

[7] 汪建平，金伟娅，汪秀敏，等．基于有限元分析管壳式换热器拉脱力的研究 [J]．核动力工程，2008，29（6）：58-61.

[8] 徐鸿．美国换热器管板设计新方法介绍（一）[J]．石油化工设备，1986（9）：54-61.

[9] 杨国政．基于 ANSYS 斜锥壳固定管板釜式重沸器有限元分析 [D]．天津：河北工业大学，2007.

[10] 李映峰，贺小华，周怒潮．泊松效应对甲醇合成塔管板应力影响的分析 [J]．包装与机械，2013，29（2）：143-146，158.

[11] 李翠翠，和广庆．核电蒸汽发生器胀接接头质量事故分析及应对措施研究 [J]，压力容器，2019，36（11）：70-73.

[12] Naik Y T，Shirode K D. Application of surface contact elements for finite element analysis of fixed tube sheet heat exchanger：A new approach [C] //ICPVT-14. 2015.

[13] 雒定明，唐昕，雒贝尔，等．高压预冷器管板分析评定方法 [J]．压力容器，2022，39（2）：52-58.

[14] 关庆鹤，程亮，李国骧．大型换热器管板深孔加工关键夹具的设计与优化 [J]．压力容器，2017，34（6）：69-73.

[15] 曾科烽，张国信．石化行业法兰紧固密封管理现状及对策分析 [J]．石油化工设备技术，2018，39（5）：48-52，62.

[16] 马东华，于启峰．管子管板重叠胀接工艺试验 [J]．压力容器，2014，31（9）：76-79.

[17] 杨林．合成气余热回收器泄漏原因分析及维修方案 [J]．中国特种设备安全，2019，35（5）：76-80.

[18] 吕延茂，韩冰，左元惠．大型反应器管束组装方法 [J]．石油化工设备，2018，47（1）：38-43.

[19] 郭淑娟，张莹莹，杨坪，等．换热管与管板接头焊接残余应力的有限元分析 [J]．热加工工艺，2010，39（3）：155-157，161.

[20] 陆景阳，马睿，刘季敏，等．焊接对管头与管板间的胀接连接的影响的讨论 [J]．中国化工装备，2012（3）：41-44.

[21] 王静姝，钱才富．内压下固定管板管接头结构对管板作用的模拟分析 [J]．压力容器，2020，37（8）：24-30，72.

[22] 程仲贺，王佐森，鲍兴华．690 合金传热管胀管区质量检测 [J]．压力容器，2012，29（11）：65-68，77.

[23] ISO 15614-8—2016 Specification and qualification of welding procedures for metallic materials—Welding procedure test—Part 8：Welding of tubes to tube-plate joints.

[24] ASME B P V Code Section V Nondestructive examination.

[25] NB/T 47014—2011 承压设备焊接工艺评定.

[26] 刘俊伟，赵滨江，李晓陶．ASME、ISO 及 GB 管子管板接头检验探讨 [J]．化工设备与管道，2013，50（3）：36-38.

[27] 程仲贺，王佐森，鲍兴华．690 合金传热管胀管区质量检测 [J]．压力容器，3011，29（11）：65-68，77.

[28] 黄妮，戴作强．基于 ANSYS 的某型压力容器静态与动态特性分析 [J]．青岛大学学报（工程技术版），2018，33（3）：120-124.

[29] 陈永东，陈学东．我国大型换热器的技术进展 [J]．机械工程学报，2013，49（10）：134-143.

[30] 钱颂文，岑汉，江楠，等．换热器管束流体力学与传热 [M]．北京：中国石化出版社，2002.

[31] 曹纬．国外换热器技术进展 [J]．化学工程，2000，28（6）：50-56.

[32] 段振亚，宋晓敏，聂清德，等．稀醋酸酐冷凝器流体弹性不稳定性分析 [J]．石油化工设备技术，2017，38（1）：6，7，34-37.

[33] 赖永星，刘敏珊，董其伍．静止外部流体对换热管束动特性的影响分析 [J]．压力容器，2004，21（12）：22-25.

[34] 段振亚，谭蔚，聂清德．按 GB 151—1999 计算多跨管的固有频率 [J]．压力容器，2003，20（2）：17-19，59.

[35] 刘宝庆，张亚楠，陈小阁，等．空气-水两相横向流诱发管束弹性不稳定性的实验研究 [C] //第九届全国压力容器学术会议论文集．合肥：合肥工业大学出版社，2017：10.

[36] 宋丹，蹇江海，张迎恺．扭曲管双壳程换热器的研究及性能分析 [J]．石油化工设备技术，2012，33（5）：1-3，69.

[37] 葛梦然，闫柯，高军，等．空间螺旋式弹性传热管束模态与应力特性分析 [J]．节能技术，2011，29（4）：344-347.

[38] 李清海，杨瑞昌，施德强，等．氢回收装置缠绕管式换热器设计计算研究 [J]．化学工程，2000（6）：1，15-18.

[39] 雒建虎.SHMTO工艺中蒸汽-甲醇过热器失效原因探究 [J].石油化工设备技术, 2021, 42 (1)：36-41.

[40] 陈孙艺.螺旋折流板换热器的结构型式及其功效 [J].化工设备腐蚀与防腐, 2003, 6 (6)：23-25.

[41] 宋秉棠, 史维良, 宋生斌, 等.蒸汽发生器失效分析与合理设计 [J].石油化工设备.2003, 32 (6)：35-36.

[42] 陈孙艺.压力容器局部结构设计禁忌 [J].化工设备设计, 1997, 34 (3)：6-8.

[43] 韩赎洁, 王心丰.U型波纹管振动特性的有限元分析 [J].压力容器, 2004, 21 (11)：23-26.

[44] 杨晓楠, 杨良瑾.不同防冲结构型式对管壳式热交换器性能影响数值模拟 [C] //2020年第六届全国换热器学术会议论文集.合肥：中国科学技术大学出版社, 2021：253-262.

[45] 臧霞静, 赵石军.EO/EG装置中大型换热器的国产化研制开发 [J].化工设备与管道, 2011, 48 (6)：18-20.

[46] 赵石军, 赵景玉, 董方亮.国产首台超大型管壳式换热器的设计 [C] //中国机械工程学会压力容器分会, 合肥通用机械研究院.压力容器设计技术研究：第七届全国压力容器设计学术会议论文集.北京：化学工业出版社, 2010：214-218.

[47] 赵景玉, 黄英, 赵石军.大型管壳式换热器的设计与制造 [J].压力容器, 2015, 32 (3)：36-44, 75.

[48] 钱启兵, 虞斌, 夏凡童, 等.杆式防冲结构对管壳式热交换器性能的影响 [J].石油化工设备, 2020, 49 (1)：31-35.

[49] 吴晓红, 张中清, 陈永东, 等.一种管壳式换热器的网格栅式支撑折流装置：CN102564206A [P].2012-07-11.

[50] 陆应生, 高学农, 张正国, 等.管壳式换热器格栅支承折流装置：CN1834566 [P].2006-09-20.

[51] 陈孙艺.管束防振技术对策 [J].炼油技术与工程, 2005, 35 (10)：44-48.

[52] 张延丰, 邹建东, 朱国栋, 等.GB/T 151—2011《热交换器》标准释义及算例 [M].北京：新华出版社, 2015.

[53] 聂清德, 段振亚, 谭蔚, 等.关于TEMA标准《流体诱发振动》若干问题的讨论（一）[J].压力容器, 2004, 21 (11)：1-4.

[54] 聂清德, 段振亚, 谭蔚, 等.关于TEMA标准《流体诱发振动》若干问题的讨论（二）[J].压力容器, 2004, 21 (11)：1-5.

[55] 陈孙艺.管束U形段防振结构选优分析 [C] //第四届全国换热器学术会议论文集.合肥：合肥工业大学出版社, 2011：25-29.

[56] 蒋小文, 赵栓柱.带纵向隔板的立式新型折流杆换热器的国产化开发及应用 [C] //2020年第六届全国换热器学术会议论文集.合肥：中国科学技术大学出版社, 2021：1-7.

[57] 王园鹏.快堆蒸汽发生器换热管流致振动及微动磨损分析程序的研发 [D].华北电力大学（北京）, 2018.

[58] 韩同行, 姜峰, 莫少嘉.蒸汽发生器防振条错位问题的探讨 [J].压力容器, 2021, 38 (10)：81-86.

[59] 景军涛, 江才林, 罗吾希.蒸汽发生器穿管及抗震条的装配和检测 [J].压力容器, 2016, 33 (10)：74-80.

[60] Gentry C C, Okla B. Heat exchanger U-bend tube other publications support：5005637 [P].1991-04-09.

[61] 王玉, 任文远, 孙志涛, 等.U形管束弯管部位通用支撑装置：201510318099.4 [P].2016-09-14.

[62] 孙宝财, 张正棠.高压换热器U型换热管变形规律仿真分析 [J].辽宁化工, 2021, 50 (2)：228-231.

[63] 吴皓, 谭蔚, 聂清德.弯管段多支承时U形管束固有频率特性的研究 [C] //浙江大学化工机械研究所, 中国机械工程学会压力容器分会.压力容器的创新设计：第九届全国压力容器设计学术会议暨第八届压力容器分会设计委员会议论文集.2014：178-184.

[64] 袁黎明.油浆蒸汽发生器管板开裂原因分析及防治措施 [J].石油化工设备技术, 2005, 26 (2)：12-15.

[65] 赵洪勇.高温高压U型折流杆换热器的制造技术 [J].压力容器, 2015, 32 (7)：69, 70-74.

[66] 魏志国, 李华峰, 柯汉兵, 等.三叶孔板强化换热性能及机理分析 [J].化工进展, 2017, 36, (2)：465-472.

[67] 徐炜.蒸汽发生器梅花孔板支撑管束微动磨损特性研究 [D].天津：天津大学, 2019.

[68] 李永泰, 陈永东, 陈明健, 等.波纹管换热器管束整体失稳分析及设计计算要考虑的问题 [J].压力容器, 2013, 30 (6)：12-15, 49.

[69] 雒定明, 张玉明, 焦建国, 等.高压预冷器管板变形原因分析 [J].压力容器, 2019, 36 (4)：52-62.

[70] 陈孙艺.蒸汽发生器高温段管板隔热层锚固钉损蚀分析 [J].材料保护, 2018, 51 (9)：154-158.

[71] 陈孙艺, 李志海, 钟经山.一次机五段后冷器管箱脉动高压隔膜焊接密封结构分析 [J].石油化工设备技术, 2020, 41 (1)：7-12.

[72] 黄嗣罗, 李金科, 柯建军, 等.一种用于煤化工的双管板组合式急冷锅炉：ZL 201720412001.6 [P].2017-12-29.

[73] 林进华, 吴恩罩, 黄嗣罗, 等.一种挠性管板结构及具有该结构的废热锅炉：ZL 202120829099.3 [P].2021-11-30.

[74] 陈孙艺.一种具有双向拉杆组件的换热器：ZL 202210594298 [P].2022-06-08.

[75] 陈孙艺.一种具有双头拉杆组件的换热器：ZL 202210593313.7 [P].2022-06-08.

[76] 李斌.反吹扫治理甲醇回收换热器堵塞 [J].石油技师，2015 (1)：123-125.

[77] 幸钢.35000m³/h 制氧机组主换热器堵塞处理 [J].冶金动力，2018 (11)：19-20，76.

[78] 朱一萍，杨玉强.基于 ANSYS 的丙烷脱氢装置用膨胀节内部流场分析 [C] //膨胀节技术进展：第十六届全国膨胀节学术会议论文集.合肥：中国科学技术大学出版社，2021：69-74.

[79] 陈孙艺.一种具有动态随紧密封折流板的换热器：ZL 202210645832.3 [P].2022-06-08.

[80] 陈孙艺.一种具有稳固型分段式拉杆组件的换热器：ZL202120688741.9 [P].2021-11-19.

[81] 周印梅.超长浮头换热设备的制造 [J].压力容器，2016，33 (11)：75-79.

[82] 钟杰，黎伟宏，陈孙艺.固定折流板换热器的制造技术 [J].化工设备与管道，2006，43 (5)：29，30.

[83] 吕延茂，韩冰，左元惠.大型反应器管束组装方法 [J].石油化工设备，2018，47 (1)：38-43.

[84] 杨良瑾，桑如苞，杨旭.管壳式换热器管板的疲劳分析设计方法探讨 [J].石油化工设计，2017，(4)：1-4.

[85] 史小丽.分段均质杆件的纵向振动分析 [J].杭州师范学院学报，1999 (6)：41-45.

[86] 曹津瑞，鲍四元.非局部杆纵向振动的特性研究 [J].力学季刊，2019，40 (2)：392-402.

[87] JB 4732—1995 钢制压力容器分析设计标准.

[88] 李为，孙云.管壳式换热器管板振动固有频率的解析解 [C] //中国机械工程学会压力容器分会，压力容器杂志社.第三届全国换热器学术会议论文集.2007：72，84-86.

[89] 陈波，刘培源，王红，等.固定管板式换热器管板结构的有限元分析 [J].南方农机，2017，48 (17)：112，120.

[90] 李永泰，李勇，李云福.换热管压弯刚度分析及对换热器各部件的影响 [J].化工设备与管道，2007，44 (6)：26-28，62.

[91] 王珂，赖永星，王贺郑.温度应力对换热器管束动特性的影响分析 [J].石油机械，2007 (3)：16-18.

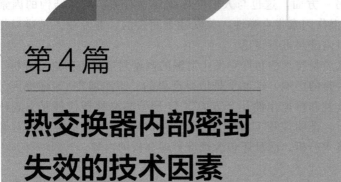

第4篇

热交换器内部密封
失效的技术因素

热交换器的主体密封除了前面讨论的管接头密封以外还有其他内部密封和所有外密封，不同的密封失效具有不同的危害性。同程内漏大多数只影响能耗和效率，异程内漏既影响能耗和效率，也影响产品品质和运行安全。相对而言，热交换器的异程内漏具备上述所有危害和最大危险，是需要最紧迫处置的失效形式。因此，第 8 章关于内部密封的内容既包括不常提及的同程内漏，也包括非常丰富的异程内漏，而且从这些内容的分析讨论中可引出不少值得深入研究的课题。第 9 章则把传统上指向装置现场的热交换器维护工作，广义地前拓到了热交换器值得维护的价值前提，延伸到了热交换器密封失效的分析及改造，使设备维护在设备系统管理中占有多席之地。

一般地说，虽然人们对发生泄漏的内密封或外密封都会认真分析，但是在潜意识中相对地重视外密封。这一方面与内密封的隐蔽性有关。当内密封失效时，如果外密封完好，通常只能通过介质成分分析、流量失常或者工艺参数突变来判断内密封失效的发生。当外密封失效时，通常只针对该问题分析处理，不大会推断其成因是否会同时对内密封有所损伤，即便内密封尚未失效。例如，刘吉等[1]针对蒸汽发生器快速冷却过程中主蒸汽法兰泄漏问题，采用线弹性瞬态热固耦合有限元方法进行了分析，得出法兰泄漏的主要因素是快速降温过程中法兰的局部变形及螺栓残余预紧力降低，只要限制蒸汽降温速率即可改善压力容器法兰的密封性能。该分析中就没有判断快速降温对内密封的影响，这些影响可能是暂时的，但是密封损伤的累积会延迟到一定时期后再失效。因此，热交换器操作技术因素对内密封的影响理应是广义维护的基本内容。另一方面，这也与人们的传统观念有关。实体结构的因素更具有"强硬"的说服性，而软的操作因素带有弹性，关联性是间接的，非专业人员难以把握。因此，本篇也主要从结构上对内密封进行讨论。

一般地说，人们更多从质量技术的角度对发生泄漏的内密封或外密封进行分析，在潜意识中较少怀疑管理工作对密封的影响，这似乎是值得反思的。王东旭[2]从泄漏原因分析，到设计、制造、使用、经济效益和可操作性几个方面对 U 形管热交换器代替浮头式热交换器的可行性进行了简单的分析，证明使用 U 形管热交换器可以产生巨大的经济效益和社会效益。这一分析不只是质量技术分析，而且还包含经济管理分析的内容。

❶ 刘吉，李晓伟，吴莘馨，等. 蒸汽发生器试验本体快速冷却过程中主蒸汽法兰泄漏有限元分析 [J]. 原子能科学技术，2021，55 (7)：1268-1275.

❷ 王东旭. U 形管代替浮头式换热器的应用 [J]. 广东化工，2010，37 (7)：288，290.

第8章

热交换器内部密封的设计

热交换器内部密封的设计越来越得到业内的重视，相关技术内容较为丰富，可分为多个专题。主要包括：在内容上从传统的管、壳程之间的密封拓展到管程内部或壳程内部的密封；在结构形式上从隔板与壳体之间的长直密封拓展到折流板与壳体之间、换热管与折流板孔之间的圆环圆弧密封；在密封手段上从零部件之间的硬面密封拓展到硬面与硬面之间的金属薄膜片软密封；在密封副关系上从静密封到填料函动密封；在技术适应性上从常规工艺的密封到苛刻参数的密封，从传热换热密封到传质传热及相变介质的密封，从纯热交换器结构密封到换热-反应器一体化的结构密封。

8.1 壳程内部密封

壳程内部密封结构多种多样，折流板使壳程流体沿换热管的横向来回交替流动，纵向隔板使壳程流体沿换热管的纵向来回交替流动。基于这种流体导向的结构功能，把常见的折流板对应于壳程常见的纵向隔板而称为横向隔板，也是合理的。这样的话，把文献［1］所称的纵向隔板改称为周向隔板，仍然是合理的。

8.1.1 周向流的隔板密封

神华宁煤50万吨/年甲醇制烯烃项目Novolen聚丙烯装置上使用的循环气冷凝器属于一种带纵向隔板的立式新型折流杆热交换器，此折流杆热交换器是专利商与设备制造商德国MAG公司为此聚丙烯工艺专门开发的。当生产工艺随着产品牌号的需求不同而调整时，原料气体组成和流量会有很大差异，所需交换的热负荷也差异较大，特别是当壳程低负荷时，气体会产生冷凝的积液。传统的折流板热交换器在设备立式时，由于气体冷凝顺着换热管下降到折流板上，容易积液，降低了传热效率。而此热交换器折流杆则可避免积液问题。在整个管束轴向长度上依据实际换热管的长度布置有若干组折流杆模块，折流杆也穿过纵向隔板上的孔。循环气冷凝器采用缺口式纵向隔板，通过调整隔板间距以及缺口宽度，可以保证气体在壳程冷凝过程中流速基本不变，从而增强冷凝效果，起到强化传热的作用；当此热交换器采用图8.1所示纵向隔板和折流杆的组合，则可避免积液问题。根据实际换热管的长度布置有若干组折流杆模块，折流杆也穿过纵向隔板上的孔。纵向隔板的一个侧边与壳体内壁密

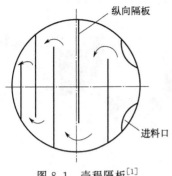

图 8.1　壳程隔板[1]

封后，纵向隔板就可以引导循环流既沿周边壳体周向流动，也沿隔板之间的流道横过换热管流动，实际上属于周向和横向的混合导流作用[1]。

8.1.2　纵向流的隔板密封

一般地说，壳程纵向隔板在管束中是板面沿着水平面安装，把管束分为上半部和下半部两个等容积的两部分。而且，壳程纵向隔板都从管束的一端连续延伸到另一端，只留下端部一个流道口。尚未见到在一台管束中具有两块或者多块纵向隔板的设置，也未见到管束中的一块隔板分为前后的两段或者多段的设置，更未见到管束中隔板的板面沿着垂直面安装的设置。但是，不能排除上述各种隔板布置方式未来在某些场合应用的可能。

（1）壳程纵向隔板两侧防短路弹性密封片只沿着筒体圆周正向或者反向的单向密封

单向密封见图 8.2。通常只有隔板的上表面边沿安装有密封膜片页，膜片页在自身弹性作用下压紧壳体内壁，隔板上面的流体难以从隔板边沿流向隔板下面；但是当隔板下面流体的压力与隔板上面流体的压力差大于密封膜片的弹性压力时，隔板下面的流体就会从隔板边沿流向隔板上面。或者由于其他需要，也可以把密封膜片页安装在隔板的下表面，则隔板下面的流体难以从隔板边沿流向隔板上面。图 8.3 则是双向密封结构，隔板上下两侧的边沿都安装有密封膜片，隔板上下两侧的流体难以在隔板边沿处相互串通。在管束装入壳体时，切忌把弹性密封膜片页压垮，使其失去回弹性，因为这样的膜片页无法贴紧壳体内壁，也不要反方向安装或者反方向折弯，更不要左右摇晃管束，以免损伤膜片页，否则将起不到密封作用。壳程纵向隔板单向密封更加适合用于壳程压力不高而且壳程进出口的压力差较大的场合。

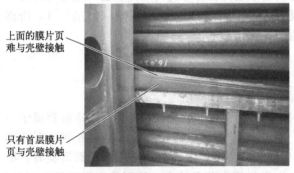

上面的膜片页难与壳壁接触

只有首层膜片页与壳壁接触

图 8.2　上面几层弹性密封片外缘被架空

图 8.3　壳程纵向隔板两侧双向密封

图 8.4 是一种用于可拆卸管束纵向隔板与壳体之间的密封机构，采用厚板密封替换目前普遍采用的弹簧片密封。该密封机构是在沿轴向纵向隔板两侧，各安装一组完全相同的平移机构，每侧可单独调整，即使纵向隔板与壳体两侧间隙不等，也完全不会影响密封效果[2]。密封机构是在管束基本交装在壳体内之后才靠近并调紧的，密封板与纵向隔板之间是摩擦配合，不会损伤壳体内壁。该密封结构较其他密封结构略微复杂，也占一定的空间。

（2）壳程纵向隔板两侧防短路弹性密封片同时沿着筒体圆周正、反向的双向密封

指的是 GB/T 151—2014 标准中图 6-32a）的结构，由螺栓紧固在隔板两侧的弹性密封片压紧壳体内壁。该标准中除此图示之外，没有更具体的设计制造指引。工程实际中普遍没有理解透彻该结构，存在如下五个问题：一是几层弹性密封膜片页的宽度相同，结果只有最贴近隔板的那一首层与壳体内壁紧贴，其他几层都被这一首层膜片页垫起，它们的宽度外缘往往被首层架空而难以与壳体内壁紧贴，失去了多层直接密封的作用，但是尚可起到帮助首层膜片页压紧壳体内壁的作用，见图 8.2；二是管束纵向隔板与壳体之间的间隙太窄，折流板周边设置该种密封结构的空间有限，导致弹性密封片需要经过接近 90°的折弯才能使管束组装进壳体，有的甚至在管束装入壳体前，就使用铁锤等工具敲打使密封薄钢片预先折弯90°，这样的密封膜片页基本失去了回弹性，缺失压紧壳体内壁的力度，失去了应有的密封功能；三是没有关于弹性密封片材料的技术要求，没有质量检测，不利于在壳程介质下的防腐蚀；四是该结构及其

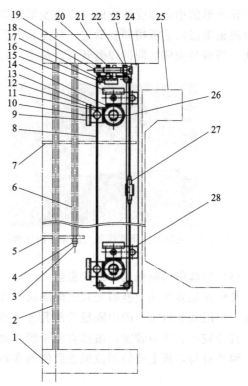

图 8.4 可拆卸纵向密封机构[2]

1—浮动管板；2—换热管；3—拉杆；4—螺母；5—支持板；6—定距管；7—折流板；8—钢丝绳；9—导向块；10—连接柱；11—卡子；12—齿条；13—齿轮；14—齿条；15—导向块；16—导向块；17—限位导向轮；18—微调丝杠；19—轴承座；20—滑块；21—固定管板；22—挡圈；23—轴承座；24—密封板；25—壳体；26—挡圈；27—调紧装置；28—连接板

管束的组装缺少指引；五是该结构的适用范围不明确。壳程纵向隔板双向密封适用于壳程各种压力工况的场合。

（3）壳程纵向隔板两侧与壳程内壁相焊接

指的是 GB/T 151—2014 标准中图 6-32b）的结构，如图 8.5 所示。其适用于压力较高的壳程，可实现隔板与壳体的完全密封，避免弹性密封片设计、制造、组装存在的各种问题。值得注意的是该结构的管束须分为两个半圆截面的管束先后组装进壳体。为了组装顺畅，两个半圆截面的管束应该在组装进壳体之前预先进行合圆组装（图 8.6），并检查其折流板的外圆尺寸是否与壳体内直径相配合；在工况下运行时壳体横截面可能出现非圆形变形，影响折流板与壳体内表面的环向密封。

（4）壳程纵向隔板两侧与壳程内壁的插槽式密封

GB/T 151—2014 标准中图 6-32c）的插槽式密封，其优点是隔板不会牵制壳体的径向热膨胀，缺点是只适用于固定管板式热交换器；槽条与壳体的焊接如果变形超差会影响隔板的插入，如果预先装配好隔板才焊接则只适用于足够大直径的壳体；隔板与壳体之间的间隙容易藏污纳垢，引起腐蚀。因此该结构应用不多。在这种插槽式密封的基础上去除一条槽条的简化结构则可解决上述问题，如图 8.7 所示。实践表明，如果隔板与上下槽条之间设置间隙，则该结构无法起到良好的密封作用；如果不存在间隙，则造成管束与壳体组装的困难。

由于长条形的槽条与壳体内壁的焊接变形，以及双槽条和隔板都存在不平直的情况，组装中管束隔板难以沿着板槽顺畅滑进，强力装配管束和壳体会导致壳体变形、折流板变形、内壁损伤、槽板与壳体之间的焊缝开裂，甚至运行中裂纹扩展到壳壁。

图 8.5　壳程纵向隔板两侧与圆筒体内壁焊接密封　　图 8.6　半圆截面管束预组合

(5) 壳程纵向隔板的间断式密封

某煤制氢装置热交换器壳程纵向隔板与壳体之间的密封膜片页是分段的，中间被折流板间断，如图 8.8 所示。图中隔板边缘用于安装密封膜片页的螺栓孔与图 8.2 中的螺栓孔相比，直径较小、排布较密，虽然有利于膜片页与隔板之间的密封，但是膜片页上的孔加工困难，膜片页与隔板上孔的形位偏差致使两者难以对中，安装操作困难，是一项很差的设计。

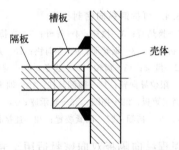

图 8.7　纵向隔板两侧与壳程内壁的插槽式密封　　图 8.8　纵向隔板两侧与壳程内壁密封的间断式结构

8.1.3　旁路挡板密封

(1) 壳程纵向旁路挡板的密封

顾名思义，旁路挡板是为了阻止管束外围的流体短路泄漏而设置的，一般是长条形钢板

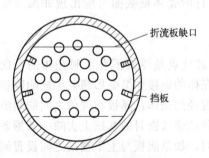

图 8.9　纵向分段挡板

沿着管束轴向嵌入折流板上已铣好的凹槽中焊接牢固。条形钢板的剪切下料过程对切口金属有挤压效应，火割下料过程对切口金属有热加工效应，两种方法都会造成钢条弯曲变形，因此结构设计应要求对其贴向壳体内壁的那一侧面进行机械加工，刨削平直后才能组焊到管束上。旁路挡板一般成对布置，每台管束设置 1~2 对[3]，如图 8.9 所示。实践中也有将长条形钢板分好几段下料后组焊到每两块折流板之间，从而连接成长条的，这样

容易造成两段挡板在折流板组焊处的接口不够平滑，需要焊后修磨光滑。总的来说，由于旁路挡板和壳体内壁之间是铆焊件硬面对硬面的可拆式装配，两者直度存在超差，难以对旁路密封。

（2）纵向支撑板的叶式密封

海洋石油富岛有限公司化肥二期合成氨装置的高温变换炉出口串联安装了 1 台高压蒸汽废热锅炉和 1 台高压锅炉给水预热器。废热锅炉由意大利公司制造，为立式"U 形管"热交换器，管程封头设计有 7 段分程隔板，换热管总数为 781 根，壳程介质为工艺气，管程介质为锅炉水和蒸汽。由于高压蒸汽产量达不到设计值，过排查发现这两台热交换器的管束与壳体之间存在 13mm 左右的超标间隙，这一超标间隙为大约 37% 的工艺气提供了短路的通道，短路的工艺气未与锅炉水换热，蒸汽产量不达标。处理对策是采用一种新型的叶式密封[4]，在支撑板上分别沿管束轴向和径向方向安装几组密封片，每一组密封片由 8 片 0.1mm 厚的 304 钢片。安装时使叶式密封片的弹性变形压紧壳体内壁，消除了管束支撑板与壳体之间的间隙及其引起的换热介质短路现象，满足了装置稳定运行的条件。轴向叶式密封示意图和实物结构图见图 8.10 和图 8.11。

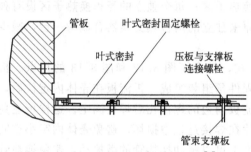

图 8.10 轴向膜片页密封示意图[4]

图 8.11 轴向膜片页密封实物[4]

（3）管束周边的防旁路假管

假管虽然也有阻止介质旁路的作用，但是这方面的功效较差，现在已较少采用。

8.1.4 折流板周边密封

对折流板与壳体之间的间隙进行有效密封，可消除壳体内部的流体短路现象，提高壳程的对流换热系数和总传热系数，但是壳程的阻力损失有所增加[5]。文献［6］对螺旋折流板建立热交换器壳程侧结构模型，借助数值分析模拟方法研究了密封条结构的改变对热交换器壳程侧介质流动和传热的影响。结果表明密封条能够有效地提高壳程侧的换热系数，同时壳程压降也随之增大。

（1）支持板与壳体内表面的径向弹性叶式密封

正如图 8.2 纵向隔板两侧的膜片叶式密封一样，折流板周边与壳体之间也可以采用膜片叶式密封，只不过要把长直条的密封膜片页变成分段的短弧长环片，组装到折流板周边后形成较大弧长的圆周密封结构。文献［4］针对废热锅炉壳程介质轴向短路的对策设计了图 8.12 所示的径向叶式密封示意图和实物结构。密封目的是起到介质折流的作用。

(a) 示意图　　　　　　　　　　　　　(b) 实物

图 8.12　径向膜片页密封[4]

（2）折流板与壳体内表面的环向弹性密封片密封

用于双氧水氧化丙烯合成环氧丙烷的反应器是一种多段式列管反应器[7]，圆筒体内设置了图 8.13 所示的隔板及设置于隔板周边的叠片式弹簧密封圈，两者焊接连接，有别于图 8.12 的螺栓连接，但是叠片与图 8.12 的膜片页基本是同样的结构。某醋酸蒸发器属于列管式热交换器[8]，也通过设置在圆筒体内的整块圆板式密封隔板将换热区的壳程分割成了两个相互独立的第一壳程换热子区和第二壳程换热子区；每个独立的壳程换热子区设有独立的壳程流体进口和壳程流体出口，这样可以使原来独立的两台热交换器合成为一台，减少连接管线、接口密封和占地面积。

图 8.14 是折流板周边密封的另一种结构形式，结合了图 8.12 和图 8.13 的特点。折流板周边的密封组件由裁剪成弧段的密封片和紧固件预组装组成，折流板在壳体内定位后，再把密封组件贴向折流板周边，紧固螺栓穿过折流板周边的螺栓孔后焊接固定。这样可避免与图 8.12 密封结构相同的图 8.15 所示的密封膜片在焊接过程中损坏，避免壳体内窄小空间焊接的困难。折流板周边密封膜的柔弹性一定程度上可以缓冲换热管的微振动，避免换热管直接与折流板硬管孔的碰撞及磨损。值得注意的是，由于密封圈与折流板之间围成半封闭的死角，容易沉积污垢，因此这类密封通常应用于立式安装的反应器，并使半封闭角位于折流板的下方。

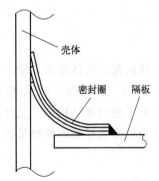

图 8.13　隔板周边与壳体内表面
的膜片页密封[7]

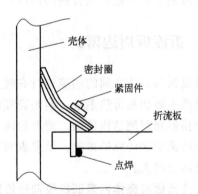

图 8.14　折流板周边与壳体内表面
的膜片页密封[9]（1）

（3）折流板与壳体内表面的压紧环定位圈密封

指的是先把类似 GB/T 151—2014 标准中图 6-32c）的隔板槽一侧的槽板组焊到壳体内

壁，沿周向密封焊，再把折流板紧贴到这块槽板上，然后把另一块槽板紧贴到折流板上，并与壳体内壁组焊，但是不需要密封焊。由此形成的不可拆隔板密封结构，需要在壳体遮蔽折流板的情况下盲穿换热管，管束的组装精度要求高。

图 8.15　折流板周边与壳体内表面的膜片页密封（2）

（4）折流板与壳体内表面密封焊的组装技术——折流板预先安装到壳体内壁

固定管板式热交换器中折流板与筒体内壁焊接的结构能有效防止设备运行中管束的振动损伤。某热交换器要求折流板外圆与筒体焊接的焊角高为 6mm，而折流板的弓形缺口高度仅有 221mm，该高度无法使施工人员通过，成为制造难点。优化后的施工方法是[10]：先将位于筒体中间的一块折流板与筒体组焊好；然后将该折流板一侧相邻的一块折流板放入筒体组焊位置，通过一部分换热管的试穿来定位相邻的一块折流板的管孔，直至所有管孔对中；最后在将相邻折流板与筒体点焊定位后需抽出外圈换热管，才能再进行相邻折流板与筒体的连续焊。依此类推，将所有折流板组焊完后，在筒体外一根根地往壳体内的折流板穿管，组装好管束。

类似的案例还有文献 [11，12]。采用折流板与纵向隔板、壳程筒体焊接密封的特殊结构双壳程热交换器，其结构特点决定了换热管装配过程只能按折流板组装焊接位置逐根逐段穿管。

（5）折流板与壳体内表面窄间隙配合的组装技术——折流板楔形周边

图 8.16 是折流板周边设计加工成锥面斜坡。设计图 8.17 中折流板周边结构时，可略微扩大传统折流板外圆直径，减少其与壳体内壁的间隙，提高密封效果；但是需同时把折流板周边传统的环面外圆加工成锥面斜坡，一方面减少了外圆与壳体内壁的接触面积，便于其组装进壳体时在内壁沿轴向滑动，另一方面当其锥面外缘遇到壳体内壁的阻碍时，尖薄的外缘容易被挤压变形而滑过，避免损伤筒体内壁，不会给管束装配构成障碍。相对于弹性密封片来说，尖缘被挤压变形不会再回弹恢复原状，因此其密封效果会差些，也只好称为刚性密封。

文献 [13] 介绍了图 8.17 所示壳体为两段低锥度的微锥体之间通过圆筒短节组焊到一起的热交换器壳体，进一步扩展了图 8.16 结构的应用。折流板外圆加工或与壳体内壁贴合一致的锥度，两者的贴合不但使周边密封效果明显，而且贴合结构可以承受更大的相互作用力，热交换器整体结构更加稳固。

传统工艺之所以很难把管束套进壳体，是因为折流

楔形外圆

图 8.16　折流板周边楔形密封

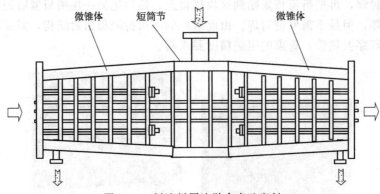

图 8.17　折流板周边贴合壳壁密封

板外圆与壳体内壁面两者的间隙要控制得很小。图 8.17 中结构的组装方法是把管束中折流板外圆较小的一端套进圆锥体直径较大端口内，这样组装时两者之间有明显的间隙，使管束很容易就套进壳体内。假设壳体的半圆锥角 θ 只有 0.5°，对常见长度为 6000mm 的换热管管束来说，壳体的大端直径比小端直径大 105mm 即可。此时折流板按间距 500mm 设计，也可使相邻的两块折流板获得约 8.7mm 的直径差，该间隙就是最后一块折流板间距的管束尚未套进圆锥壳时，所有折流板外圆与壳体内壁面的间隙，十分便于最后一段管束套进圆锥壳。

（6）折流板与壳体内表面密封技术——折流板周边填料函

该技术对策结构复杂，缺少工程检验，不展开讨论。

8.1.5　折流板管孔密封

热交换器壳程介质的流动通常分为 5 股流路，即错流流路、折流板管孔与换热管之间的泄漏流路、管束外围和壳体内壁之间的泄漏流路、折流板与壳体内壁之间的泄漏流路、管程分程隔板处的中间穿流流路。

（1）分析折流板管孔与换热管之间的泄漏大小

GB/T 151—2014[14] 标准中的表 6.22 和表 6.23 规定了光管管束的折流板和支持板管孔直径及允许偏差，见表 8.1。流体脉动场合，管孔直径宜小于标准值。

表 8.1　折流板和支持板管孔直径及允许偏差　　　　　　　单位：mm

换热管外径 d、最大无支撑间距 L_{min}	$d \leqslant 32$ 且 $L_{min} > 900$		$d > 32$ 且 $L_{min} \leqslant 900$	
管束等级	Ⅰ级管束	Ⅱ级管束	Ⅰ级管束	Ⅱ级管束
管孔直径 d_i	$d+0.40$	$d+0.50$	$d+0.70$	$d+0.70$
允许偏差	+0.30 0	+0.40 0	+0.30 0	+0.40 0

下面以单管程固定管板式热交换器及其常用 $\phi 25$mm 规格换热管正三角形排列的管束为例，以表 8.1 中Ⅱ级管束管孔直径 $\phi 25.50$mm 为基础，讨论折流板管孔与换热管间隙面积 A_2 和折流板未开孔的面积 A_1 的比率 η_1。

$$\eta_1 = \frac{A_2}{A_1} = \frac{n\left(\frac{\pi d_i^2}{4} - \frac{\pi d^2}{4}\right)}{\frac{\pi D_i^2}{4} - n\frac{\pi d_i^2}{4}} = \frac{d_i^2 - d^2}{\frac{D_i^2}{n} - d_i^2} \tag{8.1}$$

式中，D_i 为壳体内径；n 为布满壳体内的换热管数量。壳体内横截面积大于管板布管区面积，对于 $d=25\text{mm}$，即有

$$\frac{\pi D_i^2}{4} > 1.732nS^2 \tag{8.2}$$

式中，S 为换热管中心距，取 32mm，代入上式整理得

$$\frac{D_i^2}{n} > \frac{4 \times 1.732S^2}{\pi} \approx 2258(\text{mm}^2) \tag{8.3}$$

把式（8.3）和 $d=25\text{mm}$、$d_i=25.50\text{mm}$ 一起代入式（8.1）得

$$\eta_1 < \frac{25.50^2 - 25^2}{2258 - 25.50^2} = \frac{25.25}{1607.75} \approx 1.57\% \tag{8.4}$$

对于 $d=19\text{mm}$，S 取 25mm，计算得 $\eta_1 \approx 1.9\%$。

（2）分析折流板和壳体内壁之间的泄漏大小

GB/T 151—2014 标准中的表 6.20 规定了折流板和支持板外径及允许偏差，对于 DN900～1300，名义外径取（DN−6）mm，允许下偏差 1.0mm。设折流板和壳体内壁之间的间隙面积为 A_3，这里基于该标准规定来讨论 A_3 与折流板未开孔前的面积 A_4 的比率 η_2。

$$\eta_2 = \frac{A_3}{A_4} = \frac{\frac{\pi D_i^2}{4} - \frac{\pi(D_i-6)^2}{4}}{\frac{\pi(D_i-6)^2}{4}} = \frac{D_i^2 - (D_i-6)^2}{(D_i-6)^2} = \frac{12(D_i-3)}{(D_i+6)(D_i-6)} \tag{8.5}$$

对于 $D_i=900\text{mm}$，计算得 $\eta_2 \approx 1.3\%$；对于 $D_i=1300\text{mm}$，计算得 $\eta_2 \approx 0.9\%$。

（3）分析管束外围和壳体内壁之间的泄漏大小

管束外围和壳体内壁之间的间隙面积 A_5 与折流板未开孔前的面积 A_4 的比率 $\eta_3 > \eta_2$，这里人为取 $\eta_3 = 3\eta_2$，即 $\eta_3 \approx 3\% \sim 4\%$。

（4）讨论折流板管孔与换热管间隙面积 A_2 和折流板开孔的面积 A_6 的比率 η_4

对于 $d=25\text{mm}$、$d_i=25.50\text{mm}$ 的 Ⅱ 级管束，得

$$\eta_4 = \frac{A_2}{A_6} = \frac{\frac{\pi d_i^2}{4} - \frac{\pi d^2}{4}}{\frac{\pi d_i^2}{4}} = \frac{d_i^2 - d^2}{d_i^2} = \frac{25.50^2 - 25^2}{25.50^2} \approx 3.90\% \tag{8.6}$$

对于 $d=19\text{mm}$、$d_i=19.50\text{mm}$ 的 Ⅱ 级管束，得 $\eta_4 \approx 5.1\%$。

总之，热交换器壳程结构件达到标准要求的精度时，壳程介质的泄漏面积可达 $6\% \sim 7\%$，如果考虑结构件的偏差，壳程介质的泄漏面积约为 $8\% \sim 10\%$，其对换热效率的不良影响值得关注。图 8.18 是一种折流板管孔膜密封结构[15]。其中的实线直箭头和虚线弯箭头分别表示换热管内和壳程折流板旁边的介质流向，换热管和折流板是传统的标准结构，折流板可采用薄钢板。相对于折流板的面积来说，密封膜可以是局部的，也就是对关键的管孔进行密封；也可以是与折流板等形状面积的，也就是对该折流板的所有管孔都进行密封；还可

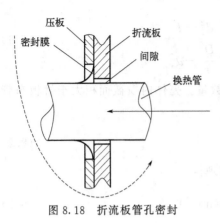

图 8.18 折流板管孔密封

以是在外圆轮廓上超出折流板的，也就是除了对该折流板的所有管孔进行密封外，还对折流板和壳体内壁之间的间隙进行密封。换热管和折流板管孔之间密封膜的压紧力大小可以通过密封膜中开设的管孔大小、膜管孔结构及膜厚度来调整，压板和折流板之间可通过定距管压紧，也可以在定距管孔处点焊使两者连接，保持密封膜被夹紧。

热管锅炉隔板密封具有类似换热管与折流板管孔密封的基本结构和不同的密封特点。文献［16］提出了锅炉隔板密封的一种更加严格的新型套管焊接密封结构，可以有效解决冷热流体泄漏造成的能量流失和腐蚀问题。文献［17］也提出了锅炉隔板密封的几种新型的密封结构，包括吸热与放热两段都有翅片的换热管、一段有翅片的换热管或无翅片换热管，分别与单隔板或双隔板组合的密封结构，其中的几种结构示意如图 8.19 所示。

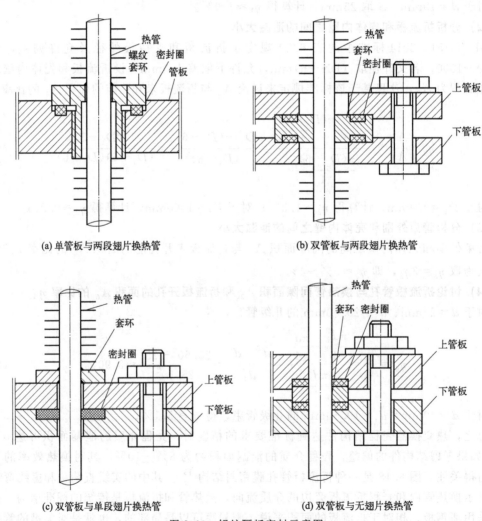

图 8.19　锅炉隔板密封示意图

8.1.6 导流筒挡板密封

有的热交换器基于壳程进口流态的均匀性需要，设置了壳体上的外导流筒，或者管束上的内导流筒。图 8.20 所示的内导流筒由导流筒挡板和导流筒短筒组焊而成。导流筒挡板结构视同折流板，挡板周边外圆直径需要略小于筒体内直径才能让管束套进壳体内，折流板越多而且排布越紧密，两块折流板的间距越窄，换热管就越难顺利穿过所有的折流板管孔，管束也同样越难顺利套进壳体内。除非导流筒挡板、折流板或支持板的外圆直径明显小于筒体内直径，形成周边大间隙，才能让管束顺畅套进壳体内，但是这样会使壳体内的更多流体从管束周边的间隙直接以短路的形式流过，不参与换热管的换热，换热效率低下。特别的是导流筒挡板靠近壳程进口，由于这里进来的流体压力和动能最大，即便导流筒挡板与壳体内壁之间的间隙很小，也会产生很明显的流体短路现象，部分流体没有按导流结构的流道流动，成为防治壳程内部泄漏的关键。

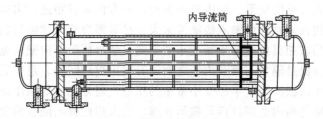

图 8.20 带导流筒热交换器

导流筒挡板周边的密封对策，可参考 8.1.4 节折流板周边密封对策以及文献 [18～21] 的技术提示。

8.2 管程内部密封

8.2.1 管箱隔板密封

(1) 隔板端部与管板的密封
直径较大、厚度较薄的管板由于整体布管的不均匀、钻孔加工的下压力作用、管接头焊接热输入的正面和背面不对称、管接头胀接的顺序和边界条件不对称等原因，往往会引起管板平面的变形，这对其隔板槽与隔板端面之间的密封潜在不良影响。在装配管箱前可再一次检测管板上隔板槽的平面度，以该平面度为依据对管箱隔板端缘适当修整，以便配合良好，提高密封质量。

(2) 大型薄壁隔板的加固
对于大型薄壁隔板或多个分流程的管箱隔板，应在结构设计时对隔板设置防变形定位板或定位柱，提高隔板结构强度和刚性，预防隔板变形影响其密封端部的平直度，如图 8.21 所示。

(3) 受热敏感性高的材料组焊管箱时需防变形
奥氏体不锈钢材料焊接时容易变形，并且焊后不便进行热处理而保存有明显的残余应

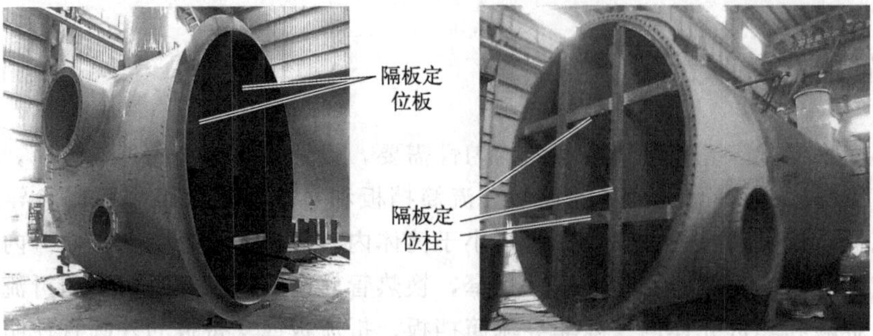

图8.21　大型管箱分程隔板的定位

力；铬钼钢材料需要维持在一定的温度下焊接，当降到常温后结构会收缩。对于这两种材料组焊的管箱，特别是多个分流程的管箱隔板的结构，应在制造过程中对所有隔板进行可靠的临时定位，避免加工变形。

图8.22(a)所示只有一块隔板的管箱，即便隔板是非奥氏体不锈钢，也在与壳内壁组焊完成后出现了肉眼可见的变形。原因有两方面：一方面是管箱进、出口接管与圆筒短节施焊不规范，局部结构在短时间内输入线能量太大，马鞍形焊缝冷却收缩趋向于使焊缝周长缩短的方向，也就是马鞍相贯处筒节半径变小的方向，结果使筒节内壁从宽度两侧压缩隔板使其弯曲变形；另一方面是隔板与筒节内壁之间没有留出组对间隙，组焊后的隔板沿板宽度没有处于拉紧状态，无法抵消筒节半径变小带来的压缩。通常的组焊顺序是先组焊接管，后组焊隔板，以便有足够的箱内空间处理马鞍形焊缝。有人据此提出隔板的宽度就按筒节半径变小后的尺寸去配尺下料，这固然可以避免隔板弯曲变形，但是要注意检测管箱法兰是否变形。合规地说，在箱内空间足够的条件下应该先组焊隔板，后组焊接管。不过在焊接隔板前对其平面进行图8.22(b)所示的定位和加固，加强结构既可防止隔板变形，也可以抵抗后面组焊接管引起的筒节半径变小。

(a)隔板焊后变形　　　　　　　　(b)隔板临时加强

图8.22　隔板变形及对策

隔板变形很可能是图2.43、图2.44、图2.46隔板失效的初始因素。文献[22]介绍了图8.23所示大型薄壁容器内壁热处理防变形工装及其使用方法，显然也适用于大型薄壁容器大开孔接管焊接时的防变形。工装结构由支撑弧板、筋板、支撑杠、支撑管、销子等组成。支撑弧板由上下两部分组成，由筋板内顶使其弧形部位与容器内壁贴合，筋板与支撑弧板为活动连接。使用时将工装放入容器内部，将支撑弧板上下两部分安置于须加固支撑位置，通过调整销子位置使支撑弧板与容器内壁紧密贴合，根据容器的结构可以增加支撑组合呈十字形或者米字形支撑。

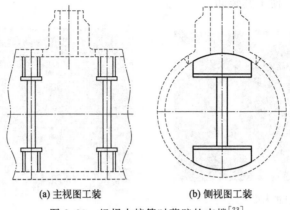

(a) 主视图工装　　　　　　　(b) 侧视图工装

图 8.23　组焊大接管时薄壁的支撑[23]

由于图 8.23 的工装对焊接操作空间的影响，文献 [23] 在应用该技术后只好设计外坡口在壳体外面进行施焊，焊接完成后出现筒体局部焊肉轻微内收缩的现象，影响了壳体圆度，于是提出以后改成内坡口从壳体内部进行施焊的对策。笔者结合上述焊接输入线能量和马鞍形焊缝冷却收缩两点因素分析了文献 [23] 报道的收缩现象，认为既然图 8.23 的工装都抵抗不了强大的热应力，就应该从控制焊接输入线能量的方向以及采取其他措施[24] 来改善效果，何况外坡口施焊只轻微内收缩，如果改为内坡口施焊，焊缝周长收缩同样存在。

(4) 管箱隔板与管箱法兰的弹性密封

鉴于管箱隔板与管箱法兰内壁相焊接后打破了管箱法兰轴对称结构，对运行工况中的管箱法兰密封面变形一致性有不良影响，因此管箱隔板可以只与管箱封头及短筒节相焊接，与管箱法兰不焊接。管箱隔板与管箱法兰这一非焊接段之间的密封可采用由螺栓紧固的弹性密封片压紧壳体内壁获得保证，具体参照 GB/T 151—2014 标准中图 6-32a) 的结构，或者本书图 8.2 所示的弹性密封结构。

(5) 活动隔板周边密封

一般的管箱较少采用活动隔板。对于固定在管板上的管箱，多管程隔板的分割使得圆筒短节的空间变小，为了便于检修里边的管接头，其中的部分隔板采用可拆卸的活动式隔板是合适的[25]。

8.2.2　隔板人孔密封

(1) 大管箱内的隔板人孔

图 8.24 是从某管箱端部人孔观察的内部结构。该热交换器管程流体介质工况较为苛刻，因此管箱与管板之间、隔板与管箱短圆筒之间都设计成不可拆的焊接连接。为了检查维护管接头，在隔板上开设了一个圆形的隔板人孔。设置隔板人孔时其所在方位既要便于人员工作，又要避免流体的直接冲击。图 8.24 中管箱流体介质进口接管与管箱短圆筒径向相接，隔板人孔设置成倾斜朝向管箱端部。如果管程流程的压力差明显，把密封盖板设置在压力较高的流程一侧，更有利于压住盖板获得一定程度的"自紧"密封。

图 8.25 也是某个与管板通过焊缝连接的管箱剖开短圆筒后所示的内部结构。其管箱流

体介质进口接管沿短圆筒轴向倾斜相接，流体介质进入管箱后主体直接流向换热管口，隔板人孔设计成垂直于管板。为了便于检修人员工作，人孔设计成较大尺寸的矩形；并且在人孔盖板上设计了双把手，便于其装卸。

隔板上的人孔

图8.24 管箱隔板上的圆形人孔密封　　　图8.25 管箱隔板上的矩形人孔密封

(2) 小管箱内的隔板手孔

图8.26的管箱结构与图8.24的管箱类似，其内部不需要人员进出，只是在隔板上设计了小方形的检查手孔。

方形手孔

图8.26 管箱隔板上的方形手孔密封

如果隔板孔与孔盖之间的内部密封涉及高参数动态工况，其密封垫片应参照热交换器法兰外密封设计，具有一定的回弹性能。否则，将导致螺柱应力变化的幅度大，螺柱的疲劳性能显著下降[26]。尽管管箱内的隔板设计了人孔或者手孔，但是在不可拆的管箱内检查和维护热交换器管接头的空间很窄，维修工作十分不便，因此高质量设计制造管接头才是首要的密封技术。

8.2.3 浮头盖隔板密封

类似于8.2.1节管箱隔板的密封。

8.2.4 中心筒调节阀密封

废热锅炉广泛应用于石油化工行业回收高温气体热量，工艺过程需要控制工艺气经废热锅炉换热后的温度。工艺气在废热锅炉的入口分成两个部分，一部分经中心阀孔，通过中心阀板的开度控制高温工艺气进入废热锅炉出口管箱中的量，另一部分进入废热锅炉的主热交换器通道换热降温，由主换热阀孔控制这部分工艺气进入出口管箱中的量，最终这两部分在出口管箱进行混合。出口管箱混合的工艺气温度，可通过中心阀板和主换热阀板控制中心阀孔和主换热阀孔的开度进行调节，以满足下一工序入口温度的工艺流程要求。常用的调节方式有两种。第一种普遍采用的废热锅炉出口旁通阀为单向调节，即只控制流经旁通管的高温气体流量。但是，此种方法调节手段单一，同时无法保证经过换热管的低温气体和流经中心筒的高温气体能混合均匀。若废热锅炉出口温度混合不均匀，则会影响后续工艺的正常运行，可能产生设备超温或者后续系统催化剂反应效率低下等问题。并且控制旁通阀的机构安装在管箱端面，不利于管箱出口法兰连接管道的布置。第二种为3阀板调节，能同时控制旁通管和换热管气体流量。但是这种方式也不能保证气体混合均匀，且制造成本过高，占用安装空间；对中心高温通道和主换热通道分别控制，操作麻烦，且调节不稳定。

（1）一拉杆双通道旁通阀

图8.27所示一种废热锅炉工艺气旁通阀，执行机构带动传动轴做往复运动，传动轴通过连杆带动传动轮转动，传动轮通过传动管带动阀芯沿轴向做往复运动，一方面与内筒配合控制流经旁通管的旁通管工艺气流量，另一方面和密封板一起运动，与挡板锥体的导气管配合控制流经换热管的换热管工艺气流量；低温换热管工艺气经过换热管工艺气腔体后，与流经旁通管工艺气腔体的高温旁通管工艺气充分混合，从而控制旁通阀出口温度。这样既能将流经旁通管的高温工艺气和流经换热管的低温工艺气混合均匀，又能实现旁通管和换热管工艺气流量双调节[27]。

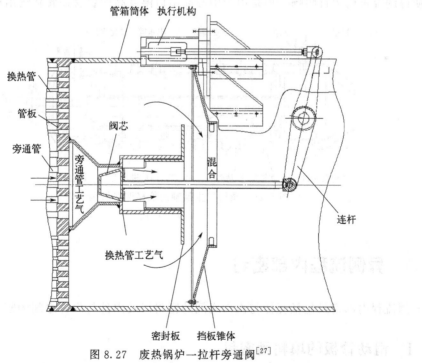

图 8.27　废热锅炉一拉杆旁通阀[27]

（2）一转轴双通道旁通阀

图8.28所示是一种用于废热锅炉的双通道旁通阀，可转动的转轴2安装在阀座体1上，中心阀板3和主换热阀板4均固定于转轴2，以使得在外力驱动转轴转动时，能够同时带动

中心阀板 3 和主换热阀板 4 分别控制中心阀孔 11 和主换热阀孔 12 的开度。其他结构件包括壳体 5、中心高温气管道 6、开度限位器 7 设有限位卡凸 71、限位座 72、限位卡槽 721、加强肋板 73。该旁通阀操作简单，调节更稳定[28]。

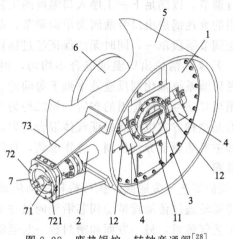

图 8.28　废热锅炉一转轴旁通阀[28]

(3) 轴向位移调温机构的密封

图 8.29 是某转化气蒸汽发生器出口管箱轴向位移调温机构及其密封。调温机构设置在椭圆形封头上，可以缩短出口管箱圆筒体的长度，而且出口管箱内也设置有隔热衬里减少变形，使得调温机构运行顺畅。但是由于中心筒出口温度高而容易使转化气出口温度超温[29]。

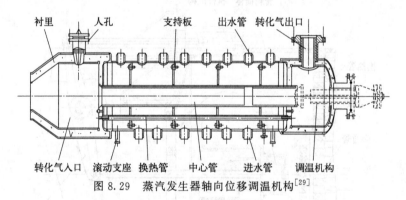

图 8.29　蒸汽发生器轴向位移调温机构[29]

8.3　异侧流程内部密封

异侧流程内部密封包括壳体与内件之间的密封以及内件与内件之间的密封。

8.3.1　滑动管板的填料函密封

苯乙烯装置脱氢反应器早期的乙苯/蒸汽过热器一般卧式安装运行 [图 8.30(a)]，其管束的一端管板是图 8.30(b) 所示的填料函滑动结构。填料函是填料函式热交换器的重要部件。文献 [30] 分析认为 GB/T 151—2014 标准同样无法确定填料函所有的结构尺寸，因此在标准法兰的基础上提出一种填料函设计方案，主要包括填料函法兰内径设计、填料函法兰选型、填料函厚度设计和填料函高度设计，这是一个贴合标准的案例。有报道称该过热器长期在高温下操作后，管板明显变形，换热管泄漏[31]。也有报道称蒸汽过热器的鞍座也变形，并通过有限元模拟分析了热应力在变形中的作用[32]。还有报道某装置苯乙烯单体收率偏低且能耗增大的问题，原因分析表明热交换器填料函设计、制作尺寸错误以及美国专利技术不良等都是关联因素[33]。因此，过热器是一个非标设备的案例。

图 8.30 的过热器壳体规格为 $\phi2330mm \times 30mm/25mm$，长达 7575mm；壳程进/出口操作温度 96.3℃/520℃，操作内压 $p_s = 0.0083MPa$，管程进/出口操作温度 600℃/280℃，操作内压 $p_t = 0.0365MPa$；壳体材料为 SA-240 304H，管板材料为 SA-182 F304H。支承滑动管板段的壳体虽然采取了加厚措施，但仍出现壳体椭圆变形造成滑动管板周边密封困难的现象。管板和圆筒体之间采用石墨填料进行密封，在 2010 年开始内漏，发现管板和圆筒体间隙增大，填料密封失效。2010 年和 2013 年两次大修中都更换了填料，但筒体的非圆变形还是越来越严重，管板和圆筒体之间的填料函最终形成上宽下窄的间隙，最大间隙处由原来的约 4mm 扩大到 18mm。

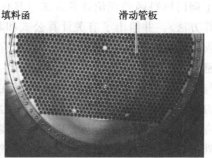

(a) 乙苯/蒸汽过热器　　　　　　　　　(b) 滑动管板填料函密封

图 8.30　乙苯/蒸汽过热器和滑动管板填料函密封

调研发现，在热交换器论文成果中关于管板填料函密封的报道不多，业内对该管板属性的认识基本一致，一般认为填料函式密封管板的计算方法与浮头管板相同，把填料函式密封管板视为浮动式管板而且按照压差来设计计算[34-36]。虽然有专家认为填料函式热交换器相当于一种特殊结构的固定管板式热交换器[37-39]，但并不是指其管板就是固定管板，也不是说必须按照固定管板式热交换器的计算方法来设计，而是在借用相关方法的基础上对填料函密封的管板周边设置合适的剪力和弯矩来实现填料函式热交换器的管板设计，所谓合适的剪力和弯矩指的就是两者都趋向于零，以这种载荷替代的方法弥补 CB/T 151—2014 标准中填料函式密封的管板设计技术的缺失。实际上，管板周边的剪力和弯矩与密封载荷有关，不便理想化处理。鉴于过热器管板的填料函式密封客观上存在失效现象，而且已通过初步分析排除材料性能的影响，对其密封特性认识应建立在其他因素分析和基本技术对策的探讨上。

(1) 问题的认识及简化

1) 主要特点　建立图 8.31(a) 的过热器滑动管板内填料函下部结构模型，其主要特点可从下列两方面体现。

一是与轴封填料函相比较存在如下差异：

首先是结构上的基本尺寸显著放大了，零部件的精度和形位偏差都会对密封产生影响；其次是功能上从轴类的高速转动密封变成薄壳体的滑动；再次是临界环境上从转轴的温升变

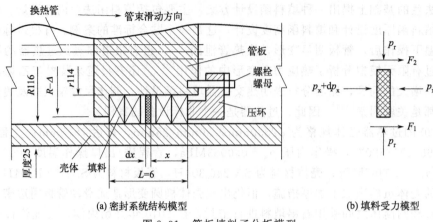

(a) 密封系统结构模型　　　　　　　　　　(b) 填料受力模型

图 8.31　管板填料函分析模型

成带压介质的高温；最后是两者材料及其加工工艺的差异。例如，文献［40］针对阀门上阀杆与阀盖间填料密封的外漏，根据填料函的密封原理，简述了阀门填料函尺寸的选取原则，同时介绍了阀门填料函的理论计算方法（具体包括填料压紧力的计算方法及阀杆与填料间摩擦力的计算方法），并给出了有关计算公式和软质填料的相关计算数据。阀杆转动时需要提起闸板，阀杆既周向转动又轴向滑动，因此有别于高速转轴，也有别于填料函式热交换器滑动管板的密封。

　　二是与非固定管板式热交换器相比较存在如下差异：

　　摩擦力阻碍管束热膨胀伸长会引起热应力。在理想的结构尺寸精度下，浮头式热交换器管束的热应力主要由构件重力与壳壁间的摩擦力引起，填料函式热交换器管束热应力的产生则在此基础上多了滑动管板的密封填料与壳壁间的摩擦力这项因素。例如，浮头式热交换器管束管接头及其壳程水压试验时，其工装设计通常也是填料函密封[41]，但是试压过程不考虑管束及其管板出现滑动现象，因此有别于填料函式热交换器滑动管板的密封。

　　2）密封原理　压紧填料的压盖施加在填料上的载荷，使填料产生塑性和弹性变形。在压紧过程中填料沿着轴向压缩的同时，也产生径向力，与管板外圆及壳体内壁紧密结合，形成密封。压紧填料的压盖的压紧力与热交换器管程介质的压力以及介质的渗透性等其他因素有关，通常的共识是所需压紧力应与介质压力呈正比例关系。填料长度一般与介质压力成正比，压力高则所用的填料圈数多些。在实际应用中，填料圈数过多，由于填料摩擦力，压紧填料的力不易传到内部深层的填料，填料函里面的几圈填料因压紧力不够而不能很好地密封，反而增加了填料对管板的摩擦力，致使管束的热应力增大。因此，填料并不是越多越好，应结合经验经过计算判断。

　　3）存在的问题　填料函密封在轴封中应用就具有密封不稳定的缺点，拓展应用到热交换器内管板或者管箱的密封时工况跨度较大，进口过热器的工程设计计算内容调研困难，没有公开报道，初步分析主要存在是否认识到位的问题：

　　第一，对操作工况的密封关注不够。首先要考虑载荷的完整性，主要载荷、次要载荷都不要有所遗漏。既然壳体经过强度设计校核而运行后密封段存在明显的变形，可以推断导致壳体变形的载荷除了内压外，还包括壳体自身的温度载荷以及与其相连构件的相互作用。相连构件主体就是管板，管板应该也会受到壳体的反作用，因此，填料函管板周边的剪力和弯矩并非在所有案例中都完全为零，只不过在多数案例中其影响可以忽略。填料函管板周边载荷导致壳体变形作用的大小更加复杂，要视填料函具体结构和载荷分析而定。

其次要考虑载荷传递过程的关联性，不要有所中断。在高温下运行的过热器，设计中应充分考虑复杂热应力的存在。除了对过热器主体模型进行各种工况的热应力分析外，还应判断局部热应力是否足够引起管板变形、支承鞍座变形、换热管泄漏、填料函泄漏等一系列的失效。

第二，由于壳体和管板两者之间存在填料的缓冲，这里的作用与反作用载荷不一定完全相等，考虑到该段壳体支承结构具有个性，填料函中管板周边的受力较为复杂。

客观地说，该滑动管板的周边受力处于固定管板和浮动管板两种极端状况之间，但是倾向于后者，无论是按固定管板设计还是按浮动管板设计似乎都有所不足。如果按固定管板设计，则按理论计算管接头和管板承受的推力较大，管板较厚；如果按浮动管板设计，则管接头和管板承受的推力较小，管板可能偏薄。填料函本来是一种古老简单的轴封结构，其主要尺寸为填料宽度和填料函深度，这两个尺寸许多专业都已标准化或者有推荐的经验公式，关于填料压紧力和摩擦力也有各种计算公式，不过各家的说法不一，出入较大。

第三，没有充分关注到该密封结构的动态性。只认识到管板密封的轴向滑动，没有注意密封结构的径向变化，介质内压、填料函的径向压力、热致径向膨胀都会引起径向密封直径及间隙的变化。其实，结构的径向动态才是密封的主要因素，轴向动态也要转化为径向动态才能对密封产生影响。无论两个密封面是相对静止的还是轴向滑动或周向转动的，在填料函的轴向和径向密封功能中，其径向密封功能往往是首要的，轴向密封功能是第二的。这有别于 O 形环的轴向和径向密封功能。在端盖的 O 形环密封中，其轴向密封功能往往是首要的，径向密封功能是第二的。

第四，表现在滑动管板的密封设计上粗放。根据 GB/T 151—2014 标准，难以确认填料函应用的温度工况与标准所规范的结构及尺寸之间的关系，没有详细分析结构高温变形对密封的不良影响。耐压性和密封性检验只是简单套用 GB 150.3—2011 标准中试验压力的确定方法，以通用的放大系数乘以设计压力作为基本要求，没有考虑填料函的径向密封原理与设备法兰螺柱的轴向密封原理的区别。

第五，苯乙烯装置系统在高温低压工况运行，按该工况对照最新的 TSG 21—2016 政府监察规程判断装置中过热器的容器类别，属于一类容器，而其中的乙苯脱氢反应器则不属于政府监察的容器类别，客观上削弱了技术人员对这两类设备的重视程度。

4）分析模型　在图 8.31(a) 的基础上建立图 8.31(b) 的填料受力分析模型，填料在压环压紧作用下向内端移动，填料所受压紧力较大的外端靠近管程，较小的内端靠近壳程。参考文献［42］对旋转圆轴的密封填料装配及压紧过程进行受力分析，任取中间一段填料微元分析其受力，涉及的载荷包括轴向压紧应力 p_x 和 $p_x + \mathrm{d}p_x$，径向压应力 p_r，摩擦力 F_1、F_2。

图 8.31 的模型存在如下简化：由于填料函径向尺寸较小，忽略了径向压应力沿着填料厚度内部的变化，视其径向均匀；忽略管板自重及填料函间隙周向非均匀性的影响；忽略设备自重和弯矩对壳体变形及密封结构的影响；忽略该段壳体支座对密封结构非均匀性的影响；壳体是刚体，内压作用下壳体的变化暂时忽略；高温下填料函容积变化的影响暂不考虑。

(2) 填料预紧受力分析

1）装配填料的压紧力　根据图 8.31(b) 可知，沿轴向力的平衡方程为

$$F_1 + F_2 + \pi(R^2 - r^2)\mathrm{d}p_x = 0 \tag{8.7}$$

式中，$F_1 = 2\pi R\mu_1 p_r \mathrm{d}x$，$F_2 = 2\pi r\mu_2 p_r \mathrm{d}x$。再设填料与钢的轴向动摩擦系数 $\mu_1 = \mu_2 =$

μ，另设侧压系数 K（K 不大于 1.0，按表 8.2 选取，不过表中的纤维原来是石棉，石棉属于禁止使用的材料），使 $p_r = Kp_x$，代入上式整理得

$$-\frac{\mathrm{d}p_x}{p_x} = \frac{2K\mu}{R-r}\mathrm{d}x \tag{8.8}$$

式中，R 是填料函内径，即壳体内径，mm；r 是密封的轴径，即填料函的管板外径，mm。

表 8.2　密封材料的侧压系数[42]

项目	浸润滑脂的填料	纤维编织浸渍	金属箔包纤维类	膨胀石墨
K	0.6~0.8	0.8~0.9	0.9~1.0	0.28~0.54

填料函满足密封要求时，在 $x=L$ 处的填料内端又有径向压应力 p_r，该径向压应力起码不小于管束壳程设计内压 p，即 $p_y = p$，对式(8.8) 两边积分，得

$$-\int_{p_x}^{p/K}\frac{\mathrm{d}p_x}{p_x} = \frac{2K\mu}{R-r}\int_x^L\mathrm{d}x \tag{8.9}$$

化简为

$$\ln\frac{Kp_x}{p} = \frac{2K\mu}{R-r}(L-x) \tag{8.10}$$

密封结构内沿轴向任意长度上的轴向压紧应力 p_x 为

$$p_x = \frac{1}{K}p\,\mathrm{e}^{\frac{2K\mu(L-x)}{R-r}} \tag{8.11}$$

式中，p_x 的单位与 p 相同，MPa。

按照最低的密封要求，就是在填料函内端填料的轴向压紧应力 p_x 和径向压应力 p_r 都应该不低于最小值。把 $x=L$ 代入上式，得

$$p_{x=L} = \frac{1}{K}p_s = \frac{1}{0.8}\times 0.0083 \approx 0.010(\mathrm{MPa}) \tag{8.12}$$

也就是说，将轴向压紧应力 p_x 乘以侧压系数可以得到径向压紧应力 p_r，且径向压紧应力应大于或等于管束壳程设计内压 p_s 或者管程设计内压 p_t 中的较大者才能起到密封作用，即 $p \geqslant \max(p_s, p_t)$。在填料函外端，填料与压环接触处的轴向压紧应力 p_x 和径向压应力最大，把 $x=0$ 及其他参数代入式(8.11)，得：

$$p_{x=0} = \frac{1}{K}p_t\mathrm{e}^{\frac{2K\mu L}{R-r}} = \frac{1}{K}p_t\mathrm{e}^{\frac{2\times 0.8\times 0.15\times 64}{1165-1149}} = \frac{2.6117}{K}p_t = \frac{2.6117}{0.8}\times 0.036 \approx 0.118(\mathrm{MPa}) \tag{8.13}$$

2）预紧时压紧力的简化　计算式(8.11) 的计算过程略为复杂，所计算的压紧力是填料函内不同深度处的压紧力。文献 [43] 提出了简化的压紧力计算式，这里引为基础并除以填料受压横截面积来换算得填料的轴向压紧应力。首先是针对填料特性来计算所需填料压紧力：

$$p_1 = y = 15.2\mathrm{MPa} \tag{8.14}$$

式中，y 是压紧应力，以柔性石墨做填料时取 15.2MPa。

其次是针对介质内压来计算使填料达到密封所需填料压紧力：

$$p_2 = 3.0p = 3.0\times 0.0365 = 0.1095(\mathrm{MPa}) \tag{8.15}$$

式中，原文献的 p 指的是计算压力。比较式(8.12) ~式(8.15)，针对填料特性所需平均径向压紧应力较大，对密封的影响起到了绝对的控制作用；针对介质内压计算使填料达到

密封所需填料压紧力较小，在密封设计中起不到控制作用。

（3）操作工况对密封的影响

文献［31］认为，滑动管板与管程的温度基本一样，比壳体高，径向热膨胀也比壳体大，使填料函间间隙变小，甚至出现抱死现象。但是，这种现象只是一种猜测，可能还存在其他情形，就是壳程内压使筒体产生径向位移，或者壳程温度先于管程温度升高，也使筒体产生径向位移，结果使填料函径向间隙增大而使填料倾向于松弛，径向压应力倾向于降低。为此，应考察高温变形的影响。忽略填料自身随温度的变化，高温下填料函零部件的热膨胀差异会影响填料的压紧应力，这里通过图8.32进行简化的分析。

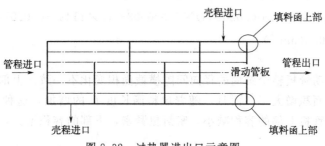

图 8.32　过热器进出口示意图

1）高温下径向间隙的变化　填料函内径为管板外径 r（＝1149mm），填料函外径为壳体内径 R（＝1165mm）。滑动管板左侧正好是壳程进口，该处壳体温度按壳程进口操作温度 96.3℃ 考虑，该温度下的线膨胀系数 $\beta_1 = 1.682 \times 10^{-5}$ mm/(mm・℃)。滑动管板右侧是管程出口，滑动管板的温度按管程出口操作温度 280℃ 考虑，管板材料该温度下的线膨胀系数 $\beta_2 = 1.753 \times 10^{-5}$ mm/(mm・℃)。据此计算滑动管板上部径向间隙的变化为

$$\begin{aligned}
\Delta R_{t\perp} &= \Delta R_\perp - \Delta r_\perp = R\beta_1 - r\beta_2 \\
&= 1165 \times 1.682 \times 10^{-5} - 1149 \times 1.753 \times 10^{-5} \\
&\approx -5.5 \times 10^{-4} \text{(mm)}
\end{aligned} \tag{8.16}$$

滑动管板左侧下部正好是壳程第一次折流的位置，壳程低温蒸汽从进口时操作温度的 96.3℃ 经过四次折流后升高到出口操作温度的 520℃，按平均每次折流升温 105.93℃ 计算，则滑动管板左侧下部壳体温度是 202.23℃，该温度下材料的线膨胀系数 $\beta_1 = 1.730 \times 10^{-5}$ mm/(mm・℃)。滑动管板的温度仍按管程出口操作温度 280℃ 考虑，管板材料该温度下的线膨胀系数 $\beta_2 = 1.753 \times 10^{-5}$ mm/(mm・℃)。据此计算滑动管板下部径向间隙的变化为

$$\begin{aligned}
\Delta R_{t\top} &= \Delta R_\top - \Delta r_\top = R\beta_1 - r\beta_2 \\
&= 1165 \times 1.730 \times 10^{-5} - 1149 \times 1.753 \times 10^{-5} \approx 1.25 \times 10^{-5} \text{(mm)}
\end{aligned} \tag{8.17}$$

如果壳程低温蒸汽进入壳体后经过五次折流才离开壳体，平均每次折流升温 84.74℃，则下部壳体材料按 181.04℃ 的线膨胀系数 $\beta_1 = 1.717 \times 10^{-5}$ mm/(mm・℃)，计算得滑动管板下部径向间隙的变化为 $\Delta R_{t\top} = -1.4 \times 10^{-4}$ mm。

由此可见，滑动管板整个圆周的径向间隙都缩小了，上部径向间隙缩小的程度大于下部径向间隙缩小的程度。而且折流板的数量对壳体温度的影响会间接影响到滑动管板的密封，减少折流板有利于提高滑动管板附近壳体的温度。

2）高温下间隙横截面积及容积的变化　运行工况下填料函的横截面积 $A_运$ 与室温下填料函安装后的横截面积 $A_室$ 之差即间隙横截面积的变化。滑动管板上部间隙的横截面积变化为

$$\begin{aligned}
\Delta A_{t上} &= A_运 - A_室 = \pi\left[(R+\Delta R_上)^2-(r+\Delta r_上)^2\right]-\pi(R^2-r^2)\\
&= \pi\left[(2R+\Delta R_上)\Delta R_上-(2r+\Delta r_下)\Delta r_下\right]\\
&= \pi\left[(2\times1165+0.0195953)\times0.0195953-(2\times1149+0.020142)\times0.020142\right]\\
&\approx -1.977(\text{mm}^2)
\end{aligned}$$

$$(8.18)$$

滑动管板下部间隙的横截面积变化为

$$\begin{aligned}
\Delta A_{t下} &= A_运 - A_室 = \pi\left[(R+\Delta R_下)^2-(r+\Delta r_下)^2\right]-\pi(R^2-r^2)\\
&= \pi\left[(2R+\Delta R_下)\Delta R-(2r+\Delta r_下)\Delta r\right]\\
&= \pi\left[(2\times1165+0.020003)\times0.020003-(2\times1149+0.020142)\times0.020142\right]\\
&\approx 1.005(\text{mm}^2)
\end{aligned}$$

$$(8.19)$$

由此可见，滑动管板整个圆周的径向间隙横截面积变化不一致，上部间隙横截面积缩小了，下部间隙横截面积增大了。而且，随着填料函长度 L 的增加，这种反向的变化差异更大。倾向性变化是管板上部的容积减小，密封更紧密，下部的容积增大，密封变得松弛，直到发生泄漏失效。

3）压力对径向间隙的影响　为了便于安装和检修，填料函通常位于管板的管程侧。应以管程内压 p_t 求取圆筒体上下部的径向位移，经典公式如下[44]

$$\Delta R_{p上}=(2-\nu)\frac{p_t R^2}{2E_上\delta}=(2-0.3)\times\frac{0.0365\times1165^2}{2\times1.90\times10^5\times25}\approx0.0089(\text{mm}) \quad (8.20)$$

$$\Delta R_{p下}=(2-\nu)\frac{p_t R^2}{2E_下\delta}=(2-0.3)\times\frac{0.0365\times1165^2}{2\times1.83\times10^5\times25}\approx0.0092(\text{mm}) \quad (8.21)$$

式中，$E_上$ 是壳体上部材料在 96.3℃温度下的弹性模量，MPa；$E_下$ 是壳体下部材料在 202.23℃温度下的弹性模量，MPa；ν 是圆筒体材料的泊松系数；δ 是过热器壳体壁厚，mm。内压作用下管板外圆直径没有变化，只有壳体直径有变化。比较式（8.20）与式（8.16）、式（8.21）与式（8.17）的计算结果，发现内压引起的径向位移明显大于温度载荷引起的径向位移，填料函上部、下部的径向总间隙变化分别为

$$\Delta R_上=\Delta R_{t上}+\Delta R_{p上}=-5.5\times10^{-4}+0.0089=0.00835(\text{mm}) \quad (8.22)$$

$$\Delta R_下=\Delta R_{t下}+\Delta R_{p下}=1.25\times10^{-5}+0.0092=0.00921(\text{mm}) \quad (8.23)$$

由此可见，仅考虑高温一个因素时填料函整个圆周的径向间隙是缩小的，但是当同时考虑运行工况的高温和低压共同作用时，填料函整个圆周的径向间隙都增大了，而且下部径向间隙的增大程度要比上部径向间隙的增大程度大一些。相对来说，介质内压对径向间隙的影响作用比高温更大。如果考虑耐压试验压力，结果基本相同。

（4）设计技术对策

1）填料预紧压应力对径向间隙的影响　介质没有渗入填料之前，其内压对填料函壳体的作用没有那么直接，其内压对填料函壳体的作用与填料对壳体的作用就存在一个比较的判断：当介质内压大于填料压紧应力时，填料就被撑开而泄漏，壳体只受到介质的压力；当介质内压小于填料压紧应力时，填料能挡住介质渗入，壳体只受到填料的压力。两种作用力的实际影响只能取其中的大者，而不是两者的叠加。填料压紧力对壳体的作用与介质内压的作用性质相同，引起的径向位移可按式（8.20）和式（8.21）求取。

当 $p_s\leqslant p_t$ 时，以 p_t 为主导设计，式（8.20）和式（8.21）的结果也就是填料压紧应力

作用的结果，填料函上部、下部的径向总间隙仍按式(8.22) 和式(8.23) 的结果。

当 $p_s > p_t$ 时，应以 p_s 为主导进行设计，为了使填料函里端的径向压紧应力达到密封作用，填料函外端的径向压紧应力需要大于壳程介质的内压 p_s，应以放大的 np_s 压力值代替式(8.20) 和式(8.21) 中的 p_t 进行径向间隙计算，该放大系数 n 即式(8.13) 中的 2.6117，则径向压紧应力为

$$np_s = 2.6117 \times 0.0083 \approx 0.0217 (\text{MPa}) \tag{8.24}$$

当以填料特性 y 为主导设计时，填料压紧应力按式(8.14) 取 $p = y = 15.2\text{MPa}$。按表8.2取密封材料的侧压系数 $K = 0.8$，则平均的径向压紧应力为

$$K\overline{p} = 0.8 \times 15.2 = 12.16 (\text{MPa}) \tag{8.25}$$

显然平均的径向压紧应力较大。将上式计算结果代替式(8.20) 和式(8.21) 中的 p_t 进行计算，分别得圆筒体上、下部的径向位移约为 2.325mm、2.404mm。离开填料函段圆筒之外其他圆筒段的径向压力较低，不可能产生这么大的径向位移，因此圆筒体内存在变形位移协调。与运行工况下的计算结果相比，基于填料特性计算所需平均径向压紧应力较大、对密封的影响仍将起到绝对的控制作用，基于操作工况计算预紧时所需平均径向压紧应力较小，对控制密封的影响不大。但是工程实际问题是，经过耐压试验合格的预紧填料在操作工况运行后会发生泄漏，因此有必要对预紧与操作之间的关系进一步分析。

2) 填料函段圆筒壁厚校核　以滑动管板所在位置壳程设计温度 565℃ 查得材料的许用应力为 72.6MPa，以 $p_s = 0.0083\text{MPa}$ 计算壁厚

$$\delta_s = \frac{p_s D_i}{2[\sigma]^t \phi - p_s} = \frac{0.0083 \times 1165 \times 2}{2 \times 72.6 \times 1 - 0.0083} \approx 0.133 (\text{mm}) \tag{8.26}$$

式中，ϕ 为壳体焊缝系数。

以滑动管板所在位置管程设计温度 625℃ 查得材料的许用应力为 52MPa，以 $p_t = 0.0365\text{MPa}$ 计算壁厚

$$\delta_t = \frac{p_t D_i}{2[\sigma]^t \phi - p_t} = \frac{0.0365 \times 1165 \times 2}{2 \times 52 \times 1 - 0.0365} \approx 0.818 (\text{mm}) \tag{8.27}$$

以壳程在室温下进行水压耐压试验的压力 0.86MPa 来计算筒体所需要的壁厚

$$\delta_T = \frac{p_T D_i}{2[\sigma] \phi - p_T} = \frac{0.86 \times 1165 \times 2}{2 \times 137 \times 1 - 0.86} \approx 7.336 (\text{mm}) \tag{8.28}$$

以壳程室温许用应力 137MPa，填料预紧时平均的径向压紧应力 $K\overline{p}$ 代替 p_s 或 p_t 计算壁厚

$$\delta_{预} = \frac{K\overline{p} D_i}{2[\sigma]^t - K\overline{p}} = \frac{12.16 \times 1165 \times 2}{2 \times 137 \times 1 - 12.16} \approx 108.21 (\text{mm}) \tag{8.29}$$

以滑动管板所在位置壳程经过一次折流后的 202.23℃ 查得材料的许用应力为 95.5MPa，以填料预紧时平均的径向压紧应力 $K\overline{p}$ 代替 p_s 或 p_t 计算壁厚

$$\delta = \frac{K\overline{p} D_i}{2[\sigma]^t - K\overline{p}} = \frac{12.16 \times 1165 \times 2}{2 \times 95.5 \times 1 - 12.16} \approx 158.43 (\text{mm}) \tag{8.30}$$

以填料预紧时平均的径向压紧应力 $K\overline{p}$ 和名义壁厚计算应力

$$\sigma = \frac{K\overline{p} R}{\delta} = \frac{12.16 \times 1165}{25} \approx 566.656 (\text{MPa}) \tag{8.31}$$

由此可见，按设计参数计算所需要的壳体壁厚不到 1mm，而按室温预紧压应力计算所需要的壳体壁厚高达 108.21mm，按壳体一次折流后的温度承受预紧压应力计算所需要的壳

体壁厚高达 158.43mm，壳体名义厚度 25mm 远没有满足要求。室温装配时，壳壁周向应力约 566.656MPa，显著超过许用应力 137MPa，也超过屈服强度（1.5×137＝）205.5MPa，壳体已发生塑性变形。

3）设计对策 上述计算填料函间隙的变化是基于金属材料的弹性力学性能进行的，装置停车后这些变形会恢复原态。但是前言中提及的事故案例表明，上宽下窄的变形主要是壳体的非弹性变形，包括预紧时压紧力太大引起的塑性变形，运行过程的内压与热应力导致的变形，也许包括运行过程的高温蠕变，这些非弹性变形不会回复。因此提出如下的设计步骤和处理对策：

第一，设备和填料函的整体布置。环形密封垫受力的均匀性对密封效果影响较大，而立式热交换器要比卧式热交换器更有利于维护填料函结构周向间隙的均匀性，因此热交换器宜优先选择立式布置。为了借助介质压力来压紧填料，一般是把密封结构的压紧环和螺柱设计在压力较高的一侧，但螺柱最好设计在便于装拆的管程一侧，因此内压助紧与便于装拆两方面的需求对填料函结构方位设计可能存在矛盾，需要谨慎选择，才能更好实现滑动管板的填料函密封。

第二，材料的选取。在条件许可的情况下，壳体材料的线膨胀系数要小，管板材料的线膨胀系数要大，这样填料函容积将随着温度的升高而缩小，对填料有自紧作用。密封材料应选用镍丝石墨或其他耐高温填料，保持高温下的回弹性能。

第三，要判断填料函密封设计的控制载荷。本案例的控制载荷是密封填料所需压紧力主导，其他案例也许是由介质内压或者填料压紧力和介质内压两种载荷共同控制。切忌仅把圆筒体的运行工况或者耐压试验工况作为密封结构设计的参数，还应该考虑装配工况的设计参数。运行工况的设计主要保证结构的强度，耐压试验工况的设计还要保证结构的刚度。装配工况的设计如果以填料压紧力为主导，则密封设计不受介质工况的影响。

第四，要以控制载荷进行结构强度设计。对于填料函处筒体段的非弹性变形以及弹性变形，都可以通过增加壳体壁厚，加强壳体外壁的支承结构来满足控制变形的要求。在确定耐压试验压力时，则不是以控制载荷为基础，而是以介质压力为基础。在本案例按 GB/T 24511—2017 标准[45] 选取高温下材料的许用应力时，要注意选择不允许材料构件产生微量永久变形的那一系列数据。

第五，对于图 8.31 的内填料函结构，设备运行后无法人工调整填料的压紧力。当初步计算发现径向间隙在动态变化中逐渐增大时，要通过结构设计使轴向滑动过程获得填料自紧来弥补压紧力的松弛。对于初步计算发现径向间隙在动态变化中逐渐减少时，不宜设计成轴向滑动过程获得填料自紧的结构，而应设计成轴向滑动过程适当获得间隙补偿的结构。根据提高滑动管板附近壳体的温度有利于增大间隙的原理，具体对策一是减少管束内折流板的数量以维持该处高温，对策二是加厚该段壳体外壁及其滑动支座保温层以维持该处高温，如图 2.45 所示。这种密封设计既能保证预紧的效果，又考虑了操作工况对预紧效果的动态影响，具有较长的有效密封周期。

第六，提出保证密封的制造技术要求，包括材料性能、密封结构形位尺寸精度、装配填料时各压紧螺柱的转矩、压紧螺柱的防松动等。

(5) 附加载荷对密封的影响

1）填料滑动的摩擦力 当管板填料函密封系统在管束热膨胀作用下具有沿壳壁轴向滑动的趋向时，在微量轴向长度上填料的轴向摩擦力为

$$dF = 2\pi R\mu p_r dx \tag{8.32}$$

在总长度为 L 的整个填料上的轴向总摩擦力 $F(\mathrm{N})$ 由上式积分得

$$
\begin{aligned}
F &= 2\pi R\mu \int_0^L p_x K \,\mathrm{d}x \\
&= 2\pi R \frac{R-r}{K} p (\mathrm{e}^{\frac{2K\mu L}{R-r}} - 1) \\
&= 2\pi \times 1165 \times \frac{1165-1149}{0.8} \times 11.932 \times (2.6117-1) \approx 2.8153555 \times 10^6 (\mathrm{N})
\end{aligned}
$$

(8.33)

式中，压力 p 应取各种计算结果中的最大值，本案例则以 $\bar{p}=11.932\mathrm{MPa}$ 为所需压紧力来计算轴向总摩擦力。理论上，管束热膨胀或者降温收缩沿着轴向滑动时，填料与壳壁的摩擦力都可按式(8.33)计算。实际操作当管束热膨胀滑动时，填料在摩擦力的作用下会往填料函内端挤压，填料函内的摩擦力发生一些变化，靠近内端的摩擦力升高一些，靠近压环的摩擦力降低一些，更有利于密封。忽略壳体变形产生的阻力，则总的摩擦力可视为不变，仍可按式(8.33)计算。

总长度 L 的整个填料外圆面积为 $2\pi RL$，填料与壳体间的轴向平均摩擦力为

$$
F = 2\pi RLK\bar{p}\mu = 2\pi \times 1165 \times 64 \times 12.16 \times 0.3 \approx 5.696647445 \times 10^6 (\mathrm{N}) \quad (8.34)
$$

2）管束滑动的摩擦力　大型管束底部对称设置两条支承管束的纵向滑板，则管束滑道板与壳壁间的总摩擦力 F_h 为

$$
F_h = G\mu_h \cos\theta = 22908 \times 0.3 \times 0.966 \approx 66387.35 (\mathrm{N}) \quad (8.35)
$$

式中，滑道板的安装角 θ 根据 GB/T 151—2014 标准为 $15°\sim25°$，因此，$0.906\leqslant\cos\theta\leqslant 0.966$；管束总质量 $G=22908\mathrm{kg}$；滑道板与壳壁间的静摩擦系数 $\mu_h=0.3$。

3）管束的热伸长推力　由壳体和管束两者平均温差引起的管束伸长时产生的推力 T 为

$$
\begin{aligned}
T &= A\sigma_z = [\pi n(\phi_0 - \delta')\delta'][E^t(\beta\Delta t)] \\
&= \pi \times 1506 \times (38.1-2.77) \times 2.77 \times 1.753 \times 10^5 \times (1.764 \times 10^{-5} \times 131.85) \\
&\approx 1.887812607 \times 10^8 (\mathrm{N})
\end{aligned}
$$

(8.36)

式中　A——管束换热管的横截面积，mm^2；

n——换热管数量；

ϕ_0——换热管外直径，$38.1\mathrm{mm}$；

δ'——换热管壁厚，$2.77\mathrm{mm}$；

E^t——换热管材料平均温度下的弹性模量，$1.753 \times 10^5 \mathrm{MPa}$；

β——换热管材料平均温度下的线膨胀系数，$1.764 \times 10^{-5} \mathrm{mm/(mm \cdot ℃)}$；

Δt——管束和壳体两者的平均温差，$\Delta t = 440-308.15=131.85(℃)$。

由前面的分析，设 $\sum F = F + F_h$，比较得知 $T \geqslant F + F_h$，即管束推力明显大于摩擦力从而产生滑动，管束热应力可以因滑动而逐步释放。据此认为该管束相当于特殊的浮动管束或者特殊的固定管板管束，作用到管板周边的剪力即为填料滑动的摩擦力 F 与管束滑动的摩擦力 F_h 之和 $\sum F$，而作用到管板布管区的推力则为

$$
\begin{aligned}
Q &= T - (F + F_h) = 1.887812607 \times 10^8 - 5.696647445 \times 10^6 - 66387.35 \\
&= 1.830182259 \times 10^8 (\mathrm{N})
\end{aligned}
$$

(8.37)

$\sum F$ 除以管板周长即得单位弧长作用力，Q 除以管板布管区面积即得等效的壳程附加压力。

4）换热管的热应力　分析式（8.36）可知，在影响热推力大小的几个因素中，换热管的数量和管壳程温差作用较大。如果其他案例的计算结果确定管束无法滑动，则该管束相当于固定管板管束，因此管接头设计时的拉脱力校核应考虑该热应力的作用。本案例中

$$\sigma_z = E^t \beta \Delta t = 1.753 \times 10^5 \times (1.764 \times 10^{-5} \times 131.85) \approx 407.72 \text{（MPa）} \qquad (8.38)$$

管束平均温度 440℃下换热管材料的许用应力为 103.8MPa，该热应力已超过许用应力的 3 倍 311.4MPa。如果管束滑动，该热应力得到一定的释放，否则会引起管接头失效。

（6）填料函密封设计的各种因素

图 8.31 中受力模型较为简化，分析结果欠准确，难以全面评估上述技术分析的可靠性，而且个性案例的分析结论不具有普遍性，即便这样还是可以定性判定过热器管板填料函密封失效的主要原因是圆筒体强度设计不足。管板填料函的密封设计是一项综合性很强的多因素交互设计，预紧载荷在操作工况下的结构强度校核可能成为关键的一环，主要技术对策总结如下：

1）填料函密封设计的基本因素　密封载荷除了考虑管程和壳程工况外，还应考虑填料压紧应力。压紧应力既与壳体内压成正比，也与填料的摩擦系数、侧压系数、填料长度、填料厚度、填料特性等有关。位于填料函处的那一段壳体内壁的圆度偏差应控制在满足密封要求的范围内，必要时对筒体内壁进行机加工使内壁的圆度满足设计要求。

2）管板填料函密封设计的关联因素　壳体厚度需要满足填料压紧力的要求，填料压紧力的控制尚应考虑管接头、管板的附加热应力。在填料函密封段圆筒体下增设支承鞍座可以加强结构，防止该段圆筒体变形，但是不仅应妥善校核多支座时壳体的受力，使密封段圆筒体承受较小的弯矩，还应强化支座的滑动性、支座和圆筒体的保温设计。

3）管板填料函密封设计的目标因素　可考虑填料函从其内端起就具有有效密封作用，也可以考虑只有填料函某一段起有效密封作用，无论如何，不能只有填料函外端才起有效密封作用。变卧式过热器为立式过热器以便均匀填料函的受力，则可以取得改善的密封效果。

4）填料函密封设计的优化因素　密封填料与介质的适应性。改变换热管与管板的连接结构，从插入管孔式变为背面对接式，可以承受更大的拉脱力和热疲劳的作用。

5）填料函密封设计的客观问题及创新　由上述分析可知，对于管板直径较大的过热器，即便改变其卧式安装为立式安装，由于周向温差的影响也会使填料函的间隙变得不均匀，因此，从综合考虑各个因素的交互影响出发，如果使其不良影响相互抵消，则可以取得长期的密封效果。例如，根据运行时填料函间隙变化的预测，装配时预定一个初始间隙周向不均匀，但初始间隙与预测间隙变化正好相反的填料函结构，就可以使运行中的间隙变得均匀。或者在填料函周向均匀间隙的基础上，装配时施加周向不均匀的填料压紧力，在预测将产生填料松弛的函段施加较大的填料压紧力，也可以使运行时的径向压紧应力沿周向分布均匀。填料函间隙的调整如图 8.33 所示。

图 8.33　填料函间隙的调整

（7）填料函密封设计质量技术方法的创新

设计方法上，建立整体模型进行包括温度载荷在内的有限元分析，剖析其内部复杂的应力、应变与位移，找到密封设计的关键。

制造质量上，组成填料函的壳体应经过热处理以消除其纵焊缝残余应力，或者采用锻件制造该段圆筒体，彻底消除纵焊缝潜在的不良影响。

8.3.2 管板的内部密封

(1) 固定管板的内密封

螺纹锁紧环热交换器的管箱壳体和壳程壳体是一体化结构，U形管束整体装配在壳体内，其固定管板的密封属于分隔管程和壳程的内密封，要求管箱筒体、管板两侧的密封面应光滑，不得有刻线、划痕等降低强度和影响密封性能的缺陷。为保证设备的密封可靠性，在管箱筒体组焊并最终退火热处理、管板与换热管焊接胀接完成后，应对管箱筒体及管板两侧密封面进行平面度检查。管箱筒体组焊并最终退火热处理完成后，采用落地镗铣床对管箱筒体密封面打表检测，若检测结果不符合图样要求，需对管箱筒体密封面进行二次加工。管板与换热管焊接胀接完成后，因管板较薄，管板两侧密封面发生局部轻微变形的概率较大，管板正面采用落地镗铣床进行检测并加工，而管板背部密封面因结构限制，需采用图8.34所示的千分表工装检测。具体要求管板端面与管束轴线应垂直，其偏差不得超过$30'$，密封面的平面度允差不超过$25\mu m$，否则应采用专利技术对管板背部密封面进行二次精加工[46]。

图8.34 管板背面平面度检测[46]

(2) 浮动管板的内密封

浮动管板的内密封与浮头管箱的密封及浮头盖的密封相近，分别见8.3.4节和8.3.5节。

8.3.3 双管板密封及换热管的填料函密封

(1) 双管板隔离腔的等效密封作用

双管板结构的基本功能。业内俗称的双管板不是指管束两端的两块管板，而是指在管束的同一端设置的两块管板，GB/T 151—2014标准中分别称为外管板和内管板。这两块管板既可以与管束一起共同安装在同一个壳体内，也可以分开，通过短壳体连接这两块管板，把管束主体安装在另一个较长壳体内，称为连接双管板。或者这两块管板之间没有短壳体，直接与大气相通，称为分离双管板。短壳体内空间较窄，其功能与长壳体内换热为主的功能明显不同，有的短壳体内介质工况处于管程工况和壳程工况之间，目的是缓冲两者显著的差异；有的双管板可以利用两者的间隔形成一段小小的空腔，无论腔内是否压注有惰性介质，都能很大程度上实现管程和壳程之间的隔离，起到与密封等效的作用。双管板隔离腔密封技术的基础是组合式密封，包括管接头的密封、内管板与换热管的胀接内部密封、内管板与壳体的焊接外密封、密封腔惰性介质的反向压力密封。

双管板的应用。主要是对有毒有害介质隔离，包括通常意义上最终对装置环境有毒有害介质的隔离，也包括特殊工艺中对贵重物品产生损害的隔离。例如芳烃联合装置中低温热源较多，但大多没有进行有效回收。其中一个原因是无论是用于发生低压蒸汽还是热水回收，如果采用常规的单管板管壳式热交换器，一旦管板和换热管之间的连接接头发生泄漏，泄漏的水分可能导致昂贵的催化剂和吸附剂失效，这将对芳烃联合系统造成极大的危害。双管板管壳式热交换器的应用提供了一种有效、可靠的选择。在特定的工况下，仅需增加较低的费用，采取有效的措施，即可规避泄漏风险，达到预期效果[47]。

（2）双管板的管接头可拆卸密封

一种双管板的 U 形夹套多套管热交换器，其内管管板的密封是可拆卸的结构。文献 [48] 介绍的多套管热交换器结构如图 8.35 所示。其管束好像 U 形管和夹套管的完好组合，但是又有别于发夹式 U 形管，适用于高温高压、高黏度介质的纯逆流换热而不易堵塞。夹套管的内管和外管分别与不同的管板连接，外管靠近 U 形管的另一端又由另一块管板连接。从 3 块管板的视角来看，可以认为结构中的一端有一块管板用于连接外管，另一端有两块管板分别用于连接外管和内管。从内外管的视角来看，结构中所有外管的两端各连接有一块不可拆的管板，外管与两端的管板采用焊接结构；而每一条 U 形内管的两端通过内管接头上的螺纹连接成可拆密封结构，内管与管板的密封采用球面接头加填料函的形式，可实现各内管独立的、快捷的拆卸与更换。内管和内管管板的连接见图 8.35。

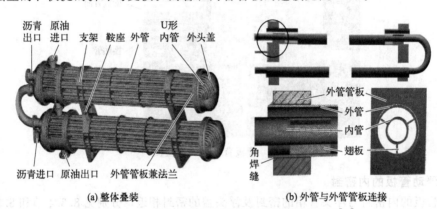

(a) 整体叠装　　　　　　　　　(b) 外管与外管管板连接

图 8.35　U 形夹套管内管管端与管板连接示意图[48]

（3）双管板的管束可拆卸式密封

文献 [49] 介绍了一种采用双管板结构的可拆式热交换器，可将该热交换器拆卸成单根换热管、封头、管板等部件，更换其中的损坏部件，重新组装后可以继续使用。其中换热管与管板的密封采用图 8.36 的锥形密封圈。一台采用该密封技术的可拆式热交换器，经过 0.6MPa、80℃的水压试验，达到设计要求的密封性能。

（4）双管板的密封质量技术

GB/T 151—2014 标准增加了双管板的设计计算方法，适用于 U 形管式和固定管板式热交换器的双管板及其相关元件（如换热管、壳体等）的强度核算和设计计算。双管板设计若要取得预期的等效密封效果，应视结构和材料状态提出保证质量的技术要求。

在强度核算上，一方面，该标准规定内、外管板分别基于自身条件确定的计算厚度之和，应大于或等于将两块管板视作整体的一块管板所确定的计算厚度，校核才能通过；另一方面，双管板之间的连接元件应具有足够的结构尺寸和刚度以协调内、外管板之间由于金属温度不同及其他因素而产生的变形或载荷。

通常来说，在内管板与壳体的焊接及其热处理完工后，宜先对内管板与换热管进行胀接

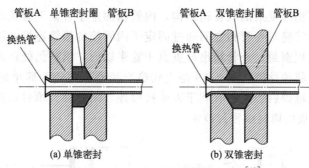

图 8.36 可拆卸式双管板的锥形密封[49]

实现内部密封，而且可以对该内部密封进行壳程充压的耐压试验；然后再对外管板与换热管进行胀接，此时也可对两块管板之间的隔离腔充压进行密封的耐压试验，确认质量可靠后再焊接管接头。

8.3.4 浮头管箱的密封

浮头管箱也称滑动管箱，其通过管箱短节与管板连接后，把管箱介质的出口设计成管箱端部的接管，这样就把密封结构从管板外圆缩小为了接管的小直径外圆。浮头管箱的内漏本来属于管程和壳程之间的内漏，鉴于其结构及工况的复杂性，带来了内漏的特殊性。浮头管箱与浮头盖一样都浸泡在壳程介质中，其最大的差别在于浮头管箱多了一条从管箱穿过壳体连通外面的接管。为了节省空间，连接管箱封头和内部接管的是凸缘法兰或活套法兰而不是长颈对焊法兰，紧固用盲螺孔而不是全通螺孔，由此而往往带来同样浸泡在壳程介质中的诸多内件，使密封变得复杂。

（1）浮头管箱的填料函密封

浮头管箱的填料函密封应用于压力及压差不明显，但是温差明显的工况。图 8.37 是立

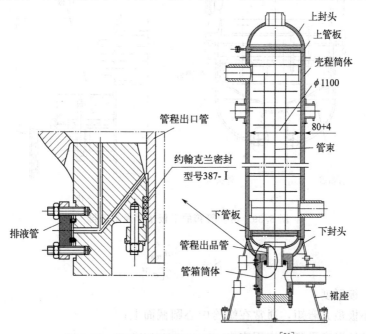

图 8.37 滑动管箱转向出口的填料函密封[50]

式热交换器及其底部稍为复杂的双管箱结构，内管箱固定于管束下管板的周边，外管箱固定于壳程的下封头，内管箱与外管箱之间通过固定于内管箱的接管连接，接管的另一端与外管箱之间通过填料函实现密封，外管箱出口垂直于管束轴向，填料函处还设置了排污管道，以免杂质影响到密封填料的性能。图 8.38 是立式热交换器顶部较为简单的滑动管箱填料函密封结构。其填料函表面堆焊后加工，有利于表面抗摩擦、耐腐蚀。填料函密封设计仍可以参照8.3.1 节关于滑动管板的填料函密封技术。

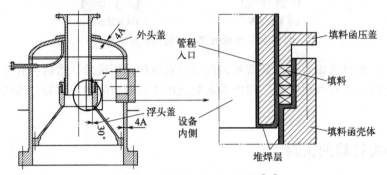

图 8.38　滑动管箱填料函密封[51]

（2）浮头管箱的强制密封

浮头管箱的强制密封应用于压力及压差明显的工况。图 8.39 和图 8.40 是较为简单的立式浮头管箱结构。前者是平板垫片密封，后者是八角垫片密封，两者压紧垫片的环板需要进行强度校核。文献［53］结合平板理论介绍了环板的分析法强度设计以及环板厚度计算按式(8.39) 的推导过程，遗憾的是其环板受力简图忽略了环板底面从外圆到八角垫片之间所受到的壳程介质内压的作用。由于该作用使密封件分离，因此可能使校核结果偏危险。

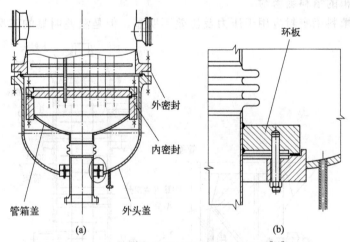

图 8.39　滑动管箱的平板垫片强制密封[52]

$$S = \sqrt{\frac{6m_{\max}}{1.5[\sigma]_f^t}} \tag{8.39}$$

式中　　S——环板厚度；

　　$m_{\max}$——环板最大弯矩，通常在螺栓中心圆截面上；

　　$[\sigma]_f^t$——设计温度下环板许用应力。

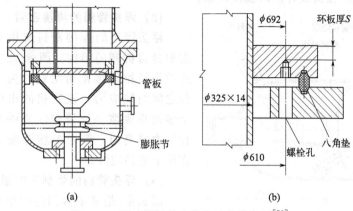

图 8.40 滑动管箱的八角垫片强制密封[53]

　　某乙烯装置中高压脱丙烷塔再沸器管壳侧的介质分别为液态烃和盘油，介质特性均为轻度危害、易燃易爆，设计压力较高，管程设计压力（G）大于 2.5MPa，管壳程温差大，且管壳侧的介质均容易结焦，需要机械清洗等。由于工艺包的要求，该热交换器需要满足管程介质热虹吸的要求，管程必须为单管程。固定管板式热交换器需在壳程设置膨胀节，一旦损坏泄漏，危害较大。因此，固定管板式热交换器和 U 形管式热交换器均不能满足机械清洗的要求；填料函式热交换器不适用于压力（G）大于 2.5MPa，且介质易挥发、易燃易爆、有毒的工况。文献 [54] 采用了图 8.41 这一单管程浮头热交换器，适用于石油化工装置中高温，高压，管壳程温差大，介质易燃易爆、有毒等各种恶劣工况。其中的 4 道强制密封中，主要受压元件进行校核时考虑了膨胀节反力对受压元件的作用。笔者认为，其中紧固件的设计校核也需要考虑浸泡在温度较高的壳程介质中的影响。这方面的内容还可参考

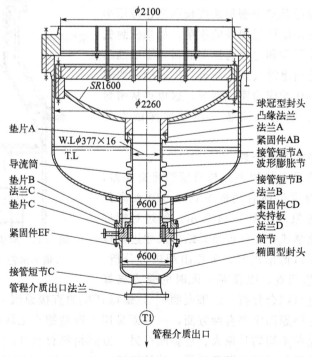

图 8.41 单管程浮头管箱[54]

11.2.1 节关于法兰接头设计时的温度因素。

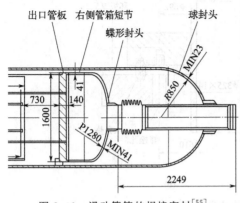

图 8.42　滑动管箱的焊接密封[55]

(3) 浮头管箱的焊接密封

浮头管箱的焊接密封应用于工况恶劣但不需要经常拆卸的结构。图 8.42 是较为简单的卧式浮头管箱焊接密封结构。为了缓解管程和壳程之间的热应力，该管箱的出口直管组焊了一个多波形膨胀节。值得注意的是，当壳程较管程压力更高时，需要校核膨胀节等结构在外压作用下的稳定性。

(4) 浮头管箱的强制密封组合填料函密封

图 8.43 是某项目制造的甲醇合成中间热交换器，是目前国内该种类型产品直径、吨位最大，换热管长度最长的热交换器。设备总长 30772mm，总重 338t，管束直径 ϕ2.4m，长 26022mm，换热管材质为 S30403，规格为 ϕ14mm×2mm。管束内部浮动管板可有效解决中高压、长管束、大直径热交换器因管壳程温差引起的管壳程轴向位移不同步问题，大幅降低了管板所受轴向应力[56]。图 8.43 中膨胀节下端通过管箱接管的填料函密封，与管程介质的隔离。膨胀节的上端通过环板法兰与壳体端部的内法兰强制密封，膨胀节下端设计成填料函密封的压盖。

浮头管箱密封设计的温度因素见 11.2.2 节。

8.3.5　浮头盖的密封

浮头盖和浮头勾圈之间夹住浮头管板，在设备运行中紧固密封的螺柱螺母及整个密封系统长期泡在减压半成品油料中，因此必须保证紧固件的质量。如果密封失效，则发生热交换器管程和壳程的泄漏混料，影响油品质量。在 2.1.5 节已列出浮头盖密封运行失效的主要表现及其原因是紧固螺柱的应力腐蚀断裂，这里再从密封和紧固件结构设计、制造及安装的角度加深读者的印象。

(1) 安装过程中的螺母开裂

某原油预处理装置中的初底油与减压油热交换器，浮头盖在装配上紧时发生前后两批 SA453 660-A 高强度不锈钢螺母开裂现象，如图 8.44 所示。经过对螺母表面及剖面的材料化学成分、硬度及其结构尺寸进行检测，对宏观外貌、断口低倍观察、金相组织进行分析，再对螺母的制造工艺调查，以及对装配时的受力核算

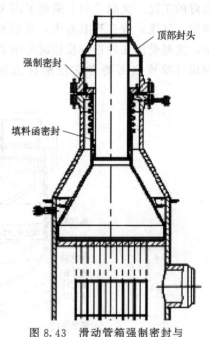

图 8.43　滑动管箱强制密封与
填料函密封组合结构[56]

等，对其断裂原因进行综合分析。结果表明[57]，螺母开裂的直接原因是拧紧力矩大于螺母材料的承受能力。深层原因主要有两方面，一方面是用于锻造螺母毛坯的棒料直径不合适，导致锻造比偏小，晶粒不均匀且偏大、易脆断；另一方面是原材料 Ti 含量偏低且热处理温度欠佳均影响了成品热处理的弥散化效果，并且组织中有一些细小的析出物，力学性能提高

有限。对于重要紧固件的批量订购，建议实行首检首试制度，紧固件生产厂家试着按订单要求的载荷进行装配和紧固，试验合格后再正式生产。

(a) 断面　　　　　　　　　　　　　　(b) 剖面

图 8.44　浮头盖螺母紧固时开裂

(2) 安装过程中的螺柱断裂

某炼油厂新建常减压装置的一批浮头式热交换器为了防腐，对 M30×3×430-B 的浮头盖螺柱和配对螺母选用了高强钢材料 SA453 660-A，但在浮头盖装配时其高强螺柱前后出现两次断裂现象，如图 8.45 所示。通过现场调查、化学成分、力学性能、宏观断口、金相观察、结构应力计算及螺柱制造工艺调查等方法对其断裂原因进行了综合分析，结果表明[58]：螺柱和螺母因强力装配咬合在一起造成了应力集中，这是致使最大剪应力超过材料的抗剪强度，导致螺柱扭断的主要原因；最大等效应力明显大于材料的抗拉强度，断裂处材料因其高强度而表现出脆性断裂。螺柱批量生产中工艺执行不到位，堆积装炉热处理的不规范操作是造成螺柱断裂的次要原因。

(a) 断面　　　　　　　　　(b) 剖面位于螺母压紧端面

图 8.45　浮头盖螺柱紧固时断裂

(3) 运行过程中螺柱断裂的失效分析

笔者分析图 2.42 中浮头盖螺柱的断裂：该台冷却器内浮头共有 52 根螺柱，断裂了 5 根，另有一台冷却器的内浮头也断裂了 1 根螺柱，可证实问题的系统性；断裂的 5 根螺柱沿浮头法兰周向分布较为分散，也证实了问题的系统性，还可推断与应力水平关系不大；断裂的位置均靠近长度中间，不在螺纹处，证实螺柱螺母组合的局部应力集中没有起到主导作用；螺柱材质选用 35CrMoA 属于常规技术，M24×270 的规格显得细长，具有一定的结构柔性，但是其装配后长期封闭于浮头法兰或浮头勾圈深而窄的螺柱孔中，为表面沉积杂质，形成污垢，以及微生物繁殖创造了条件，最终引起了垢下腐蚀。

因此，对于厚壁法兰盘的螺柱孔，应注意改善结构细节，避免形成介质静滞的死区。例如调整关联结构尺寸以便减薄法兰盘厚度，螺柱中部的非螺纹段采用不小于两端螺纹根底直径的细直径结构，增大浮头法兰与浮头勾圈之间的间隙，法兰盘外圆面上对中螺柱孔处设计便于介质流动的圆孔。

浮头盖密封设计的温度因素见 11.2.1 节。

8.4　管束的滑动和换热管的微振

管束的滑动性能和换热管的振动具有微妙的关系，当管束滑动受阻，可能导致拉杆受力的变化，当从受拉转变为受压时，拉杆很容易失稳，削弱对支持板应有的支持作用；也可能导致支持板的微位移或倾斜，使管孔与换热管的配合关系发生微小的变化，换热管外圆面与管孔内圆面之间从理想的线接触变成具有危害性的点接触，产生刀口效应。在滑动受阻处于不稳定的临界状态时，刀口效应进一步转化为危害性更大的锯口效应。

8.4.1　填料函管束视同固定管板管束设计

GB/T 151—2014 标准把浮头式与填料函式热交换器的管板计算表融合到了一个表中，基础是两者在管束滑动这一力学行为上相近，在这一力学行为的技术原理上相融。业内则通常把填料函式热交换器当作一种特殊结构的固定管板式热交换器来研究[59-61]，也是基于两者在结构功能上相近及相融。实际上，当浮头管束或者 U 形管束被重焦油杂质堵塞，或者结构变形造成阻碍之后，也就真的具有固定管板式热交换器的特点了。因此这是填料函式热交换器设计中一种面向极端现象或危险工况的校核式设计方法，虽然从理论上略显保守，但是较为接近工程实际，在实践上是必要的。

8.4.2　管束的滑动性

热交换器的浮动管束是否能正常地实现其受热伸长和降温收缩，受到运行操作、结构设计、精确制造等各阶段的影响。管束滑动失效的现象很多，这里只就典型情况各举一例。

(1) 运行中的介质污垢堵塞管束会严重阻碍管束的滑动

图 8.46 所示的某汽油加氢装置节能改造项目中的高压蒸汽加热器，是利用 U 形管束管程中 450℃的高压蒸汽加热壳程 400℃的含氢烃介质，其壳程带纵向隔板，壳程进出口靠近管箱侧法兰。在拆卸管束时遇到困难，利用两个推力各为 100tf（1tf≈9.8kN）的千斤顶也无法从壳体中把管束移动一下。经过对壳体全表面缓慢加热到 370℃后才逐渐把管束顶出，同时从管束里面清出约 4t 的固体颗粒，如图 8.47 所示。

(a) 全包裹加热　　　　　　　　(b) 千斤顶拆卸

图 8.46　某 U 形热交换器管束的拆卸

图 8.48 是类似问题的热交换器，需要在管板和壳体上分别组焊一些工装，才能使用千斤顶慢慢把管束顶出来。

图 8.47 沉积的垢物

图 8.48 用千斤顶拆开管箱法兰

（2）结构设计及精度要求欠缺不利管束的滑动

厚壁筒体较薄壁筒体刚性强，筒体圆度和筒体直度难以调整，容易造成壳体和管束之间的制约，不利于管束滑动。重型管束由于自重对壳壁的支承压力很大，如果没有设置好滑道，容易产生较大的摩擦力，不利于管束滑动。相对而言，小直径的管束总重可能比大直径的管束小，从而更利于其在壳体内热膨胀时位移。但是如果小直径的管束设计得较长并且折流板排布很密，在相互装配的结构尺寸精度上不足，或者在保证这些尺寸的质量技术要求上强调不够的话，很容易造成管束和壳体之间形成过多的制约，也不利于管束滑动，如图 8.49 所示。图 8.49 的管束类似图 8.46 的结构，靠近管板的一段管束正好对中壳程流体的进、出口，不设折流板，可能因此在管束下部形成滞流区，沉积颗粒、污垢。

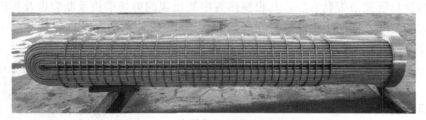

图 8.49 密排折流板的 U 形管束

（3）结构组焊变形阻碍管束的滑动

特殊材料所致。不锈钢壳体容易变形，造成管束装配或者管束滑动的困难。主要原因如下：一方面是制造变形，材料的热导率小而线膨胀系数大，厚板焊接会产生较大的焊接应力，合金元素及杂质的偏析容易产生热裂纹[62]，返修容易造成局部壳体变形；另一方面是运行中的变形，由介质温度使焊缝残余应力逐渐释放所致。因此需采用低热输入并控制层间温度等工艺措施。

非均衡结构所致。苯乙烯轻组分塔冷凝器由上下两部分组成，其结构如图 8.50 所示。该冷凝器下部为 U 形管固定管板式热交换器，直径 1800mm，壳体壁厚 36mm，总长度 11000mm；上部是集合管，一端是封头，另一端在现场与管道焊接，集合管直径 1790mm，壳体壁厚 36mm。冷凝器制造的难点是如何防止开孔和焊接造成的壳体变形。具体来说，热交换器和集合管壳体在开孔和焊接后会产生图 8.50 所示的三种典型变形：壳体轴向弯曲——壳体会向开孔较少、较小的一侧凸出，壳体整体弯曲；横截面塌陷——壳体开孔接管区域会下陷，壳体横截面不再是圆形；接管歪斜——接管焊完后其轴线会偏离组对时找正的方向，从而造成现场组焊时错边超标，无法焊接。上述 3 种变形直接影响设备的整体组焊质

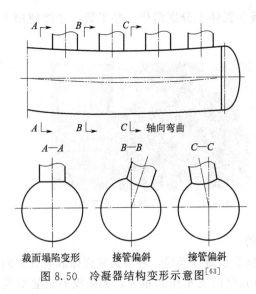

图 8.50　冷凝器结构变形示意图[63]

量，变形控制不当时，甚至会造成热交换器和集合管壳体报废。

某建设公司承制的 60 万吨乙烯扩建工程裂解气冷却器为重叠式热交换器，下筒体与设备法兰组焊后，未有明显变形，但在完成鞍座垫板焊接后，下筒体产生焊接变形，较大的焊接残余应力导致壳体法兰变形，壳体圆度超标。壳体法兰变形造成不能与管板密封，壳体圆度超标造成管束无法装进壳体[64]。

国内首台新型循环换热分离器壳体属于大直径薄壁结构且内部管束长 12m、重量超过 128t，管束挠度大。制造中嵌入式接管与壳体对接组焊采用的是外坡口施焊，焊后有轻微内收缩现象，如果不修正壳体变形，会影响管束装配[23]。

8.4.3　换热管的微振磨损

在热交换器内，在壳程流体和管程流体的双重作用下，传热管不可避免地会出现流体诱导振动现象，导致传热管与支撑板之间产生随机碰撞。某煤化工装置热交换器管束在靠近 U 形弯外侧的换热管被吊带勒弯后，几根换热管中所出现的剪切磨损及断裂以及折流板上孔洞被磨损扩大的情况，证明了换热管存在高频振动[65]。如果换热管没有被勒弯，即便存在难以觉察的高频振动，换热管和折流板管孔也不一定被磨损伤。另一案例的换热管则产生了图 8.51 所示的磨损痕。

（1）振型模拟

文献［67］通过计算机数值模拟的方法对换热管的前六阶固有频率和振型图进行了分析，而且对两端固支的换热管在交变载荷下的振动特性进行了有限元分析，得到了换热管中间节点随时间变化的位移、速度和加速度曲线，并根据换热管振动特性计算了换热管与支持板之间的碰撞力以及振动碰撞频率。而换热管内外介质密度对其振动的影响未见深入研究的报道。

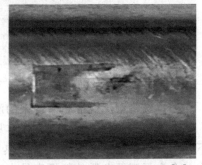

图 8.51　换热管磨痕宏观形貌[66]

（2）微动损伤模式

文献［67］对换热管与支撑板之间的微动磨损进行了研究，分析了微动的分类及其运动模式，介绍了影响微动的相关因素。根据现有基础改进了对微动磨损总寿命周期的计算方法，将全周期分为微动磨损、裂纹萌生和裂纹扩展三个阶段，对这三个阶段的循环寿命分别进行分析计算，从而得到了换热管初步磨损至不能使用时的总循环寿命。

（3）磨损可靠性分析

文献［68］对蒸汽发生器换热管由流体诱导引起的振动进行了模拟分析，并根据 Archard 公式计算磨损量，利用磨损伤痕计算换热管的实用时间，对由流致振动引起的换热管磨损失效进行了可靠性分析。首先，针对磨损系数的不确定性开展统计分析，提出一种新的方法来求威布尔分布三参数，采用新方法求得的参数对收集磨损系数数据进行处理，对尺度参数进行优化，更能反映样本数据分布；其次，对换热管流致振动开展了初步研究，计算了漩涡脱落频率、换热管固有频率和流体临界流速，采用 ANSYS 对不同弯管半径换热管进行了模态分析，结果表明弯管半径越大，对应的振型频率越小，越易受到外界激励作用产生振动；最后，根据 Archard 公式分析了不同磨损伤痕类型下换热管的剩余壁厚，预测了不同磨损工作率下换热管的可用寿命和失效概率。

（4）微动磨损实验

持续性的微动磨损会导致换热管磨损表面的裂纹进一步萌生和扩展，甚至导致换热管失效。文献［66］搭建微动磨损实验装置，用电磁激振器模拟蒸汽发生器换热管的流体诱导振动，研究了室温空气干态和室温水环境下蒸汽发生器换热管和梅花孔板支撑结构间的激振响应与微动磨损行为。结果表明：换热管在支撑结构中为冲击-滑移的复合运动模式；预载荷主要通过影响摩擦系数来影响滑移距离，最终影响磨损功率；接触率、接触力和磨损功率与正交方向激振力比例均呈正相关；支撑比例对换热管的运动模式产生影响，当支撑比例较低时，换热管的冲击运动占优，反之则滑移运动占优；水环境的影响主要是冲刷磨屑层并降低摩擦系数，激振力较小时，水对换热管的阻尼效果明显增强；换热管磨损表面在微动磨损过程中出现加工硬化现象，磨损机制为磨粒磨损、剥层和氧化磨损，在磨损表面发现犁沟和剥落坑，且存在材料转移；随着磨损时间的增长，氧化作用不断增强，磨损加剧。

（5）高温对磨损的影响

Ming 等[69] 通过模拟实际工况，在高温高压下对材料的微动磨损进行了研究。结果表明换热管的磨损量随着法向力的增加而减小，随着振幅的增加而增大。此外，磨损机理随着法向力的增加而从磨粒磨损过渡到黏着磨损。Guo 等[70] 同样模拟实际工况并进行了实验，结果表明除了法向力和微动振幅会影响微动磨损损伤机理之外，高温情况下氧化腐蚀情况严重，磨损与氧化的耦合关系加重了微动磨损损伤。

8.5　热自紧密封

① 对于浮动管板传统的填料函密封结构设计，通常是管板外圆面和壳体内壁面组成安放填料的结构，形成径向密封为主和轴向密封为辅的组合作用。当浮动管板的热伸长行程较大时，滑动管板的填料函的改进可参考自紧密封的技术[71,72]，利用管束热伸长的滑动过程适当推压密封填料的结构，产生自紧密封作用，或者偏离填料函通常位于管板管程侧的传统，而设置于管板的高温一侧，在密封结构保持常温合理间隙的同时，利用热态工作时不同材料具有不同热膨胀系数的特点，通过热膨胀实现自紧，从而达到良好的密封效果。铸铁板翅式空气预热器的板翅板之间具有一定的热自紧密封能力，主要是铸铁板翅板等内件材料的线膨胀系数略高，内件的温度较高，总的热膨胀量大于其支承钢结构的热膨胀量的结果[73]。

② 对于浮动管板传统的径向填料函密封结构设计，为避免常温组装的填料函密封在高温运行中由于壳体膨胀而引起填料松弛，可以探讨在超出常温的条件下组装填料函，以便保证其高温密封性能。

③ 对于浮动管板的密封结构设计，当浮动管板的热伸长行程合适时，管板外圆面可不设计成安放填料的结构，而把滑动管板管程侧周边密封环面设计成压紧弹性填料的功能件，

利用管束热伸长的滑动过程适当推压密封填料的结构，形成轴向自紧密封作用。

④ 对于浮动管板的密封结构设计，还可以设计成填料函组合 C 形环等结构，把具有消减流程短路作用的保护元件[74]组合到填料或填料函表面，保护填料中的膨胀石墨不被高温介质冲走。

参 考 文 献

[1] 蒋小文，赵栓柱．带纵向隔板的立式新型折流杆换热器的国产化开发及应用 [C] //2020 年第六届全国换热器学术会议论文集．合肥：中国科学技术大学出版社，2021：1-7.
[2] 王玉，钱江，戴洋，等．一种用于可拆卸管束纵向隔板与壳体之间的密封机构：CN206876043U [P].2018-01-12.
[3] 钱颂文．换热设计手册 [M]．北京：化学工业出版社，2002：58，77-78.
[4] 侯松．高变废热锅炉封头泄漏处理及叶式密封更换 [J]．石油化工设备技术，2020，41（5）：63-66.
[5] 王斯民，厉彦忠，文键，等．装有密封器的管壳式换热器的实验研究 [J]．化学工程，2007（10）：12-15.
[6] 马璐，王珂，许伟峰，等．密封条对六分螺旋折流板换热器壳程侧换热影响 [J]．机械设计与制造，2018（3）：185-187.
[7] 陈超，李艳明，周惠萍，等．多段式列管反应器及利用该反应器制备化合物的方法：CN103111240A [P].2013-05-22.
[8] 陈为群，李艳明，王江义，等．多壳多程列管式换热器：CN103822510B [P].2016-04-13.
[9] 陈孙艺．一种具有流程短路消减结构的导流筒及其换热器：CN114877723A [P].2022-08-09.
[10] 钟杰，黎伟宏，陈孙艺．固定折流板换热器的制造技术 [J]．化工设备与管道，2006，43（5）：29，30.
[11] 王普选．特殊双壳程结构的换热器制造工艺 [J]．石油和化工设备，2017，20（1）：40-42.
[12] 李继峰，李永平．常用双壳程热交换器纵向隔板密封结构 [J]．石油和化工设备，2022，25（1）：78-80.
[13] 陈孙艺．一种具有随紧密封的折流板及其换热器：CN114894009A [P].2022-08-12.
[14] GB/T 151—2014 热交换器.
[15] 陈孙艺．一种具有夹膜密封折流板的换热器：ZL 202210644630.7 [P].2022-06-08.
[16] 任智宏．热管锅炉隔板密封结构探讨及优化设计 [J]．石油化工腐蚀与防护，2020，37（4）：29-31.
[17] 郭雪华，喻健良．中、低温热管式换热器隔板密封的新型设计 [J]．化学工业与工程技术，2000，21（2）：25，26.
[18] 顾有三，洪忠．带密封边的螺旋折流板：CN201220176313 [P].2012-12-5.
[19] 范欣，杨士举．一种管壳式蒸发器折流板：CN 209820245 U [P].2019-12-20.
[20] 罗钧，李建祥，许智峰，等．一种新型壳管式换热器折流板结构：CN 214701904 U [P].2021-11-12.
[21] 甘中华．用于折流板的密封结构、折流板及干式蒸发：CN 205878695 U [P].2017-01-11.
[22] 王志刚，胡广岐，张凯，等．大型薄壁容器内壁热处理防变形工装及其使用方法：CN110273059A [P].2019-09-24.
[23] 石慧君，周斌，张淘．大型精细化工油品合成装置循环换热分离器的研制 [C] //2020 年第六届全国换热器学术会议论文集．合肥：中国科学技术大学出版社，2021：15-20.
[24] 崔卫则，贾江鹏，黄爱斌，等．大直径筒段焊接变形控制工艺研究 [J]．机械工程与自动化，2021（2）：121，122.
[25] 陈孙艺．球面隔膜密封式换热器管箱中隔板的设计 [J]．化工学报，2013，64（S1）：53-58.
[26] 张红升，曹丽琴，孙利娜．蒸汽发生器人孔焊密封的螺栓疲劳分析 [J]．压力容器，2014，31（9）：36-40.
[27] 莫源，陈东标，吴为彪，等．一种连杆式旁通阀：CN212455716U [P].2020-08-18.
[28] 黄嗣罗，蔡金才，林进华，等．一种用于废热锅炉的双通道旁通阀：CN212928852U [P].2020-08-18.
[29] 王家祥，武艳芳，李健伟，等．转化气蒸汽发生器的结构设计分析及改进设想 [J]．化工设备与管道，2013，50（3）：32-35，42.
[30] 庄玉萍，吕春磊，潘晓栋，等．氧气冷却器填料函设计与校核 [J]．化学工程与装备，2014（8）：100-103.
[31] 何红生．乙苯蒸汽过热器国产化研制 [J]．压力容器，2004，20（12）：32-34，42.
[32] 单鹏华，王强，赵亮，等．鞍座热应力的有限元分析 [J]．石油和化工设备，2017（4）：17-20.
[33] 胡忆沩，杨梅，梁亮．Lummus/UOP 装置苯乙烯单体收率下降原因分析及换热器填料函的改进 [J]．化工机械，2004（4）：217-221.

[34] 张楠,欧阳光,王永斌.浮动填料函式高压换热器设计 [J].化工装备技术,1992 (1):15-21.

[35] 闫东升,陈昊.固定管板应力计算方法在浮头管板和填料函管板上的变通应用 [J].石油化工设备技术,2017,38 (1):21-25.

[36] 孙雅娣,刘春验,李祖国.浮头换热器填料函的优化设计 [J].化工设备与管道,2010,47 (2):12-14.

[37] 冯清晓,谢智刚,桑如苞.管壳式换热器结构设计与强度计算中的重要问题 [J].石油化工设备技术,2016,37 (2):1-6.

[38] 周耀,姜泉,桑如苞.特殊结构填料函式换热器的管板设计 [J].石油化工设计,2011,28 (3):17-19.

[39] 杨良瑾,桑如苞,周耀,等.板壳理论在压力容器强度设计中的经典应用之六——我国换热器管板计算方法在工程设计中拓展运用的回顾与展望 [J].石油化工设备技术,2018,39 (2):1-4,17.

[40] 刘兴玉,余巍,崔红力,等.阀门填料函设计计算 [J].机械,2015,42 (4):43-45,52.

[41] 刘巧玲,魏东波,王荣贵.内置膨胀节浮头式热交换器水压试验工装设计 [J].化工设备与管道,2017,54 (5):34-38.

[42] 胡国桢,石流,陶家宾.化工密封技术 [M].北京:化学工业出版社,1990.

[43] 天津大学,等.化工机器及设备:下册 [M].北京:机械工业出版社,1961.

[44] 余国琮.化工容器及设备 [M].北京:化学工业出版社,1980.

[45] GB/T 24511—2017 承压设备用不锈钢和耐热钢钢板和钢带.

[46] 石慧君,刘仙君,张涛,等.大规格高高压螺纹锁紧环式热交换器水压试验浅析 [J].石油化工设备,2020,19 (3):71-75.

[47] 李啸东.双管板换热器在芳烃装置低温热回收中应用 [J].石油化工安全环保,2019,35 (3):6-7,38-40.

[48] 张治川,黄磊,周波.重叠式多套管换热器结构与管头密封设计 [J].压力容器,2012,29 (3):22-25,79.

[49] 陈海辉.可拆卸式换热器的设计及实验 [C]//2007年中国机械工程学会年会论文集.2007:569.

[50] 武艳芳,王家祥,杨润梅,等.按压差设计换热器的主要部件结构设计分析总结 [J].化工设备与管道,2013,50 (5):45-47.

[51] 陈小娟,邱媛媛,王丽.异丙醇装置用浮头式铜换热器国产化制造工艺研究 [C]//中国机械工程学会压力容器分会,合肥通用机械研究院.第五届全国换热器学术会议论文集.2015:231-234.

[52] 陈孙艺.再沸器浮头管箱膨胀节失效分析及修复技术 [C]//膨胀节技术进展:第十六届全国膨胀节学术会议论文集.合肥:中国科学技术大学出版社,2021:435-444.

[53] 王易萍,崔云海.受压环板的分析法强度设计 [C]//中国机械工程学会压力容器分会,压力容器杂志社.第二届全国换热器学术会议论文集.压力容器,2002,29 (增刊):58-63.

[54] 王为亮,石平非.一种单管程浮头式换热器的设计 [J].化工设备与管道,2012,49 (2):28-30.

[55] 杨占波,王丽娟,李英华,等.气/气热交换器的检验 [C]//2007年中国机械工程学会年会论文集.2007:603.

[56] 姚博贵,贾小斌,郑维信,等.大型超长换热器管束制造及组装技术 [C]//2020年第六届全国换热器学术会议论文集.北京:中国科学技术大学出版社,2021:123-128.

[57] 陈孙艺.浮头盖SA453钢螺母开裂失效分析 [J].理化检验:物理分册,2013,49 (增刊2):291-296.

[58] 陈孙艺.换热器浮头盖SA453螺柱断裂失效分析 [J].失效分析与预防,2013,8 (6):370-375.

[59] 冯清晓,谢智刚,桑如苞.管壳式换热器结构设计与强度计算中的重要问题 [J].石油化工设备技术,2016,37 (2):1-6.

[60] 周耀,姜泉,桑如苞.特殊结构填料函式换热器的管板设计 [J].石油化工设计,2011,28 (3):17-19.

[61] 杨良瑾,桑如苞,周耀,等.板壳理论在压力容器强度设计中的经典应用之六——我国换热器管板计算方法在工程设计中拓展运用的回顾与展望 [J].石油化工设备技术,2018,39 (2):1-4,17.

[62] 张洪昌,周礼新,郑康.不锈钢换热器厚壁壳体双丝窄间隙埋弧焊工艺 [J].焊接,2015 (9):64-66,76.

[63] 康海燕,刘志胜,周金秀.大开孔重叠设备制造技术探讨 [J].石油化工设备技术,2010,31 (3):18-19,22,69-70.

[64] 马玲,董虎林,孙红文.重叠式换热器壳体法兰焊接变形控制 [J].甘肃科技,2007 (1):40,41,53.

[65] 雒建虎.SHMTO工艺中蒸汽-甲醇过热器失效原因探究 [J].石油化工设备技术,2021,42 (1):36-41.

[66] 徐炜.蒸汽发生器梅花孔板支撑管束微动磨损特性研究 [D].天津:天津大学,2019.

[67] 邵海磊.换热器传热管流致振动碰磨分析与试验研究 [D].郑州:郑州大学,2016.

[68] 宋亚玲.核电蒸汽发生器传热管磨损可靠性研究 [D].杭州:浙江工业大学,2015.

[69] Ming H L, Liu X C, Lai J, et al. Fretting wear between Alloy 690 and 405 stainless steel in high temperature pres-

surized water with different normal force and displacement [J]. Journal of Nuclear Materials，2020，529：151930.

[70]　Guo X L，Lai P，Tang L C，et al. Effects of sliding amplitude and normal load on the fretting wear behavior of alloy 690 tube exposed to high temperature water [J]. Tribology International，2017，116：155-163.

[71]　冯永利. 自紧密封U型管式换热器管板的力学行为研究 [D]. 大庆石油学院，2009.

[72]　李诚，周建明，路广遥，等. 高温高压换热设备自紧密封结构设计与试验研究 [J]. 润滑与密封，2020，45（8）：95-100.

[73]　陈孙艺. 新型铸铁板翅空气预热器的防护设计 [J]. 大氮肥，2016，39（1）：17-21，25.

[74]　陈孙艺. 一种具有消减流程短路导流筒结构的换热器：ZL 202210645820.0 [P]. 2022-06-08.

第9章

热交换器内密封的维护

　　笔者认为，从技术的角度讨论设备维护，是对管理视角所言设备维护的必要补充。理由一是热交换器内密封的维护应有一个前提，也即内密封必须具有维护的价值，或者说原有的内密封在质量技术上应该是本质良好的。理由二是设备维护应有广义和狭义之分，传统的维护往往指装置现场保持设备原有功能的相关工作，广义的维护不但包括设备维护的价值前提、正常的计划性检修，还应包括密封的失效分析及技术改造。

　　第一，全面、协调的系统设计和设备选型是先天性的、最早的预维护。

　　第二，细心、深入的设计是最佳的维护。这方面的案例不多。文献［1］之所以具有重要意义，是因为在某炼油项目4台串联的DEU型热交换器的设计中考察了不同折流板间距对气液两相流体压降、传热和振动性能的影响。相关成果表现在：基于间距越大使压降变小，同时也使换热系数变小而且更容易振动的机理，找到了折流板间距的平衡值；为了挖掘管束防振潜力，研究了提高换热管固有频率、质量阻尼参数以及临界流速的有效方法；对于增加折流板厚度和采用转角正方形布管这两个有效的管束防振措施，阐述了改善的效果，并从中指出了理论依据；还发现了沿着壳程冷流体流动方向，流体弹性不稳定振动参数不断增加，以及壳程进出口非线性使换热管稳定性变差的两种现象。这些研究成果为4台热交换器的功能适应性及结构差异性设计打下了基础，如图9.1所示。

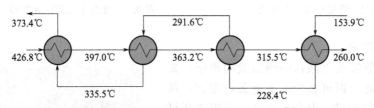

图 9.1　ABCD四台热交换器串联布置图[1]

　　第三，设备制造过程应"提心吊胆"来维护设计意图，避免构件先天性的损伤；装置开车时应小心谨慎地投料来维护设备的"健康"，避免造成其介质进口"狼吞虎咽"，介质出口"一泻千里"；设备运行后应贴心地监测其各项参数来维护其良好状态，避免麻痹大意酿事故；检修时应小心翼翼修复各零部件原本精度，避免粗糙应付得不偿失；改造时应上心谋划，用心处置，一次性获得彻底的更新。这样全过程、各环节的共同维护才对得起一台默默运行的热交换器。

9.1 管束存放及吊运的维护

9.1.1 管束存放的维护

中俄原油输油管道漠河—大庆段位处极寒地带，针对其 DN800 输油保温管道堆放过程中外护层开裂问题，文献［2］调研冬季的现场施工环境，在施工管道外表面的最高位置随机选取若干点，以每天为一个周期同时记录了构件表面温度和环境温度。分析发现同一天时间内由于日照不均和昼夜温度变化，这些点的温度也变化，由此形成每一点的动态温差，最大可达 92℃，且同一时刻，向阳侧与背阳侧的瞬时温差达 63℃。因此，热交换器或管束尽量避免长期露天存放。

（1）管束存放

图 9.2 的管束在存放时支承在两个木架上，能保持管束形位的水平状态和自重为主的受力状态，较为合理。图 9.3 的管束在存放时随机地支承在地面上，管束在自重作用和管板支点的影响下显示出弯曲的受力状态，对管接头和整体的紧密性都会产生一定的损伤，是不合理的。

图 9.2 管束专用支架存放

图 9.3 管束无支架存放变形

（2）管束保护

通常可在管接头上涂抹防锈油或润滑脂，如图 9.4 所示。必要时可在管束上遮盖防尘布，预防吸潮引起大气腐蚀。但是要注意，应用于环氧乙（丙）烷系统的管束切忌接触油脂。

图 9.4 管接头涂抹润滑脂

9.1.2 管束起吊吊具的选用

（1）管束换热管的几种变形

没有专用吊具，很容易在管束吊运过程中损伤换热管。图 9.5 是换热管被压变形损伤管接头，图 9.6 是换热管被吊带兜压变形，图 9.7 是换热管不明原因变形。

图9.5 换热管被压变形损伤管接头

图9.6 换热管被吊带兜压变形

(a) 局部变形

(b) 多处变形

图9.7 换热管不明原因变形

(2) 换热管变形的危害

某煤化工装置维修时需要用高压水清洗热交换器管束,管束外侧靠近 U 形管段的换热管在装卸中被吊带勒弯。后续的几次检修发现,被勒弯的换热管中有几根出现了剪切磨损及断裂的情况,并且在位于折流板处管段的孔洞被磨损扩大[3]。换热管变形后,除了引起管接头松动、破坏介质流态、导致冲刷腐蚀外,这是另一种新的危害。

(3) 管束专用吊具

在管束吊运过程中使用专门的吊具可以起到有效的保护作用。图 9.8~图 9.13 分别是管束专用框架、托架、托板、吊耳、平衡吊架、通用台架和通用台架,各有各的适应性和优缺点。图 9.14 中的双支持板虽然不是吊具,但是为管束吊装时承托弧板的安放提供了便利的位置。

(a) 端部视图

(b) 侧面视图

图9.8 轻型管束吊运专用框架

(a) 带吊耳托架 　　　　　　　　　 (b) 带吊耳托板[4]

图 9.9　管束吊运工装

图 9.10　大型管束折流板上的吊耳

图 9.11　超限管束平衡吊架 　　　　　　图 9.12　管束吊运通用台架[4,5]

图 9.13　超长管束组装及吊运专用台架[6] 　　　图 9.14　双折流板

图 9.15 则是壳体中间带膨胀节的热交换器装运专用架。壳体强度和刚度在薄壁膨胀节处显著削弱，装运中对壳体的加强也是对管束的间接保护。

(a) 带膨胀节壳体置于钢架内　　　　　　(b) 管束支承在全长木架上

图 9.15　热交换器管束装运架

9.1.3　一种保护耐腐蚀管束的吊具设计

石油化工及化工工业热交换器中很多换热管需要耐腐蚀，对此可采用表面复合不锈钢或表面渗铝、镀镍等耐腐蚀换热管。在吊装管束时，钢丝绳与换热管表面的轻微接触也会损伤耐腐蚀表层，使换热管的防腐效果降低。直接用钢丝绳来起吊管束时，钢丝绳肯定会压在换热管上而压弯管子，严重的则使管束变形，拉松换热管与管板的接头；如果造成两种换热介质之间发生窜漏，就会污染环境、影响产品质量，装置无法正常运转。使用尼龙纤维吊带同样存在用钢丝绳来起吊管束时的问题。工程中常见的是通过枕木和钢丝绳来起吊管束，需多次反复试吊，费时费力，同样容易造成上述失误。因此，管束的装卸十分重要，须引起足够的重视。

在长期的工程实践中，有一种展开的结构类似软梯子或铁道的管束吊具，圆钢棒作为梯的踏步，钢链或钢丝绳作为梯柱，使用时在管束的轴向具有足够的刚性而在周向具有柔性，对管束有较强的保护性。

(1) 吊具方案及结构设计

吊具方案及结构如图 9.16 所示，为软梯式。作为横梁的圆棒规格为 $\phi26\mathrm{mm}$，与两条钢链相互焊接固定。为方便挂钩，钢链顶部设置两个吊环。

设管束直径为 1400mm，重量 $G=9.8\mathrm{t}$。管束起吊后钢链的净空高度为 3500mm，最顶上的一根横梁圆棒与两条钢链相焊固定的间距为 1000mm，由此计算得最底下的一根横梁圆棒与两条钢链相焊固定的间距为 1960mm，实际圆棒长取 2000mm，如图 9.16(a) 所示。

吊具应有足够的安全强度，但要方便使用。

(2) 钢链受力分析

由图 9.16(b) 得

$$\alpha_1 = \arctan \frac{700}{3500+700} \approx 9.46° \tag{9.1}$$

所以，管束每一侧的两条钢链受到的拉力为

$$T_1 = \frac{G}{2\cos\alpha_1} = \frac{9.8\times10}{2\times\cos9.46°} \approx 49.68(\mathrm{kN}) \tag{9.2}$$

由图 9.16(a) 得

$$\alpha_2 = \arctan\frac{500}{3500} \approx 8.13° \tag{9.3}$$

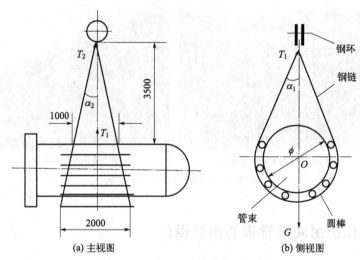

(a) 主视图 　　　　(b) 侧视图

图 9.16　吊具方案及钢链受力示意图

所以，一侧管束的每一条钢链受到的拉力为

$$T_2 = \frac{T_1}{2\cos\alpha_2} = \frac{49.68}{2\times\cos 8.13°} \approx 25.09(\text{kN}) \tag{9.4}$$

根据机械设计手册[7] 中表 8.1.71，按 GB/T 6067.1—2010[8] 选取焊接链的安全系数 $n=5$，则钢链能承受的最大载荷应不小于 $T=T_2 n=25.09\times 5=125.46$（kN），再按最大载荷需求去选取起重用的短环链。

(3) 横梁受力分析

把图 9.16(b) 中任三根圆棒与钢链的组合放大，如图 9.17 所示。

设每两根圆棒之间的夹角为 $\alpha_3=15°$。此时共需 14 根圆棒，每两根圆棒之间的弦长为 $S\approx\pi\phi/24\approx196$(mm)，一般不会让钢链压到管束最外围的换热管上。

分析钢链传递给圆棒的力，有

$$T_3 = 2T_2\sin\alpha_3 = 2\times 26\sin 15° \approx 13.4586(\text{kN}) \tag{9.5}$$

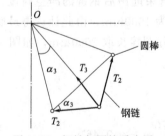

图 9.17　钢链与圆棒受力图

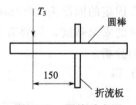

图 9.18　圆棒受力图

如图 9.18 所示，根据管束折流板间距尺寸，钢链与圆棒的连接点距离折流板间距不大于 150mm，可得每根圆棒承受的最大弯矩为

$$M = T_3 L = 13.4586\times 150\times 10^{-3} \approx 2018.79(\text{N}\cdot\text{m}) \tag{9.6}$$

（4）圆棒的强度分析

由材料力学基本理论可知，如果不考虑圆棒内外壁上的区别，受弯矩作用圆棒的轴向应力均可按照梁的正应力公式求取

$$\sigma_z = \frac{M_z y}{I_x} \tag{9.7}$$

式中　M_z——圆棒轴向长度的最大弯矩，N·mm；

　　　　y——欲求应力点至中性轴的距离，mm；

　　　　I_x——截面对中性轴的惯性矩（mm⁴），$I_x = \frac{\pi}{4}(r_o^4 - r_i^4)$，$r_o$、$r_i$ 分别为空心圆棒的外直径和内直径，如选取圆棒则 $r_i = 0$。

把前面有关数据代入上式，得

$$\sigma_z = \frac{4}{\pi} \times \frac{M}{r_o^3} = \frac{4}{\pi} \times \frac{2018.79}{(26 \times 10^{-3})^3} \approx 146.2 (\text{MPa}) \tag{9.8}$$

10 和 20 碳素钢圆棒的常温屈服极限 σ_s 分别为 205MPa 和 245MPa，如果考虑安全系数 $n = 1.5$，则许用应力分别为 $[\sigma]^{10} = 136.7$MPa 和 $[\sigma]^{20} = 163.3$MPa。因 $[\sigma]^{10} < \sigma_z < [\sigma]^{20}$，所以，10 碳素钢圆棒不满足设计要求，选定 20 碳素钢圆棒是安全合理的。

（5）吊具制造应用

钢链与圆棒之间用氩弧焊连接，圆棒焊接处稍压平以便与钢链相搭；焊前要清理两者表面，焊后要进行着色检查。

14 根 2000mm 长的圆棒总重 117kg，粗略计算钢链总长 23000mm，重约 43kg，故吊具总重约 160kg。

该吊具的优点是：①专用吊具，使用方便；②结构简单，设计合理；③同时在轴向具有刚性而在周向具有柔性，对管束有较强的保护性；④使用钢丝绳作为吊索时，横梁圆棒的数量可根据具体管束的大小做适当的增减，调整容易。缺点是笨重。

要注意的是，定期对其质量状况进行检查，特别是钢链和横梁连接处。

也可以用钢丝绳替代钢链制作该吊具。钢丝绳与横梁圆棒之间应通过钢丝绳夹或图 9.19 所示的型式紧固连接。图中螺栓头部与横梁之间应用氩弧焊连接牢固。

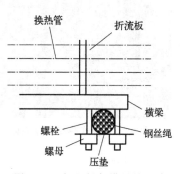

图 9.19　钢丝绳与横梁的连接

9.2　热交换器包装及吊耳设计

9.2.1　热交换器的包装

图 9.20 为塑料薄膜包裹存放的热交换器，图 9.21 为用铝膜纸包裹设备法兰的热交换器，都有利于保持密封连接处的质量状态。

图 9.20　塑料薄膜包裹存放的热交换器

图 9.21　铝膜纸包裹设备法兰的热交换器

9.2.2　热交换器吊耳设计

热交换器通常由前端管箱、壳体和外头盖等几部分通过设备法兰连接到一起。与反应器或塔器等没有或较少有设备法兰的设备相比，热交换器在装车、运输、卸车、吊装过程中更要避免晃荡、碰撞引起设备法兰移动，因为意外的冲击可能瞬时使垫片局部压溃。

图 9.22　卧式热交换器壳体上部吊耳

热交换器的吊耳设计要依据具体项目进行。图 9.22 的卧式热交换器在壳体上部设计了 4 个板式吊耳，图 9.23 的卧式热交换器在壳体两侧设计了 4 个滴水形吊耳，起吊钢索需再通过 U 形耳扣连接到这些吊耳上。图 9.24 的卧式热交换器在壳体两侧设计了 4 个轴式吊耳，图 9.25 的立式热交换器在壳体上段设计了两个轴式吊耳，图 9.26 中全长 34m、最大直径超过 4m、重达 650t 的立式热交换器在壳体上段和下段分别设计了两对轴式吊耳，起吊钢索可以直接挂钩到这些吊耳上。

图 9.23　卧式热交换器壳体侧部吊耳

图 9.24　卧式热交换器壳体侧部轴耳

图 9.25　小型立式热交换器壳体上段轴耳

图 9.26　应用轴耳吊装重大立式热交换器

吊耳不直接焊到壳体上，均焊在壳体表面的垫板上；垫板不仅可分散受力，对轴耳也具有加强作用。

9.3　热交换器的检修和改造

管束的检修包括管束的清洗、检查、检测，缺陷的判断和修复，等等。

9.3.1　热交换器的清洗和检验

热交换器的内部在运行一段时期后需要清洗和检验，这也是对内部密封的维护。

(1) 热交换器的清洗

不同的清洗方法各有优缺点，传统的人工清洗低效，高压水射流清洗需要一定的工期，化学清洗则要针对性编制清洗工艺，避免损伤热交换器。文献［9，10］介绍了热交换器结垢清洗方法的选择及实施案例的工装。

1) 热交换器在线化学清洗　某热交换器管程内外壁介质分别为预加氢反应流出物和石脑油，介质温度约为 200℃，压力为 2.4MPa，管程材质为 0Cr18Ni10Ti，投入使用 11 年从未发生泄漏。2017 年 12 月停工期间对该热交换器做了化学清洗。2018 年 1 月在进行氮气气密试验时发现了管束泄漏，管口有水向外涌流，管口焊缝处有水渗漏，局部管口焊缝有裂纹。在管束蚀坑部位检测到氯离子富集，分析判定氯离子是引起不锈钢点蚀的主要原因，管束穿孔是内、外壁同时受到腐蚀作用的结果，而且氯离子是停工期间化学清洗带入管束的[11]。

2）热交换器在线逆流清洗　进行逆流操作也像化学清洗一样可在线进行管束清洗，而且不一定都需要把热交换器从装置中撤出。但是逆流操作又称反向冲洗，是一种物理方法，需要装置建造时预设管线，与化学清洗的效果有差异。还有一种物理冲洗方法，就是正常流程方向送入适度的脉冲流量。这也是一种可在线进行管束清洗的方法，而且不需要把热交换器从装置中撤出。

检修和失效分析断定，卧式管束内滞留区是下部壳体与折流板形成的直角处（壳体设计通常考虑了腐蚀余量），而在立式固定管板管束中，较大直径的换热管背流面与折流板形成的滞留区是最容易沉积污垢的地方。由于换热管的设计不考虑腐蚀余量，立式薄壁换热管很快就被该处的污垢腐蚀穿孔。因此逆流清洗方法特别适合用于立式管束滞流区的清洗。为了保证热交换器内部结构能适应大流量高速水的逆流，最好还是在结构设计上预先有相应的考虑。从防治的角度来说，还可以把水平的折流板改为倾斜的[12]或带自洁功能的[13]，这样效果更好。冷却水走壳程的热交换器由于结构上的缺陷而形成部分滞流区，例如水的出入口、封头和折流板的背流向部位等，由于污垢沉积导致垢下腐蚀失效是影响热交换器寿命的重要原因之一。有一种对策是针对滞流部位安装了氮气吹扫管线，日常用入口水对滞流部位冲洗，每周用 $8kg/cm^2$ 氮气对滞流部位吹扫 10min，一年后考查发现整台热交换器依然如新，所有死角皆无锈垢，更无点蚀，均匀腐蚀很轻微[14]。

3）管束离线清洗　高压水射流清洗则是卸下管束后最普通的清洗方法，这种清洗的过程也要注意对管束防护。

4）高温蒸汽吹扫管束注意事项　某合成氨厂的氨急冷器为卧式列管热交换器，在设备吹扫过程中操作不慎，导致热交换器断管的现象[15]。此外，防腐涂层一般根据热交换器运行工况选用，换热管耐腐蚀涂层耐持续高温的性能较差，高温蒸汽吹扫可加剧涂层老化与破损，因此热交换器管束、管板上有防护涂层的，检修时原则上不使用高温化学清洗与蒸汽吹扫。如果必须使用蒸汽吹扫，则要间断进行，控制管程温度[16]。

(2) 热交换器的检验

1）浮动管板管头耐压试验　某中间热交换器浮动管板的外圆直径大于壳程筒体的内径，无法采用传统浮头热交换器管束试压的密封短节和压环专用工装进行管接头试压。图 9.27 展示了该浮动管板管接头耐压试验时的一种辅助工装。

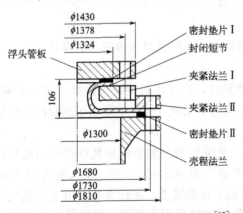

图 9.27　浮动管板管接头耐压试验工装[17]

2）内漏的氨检漏试验　氨检漏试验的操作比氦检漏试验简便，检测能力比气密性试验强，是高等级管接头泄漏试验的常选手段。但是氨检漏试验的成功离不开技术细节的保证，需要干燥的压缩气体、内部干燥的承压结构、安全的充氨比例、环保的排氨过程和充足的试验工期。

某石化公司在新建浆态床渣油加氢装置的热高分气中压蒸汽热交换器管程进行水压试压时，发现热交换器壳程漏水，初步判断为内漏。为了找出漏点，采用氨检漏的办法，但是首次试验却并未找出漏点位置。经过全面排查，分析是热交换器内部干燥度不够，残留积水使氨浓度被稀释，无法精准显色判断漏点。据此采取措施后再次试验找到了漏点位置，是壳程管束焊接处存在裂缝。隐患处理后进行了第三次氨检漏试验，以确定不再有漏点。这次隐患排查处理耗时四天三夜。

某炼油厂的废催化剂罐规格为 Dg5200mm×13826mm×26mm，容积为 $232m^3$，制造完备后按常规进行水压试验时存在总体重量大、制造厂房地面难以承受等问题，确定采用气压试验方法。气压试验压力为 $p_T =$ 1.78MPa，罐内压缩空气转化为常压下的体积为 $V_空 = 4130m^3$，送风所用的一台 VS1.5（Ⅲ）-3.8/200 型空气压缩机的输出流量为 $200m^3/h$，通过计算预测试验时间与试验压力的关系曲线见图 9.28，整个试验过程约历时 60h，与实操基本吻合。

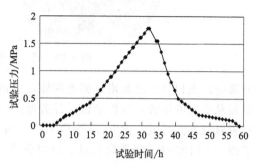

图 9.28　试验时间与试验压力的关系曲线[18]

9.3.2　管束的修理和改造

堵管是管束维护常见的对策，但应谨慎采用。堵管不但改变了管束原来的结构，减少了换热面积，而且减少了管程的流通面积，改变了堵管所在局部区域的介质流态，增加了该区域管接头和换热管的热应力，需要综合各方面因素评估其后果，采取适当的辅助性措施降低由此带来的不良影响。

（1）堵管与切管的组合

堵管技术方案需要优化，因为不同的方案会带来不同的后果。在后续运行中，被堵的换热管对相邻未堵的换热管有不同程度的干扰。优化内容包括堵头材料及其结构尺寸应基于具体工况的管接头而精细设计。堵管方式包括同一根换热管只堵一端与同时堵住两端，只堵进口端或者只堵出口端，保持换热管原状堵管、切断换热管再堵管或者去除管端段再堵管，只堵管或者堵管后再焊上堵头与管板，等等。如果切断换热管会减弱换热管的刚性支持，运行中引起振动，则先在换热管两端管壁上开一个切口代替完全切断换热管，然后再堵住管板上的管孔。选择具体方案时应综合判断，减少负面影响。泄漏管接头的堵头结构、张紧力及焊接工艺也应适当优化，避免同一管接头发生二次泄漏失效[19]。图 9.29 显示同一台管束两端管板上的堵管情况是存在差异的，并不一定要把同一条换热管两端的管接头都堵住。这样做的主要目的是避免两端堵孔形成换热管内的封闭空间，引发次生失效。

（2）旁通与堵管

旁通有时也称为直通，就是介质未经热交换直接通过热交换器的流程，可以间接起到减轻设备负载，保护设备的作用。热交换器的旁通可分为内直通和外旁通两种。石油化工中的蒸汽发生器（废热锅炉）通常在管束中间设置有中心筒以代替换热管[20]，中心筒就是管程高温气流的内部直通通道，其调节阀在出口端管箱内。当然，中心筒可以采用若干条直通管代替，直通管的规格可以大于换热管的规格，这样可以保持管束整体结构的均匀性。热交换器的外旁通可以通过设置阀门和管线来实现，管线连接进口与出口。管束由于内漏而堵管后，流通面积的减少不利于介质流速的控制，过高的流速会冲蚀换热管。对此可以考虑在管

图 9.29 同一台管束两端的堵管差异

箱外部的进出口管线之间增设旁通跨线，分流部分管程介质，保持该管束的换热平衡。对于可以预见潜在的堵管，宜提前设置外旁通。当装置设计没有考虑时，类似的旁通跨线也可以在装置修理期间增设。图 9.30 中位于上面的 E1101 热交换器之所以在管箱增设旁通线，是为了调节 E1102 热交换器管箱进、出口介质的温度，以避开引起腐蚀的温限工况[21]。

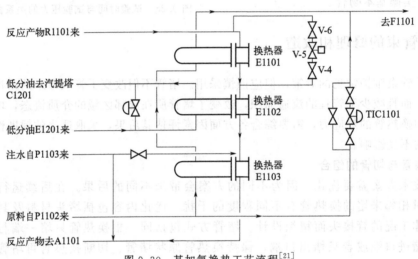

图 9.30 某加氢换热工艺流程[21]

（3）厚管板便于拆卸的装配式胀接堵管

堵管也是核电站蒸汽发生器换热管破损的主要维修方法。由 ASME B&PVC 规范可知，核电站蒸汽发生器的机械堵管工艺评定有严格的相关要求，包括水压试验、热态循环试验等具体过程，而且其堵管方法不是石油化工热交换器管接头的机械堵管或者焊接堵管，而是采用勒条式机械拉拔堵头来堵管[22]。

换热管的堵管原理如图 9.31 所示。堵头可分为外套筒和内滑块两部分。出于加工制造的考虑，套筒分为套筒前段和套筒末段两部分；在滑块装入套筒内部后，套筒前后两段焊接在一起。套筒内壁设计成锥形，外壁设计成环形密封齿，堵管时，将堵头插入到蒸汽发生器换热管里，拉动堵头内的滑块使其与套筒通过锥形面进行轴向相对滑移，堵头套筒前段被扩胀，前段套筒表面的密封齿与换热管内表面之间形成高的接触压紧力。文献 [23] 采用有限元软件 ANSYS 中的接触分析模块，模拟材料为 SA508Ⅲ 的管板上孔径 19.28mm 的管孔管接头的堵管过程，观察实际堵管过程中堵头滑块的滑动、堵头套筒与换热管及管板的接触等情形，分析堵头滑块滑动位移对套筒与换热管的径向膨胀及接触压力的影响，得到了接触区域的径向位移与接触压力的变化关系。初始状态下套筒外壁略小于换热管内壁，间隙初步设计为 0.3mm。当堵头滑块滑动进行扩胀时，管接头中的变形如下：堵头套筒发生弹性-塑性变形，套筒与换热管间隙缩小并逐渐发生贴合；位于管板区的换热管由于胀管工艺发生过塑性变形，紧贴于管板，管板处于弹性变形。堵头滑块继续移动，套管继续发生形并扩张换热管，径向扩张力传递至管板使得碳钢材料发生弹性变形（若扩张力过大，可能会产生局部塑性变形区）。堵管顺利完成后，依靠堵头套筒的弹塑性变形与管板的弹性变形胀紧堵头，实现具有一定胀紧力的密封。通过堵管试验对被堵的换热管进行了密封性和力学性能检验，结果表明堵头的结构设计合理，堵管通过了核电站蒸汽发生器 RCC-M 规定的性能测试[24]。

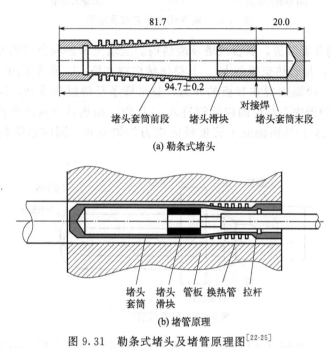

(a) 勒条式堵头

(b) 堵管原理

图 9.31　勒条式堵头及堵管原理图[22-25]

由此可见，高等级管接头的勒条式拉拔堵管需要专门设计，需要对整个堵管过程中堵头滑块的位移、堵头套筒的弹塑性形变、堵管产生的胀紧力等参数进行计算分析，这给人一种很麻烦的感觉。与传统的圆柱或圆锥堵头相比，勒条式拉拔堵头优点明显：可以深入管孔内部指定位置进行胀堵；环形密封齿密封可靠；不需要焊接，不会损伤管板，对换热管的损伤也可控；现场操作简便，安装快速，装配式堵管；其内部基本是空心的，当把滑块往里边推进去，套筒有一定的径向收缩，堵头易于取出而不损坏换热管，更适合预防性堵管。因此这是一种便于日后拆卸的堵头，适用于高等级管接头的临时性、保守性修理。国际数字期刊 *Heat Exchanger World* 2021 年 6 月和 7 月两期上都展示了 Curtiss-Wright EST 集团的 Pop-A-Plug 列管堵漏系统技术。其勒条式堵头实物如图 9.32(a) 所示，应用展示如图 9.32(b) 所示。

(4) 双管板的空心堵头组合式堵管

石油化工管束传统的堵管使用的是实心的外圆锥面堵头，通过锤击把堵头敲进管孔内，有时还在外端增加密封焊。这样的堵管方案对周边管接头的受力状态产生较大的影响。对于高等级管接头，除了可在图 9.31 所示的厚管板上使用空心的外套筒和内滑块组合式堵头结构外，还可以在薄管板上使用空心堵头进行焊接和胀接组合式堵管。

晋煤天源高平化工有限公司于 2006 年建成投产了设计能力为年生产合成氨 40 万吨、大

(a) 勒条式堵头

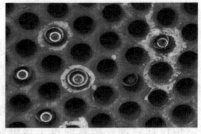

(b) 堵头应用

图 9.32 勒条式堵头实物及应用

颗粒尿素 60 万吨的化肥装置，氨合成塔及废热锅炉是瑞士卡萨利公司的专利技术，废热锅炉是固定管板釜式 U 形管热交换器[26]。其整体结构特点是：U 形管采用同心圆排列，热端位于管板中心部分，冷端配置在管板的外缘，整个管子呈辐射状排列，同时还设置了内联箱。高温气体通过管板中心部位的内联箱进入 U 形管，换热后再从外侧换热管出来返回废锅管侧集箱（图 9.33），从而保证了管板径向应力均匀分布，同时也降低了管箱周边的热应力。

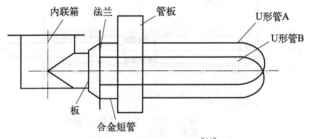

图 9.33 双管板管束[26]

其局部结构特点：高温气入口端设计了图 9.34 所示类似双管板的结构，管板壳侧面内侧加工有管台，换热管与管板管台相对接后采用内孔焊技术实现焊接；为保护管板，在管板进气侧堆焊 9mm 厚的 Inconel 600 合金，同时，在堆焊层处加工凹槽，合金短管的内端与凹槽相对接，也采用内孔焊结构；合金连接短管的外端与相当于外管板的法兰相焊；起保护作用的衬管插入换热管端口直到管板背后。2017 年 4 月发现废热锅炉管束下部存在 7 根换热管腐蚀泄漏，卡萨利厂家提供了专业的堵漏维修方案，具体步骤如图 9.34 所示。

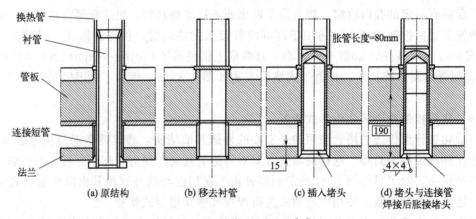

图 9.34 双管板堵管原理[25]

(5) 塑料套管修复管接头

针对秦山核电站三期 8 台再循环冷却水热交换器几百根传热钛管的严重损伤及几十起泄漏案例，文献［27］介绍了首次开发应用双锥形结构的塑料套管修复管接头的防护技术。原来大量的管孔口已损伤，以双锥形塑料套管代替传统的堵管方法，保存原有的热交换功能，成功恢复了带缺陷换热管的安全使用并达到了热交换的效能。

(6) 换管

当管接头和换热管的泄漏较多，堵管又对热交换工艺影响严重时，就需要更换换热管。拔出换热管前，应利用专门的刮削器去除焊缝和胀紧的管头段，以免损伤管孔。

(7) 衬管

管接头穿孔泄漏后，由于结构变化、材质退化和杂质复杂化等原因，有时难以通过补焊修复。由于环境条件不足，在装置现场更换管束中损坏的换热管较为困难。相比较而言，如果把管束拆卸下来，运到设备制造厂进行换管就是最好的技术对策，但是整个方案需要更长的施工工期。作为临时抢修换热管的另一种对策，就是在已经损坏的换热管内衬入一条新管，新管的两端与原来的管接头焊接密封。优选的新管外直径应略小于原来换热管的内直径，而且是薄壁厚的。

9.4 较高温度下典型结构的密封失效

石油化工装置中的低压法兰较多，往往单纯的压力或介质因素对法兰泄漏的影响并不是主要的，只有和温度联合作用时，问题才显得严重[28,29]。设备专业人员倾向于从温度对材料强度的影响，温度引起的构件变形位移，高温蠕变松弛，或者温差引起的热应力等视角来分析高温对密封的危害。实际上高温下介质黏度小、渗透性强，对垫片的老化、溶解和法兰的腐蚀作用加剧，更容易促成渗漏，这方面的因素常被轻视。从热交换器生态系统的观念来说，影响密封失效的因素是动态的，一是介质工况的动态，二是构件的变形协调过程，三是热交换器的运行历程。从广义的维护来说，失效分析是更急迫的维护工作。

9.4.1 较高温度下管接头的密封失效

高温是介质带来的，而且往往是管程的介质温度较高。其对管接头的损伤除与管接头的结构有关外，还与介质进入管箱的流向有关。

(1) 管程介质沿轴向进入管箱

对于单管程列管式热交换器进口端管板上所有的管接头来说，介质沿管箱轴向进来后再进入各个管接头的流态均衡、能耗小，介质从管箱侧向进来后再转向 90°进入各个管接头的流态不够均匀，而且流体压降大。对于这种热交换器管束的出口端管接头来说，管箱出口方位与介质流态及能耗的关系也是这样。以图 9.35 所示的结构为例，其左边是全敞开的管箱进口，管板中间区域管接头的流态与管板周边管接头的流态差异较小。如果管箱直径较大而进口小，则管板中间的流态与管板周边的流态具有差异性。这种差异与介质物性及流速有明显的关系，废热锅炉大流量的高温烟气就会引起显著的差异性，必要时需要采用匀流及防护措施。

高温是损伤管接头的首要因素。实践经验表明，热应力破坏是锅炉烟管管端产生裂纹的

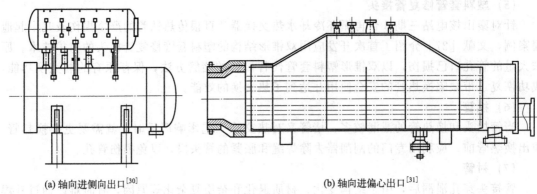

(a) 轴向进侧向出口[30]　　　　　　　　　　(b) 轴向进偏心出口[31]

图 9.35　废热锅炉过程气轴向进口

主要原因。石油工业装置中废热锅炉的烟气温度较高，管接头通常采用薄管板，而且还在管板正面铺设耐磨隔热层，甚至将管接头端段插入保护套管，强化对管接头的保护。否则，很容易发生图 2.16 所示的管接头热应力开裂失效和图 9.36 所示的管板结构损坏事故。

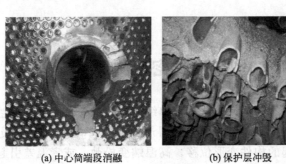

(a) 中心筒端段消融　　　　　　(b) 保护层冲毁

图 9.36　前端管板结构损坏

　　某炼油厂新建硫磺回收装置的蒸汽发生器主体结构是卧式双鞍座支承的固定管板式热交换器，其高温端管箱的进口是管箱短节端部全敞开连接烟道的结构，运行半年后出现故障，停车检修发现前端烟气进口挠性管板上部隔热层有脱落，紧固管板隔热层的锚固钉已被严重损蚀，在进行壳程水压试验时检测发现有泄漏的管接头分布如图 9.37 中的黑点所示。分析失效管接头的分布情况，可得两点。第一点是管束周边 2~3 圈的管接头普遍失效。从这第一点可做出两个判断：一是管板周边的连接结构可能不合理，从而在正常的运行工况下承受了超出其能力的载荷；二是合理的结构承受了非正常操作的超负荷。第二点是管板上部 10 层管接头全部失效。从这点可判断，基本轴对称结构的管板上部承受了更恶劣的运行工况，非轴对称的工况只能来自介质，即烟气。

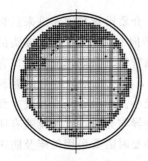

图 9.37　轴向入口管接头
开裂失效分布

　　对介质沿轴向进入管箱所引起的非均匀流态应给予足够的重视。热交换器大型化通常会引起非均匀流态，即便是结构和载荷对两个互相垂直的轴都对称的双对称结构[32]，由于直径增大也会引起流场变化乃至旋流或静止角，导致不均匀的压力和温度场。有学者在 2012 年 10 月的第八届全国压力容器设计学术会议上就介绍了大型热交换器管箱上位于封头中间的进口防冲挡板结构及其均匀化流体的有限元分析，经过优化后的最终结果是管板中心区域流体速度 8m/s 以上，周边区域流体速度 14m/s，仍有 75％差异，可见流体不均匀性的严重程度。当然，该案例的载荷分布是轴对称的，但是如果管箱封头中间组焊的接管不是一段直管，而是急弯弯管，那么介质沿该弯管轴向进入管箱所引起的流态也不是轴对称的，甚至是严重的非均匀流态。笔者曾认识到一个案例，放大工程设计的一台热交换器失效后被建议改造为两台小热交换器，而目前的大型热交换器设计还不一定考虑工况的均匀性问题。

（2）管程介质从侧向进入管箱

对于单管程列管式热交换器全管板上的管接头来说，介质从图 9.38 所示的管箱侧向进入管箱后，其流态很大程度上要比管箱沿轴向进入管箱后的流态更加不均匀，这与管箱入口接管是否插入管箱内部无关。图 9.39(a) 是图 9.38(a) 侧向进口所在管板上开裂泄漏管接头的分布图，失效管接头集中在管板上部。文献［33］没有就失效管接头分布所在与侧向进口的关系进行分析，这可成为值得关注的研究课题。

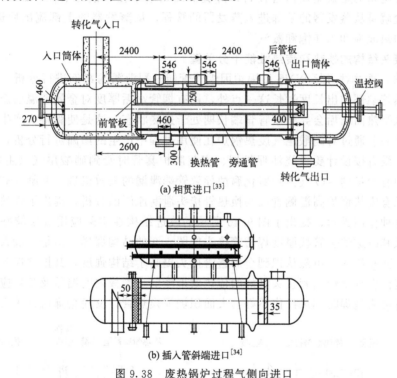

(a) 相贯进口[33]

(b) 插入管斜端进口[34]

图 9.38　废热锅炉过程气侧向进口

(a) 失效分布在上部[33]　　(b) 失效分布在下部[35]　　(c) 失效分布在左右区之间

图 9.39　侧向入口管接头开裂失效分布

　　初步分析，推断是烟气超温引起了管板周边过大的热变形位移和过大的热应力，引起了管接头胀接面的分离、焊缝的开裂。超高温烟气通过前端管箱上部的开口接管进来之后，需要右拐流向管接头，其中流向下部管接头的拐弯半径大，压头损耗小，而流向上部管接头的拐弯半径小，压头损耗大。因此在管箱上部形成了相对于下部压力低、流速慢的滞留区，上部管接头的温度相对于下部管接头的温度低，温差使相对低温的上部管接头受到拉伸热应力的作用，相对高温的下部管接头受到压缩热应力的作用。结果导致管板上部的结构材料损伤更严重，更多管接头失效。这一现象可以成为值得关注的一个研究课题。

　　卧式余热锅炉或重沸器管板的背面（壳程侧）顶部一方面由于沸腾汽泡冲击或汽流冲刷而腐蚀，另一方面由于该处空间狭小，汽流不畅而形成热阻，也会导致管板顶部超温，导致管板上部更多管接头失效。因此这种状况下特别需要设置壳程的液位计，保证管接头位于壳程液面之下一定的深度。这一现象同样可成为值得关注的一个研究课题。

　　某光热发电站的熔盐蒸发器管板封口焊缝泄漏则集中在管板的下部，如图 9.39(b) 所示。因为熔盐就是从蒸发器的下部进入蒸发器的管程，从蒸发器的上部流出后进入预热器，水在壳程被加热成饱和水和饱和蒸汽[32]。

（3）管接头结构的换热和传热性能十分关键

　　文献 [36] 通过对一起 WNS 型锅炉因烟管管端开裂泄漏的案例进行分析，发现失效的原因除了换热管端部伸出长度过长这一点外，还有烟管水垢厚度对金属壁温的影响。通过模拟计算，确认受热面结垢会导致烟管管端长期处于过热状态，这是使管接头产生裂纹的另一原因。文献 [34] 通过对硝酸尾气废热锅炉在使用过程中产生的渗漏进行分析，阐明了热端管板和管接头没有按设计要求浇注保护层、安装防护套管时受到硝酸尾气（主要成分 95% 是氮气，其中有少量的 NO 气体）氮化腐蚀导致管端泄漏的失效机理。文献 [37] 通过对硫磺回收装置原有废热锅炉高温侧管板与换热管接头泄漏原因的分析，提出了管接头高温硫化腐蚀和蠕变两种作用因素，提出了图 9.40 所示的改进结构在实际应用效果较好。笔者分析该结构，确认其改进的全管板厚度焊透管接头像图 4.9 的结构那样，但是一般人员对该结构的认识不够全面和深入。虽然认识到全焊透管接头提高了结构强度，其抵抗接头开裂的能力更强，却未能认识到全焊透管接头良好的传热效果降低了管板内的温差及其热应力，也未意识到全焊透管接头施焊时如果操作不好会大面积烧损换热管，反而会降低管接头结构强度。

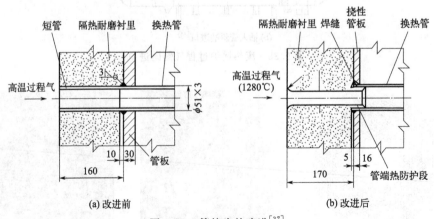

图 9.40　管接头的改进[37]

　　综上所述，较高温度下管接头结构的完整性包括薄管板，低管端，全焊透焊缝，管端和管板隔热层同时捣制，以及受热面除垢等。管端和管板隔热层同时捣制可以提高其整体均匀性，取得预期的隔热防护效果。同时也还存在一些值得研究的共性问题，需要基于热交换器生态系统的观念对其全过程进行相关管理[38]。

9.4.2　较高温度下法兰的密封失效

对热交换器的密封进行内密封与外密封两大分类，这是笔者便于专著专题分析的一种方法，实际上两者不可能毫无关联。例如，设备法兰密封本来属于外密封，但是有的热交换器壳体内部也采用了法兰强制密封，包括浮头盖法兰与勾圈的密封，浮动管箱法兰与管板的密封等等，后者如图8.38～图8.40所示。正如这里讨论一下隔板分程等内部结构对外密封的影响，下一章将讨论卧式容器鞍座和壳体膨胀节对内密封的影响，由此更全面地交给读者一个密封失效影响因素的认识。

(1) 高温工况下的垫片选材

设计温度≥450℃时，应采用稳定型不锈钢；低于425℃时，可采用非稳定型不锈钢。选用S32168代替常见的S30408作为垫片材料，可适应高温工况。

(2) 较高变温速率的操作控制

某炼油厂柴油加氢装置使用的高压热交换器是U形管式，管程和壳程的操作温度分别是400℃、280℃，操作压力分别是6.5MPa、7.0MPa，1991年投用后在10年使用中共发生9起管箱法兰和壳体法兰的氢气、油气泄漏，严重干扰了装置的长周期安全高负荷运行[39]。由表9.1中数据可知，操作温度波动引起的泄漏7次，压力波动引起的泄漏4次，温度波动为导致泄漏更主要的原因。

表 9.1　1996～2004 年的泄漏记录[39]

时间	工况	温度状况	压力状况
1996.01.04	工艺操作调整	快速升温	—
1997.11.08	工艺操作调整	快速升温	—
1997.12.08	装置开工	快速升温	快速升压
1998.02.07	氮气循环气密	—	快速升压至6.9MPa
1998.02.17	炼焦化柴油,调整操作	快速升温	—
1999.01.04	炼焦化柴油,调整操作,降量	—	循环氢量大幅波动
2001.02.11	炼焦化柴油,调整操作	大幅波动	—
2003.08.21	由煤油改炼柴油	快速升温	—
2004.03.21	由煤油改炼柴油	快速升温	快速升压

(3) 周向较高温差影响法兰密封的实测分析及技术对策

为了分析管箱法兰或壳体法兰泄漏的原因，文献[39]针对管箱进、出口及内部分程隔板引起周向温差的判断，测量了法兰和螺柱的温度分布。首先对周向方位进行标记，然后以法兰上、下部的分界线为0°起点，每隔10°进行测量，结果两法兰上半部与螺柱的温差都高于下半部与螺柱的温差，两法兰与螺柱的温差最小处位于230°～290°、230°～310°之间，最大处都位于0°～220°之间，见表9.2。

表 9.2　法兰与螺柱之间的温差[39]

法兰对象	壳体法兰与螺柱			管箱法兰与螺柱		
角度方位/(°)	0～220	230～310	320～360	0～220	230～290	300～360
温差/℃	15～28	1～8	30～34	52～67	32～38	43～53

不均匀温差的存在及材质的不同，会在法兰和螺柱之间引起不同的膨胀量，导致法兰间隙沿周向的不均匀分布；测算发现法兰间距最大偏差为 0.084mm，最大间距位于法兰下部 230°～310°，最小间距位于法兰上部 60°～140°。笔者认为，也许法兰间隙是热交换器常温组装时就存在的，究竟不均匀温差是缩小了法兰间隙还是放大了法兰间隙，还需要装置停车时检测常温的数据才好比较确认。无论实际情况怎么样，在设计上都可考虑如下三个有别于传统的技术对策。

技术对策一是设计校核所选垫片的应力[40]。传统的法兰密封设计中撇开密封面实际光洁度，也不考虑法兰副装配后两侧配对密封面的平行程度，只是留给有关专业对这两个影响密封的因素做统一的要求。与此不同的是，文献 [40] 在分析了现行法兰密封设计存在不足的基础上，结合材料流变学理论，提出了基于垫片变形的设计计算方法；首先把法兰密封面的粗糙度及法兰端面的平行度误差之和作为垫片所要求的最小变形量，并且明确垫片变形量与垫片应变之间的关系，然后根据垫片材料的应力应变曲线求出此时垫片的应力值，最后把将应力值与设计压力比较，以垫片的应力应该大于 1.5 倍的设计压力作为许可的判定依据。该方法概念清楚、考虑因素全面，是一种值得研究的新方法。

技术对策二是设计预判密封松弛并指引密封维护[40]。设计预判包括两方面，其中的热态预判计算出螺柱蠕变值为垫片设计变形量一半时的时间，此时间称为第一临界时间 t_1，在此时间到来之前，再次热态拧紧螺柱即可继续保持密封；更新预判计算出应力下降到介质压力时的时间，此时间称作第二临界时间 t_2，在容器的维护工作中，应根据此值更换垫片。

技术对策三是增设补偿变形的附件[41]。对于螺柱紧固密封，增设具有一定程度补偿功能的特种垫圈。在大型硫磺回收装置三合一硫磺冷却器设计中，考虑到 3 个管程温差带来螺柱松弛效应，在前端管箱法兰螺柱处设置碟簧补偿不同的温差变形，以保持螺柱紧固力。

(4) 管程介质温差影响管箱法兰密封性能的数值模拟

文献 [42] 以独山子石化总厂一台双管程浮头式热交换器为例，利用 ANSYS 软件建立了 U 形管热交换器或浮头式热交换器管箱法兰密封系统三维有限元模型，并将预紧状态与操作状态紧密联系，分别分析了在预紧、只有压力作用以及压力与温差共同作用时三种工况下管箱法兰的密封性能。结果表明，无论哪一种工况，管箱法兰环变形趋势都是内侧张开，使垫片的有效密封宽度减小，不利于密封。

具体地说，由于温度沿圆周非均匀分布，温度引起的变形与压力引起的变形相互叠加后，模型的变形呈现非对称分布。在温度较低的上侧，管箱法兰的轴向变形较小，在温度较高的下侧，管箱法兰的轴向变形较大。这一变形差异使得管箱法兰密封面明显地发生了翘曲，进而引起垫片应力的分布状态同预紧状态和只有压力作用时的状态相比发生了明显的变化。垫片的应力不再以管箱隔板中面为对称面对称分布。从总体上看，虽然垫片应力值在径向的分布仍然是垫片外侧的压应力值大于垫片内侧值，但垫片应力值沿周向分布的不均匀程度远大于预紧状态和只有压力作用下的垫片应力分布。在管程温度较低一侧靠近隔板的位置左右对称地存在着两个危险区域，该区域垫片的压应力值急剧下降且应力最低点总是位于两螺柱之间，因此，这两个区域最容易发生介质泄漏。垫片应力分布的这种规律说明，由温差和压力共同作用时所引起的管箱法兰密封系统各部件的轴向变形沿圆周分布不均匀是引起垫片上压紧力不均匀和导致密封面泄漏的主要原因。

某中压蒸汽过热器的失效佐证了上述分析。过热器现场投用 3 个月后，由于锅炉水软化剂磷酸三钠引起碱应力腐蚀脆断开裂，管箱与管板对接焊接的环缝出现了 12 道沿设备纵向的裂纹，这些裂纹相对集中在管箱隔板与内表面组焊的所在位置，显而易见，是管箱内下部的进口流程和上部的出口流程之间的温差，以及隔板对上下两侧热膨胀差的强制约束所引起的热应力对开裂起到了促进作用。

参 考 文 献

[1] 刘玉华，吕春磊，陆征，等.壳程传热、压降、振动综合分析 [J].化工设备与管道，2020，57 (6)：22-26.

[2] 邢海燕，王朝东，郭钢，等.寒地日照及昼夜动态大温差下保温管道外层破坏的热力耦合仿真与分析 [J].压力容器，2019，36 (4)：8-14.

[3] 雒建虎.SHMTO 工艺中蒸汽-甲醇过热器失效原因探究 [J].石油化工设备技术，2021，42 (1)：36-41.

[4] 石慧君，周斌，张淘.大型精细化工油品合成装置循环换热分离器的研制 [C] //2020 年第六届全国换热器学术会议论文集.合肥：中国科学技术大学出版社，2021：15-20.

[5] 廖怿灵.元坝气田净化装置检维修顺利推进 [N].中国石化报，2021-05-12.

[6] 姚博贵，贾小斌，郑维信，等.大型超长换热器管束制造及组装技术 [C] //2020 年第六届全国换热器学术会议论文集.合肥：中国科学技术大学出版社，2021：123-128.

[7] 成大先.机械设计手册：第 2 卷 [M].4 版.北京：化学工业出版社，2002.

[8] GB/T 6067.1—2010 起重机械安全规程 第 1 部分：总则.

[9] 宋冬娥.换热器结垢清洗方法选择的重要性 [C] //中国机械工程学会压力容器分会，压力容器杂志社.第二届全国换热器学术会议论文集.压力容器，2002，29 (增刊)：121-123.

[10] 宋冬娥，宋广凯，连俊宏.九江石化总厂新增中压蒸汽管道的化学清洗 [J].化学清洗，2000，18 (1)：14-16.

[11] 徐拥军，呼立红，郑丽群，等.化学清洗造成的换热器管束失效分析 [J].石油化工腐蚀与防护，2019，36 (1)：61-64.

[12] 黄嗣罗，刘恒，陈孙艺.一种防首块折流板积聚污垢的立式急冷换热器：ZL 202210389367.1 [P].2022-04-13.

[13] 王世虎，李应斌，陈亚平.梯式折流板换热器构想 [J].石油化工设备，2001 (6)：23，24.

[14] 齐鲁石油化工第二化肥厂.氮气吹扫克服换热器局部腐蚀 [J].齐鲁石油化工，1984 (2)：47.

[15] 朱小四，管泽沛，王惠义.设备吹扫导致换热器断管的分析 [J].化工设备与防腐蚀，2000 (3)：41，42.

[16] 陈德山.裂解气后冷器管束开裂泄漏原因分析 [J].失效分析，2019，36 (6)：58-60.

[17] 赵竹丽.中间换热器的制造及试压辅助装置 [J].山西化工，2009，29 (3)：68-70，73.

[18] 李鹤，陈孙艺，林进华，陈右明.232m³ 废催化剂罐气压试验的安全技术 [J].中国锅炉压力容器安全，2003，19 (6)：29-31.

[19] 马宝国，李静.循环流化床锅炉省煤器管堵头泄漏分析及改进 [J].石油化工设备，2019，48 (6)：77-80.

[20] 李卫军，邓宇，李凯.制氢转化气蒸汽发生器管束内漏故障分析及其处理 [J].化工设备与管道，2010，47 (5)：28-30.

[21] 梁文萍，方艳臣.加氢精制装置高压换热器泄漏原因分析 [J].炼油技术与工程，2019，49 (1)：31-35.

[22] 王仕航，郑东宏，范安全，等.核电站蒸汽发生器传热管机械堵管工艺评定 [J].压力容器，2021，38 (1)：75-80，86.

[23] 未永飞，闫国华，冯利法，等.基于 ANSYS 的蒸汽发生器机械堵管接触分析 [J].机械设计与制造，2012 (4)：106-108.

[24] 闫国华，未永飞，冯利法，等.蒸汽发生器堵头设计与堵管研究 [J].压力容器，2011，28 (2)：1-4，21，37.

[25] 魏清海，叶琛.核电站蒸汽发生器传热管堵管工艺研究 [J].设备管理与维修，2012 (2)：29-31.

[26] 白彦，宋志宇.卡萨利氨合成塔废热锅炉故障处理 [J].流程工业，2021 (1)：38-41，44.

[27] 杨振国.核电装置热交换器的失效分析及其应用 [R].上海：复旦大学，2011.

[28] 黎力军.影响法兰密封的因素及垫片的选用 [J].石油化工设备，1997，18 (6)：35-37.

[29] 陶宁.法兰密封及垫片选型 [J].炼油技术与工程，2004，34 (10)：39-41.

[30] 李仙乔.硫磺回收装置中酸性气废热锅炉的设计要点 [J].硫磷设计与粉体工程，2012 (6)：1，3-5.

[31] 陈章勇.硫磺回收装置之废热锅炉管板结构有限元应力分析 [J].化肥设计，2009，47 (4)：15-17.

[32] 梅凤翔，周际平，水小平.工程力学：上册 [M].北京：高等教育出版社，2003：83-85.

[33] 江红伟，袁耀如.转化气余热锅炉管板角焊缝裂纹故障分析及处理 [J].石油化工腐蚀与防腐，2017，34 (3)：48-50.

[34] 栾德玉. 硝酸尾气废热锅炉高温端换热管泄漏的原因分析 [J]. 化工设备与管道, 2000 (5): 4, 56-58.

[35] 董培欣, 彭学文, 段也. 熔盐蒸发器管板封口焊缝泄漏原因分析 [J]. 中国特种设备安全, 2000, 37 (5): 4, 56-58.

[36] 胡林明. WNS 型锅炉烟管管端热应力裂纹原因分析 [J]. 中国特种设备安全, 2021, 37 (1): 62-65.

[37] 石勤. 废热锅炉管板与换热管接头结构改进 [J]. 石油化工设备, 2004 (5): 49, 50.

[38] 陈孙艺. 热交换器密封技术与失效影响因素 [M]. 北京: 化学工业出版社, 2022: 259-260.

[39] 李海三. 柴油加氢精制高压换热器法兰密封失效分析 [J]. 压力容器, 2005, 22 (9): 43-46.

[40] 蔡洪涛. 流变学在法兰密封设计中的应用 [J]. 武汉化工学院学报, 2004, 26 (4): 81-83.

[41] 蔡建明. 大型硫磺回收装置三合一硫磺冷却器设计 [J]. 石油化工设备, 2019, 48 (2): 38-42.

[42] 黄英, 冯世磊, 李国成, 等. 管程介质温差对管箱法兰密封性能的影响 [J]. 武汉化工学院学报, 2006, 35 (2): 15-19.

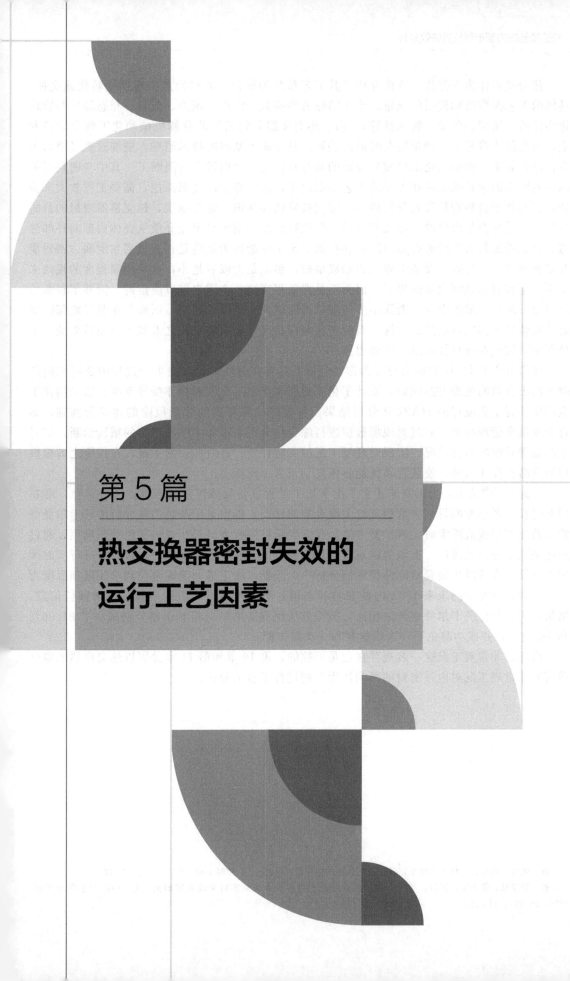

第 5 篇

热交换器密封失效的
运行工艺因素

热交换器作为支撑化工流体介质及其工艺参数的硬件，通过换热实现质能转化或交换，具体的工艺参数指标包括传热量、流体的热力学参数（温度、压力、流量、相态等）与物理化学性质（密度、黏度、腐蚀性等）。由于热交换器和化工工艺分属机械和化工两个学科专业，两者的连接只是一种粗线条的供需关系，只反映了基本的技术原理，更细致更紧密的关系在过程装备与控制（化工机械）专业的高等教育这一层面被人为隔断了。其中与密封有关的一些影响因素长期隐藏在主要的工艺参数之下，需要专题研究来深挖，需要工程放大来验证，有的甚至直到密封失效分析还不一定能被确认和认识。通俗地说，热交换器密封的目的是阻止介质从参与换热的一侧流程向另一侧流程渗漏，或者是阻止介质从壳体内部向外部渗透。介质沿密封面的渗透行为始终是存在的，至于渗透行为最终是否造成密封泄漏，密封泄漏是否导致设备失效，设备失效是否酿成事故，事故是大或者是小，这从泄漏程度的视角来说不一定都有明显而宽裕的界限，因为不是泄漏程度这一个因素可以决定的。泄漏了较多的冷却水可能没有酿成事故，泄漏不多的液氢可能就发生了爆炸燃烧，而液氢在装置底部燃烧就比在装置顶部燃烧更具危害性。有的密封泄漏状况可能只需一线之差就可以使后果变得十分严重，因此在密封技术研究中值得关注。

张雪等[1]针对传统的危险与可操作性分析不具有实时性，难以在生产过程中及时识别危险并给出有效的处理方案问题，设计了化工过程非正常工况实时操作指导系统，以采用化工生产中装置工艺流程的 HAZOP 分析结果及根据该结果得到的降低风险的建议为基础，结合企业信息管理技术，通过对现场数据进行综合化分析处理和多参数融合的精确诊断，实时跟踪装置系统的运行状况，实现对现场工况的实时评价。针对非正常工况，在报警之前提供控制策略和操作指导，使装置系统能够恢复到正常工况状态。

胡瑾秋等[2]认为，为提高非正常工况下化工过程设备故障预警的准确性和鲁棒性，需在预测过程中考虑影响目标参数的其他关联参数的状态；提出基于灰色关联分析法和卡尔曼滤波法的化工过程故障实时关联预警方法，建立以目标参数为结果变量的灰色关联模型，通过灰色关联度分析及排序，提取关联系统中目标参数的关联原因变量，对过程参数进行实时预测和预警。在常减压装置故障预警案例分析中，分别以稳定塔回流罐液位和常压塔顶温度为目标参数，实时预测未来 1min 内的参数状态值，当判断结果为故障时提前发出预警信息。结果表明，与传统卡尔曼滤波法相比，所提方法预测结果平均相对误差分别减小了 91.06%和 88.23%，并成功避免了一次误告警和一次漏告警。

因此，非常规工况这一客观存在也是可控的。第 10 章和第 11 章分别以热交换器的温度载荷或非常规工况对内外密封的影响作为主题进行了总结分析。

---

[1]　张雪，高金吉. 化工过程非正常工况实时操作指导系统研究 [J]. 控制工程，2008 (4)：466-469.

[2]　胡瑾秋，张来斌，伊岩，等. 非正常工况下化工过程设备故障实时关联预警研究 [J]. 中国安全科学学报，2016，26 (9)：140-145.

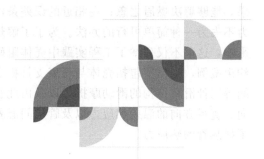

第10章

热交换器温度载荷
对密封的影响

温度和温度差，压力和管、壳程压力差是热交换器常见的载荷，也是热交换器标准规范考虑的基本载荷。理论分析表明，温度差和压力差对密封结构的影响一点都不比温度和压力对密封结构的影响简单，甚至更加复杂。工程实践证明，动态的、非均匀的温度差和压力差作用下，热交换器的密封失效问题常成为事故处理中难以一次见效的硬症。因此，在9.4节关注了管接头和法兰两种典型结构在较高温度下的密封失效表现之后，对其他结构在较高温度下对密封的影响也进行了介绍。

10.1 热交换器部件的温度载荷及其热应力分析新方法

不同结构形式的热交换器中热应力分布及应力水平自然不同。

在同等工况下，人们通常认为固定管板式热交换器的热应力较浮头式热交换器或者U形管式热交换器的热应力更大，甚至认为后两种热交换器设计时不需要分析计算其中的热应力。例如，文献［1］介绍了某固定管板式乙苯气-反应混合气热交换器投用1年内多次发生换热管与管板焊缝开裂，全面检查发现热交换器还存在筒体呈波浪状、筒体膨胀节严重变形和开裂、管板向外突出变形、鞍座焊缝开裂等失效形式，并经检验分析确认其中的热应力过大，这是导致应力腐蚀的主要因素。文献［2］针对非轴对称布管且两侧管板厚度不同的固定管板式热交换器，采用ANSYS建立了三维有限元模型，通过对结构的热固耦合分析后指出，结构的热应力具有明显的非轴对称分布特性，任意一侧管板厚度的改变均会改变另一侧管板的热应力分布。有一种引起严重热应力的特殊工况就是存在非布管区的非轴对称布管且壳程带蒸发空间的固定管板式热交换器，一方面存在两种应力突变，即管板上布管区和非布管区之间的结构不一致在压力作用下引起的一次应力突变，以及布管区换热管轴向热膨胀与非布管区无换热管轴向热膨胀的差异作用引起的二次应力突变；另一方面还有两种温差附加上显著的热应力。第一种是介质通过对流换热带来的管板平面上的温差，因为管板壳程侧的上部有部分与气相接触，下部大部分与液相接触，气、液两相的对流传热系数差别较大，所以气、液两相的交界区存在明显的温差；第二种是换热管通过管接头传递来的板面上的温差，即布管区存在换热管，非布管区不存在换热管，从而带来的温差。

繁复的计算需要成本。笔者认为，在难以准确模拟结构复杂载荷的情况下，采用简单而保守的计算方法来解决工程现实问题虽然不是很合适，但是可以粗略地评判应力水平及其后果，能够解决燃眉之急；在相近的误差条件下，采用解析法计算热交换器零部件结构的热应力不失为一种简单可行的办法。为了了解热交换器部件结构的非常规热应力对其安全强度的影响，这里不仅列举了工程实践中壳体阻碍管束的热膨胀位移以及由此引起热应力的若干个约束案例，列出了包括壳体与管束支持板之间、壳体与管束滑板之间或壳体与管板填料函之间等三种滑移结构的滑动摩擦力以及由此引起的管束热应力的计算式，还分析了管板厚度方向、直径方向的温差热应力以及管层间温差作用于管板的应力，并推导了计算式，最后分析了换热管的热应力。

10.1.1 壳体对管束滑动的摩擦约束引起的热应力

(1) 滑动受阻的表现

1) 填料函式热交换器管束滑动管板的非均匀受力　文献［3］提出如图 10.1 所示氯碱行业的填料函式热交换器相当于一种特殊结构的固定管板式热交换器，从设计受力分析的角

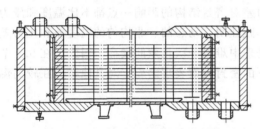

图 10.1　填料函式热交换器示意图

度视作用到滑动管板周边的剪力和弯矩为零，因此作用到管板的整体弯曲应力也为零。文献［4］对文献［3］的这个观点给予了认可。但是从结构模型来说，填料函式热交换器滑动端边缘应按连接一个圆柱壳进行力学分析[5]。图 10.1 中管板周边与筒体之间密封的可能情况如下：一方面，填料函松弛则起不到密封作用，填料函张紧过度则阻碍管板的滑动作用，因而存在热应力；另一方面，填料函的整体摩擦是周向不均匀的，填料函径向张紧力的作用与滑动管重力作用的结果使得结构底部的局部摩擦力较大，较大的摩擦力造成较大的热应力。

例如，图 10.2 所示苯乙烯脱氢反应器的乙苯/蒸汽过热器中也有类似的填料函式密封，从国外引进的某过热器规格为 $\phi2330\text{mm} \times 16\text{mm}/55\text{mm}$，壳体长 7575mm。支承滑动管板的那一段壳体虽然采取了增加壁厚的措施，但运行后仍出现该段壳体变形，滑动管板周边密封困难的现象。在国产化及改造设计中，该过热器改为立式结构后才取得满意的密封效果。

图 10.2　乙苯/蒸汽过热器

又如，该类热交换器的大直径较薄管板，曾出现过滑动管板在不均衡力的作用下推歪了的案例。

在 GB/T 151—2014[6] 标准的 7.4.5 条中，填料函式热交换器管板的应力计算与浮头式热交换器管板的应力计算是基本相同的，但是换热管的轴向应力计算公式有差别，一般填料函式热交换器的轴向应力较大。

2) U 形管束热交换器折流板被介质垢层堵塞形成阻力　案例一，如图 10.3 所示，某汽油加氢装置节能改造项目中的高压蒸汽加热器，利用 U 形管束管程中 450℃的高压蒸汽加热壳程 400℃的含氢烃介质，壳程带纵向隔板，壳程进出口靠近管箱侧法兰。常温下利用两个 100tf 推力的千斤顶也无法把带管束的管箱顶松动，经过对全壳程保温包裹加热到 370℃后才逐渐把管束顶出，如图 10.4 所示；从里面清出约 4t 的固体颗粒，如图 10.5 所示。初步

分析固体颗粒堵塞的成因，该热交换器是逆流换热的高温蒸汽走管程。局部高温使壳程出现少量烃结焦后，焦粒停留并沉积，最初的堵塞降低了壳程流量，流量的减少进一步提高该区域烃介质的温度，局部高温造成更多结焦。如此恶性循环，导致换热器低效。

(a) 设备型式　　　　　　　　　　　(b) 包裹加热

图 10.3　某 U 形管束加热器

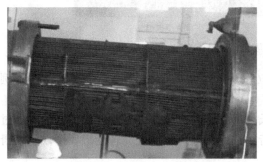 

图 10.4　抽出的管束　　　　　　　图 10.5　堵塞折流板的硬垢

案例二，如图 10.6 所示，某石化公司第二转换炉废热锅炉于 1995 年从意大利进口，U形管束采用折流板支持，运行数年后折流板严重变形[7]。变形的折流板阻碍了换热管的热膨胀伸长。

图 10.6　运行中折流板变形[7]

案例三，某化工厂制造 100 万吨/年煤焦油加氢项目的混合原料与热高分气热交换器为立式螺纹锁紧环式热交换器，由于热交换器壳程结焦，无法满足运行条件。理论分析计算表明，需要工装提供≥15t 的圆周切向力，才能拆卸锁紧环。具体施工时，需要在离地面 60m 高处提供 10.1 吨（U 形管束整体净重）的垂直拉力才能抽出管束。由于检测困难，这些估算的载荷尚不包括 U 形管束结焦后，结焦产物对管束的作用力[8]。

3）浮头热交换器折流板被介质垢层堵塞形成阻力　图 10.7 是某螺旋折流板浮头式管束

的堵塞状况。该管束结构细长，壳程两端各一个进口，中间同一个出口。初步分析其堵塞成因：流体从壳程两端进入壳体后，在沿折流板旋流流向壳体中间出口的过程中，旋流逐渐得到强化，旋流速度越来越大，旋流的离心力使介质中比重较大的成分流向管束的周边，贴向壳体内壁，沉积下来。长期运行后，沉积物使靠近出口的壳程流道变窄，换热逐渐变得低效。与此同时，沉积物也使管束周边结构和壳体粘合到一起，在强行抽出管束的过程中，沉积物的阻碍导致折流板变形。采用烧焦的办法清除垢层，在这个过程中由于局部高温可能对换热管材质造成损伤。

(a) 长管束　　　　　　　　　　　　　　　(b) 烧垢泥

图 10.7　某浮头热交换器管束

4）壳体变形形成阻力　　壳体变形对管束位移及管接头的影响较为复杂，可通过特例说明。

第一种情况是全壁厚是奥氏体不锈钢、奥氏体不锈钢复合板或者其他材质的壳体未经过焊后消除应力热处理。残余应力在热交换器运行过程中逐渐释放引起壳体变形，形成管束滑动的阻力。

第二种情况是挠性管板与壳体壁厚之间在结构强度或结构刚度方面的交互作用，一侧强则另一侧弱。GB/T 151 标准附录 M 只展示了挠性管板不比壳程壁厚更厚的结构，但是免不了挠性管板较壳程壁厚更厚这一特例[9]。此时，壳壁的变形除了对管束的滑动形成阻力，也因缓和了管板周边连接结构的作用而改善管板布管区的变形及应力分布，需要构建整体模型进行有限元分析才能了解其中的实际情况。

（2）滑动阻力计算

下面以卧式热交换器为考察对象，讨论如何确定构件相互滑动之间的静摩擦系数。参照NB/T 47042—2014[10] 标准，其中鞍座底板与钢基础底板的静摩擦系数 $\mu = 0.35$。对于折流板、支持板、滑板或者管板外圆等管束构件，一方面考虑到机加工精度不够，存在刀痕纹路，难与钢板表面的光洁度相比，另一方面考虑到这些构件下部与圆筒体内表面之间通常的接触配合状态，总的会增大接触面的阻力，静摩擦系数都会稍微提高，因此取 $\mu = 0.37$。

管板自身非均匀温度场和管束非均匀温度场共同引起的管板变形也可能增大管板与圆筒体之间的阻力。

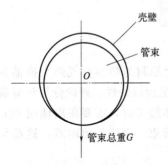

图 10.8　支承板摩擦

1）支承板摩擦力　　对于卧式安装的浮头式热交换器，如图 10.8 所示，仅有支持板支承的管束与壳壁间的总摩擦力 F_b

$$F_b = nF' = nN'\mu = n\frac{G}{n}\mu = G\mu \tag{10.1}$$

式中，n 为支持板的数量；F' 为每块支持板与壳壁间的摩擦力；N' 为每块支持板与壳壁间的正压力；G 为管束总重；μ

为支持板与壳壁间的静摩擦系数。分析上式可知，增加支持板的数量 n，每件支持板承担的管束重量减小，其与壳壁间的摩擦力也降低。虽然管束受到的总的摩擦力不变，仍等于各支持板的摩擦力之和，但是每件支持板摩擦力的降低有利于其滑动，也就有利于管束整体的滑动。

2）滑道板摩擦力　对于在壳体内两侧对称设置的管束纵向滑道，或者在大型管束底部两侧对称设置的管束纵向滑板的装配结构，当仅有纵向滑板支承管束重量时，受力简图见图 10.9，管束滑道板与壳壁间的总摩擦力 F_h 的计算式为

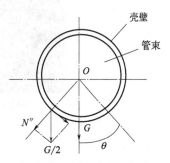

图 10.9　底部滑道板摩擦

$$F_\mathrm{h}=2F''=2N''\mu=2\times\frac{G}{2}\cos\theta\times\mu=G\mu\cos\theta \quad (10.2)$$

式中，滑道板的数量 $n=2$；θ 为滑道板的安装角；F'' 为每条滑道板与壳壁间的摩擦力；N'' 为每条滑道板与壳壁间的正压力；G 为管束总重，$G/2$ 为每条滑道板支承的管束重量；μ 为支持板与壳壁间的静摩擦系数。上式与式（10.1）相比多了小于 1 的系数 $\cos\theta$，因此总摩擦力 F_h 小于图 10.8 中支持板的总摩擦力 F_b。

根据 GB/T 151—2014 标准，推荐滑道板安装角 $\theta=15°\sim25°$，因此有 $0.906\leqslant\cos\theta\leqslant 0.966$，该系数使总摩擦力略微减小。对于釜式重沸器，推荐安装角 $\theta=25°\sim30°$，因此有 $0.866\leqslant\cos\theta\leqslant 0.906$，该系数使总摩擦力明显减小。特别是当滑道板集中于管束底部时，有 $\cos\theta=0$ 和 $\cos\theta=1$，即 $F_\mathrm{h}=F_\mathrm{b}$。如果滑道板分别设置在管束的两侧，如图 10.10 所示，同样有 $\cos\theta=0$ 和 $\cos\theta=1$，即 $F_\mathrm{h}=F_\mathrm{b}$。

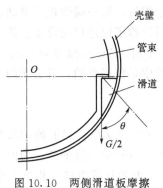

图 10.10　两侧滑道板摩擦

从接触面积来说，纵向滑板相当于较多支持板贴近叠在一起的效果，增大了接触面积。从理论上分析这一结构的效果：每条滑道的摩擦力都将明显降低，从而有利于管束整体的滑动，但是管束受到总的摩擦力不变；即便滑道板与壳壁间的接触面变为接触线，也不影响总摩擦力 F_h 的大小，因此 GB/T 151—2014 标准的 6.8.6.4 条推荐了圆钢形的滑道结构。从实际分析这一结构的效果：如果纵向接触面不平整，存在某个凸点，则相当于支持板的数量大大减少。

在纵向增大管束与壳壁间的接触面积，不会减小两者之间的总摩擦力；在周向增加管束与壳壁间的接触点，会减小两者之间的总摩擦力；如果在管束底部安装滚轮，把管束与壳壁间的滑动摩擦转化为滚动摩擦，也可减小两者之间的总摩擦力。

3）质量引起的摩擦力　对于图 10.11（a）所示滑动管板与壳壁间填料函动密封的管束，其模型如图 10.11（b）所示，当小管束滑动管板的填料被过度压紧，管束重量主要通过管板下部外圆支承，极端状态时仅有滑动管板支承管束质量，引起的摩擦力 F_t 为

$$F_\mathrm{t}=2\int_{\theta=0°}^{\theta=90°}N_\theta'''\mu=2\mu\int_{\theta=0°}^{\theta=90°}N_\theta''' \quad (10.3)$$

式中，N_θ''' 是管板周向角 θ 处质量与管板及壳壁间的正压力；μ 是管板与壳壁间的静摩擦系数。假设正压力均匀分布，则上式简化为

$$F_\mathrm{t}=180\mu N''' \quad (10.4)$$

 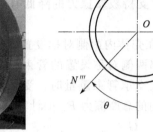

(a) 设备实物　　　　　　　　(b) 管板摩擦力

图 10.11　　内填料函密封管板

10.1.2　管板温差热应力

GB/T 151—2014 标准中刚性管板计算方法是根据弹性薄壳理论用等效无孔实心板代替多孔管板，采用比较简单的公式、曲线、图表进行设计计算，但是该标准的 7.4.1.2 条管板强度设计计算方法中并没有考虑管板温差引起的应力。GB/T 151—2014 标准中附录 L 拉撑管板、附录 M 挠性管板，GB/T 16508.3—2022[11] 标准和 SH/T 3158—2009[12] 标准中挠性管板的计算方法是基于带拉撑平板的计算，但对管板折边部分及其与壳体连接部分的应力水平没有给出计算方法。

文献 [13] 介绍了一端管板的两侧分别与管箱或者壳体固定焊接，另一端管板可滑动的非对称热交换器在压力和温差载荷作用下的分析计算方法，分析计算了原进口的设备、第一次和第二次国产化的设备共 3 台热交换器管板的应力，管板厚度由 117mm 减薄为 50mm，热交换器的各项性能均超过原进口设备。可见厚管板在一些案例中是没必要的，其引起的温差载荷反而不利于管接头的密封。

(1) 管板本体温差引起的热应力

1) 管板厚度方向温差的热应力　笔者根据管板的力学模型并结合文献 [14] 的结果判断，当周边固定的厚壁管板在厚度方向存在均匀温差时，该温差在管板中引起的热应力的计算方法可参照厚壁圆筒体直径趋向无穷大时壁厚温差引起的热应力的计算方法。根据文献 [15] 厚壁圆筒体的热应力计算式可知，内壁面的轴向热应力和周向热应力都是

$$\sigma_{\text{in}} = \frac{E\alpha\Delta T}{2(1-\mu)}\left(\frac{1}{\ln K} - \frac{2K^2}{K^2-1}\right) \tag{10.5}$$

外壁面的轴向热应力和周向热应力都是

$$\sigma_{\text{out}} = \frac{E\alpha\Delta T}{2(1-\mu)}\left(\frac{1}{\ln K} - \frac{2}{K^2-1}\right) \tag{10.6}$$

式中，ΔT 是内外壁厚方向的温差；α 和 E 分别是壳体材料的线膨胀系数、弹性模量；μ 是壳体材料的泊松比；K 是筒体外直径与内直径之比。

初步分析发现，在诸多工程案例中，式(10.5) 中右边与径比 K 相关的系数项数值接近并略大于 -1，式(10.6) 中右边与径比 K 相关的系数项数值接近并略小于 $+1$，两项系数式主要起到调节内外壁热应力性质的作用。结构中高温侧热膨胀受到低温侧的限制，表现为压应力，应力数值为负。为便于分析，这里进一步把式(10.5) 与式(10.6) 中右边与径比 K

相关的系数项分别设为 A 和 B，则

$$A - B = \left(\frac{1}{\ln K} - \frac{2K^2}{K^2-1}\right) - \left(\frac{1}{\ln K} - \frac{2}{K^2-1}\right) = -2 \tag{10.7}$$

$$A + B = \left(\frac{1}{\ln K} - \frac{2K^2}{K^2-1}\right) + \left(\frac{1}{\ln K} - \frac{2}{K^2-1}\right)$$

$$= 2\left(\frac{1}{\ln K} - \frac{K^2+1}{K^2-1}\right) \tag{10.8}$$

且对于管板，$K \to 1$，有

$$\lim_{K \to 1}(A+B) = 2\lim_{K \to 1}\left(\frac{1}{\ln K} - \frac{K^2+1}{K^2-1}\right) = 0 \tag{10.9}$$

联合式（10.7）～式（10.9）解得 $A = -1$，$B = 1$，符合工程实际。把它们代入式（10.5）和式（10.6）解得，管板厚度方向温差 ΔT_h 的径向热应力计算式近似为

$$\sigma_j^h = \pm \frac{E\alpha\Delta T_h}{2(1-\mu)} \approx \pm 0.714 E\alpha\Delta T_h \tag{10.10}$$

式中，高温侧管板的热应力取"一"，低温侧管板的热应力取"+"，两侧的热应力值相等。

2）管板直径方向温差的热应力　管板上沿板面方向的温差分为沿半径方向的温差和沿直径方向的温差两种。前者均匀的话即轴对称温度场，其热应力的计算可按照 JB 4732—1995（2005 年确认）[5] 标准中关于温度应力的 A.5 条进行。对于周边固定的管板，沿直径方向的温差 ΔT_j 引起的径向热应力如果可简化处理，则按下式计算。

$$\sigma_j^j = E\varepsilon = E\alpha\Delta T_j \tag{10.11}$$

式中，其他符号的含义与前面的相同。

影响管板板面温差的附件因素反映在管束的防冲挡板上。文献 [16] 针对单管程热交换器管箱防冲板做了模拟仿真，分析了蒸汽通过圆形防冲板、锥形防冲板、圆形带孔防冲板等不同结构防冲板后，对管板的冲击情况。由仿真结果绘制得曲线图 10.12，并断定在相同参数条件下，圆形带孔防冲板实现管板表面流速均匀、冲击小的效果最好。不同的流速及其分布状况会给管板表面及附近的换热管带来不同的换热效果，进而影响到结构温差及其热应力。

3）管板非对称因素影响热应力的数值分析　针对非轴对称布管且两侧管板厚度不同的固定管板式热交换器，文献 [2] 采用 ANSYS 建立了三维有限元模型，通过对结构的热固

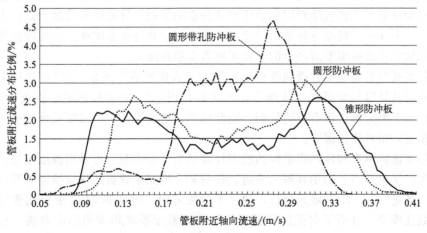

图 10.12　挡板对流速及其分布的影响[16]

耦合分析，得到了结构在稳态传热条件下的热应力分布。计算结果表明，结构的热应力具有明显的非轴对称分布特性，管束上任意一端管板厚度的改变均会改变另一端管板的热应力分布；热交换器的受力状态同时取决于两端管板的相互作用，任意一端管板的受力状态均受到另一端管板的影响，因为两者对结构热应力所起的作用不同，导致两者的应力分布也有所区别。对于温差较大的管板，其总体热应力水平比温差较小的管板高得多；其弯曲变形是自身两侧的温差引起的，而不是壳程筒体与管束之间的膨胀差引起的，因为壳程筒体与换热管束的温度基本相同，而且两者的受热膨胀物理性质也相同；其与筒体连接环形区域的弯曲应力随着与管束区距离的增大而减小。而对于另一端的管板，则呈现出相反的规律。从设计的角度说，降低任意一端管板的厚度均会降低热交换器整体的弯曲应力水平。

文献［17］的分析延伸到了与管板一体化的两侧圆筒体，虽然其结论是基于一台 U 形管热交换器承受内压时的应力分析得到的，未考虑温差热应力的影响，但是涉及管板两侧非对称因素，因此引用以便加深对非对称结构的认识。该文献针对 N 型管箱结构的管板设计计算，比较了基于国标（GB/T 151—2014）和美标（ASME BPVC.Ⅷ.1—2017 UHX 篇[18]）的计算方法后，发现美标计算过程中会由弹性分析变为弹塑性分析，再结合大量工程实例进行分析总结，得出了如下结论：管板中心处径向应力是随着管/壳程筒体厚度的增大而逐渐减小的；管板厚度对连接处的应力影响不大；在管/壳程筒体厚度增大过程中，连接处组合应力的许用应力值会发生改变；N 型管箱结构中的管箱筒体、壳程筒体和管板是一体化的，任何一个部分厚度的改变都会影响整体连接处的应力大小，设计时应综合考虑；刚度较小的一端筒体厚度的改变对连接处的应力影响较大。

4）管板温度场的迭代数值分析及完善的热应力场　文献［12］采用有限元方法，分别按人为经验给定管板表面温度（施加温度载荷后稳定传热生成温度场）、给定流体温度和传热膜系数（施加对流载荷生成管板表面温度取代人为经验给定的管板表面温度）、包含温度场在内的流固耦合（流固耦合分析生成管板附近流场再生成管板表面温度）三种分析模型计算得到了管板的温度场。前两种分析模型的结构包括管板、部分管箱筒体、部分壳程筒体和部分换热管在内的管板模型，是施加温度载荷方法和施加对流载荷方法所考虑的模型；第三种分析模型的结构为流固耦合分析方法所考虑的模型，包含了管板附近的流体和固体部分。分析结果表明：施加温度载荷模型的温度场沿各路径变化梯度较大，施加对流载荷模型的温度场次之，采用流固耦合分析模型的温度场比较均匀；施加温度载荷模型在布管区内得到的温度场有明显的（表皮效应）现象，而其他两种模型并没有这种现象的出现。这是由于施加温度载荷模型没有考虑到流体对周围固体温度分布的影响，导致管板的最大热应力比实际值大，偏保守。上述三种模型分析结果的比较表明，表皮效应并非准确反映实际温度场，是施加偏离实际的温度载荷模型所产生的一种不够真实的现象。

管板热载荷分析报道中常提到管板温度场的"表皮效应"现象[19,20]，并且大多数案例讨论中都表明其计算结果反映出该现象，并强调该现象与 ASME 标准中提及的现象一致，从而据此作为案例分析正确有效的依据。由此可见，这类报道中的推断反而说明其分析结果欠缺工程精度，很可能偏保守。

对于给定流体温度和传热膜系数的模型计算结果工程偏差，可采用温度场迭代计算的方法提高精度。文献［21］采用有限元分析软件对某大型固定管板式热交换器管板的稳态温度场和热应力场进行了三维有限元分析，建立了包括管箱、筒体和 2433 根换热管的四分之一管板的参数化模型，分析了对流边界条件下管板的温度场和相应的热应力场。分析过程发现，当计算的起始平均金属温度取人为经验设定的金属温度，并以此确定材料物性数据时，计算出的各零部件的平均金属温度与原人为设定金属温度的平均值相差很大。表明计算前所采用的材料数据不精确，继而导致计算出的温度场和热应力场失真。针对这个失真问题，可根据计算出的温度场来重新确定各零部件在该计算温度场中的平均金属温度，以该计算出的零部件平均金属温度作为新的初始平均金属温度，重新查取材料的特性数据，与有限元模型首次计算时相同的边界条件一起再次施加到模型中，进一步计算模型的温度场和热应力场。如此反复进行，将各零部件金属温度场的输出结果与输入结果相比较，直至两者平均温度的差异不大于5℃，以此作为计算的收敛准则，最终热应力场计算结果就会比较精确合理，因为材料的特性受该温度偏差的影响不大，已经能满足工程的需要。

5）管板的动力响应分析及变化的热应力场 当热交换器在承受压力和温度载荷的联合作用时，尤其是压力载荷和温度载荷的变化趋势不一致时，在整个载荷波动循环周期中，应力最大时刻不一定发生在压力最大时。图10.13展示了某案例中管板和筒体连接处的应力-时程曲线。由温度产生的热应力对管板总应力影响很大，在这种情况下，应对热交换器进行整个周期的瞬态分析，以确定应力最大时刻[22]。

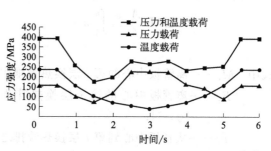

图10.13 管板和筒体连接处的应力-时程曲线[22]

6）热应力场的强弱 在管程对流传热系数远远小于壳程对流传热系数的情况下，对工程实际应用而言，计算出的管板热应力很小，可以忽略不计。故在这种情况下，进行强度分析或校核时，可以不考虑管板上各点的温度差引起的热应力的影响[21]。对于无法确认管程对流传热系数远远小于壳程对流传热系数的其他情况，尤其是热交换器运行中由于换热管内、外表面结垢等原因而改变了表面特性，则需慎重考虑。

(2) 换热管温差引起的管板热应力

1）管板上由管层（程）间温差引起的热应力 有些热交换器的管程沿轴向分为几个来回的流程，每一流程都由若干数量的换热管组成。文献［23］指出，由于热交换器结构和操作条件的多样性，会影响到管板里的热应力。从结构上说，管程流程的布置方式包括进出口的设置使换热介质之间形成逆流换热、错流换热还是顺流换热，包括在布管区上对各流程分区时的各区的换热管数量和换热管所在方位，会使管束的温度场及其热应力不一样。从操作上说，一方面工艺上存在介质相变或者不平稳的操作容易造成管束变化的温度场及其热应力场，另一方面热交换器因使用过程中的振动、腐蚀等原因而造成的换热管损坏，进行了堵管，导致换热管之间的温度分布不均匀，不同管间的温差会引起管接头拉脱力的变化。有的热交换器壳体内径向温差较大且换热管较长，上面一层换热管和下面一层换热管之间也存在温差，容易引起各层换热管之间的轴向热胀应力，该热应力会在管板上引起附加弯矩，因此需探讨换热管层间温差热应力的计算方法，而这也可作为往复流程间温差热应力的计算基础。

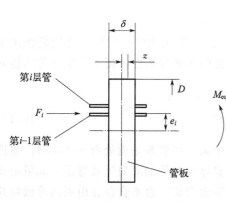

图10.14 换热管层间温差示意图

结合图10.14，设管束两端的管板结构和材料都相同，对于最简单的单管程管束，各换热管之间都因热膨胀伸长的差异而施加给管板一个弯矩。设以管板几何中心为其受弯矩作用的模型中心，则换热管作用到管板上总的弯矩可由各层换热管相对该中心产生的弯矩组成。各层换热管产生的弯矩由轴向作用力和力臂组成，作用力及总的等效弯矩 M_{eq} 可按下式计算

$$M_{eq} = \sum \int_1^n M_i = \frac{1}{2} \sum \int_1^n m_i F_i e_i = \frac{1}{2} \sum \int_1^n m_i (A\sigma_i) e_i = \frac{1}{2} \sum \int_1^n m_i A(\varepsilon_i E) e_i$$

$$= \frac{1}{2} \sum \int_1^n m_i A \frac{\Delta L}{2L} E e_i = \frac{1}{2} \sum \int_1^n m_i A \frac{\alpha L \Delta T_i}{2L} E e_i$$

$$= \alpha \Delta T E \frac{A}{4} \sum \int_1^n m_i e_i$$

(10.12)

式中　M_i——离管板中心的第 i 层换热管排作用到管板上的等效弯矩，N·mm；

　　　F_i——离管板中心的第 i 层换热管排中的一根换热管作用到管板上的等效轴向力，N；

　　　e_i——从管板中心到第 i 层换热管排之间的距离，mm；

　　　σ_i——离管板中心的第 i 层换热管的轴向热应力，MPa；

　　　A——离管板中心的第 i 层换热管中的一根换热管的横截面积，mm^2；

　　　m_i——离管板中心的第 i 层换热管的数量；

　　　ε_i——离管板中心的第 i 层换热管的轴向热应变；

　　　ΔT_i——离管板中心的第 i 层换热管与第 $i-1$ 层换热管之间的层间温差，℃；

　　　ΔT——任意相邻两层换热管之间的层间温差都均等时的温差，℃；

　　　α——换热管材料的线膨胀系数；

　　　E——换热管材料的弹性模量，MPa；

　　　L——换热管长度，mm；

　　　ΔL——换热管受热伸长后的长度增量，mm。

　　式（10.12）忽略各层换热管之间，以及换热管和管板之间的热变形协调，求得的是作用于管板上的整体等效弯矩，其在管板表面上产生的一维弯曲应力按下式计算[24]

$$\sigma_D = \frac{M_{eq}}{W} = \frac{M_{eq}}{\dfrac{D\delta^2}{6}} = \frac{6M_{eq}}{D\delta^2}$$

(10.13)

　　式中，D 是管板直径；δ 是管板厚度。

　　2）薄管板上由轴对称分布的管间温差引起的热应力　按照式（10.12）求得的是作用于管板上由温度矩组成的整体轴对称的径向等效弯矩，径向等效弯矩在管板上产生相等的径向和周向的二维弯曲应力按下式计算[25]

$$\sigma_\theta = \sigma_r = \frac{12M_{eq}}{D\delta^3} z$$

(10.14)

　　式中，z 是分析所关注的管板部位离厚度中间的距离，在管板表面处有 $z = 0.5\delta$。参照式（10.12）也可以求得作用于管板上由温度矩组成的整体轴对称的周向等效弯矩，如果沿周向相邻的换热管之间不存在温度差，则不会产生周向等效弯矩，也不会存在由周向等效弯矩产生的弯曲应力。

10.1.3　换热管的热应力

(1) 烟气废热锅炉的炉管热应力

1) 炼油厂加热炉炉管热应力及其控制　SH/T 3037—2002 标准及其新标准 SH/T 3037—2016[26] 的规范性附录 C 都明确了弹性范围内炉管热应力的限制。在加热炉中，影响最大的热应力是沿着管壁的径向温度分布而产生的热应力。该热应力对受到高热强度作用的厚壁不锈钢管来说变得特别重要，在 ASME 规范[27] 的 4-134 节和 5-130 节中分别介绍了在弹性范围对该热应力的限制。在断裂范围内，对热应力尚未做出合适的限制。求解管子最高热应力的公式如下

$$\sigma_{Tmax} = X\left[\left(\frac{2y^2}{y^2-1}\right)\ln y - 1\right] \tag{10.15}$$

$$X = \left[\frac{\alpha E}{2(1-\nu)}\right]\frac{\Delta T}{\ln y} = \left[\frac{\alpha E}{4(1-\nu)}\right]\frac{q_o D_o}{\lambda_s} \tag{10.16}$$

式中　α——管子材料的线膨胀系数，mm/(mm·℃)；

　　　E——管子的弹性模量，MPa；

　　　ν——泊松比；

　　　ΔT——沿着管子内外壁厚度方向的温差，℃；

　　　y——管子外径与实际内径之比（D_o/D_i）；

　　　q_o——管子外表面热强度，W/m²；

　　　λ_s——钢的热导率，W/(m·℃)。

材料的性质 α、E、ν 和 λ_s 应按照管壁平均温度计算。

SH/T 3037—2016 标准考虑了一次应力加二次应力强度对炉管热应力进行限制，其许用值可按照该标准中 4-134 节提供的如下公式近似计算

对铁素体钢　　　　　　　$\sigma_{T,lim1} = (2.0-0.67y)\sigma_y$ 　　　(10.17a)

对奥氏体钢　　　　　　　$\sigma_{T,lim1} = (2.7-0.90y)\sigma_y$ 　　　(10.17b)

式中，σ_y 为屈服强度，y 为管子外径与实际内径之比 D_o/D_i。

SH/T 3037—2016 标准也考虑了炉管热应力棘齿现象而对热应力进行限制，其许用值可按照该标准提供的如下公式近似计算

对铁素体钢　　　　　　　$\sigma_{T,lim2} = 1.33\sigma_y$ 　　　(10.18a)

对奥氏体钢　　　　　　　$\sigma_{T,lim2} = 1.8\sigma_y$ 　　　(10.18b)

如果炉管按弹性范围设计，则应同时限制其一次应力加二次应力强度的不超过 $\sigma_{T,lim1}$，限制其棘齿热应力不超过 $\sigma_{T,lim2}$。

2) 石油化工废热锅炉炉管热应力　如果把炼油厂加热炉视作水管式锅炉，那么石油化工废热锅炉可视为一种火管式锅炉。其炉管热应力及计算方法有别于水管式加热炉的应力及计算方法，具体分析研究刚刚起步。

石油化工硫磺回收装置反应炉蒸汽发生器、余热回收器或转化器蒸汽发生器的基本结构是卧置固定管板式热交换器。这类废热锅炉的工作原理是低压高温烟气或合成气从一端管箱进入，通过规格为 $\phi38$mm×5mm 至 $\phi60$mm×5mm 的炉管与壳程的锅炉水换热后从另一端管箱流出；其降温幅度显著，常达 450℃，有的管程进口侧过程气温度高达 1450℃[28-30]。传统认为，因为壳程介质由水蒸发成饱和蒸汽，其给热系数很大，而管程侧的给热系数相对

小，正常运行中水对壳程圆筒和换热管的金属壁温起到绝对的决定作用。长期工程实践中，该类设备常在炉管与管板的关联结构处发生失效，引起业内对其设计和制造技术的进一步研究。文献［31］报道的某余热回收器在分析管接头应力对泄漏失效的影响时，管程的设计温度细分区别，换热管的取 296℃，进口管箱的取 347℃，出口管箱的取 321℃，壳程的设计温度则取 277℃，壳体和换热管之间存在设计温度差 19℃，换热管束的轴向应力值达到 120MPa。而该余热回收器的壳程介质是工作压力 5.5MPa、入口温度 269.9℃、出口温度 271.22℃的锅炉水，处于饱和状态，因此该管接头应力分析过程打破了正常运行中壳程圆筒和炉管的金属壁温与饱和水温一致的传统观念，为非正常运行中换热管热应力的分析研究提供了参考。

（2）管层间温差的热应力

固定管板式热交换器或浮头式热交换器换热管因层间温差而产生的热应力由式(10.12)中的轴向力 F_i 除以换热管的横截面积而得，也等于热应变与弹性模量的乘积：

$$\sigma_i = \varepsilon_i E = \frac{\Delta L}{2L} E = \frac{\alpha L \Delta T_i}{2L} E = \frac{\alpha}{2} \Delta T E \tag{10.19}$$

式中各符号的含义与式(10.12)的相同。要注意的是，这里讨论的换热管指直的光管，对于波节管或螺旋扁管，各公式中的弹性模量和泊松比应适当地修正。

（3）U 形换热管的热应力

U 形换热管本来可以通过 U 形段的柔性变形及其变形协调来缓解由于两段直管之间存

图 10.15　U 形段换热管加固

在的温差引起的热应力。如果 U 形段弯管存在如图 10.15 或文献［32］展示的 10 种强制性加固的防振动结构，U 形段已很大程度上失去了柔性变形的功能，导致 U 形换热管自身的温差热应力难以缓解。但是，这样的 U 形管束可以沿壳体热伸长，在这一点上类似于浮头式管束。管束中任意两根 U 形管中存在的温差热应力都可能时不同的，其中任何一根换热管上的轴向热应力就可以按照式(10.19)进行简单而保守的计算。某蒸汽-甲醇过热器管束采用 U 形管和圆环形折流板结构，管程投用饱和蒸汽热介质后，换热管的伸长量不一致，导致了 U 形弯处部分弯管突破外围弯管，使本来密排的换热管 U 形弯之间的间隙更小，很多管段相互紧贴[33]。可以设想，如果对 U 形段设置了防振夹持结构，而且夹持结构是限制各 U 形段自由热伸长的，将引起很大的热应力。

综上所述，非固定管板式热交换器的各部件以及部件之间也存在非均匀温度场及其热应力。根据简化模型推导的热应力解析式，总结如下：

① 有的热交换器，其主要部件的温度场具有相对简明的规律性，只有一维温差，在空间其他维度没有温差，本书中提出了一维温差热应力的简便而保守的计算方法。对于多维温差的温度场，可以先进行简化，把它分解为一维温差的温度场，再把各个一维温差的温度场的热应力分别相加。

② 非固定管板式热交换器壳体内难以避免存在一些约束管束受热自由伸长的因素，从而引起热应力。热应力的大小除了与结构、温差及材料线膨胀系数有关外，还与管束受到的内摩擦有关。

③ 管板厚度方向和直径方向存在较大温差时的径向热应力不容忽略，前者约是后者的0.714。管板上的温差热应力主要转化为弯矩，从而使管板变形，并影响换热管接头的密封性；换热管上的温差热应力主要转化为轴向拉力，影响换热管接头的拉脱强度。

传统的基于几何非线性假设的瞬态热力耦合计算方法由于忽略了几何非线性对耦合项的影响，在温度随时间剧烈变化的情况下结构传热与变形之间的耦合关系无法真实地反映。针对上述问题，文献［34］采用 Galerkin 和 Newmark 算法建立了一种能够在几何非线性假设下精确反映温度剧烈变化情况下结构传热与变形间耦合效应的瞬态热力耦合有限元方法，通过对各向正交异性材料薄板在热环境下的动力学问题的求解验证了该方法的准确性，并基于该方法对某型高超声速飞行器热防护系统的蜂窝结构进行了瞬态热力耦合计算。结果表明：热力耦合项使温度变化产生很小的波动，导致温度变化率发生振荡，其振动幅值与耦合项相关；热力耦合项对结构振动起到衰减作用，使结构形变速度趋于衰减，其衰减程度与结构温度成正比；几何非线性假设对增大结构温度变化率振幅作用显著，并且能够增大结构振动速度，影响结构热变形的大小。

（4）管接头凸出段引起的热应力

在薄管板废热锅炉中，管程高温烟气使得凸出管接头的换热管端温度较高，而管接头内的换热管段受到壳程饱和水的吸热作用，温度明显降低，这样就在换热管的端部形成明显的温差。由此引起的热应力与其他应力叠加，常造成管端开裂。因此，这类管接头需要限制管端高度，或者在管接头焊接和胀接后，通过加工使管端与管板表面平齐，见图 10.16。

图 10.16　去除管接头凸出段

10.2　支座与壳体的相互影响

文献［35］为了考察鞍座位置的变化对筒体应力分布的影响，建立了两支座卧式容器的有限元模型，并与传统的材料力学计算结果进行了比较，验证了传统鞍座位置计算结果的合理性；文献［36］介绍了某废热锅炉单鞍座支撑型式的设计；NB/T 47042—2014 标准则随着设备复杂化和大型化的发展而增加了非对称双鞍座或对称三鞍座卧式容器强度与稳定性校核计算的资料性附录。

然而，工程实践中的鞍座还有不少值得研究的新课题。发夹式热交换器（又称多管式热交换器）结构的特殊功能，可在不带膨胀节的壳体结构内实现高温高压介质的深度换热。组成壳体的两个圆筒体一般是上下布置，两种换热介质的温度差较大，两个圆筒体的热膨胀量也不一致，引起上下两个圆筒体之间的支座存在相互滑动的现象。因此要特别注意滑动的行程设计，保证有足够的滑动空间[37]。上下叠装的两台浮头式热交换器是串联的流程，当两者壳程内部工作介质温度跨度较大时，也需注意上、下壳体热膨胀量不一致的问题。

传统鞍座的本体及其支承的容器部位的应力状况较为复杂，其中支座腹板与筋板组合截面的压应力是鞍座与壳体相互作用关系的体现。有必要深入认识卧式容器中由于温度变化引起圆筒体伸缩时产生的支座腹板与筋板组合截面的压应力，以便讨论其对密封的影响。

10.2.1 鞍座应力的影响因素

(1) 支座反力是首要因素

针对图 10.17 中鞍座所受摩擦力模型，NB/T 47042—2014 标准中的 7.8.2.2 条给出了由温度变化引起圆筒体伸缩时产生的支座腹板与筋板组合截面的压应力计算式

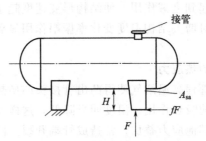

图 10.17　卧式容器鞍座受力模型

$$\sigma_{sa}^{t}=-\frac{F}{A_{sa}}-\frac{fFH}{Z_r} \tag{10.20}$$

式中　F——支座反力，应取各鞍座反力中的最大值，N；

　　A_{sa}——腹板与筋板（筒体或垫板最低处）组合截面积，mm^2；

　　f——鞍座底板与基础间静摩擦系数，钢对钢静摩擦时取 0.3；

　　H——圆筒最低表面至安装基础表面的距离，即鞍座高度，mm；

　　Z_r——腹板与筋板（筒体或垫板最低处）组合截面的抗弯截面系数，mm^3。

(2) 摩擦力是第二因素

式(10.20) 中第二项与摩擦力有关。根据标准解释，鞍座的计算允许载荷考虑了设备及介质自重、容器膨胀引起的摩擦力、风载荷以及地震载荷的影响，但最终是按摩擦力工况下的计算载荷确定的。

其实，热膨胀载荷和支座反力共同决定鞍座的摩擦力。其中支座反力影响摩擦力的大小，但这只是潜在的必要条件，而热膨胀载荷影响摩擦力是否存在及其性质。如果热膨胀载荷很小，则只有很小的静摩擦力。因此，影响卧式容器鞍座压应力的第二个独立的因素可以说是热载荷，这是充分条件。

热交换器壳体复杂的三维热应力多少都会对鞍座受力产生一定的影响，但是这里所指影响卧式容器鞍座横截面压应力的热载荷因素，主要是温度变化引起壳程圆筒体轴向伸缩时，鞍座底板受到支承基础面的摩擦力与鞍座高度共同在支座腹板与筋板组合截面上引起的弯矩。该弯矩引起的压应力与设备及介质重量引起的压应力叠加，潜在使鞍座失稳的可能，需要分析校核。

(3) 鞍座结构尺寸是第三因素

式(10.20) 表明影响卧式容器鞍座压应力的另一方面主要因素是鞍座的结构尺寸。

文献［38］介绍了大型、超长型热交换器的制造。在鞍座支承的卧式容器中，有不少如

图 10.18 所示超标准高度鞍座以及壳体特长（28m 换热管长）的特殊热交换器，其热载荷对鞍座组合截面压应力的影响更加强烈，需要根据个案分析计算。

图 10.18　超高鞍座特长壳体热交换器

10.2.2　等高双鞍座压应力分析

(1) 筋板宽度对压应力的影响

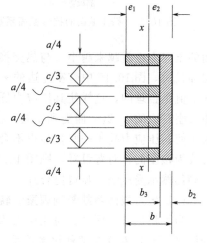

鞍座结构中高度和宽度（隐于 Z_r 中）等尺寸各自对压应力的倾向性影响是明确的，但是压应力随高度增加而增大的同时，却随宽度的增加而减小，两个尺寸的影响是相反的，其交互关系对压应力的影响尚不够直观。文献［39］根据材料力学理论推导出了钢制卧式容器鞍座的腹板与筋板组合截面抗弯模量的计算公式，该式是个四元二次式，同样不够简洁。

图 10.19 是图 10.17 模型中滑动鞍座的腹板与筋板常见的组合截面。根据 NB/T 47065.1—2018 标准并结合材料力学原理，可得截面图中图形重心到受压一侧结构边缘或者受拉一侧结构边缘的距离分别为

图 10.19　鞍座腹板与筋板组合截面

$$e_1 = \frac{ab^2 + cb_2^2}{2(ab + cb_2)} \tag{10.21a}$$

$$e_2 = (a + c) - e_1 \tag{10.22a}$$

中性轴 $x\text{-}x$ 的惯性矩为

$$J_x = \frac{1}{3}\left[(a+c)e_1^3 - cb_2^3 + ae_2^3\right] \tag{10.23a}$$

抗弯截面模数为

$$Z_{r1} = \frac{J_x}{e_1} \tag{10.24}$$

$$Z_{r2} = \frac{J_x}{e_2} \tag{10.25}$$

为便于单独分析鞍座宽度这一因素对抗弯截面系数 Z_r 的影响，设一常见的案例，其圆筒为 DN2000，鞍座尺寸 $b_2 = 16\text{mm}$，$a/4 = 14\text{mm}$，$c/3 = 427\text{mm}$，把这些数据分别代入式(10.21a)～式(10.23a)，得

$$e_1 = \frac{56 \times b^2 + 1280 \times 16^2}{2 \times (56 \times b + 1280 \times 16)} = \frac{b^2 + 5856}{2b + 366} \text{(mm)} \tag{10.21b}$$

$$e_2 = b - e_1 \text{(mm)} \tag{10.22b}$$

$$J_x = \frac{1}{3}\left[(a+c)e_1^3 - cb_2^3 + ae_2^3\right] = \frac{1}{3}\left[1336e_1^3 - 1280 \times 16^3 + 56 \times (1336 - e_1)^3\right] \text{(mm}^4) \tag{10.23b}$$

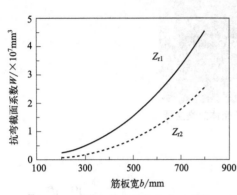

图 10.20　鞍座截面的抗弯截面系数

把上述三式代入式（10.24）和式（10.25），整理后的公式结构复杂，变量与自变量关系不够直观，因此绘制成图 10.20 的曲线进行分析。其中以 b 代替 b_3 作为筋板宽度似乎增加了宽度，实际上截面积等有关计算中忽略了筋板和腹板之间相焊的角焊缝，这样处理引起的误差是微小的。同时，NB/T 47042—2014 标准要求钢制鞍座宽度一般取 $b \geqslant 8\sqrt{R_a}$（R_a 是圆筒的平均半径）。

分析图 10.20 可见抗弯截面系数 Z_r 随着筋板宽度 b 的增大而非线性地越来越大，从而截面的压应力也就越来越小。与热交换器制造时的环境温度 25℃ 相比，当运行后壳体受热轴向伸长时，图 10.19 中鞍座左边的 e_1 这一侧受到压缩，抗弯截面系数按图中较高数值的 Z_{r1} 线取值是合理的，这样使其压应力低一些。反之，当运行后壳体受冷轴向缩短时，图 10.19 中鞍座右边的 e_2 这一侧受到压缩，抗弯截面系数只好按图中较低数值的 Z_{r2} 线取值，这样由于使其压应力高了一些，显得不合理。这一问题的对策之一是把图 10.17 鞍座的面对面设置改为鞍座的背对背设置，则图 10.19 的鞍座截面结构 180°转向，就可以保持鞍座的 e_1 这一侧仍然承受压缩，显得更合理。

（2）抗弯截面系数影响因素的转化

为了将抗弯截面系数对压应力的影响转化为筋板宽度对压应力的影响，根据力学相关理论设 Z_r 与 $A_{sa}b$ 存在某种比例关系

$$Z_r = kbA_{sa} \tag{10.26}$$

式中　b——筋板宽度，mm；

　　　k——比例系数。

根据前面所设鞍座案例的结构参数计算其组合截面的面积为

$$A_{sa} = (a+c)b - 3 \times \frac{c}{3}(b - b_2) = ab + cb_2 = 56b + 1280 \times 16 \text{(mm}^2) \tag{10.27}$$

把式（10.21b）和式（10.23b）代入式（10.24）后，再把式（10.24）代入式（10.26）等号的左边，把式（10.27）代入式（10.26）等号的右边，整理后的公式结构复杂，变量与自变量关系不够直观，因此绘制成图 10.21，以便求取式（10.26）等号右边的 k。

图 10.21 中的比例关系系数 k_1 对应壳体受热轴向伸长时的关系，k_2 对应壳体受冷轴向缩短时

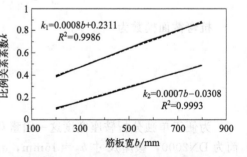

图 10.21　Z_r 与 $A_{sa}b$ 的比例系数

的关系，这里取 $k=k_1$。把 k_1 和式(10.26)、式(10.27) 代入式(10.20)，得

$$\sigma_{sa}^t = -\frac{F}{A_{sa}}\left(1+\frac{fH}{k_1 b}\right) = -\frac{F}{A_{sa}}\left[1+\frac{0.3H}{(0.0008b+0.2311)b}\right] \qquad (10.28)$$

与式(10.20) 比较，上式中括号内的第二项仍然是一个复合因素的变动系数，但是其中的分母已从抗弯截面系数因素转化为筋板宽度这一因素。同理，也可以在筋板宽度确定不变时，推导出把抗弯截面系数因素转化为筋板厚度影响因素的公式。

括号内的第一项即常数1是标准传统的内容，其力学意义是指鞍座支承反力在垫板底部处腹板与筋板组合截面上引起的压应力，这里称为基量；第二项分子式是标准新增的内容，其力学意义是指鞍座支承基础面的摩擦力引起的垫板底部处腹板与筋板组合截面的压应力相对于基量的增量。基量和增量两项内容是相对而言的，反映增量的第二项是具有普遍性的，要注意两点：一是壳体受冷轴向缩短时，应以图10.21 中的 k_2 代替式(10.28) 的 k_1；二是项中分母的数值只是上述个案的反映。

(3) 鞍座高度对压应力的影响

NB/T 47065.1—2018 标准只推荐了 200mm 和 250mm 两种鞍座高度，这里展开讨论一系列鞍座高度对压应力的影响。针对式(10.28) 的变动系数，设一个无量纲的鞍座结构变动系数

$$\omega = \frac{0.3H}{(0.0008b+0.2311)b} \qquad (10.29)$$

代入式(10.28) 得鞍座截面压应力式

$$\sigma_{sa}^t = -\frac{F}{A_{sa}}(1+\omega) \qquad (10.30)$$

将式(10.29) 绘制成图10.22 可以更直观地观察到鞍座结构尺寸对变动系数 ω 的影响。图中曲线从下往上依次为鞍座高度 H 为 200mm、250mm、300mm、400mm、500mm、600mm、700mm、800mm、900mm 和 1000mm 时筋板宽度与变动系数 ω 的关系曲线。

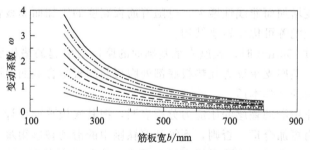

图 10.22　鞍座尺寸与变动系数的关系

一方面，鞍座越高，结构变动系数越大，鞍座截面压应力越大。在筋板宽度为 200mm 的前提下，只有鞍座高度不超过 250mm 时，结构变动系数才小于1；否则，结构变动系数大于1。这意味着压应力的增量大于基量，增量从不可忽略的因素转变成为主导因素。从这里也可认识到标准中推荐鞍座高度不超过 250mm 的力学内涵。图10.23 的超高度倒梯形鞍座需要进行专门的受力分析设计。

图 10.23　超高鞍座

另一方面，筋板越宽，结构变动系数越小，鞍座截面压应力越小。如果把结构变动系数不大于 1 作为鞍座结构设计的原则之一，则常见鞍座高度、筋板宽度、结构变动系数如表 10.1 所示。在第 1 列鞍座高度下，第 2 列是相应筋板宽度的最小值，第 3 列则是相应的结构变动系数。当然，这些数据只是上述个案的反映，但是不失其普遍意义。

表 10.1　筋板宽度的最小值

H/mm	b/mm	ω	H/mm	b/mm	ω
1000	500	0.95	500	350	0.84
900	500	0.86	400	300	0.85
800	450	0.90	300	250	0.84
700	400	0.95	250	200	0.96
600	400	0.82			

鞍座结构设计的另一原则，是 NB/T 47065.1—2018 标准的资料性附录 B 给出了超过标准高度的鞍式支座允许载荷。

(4) 标准鞍座对密封的影响

根据相关力学分析，在鞍座截面其他尺寸确定时，可把鞍座抗弯截面系数对压应力的影响转化为筋板宽度对压应力的影响，突出鞍座筋板宽度与其截面压应力的关系。通过对不等高双鞍座中滑动鞍座的压应力分析，判定把其底板平面设计成与设备的轴线平行，其受力更加合理。

总的来说，根据鞍座筋板宽度对其截面压应力的影响，鞍座结构设计除标准的允许载荷原则外，还可以有许可尺寸原则。但是控制鞍座允许载荷的因素往往是水平平均拉应力，而不是鞍座截面压应力。

根据鞍座高度和筋板宽度与截面压应力的定量关系式，推断出普遍规律是鞍座截面压应力不仅随着鞍座高度增加而非线性增大，也随着筋板宽度的增加而非线性减小。通过鞍座高度和筋板宽度的合理配置可优化鞍座结构。

鞍座高度不超过 250mm 时，鞍座支承基础面的摩擦力引起的垫板底部处腹板与筋板组合截面的压应力小于鞍座支承反力在垫板底部处腹板与筋板组合截面上引起的压应力，揭示了标准推荐鞍座高度的力学本质。

对不等高双鞍座中滑动鞍座的压应力分析表明，把其底板平面设计成平行于设备的轴线时，滑动鞍座的受力更加合理。否则，不等高双鞍座中的滑动鞍座很难顺利滑动，容易使壳体应力复杂化。高度太高的鞍座除了提高设备重心，降低设备的稳定性，也容易引起振动，不利于密封。

10.2.3　特殊鞍座的影响及对策

根据上面的分析，选用 NB/T 47065.1—2018 标准的鞍座后，在 SW6 软件中还是要进行计算校核的，只是选用标准鞍座的时候，计算时输入数据简单点。对于个别特殊结构鞍座，更要具体分析。

(1) 不等高双鞍座的压应力

化工装置中通常利用工艺气使原料在反应器内部形成流化床状态，提高反应效果。工艺气的循环利用可以节约资源，降低成本。由于工艺气吸收了反应热，需要经过气体冷却器进行降温再送进反应器内部才能形成有效的循环。文献［40］为了确保某装置中冷却器设计的合理性和安全性，采用有限元数值求解方法对循环气冷却器进行了分析计算。因为该冷却器为固定管板式热交换器，安装方式特殊，整体倾斜放置。图10.24则是炼油工业中硫磺回收装置的固定管板式冷却器。为了便于单管程内的介质流动，热交换器不是通常的垂直安装和水平安装，而是倾斜角度 θ 安装，一端的鞍座较另一端的鞍座明显高出一截。由上述分析可知，较高的鞍座其腹板与筋板组合截面上的压应力更高，是关注对象，如果设计为滑动鞍座，其受力模型见图10.25。

图10.24　高低鞍座倾斜安装热交换器

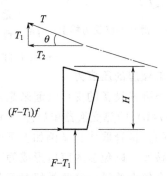

图10.25　高鞍座受力模型

由壳体温度变化引起圆筒体伸缩时产生的推力 T 按下式计算

$$T = A\sigma_z = \pi(\phi_i + \delta)\delta E^t \beta L \Delta t \tag{10.31}$$

式中　ϕ_i——壳体内直径，mm；

　　　δ——壳体壁厚，mm；

　　　E^t——壳体材料设计温度下的弹性模量，MPa；

　　　β——壳体材料设计温度下的线膨胀系数，mm/(mm·℃)；

　　　L——壳体两个鞍座之间的轴向间距，mm；

　　　Δt——壳体设计温度与环节温度的温差，℃。

推力 T 引起支座反力的变化本应通过载荷平衡方程求解，这里进行简化处理，保守地把图10.25中推力 T 在沿垂直方向的分量 T_1 直接组合到支座反力上，式(10.30)变成

$$\sigma_{sa}^t = -\frac{F - T_1}{A_{sa}}(1 + \omega) = -\frac{F - T\sin\theta}{A_{sa}}(1 + \omega) \tag{10.32}$$

显然，这里较高的滑动鞍座其截面的压应力减小；反之，如果把较矮的鞍座设计为滑动鞍座，则其截面的压应力增大。另一种情况是，如果把不等高双鞍座中滑动鞍座的底板平面设计成与设备的轴线平行（其受力模型见图10.25），正压力 F_1 和摩擦力 F_2 为

$$F_1 = (F - T_1)\cos\theta = (F - T\sin\theta)\cos\theta \tag{10.33}$$

$$F_2 = fF_1 = f(F - T_1)\cos\theta \tag{10.34}$$

$$= f(F - T\sin\theta)\cos\theta$$

以式(10.33)的正压力 F_1 代替式(10.30)的支座反力 F 得到鞍座截面压应力式

$$\sigma_{sa}^t = -\frac{(F - T\sin\theta)\cos\theta}{A_{sa}}(1 + \omega) \tag{10.35}$$

根据 $\cos 15° \approx 0.966$，式(10.35)的值是式(10.32)的96.6%。如果 $\theta > 15°$，则两式的差异更明显。因此图10.26中鞍座横截面的压应力要小，但是其中的水平推力 T_2 会受到鞍

座底板斜面的阻碍，对鞍座产生倾覆作用，需要校核鞍座抗倾覆强度。

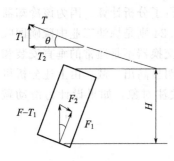

图 10.26　滑动鞍座受力模型

综合上述分析可确定合理的受力模型。当较高的鞍座作为滑动鞍座时，采用图 10.25 的平底鞍座为优；对于一高一矮配对的平底双鞍座，不宜把较矮的鞍座设计为滑动鞍座，以免增大其截面的压应力；当确实需要把较高的鞍座作为固定鞍座时，其底板可以是水平的，也可以是倾斜的，但是鉴于配对用较矮的滑动鞍座采用图 10.26 的斜底鞍座为优，建议较高的鞍座底板也设计成倾斜的。

无论鞍座底板是水平的还是倾斜的，为了与配管专业协调一致，所有向上和向下的接管法兰密封面均应与水平基础面平行。

（2）单鞍座的压应力

有一类卧式设备的支承看起来是只有一个鞍座的结构。例如文献［33］中过热器的支承和图 10.27（b）的热交换器单鞍座支承相同，其实就是只有一个滑动鞍座，固定支座被卧式容器下部的大接管取代。又例如上下两台热交换器叠装到一起时，上面那一台的支承通常就只有一个鞍座，以免多约束后形成静不定结构。类似的另一结构是两个鞍座除高度之外的其他尺寸存在较大差异，这两类情况下其鞍座压应力计算都与上述对称双鞍座的原理相同。

(a) 缓冲罐　　　　　　　　　　　(b) 热交换器

图 10.27　接管和单鞍座支承的压力容器

（3）矩形圈座的压应力

图 10.28 矩形圈座与图 10.27 传统鞍座的结构差异之一是其腹板与筋板组合截面的宽度，前者大于容器外径，后者小于容器外径。这就涉及压应力在组合截面上的分布是否均匀的问题，从而最大压应力的计算不能与上述对称双鞍座的原理相同。但是可以人为地把矩形圈座腹板与筋板组合截面的宽度缩短为容器外径，再按上述对称双鞍座的技术原理进行校

图 10.28　矩形圈座支承容器

核，这是可行的保守方法。

（4）高支架基础对鞍座压应力的影响

图 10.29～图 10.31 的高支架基础，虽然不属于压力容器的设计范畴，但是有的高架底部也是通过螺柱紧固到基础上的，热交换器的鞍座相当于架上架，属于一种结构不良的高架支座。与直接安装在稳健的基础相比，架上架的支承结构对鞍座受力有不良影响。高支架顶部受到鞍座底板摩擦力的作用，高支架会沿设备轴向偏移或倾斜，从而增加鞍座压应力。高支架的稳定性须经过校核，这些结构超出标准的内容应纳入鞍座的设计范围一起分析计算。

图 10.29 鞍座的
高架基础（1）

（5）鞍座不与管束壳体直接相焊

图 10.32 为鞍座与壳体上的外导流筒相焊，图 10.33 为鞍座与壳体法兰相焊，则计算鞍座压应力时，鞍座高度和宽度就以外导流筒或设备法兰的外径尺寸作为取值依据。

图 10.30 鞍座的高架基础（2）

图 10.31 鞍座的高架基础（3）

图 10.32 鞍座与导流筒组焊

图 10.33 鞍座与法兰组焊（1）

（6）叠装设备的一体化鞍座

如图 10.34 所示，上面大、下面小的两台卧式设备的叠装形式是不可拆卸的，支承上面一台设备的鞍座与支承下面一台设备的圈座已完全一体化。笔者认为，下面一台设备对上面那台设备的鞍座起到了一定的加强作用，这样的鞍座具有独特的受力状况与上、下两台热交换器通过螺柱连接的叠装组合在结构形式上不同，在结构受力上也不同。

（7）集中载荷对鞍座压应力的影响

管线输加给设备接管的附加载荷只是集中载荷之一。文献 [41] 对轴向管口的管口载荷和地震参数对小直径卧式热交换器鞍座和地脚螺柱的影响进行了分析，实际上，热交换器更多的是非轴向的管口，并且都承受外来载荷。一般地，壳程进出口接管较大，宜设置在固定鞍座端，如果图 10.17 所示热交换器滑动鞍座端确实不得不连接有承受图 10.35 所示的外来载荷的大接管，或者容器热膨胀增大的直径受到管线的约束时，会增大鞍座支承反力，应通过载荷平衡式求解，把管线附加载荷及其他集中载荷对鞍座应力的影响考虑周全。

图 10.34　鞍座与法兰组焊（2）

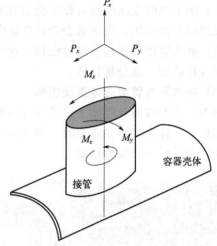

图 10.35　接管的附加载荷

图 10.36　带保温支架的鞍座

(8) 鞍座热应力及其评定

安装在基础上的鞍座上、下温度不均匀，上部的温度主要受壳体温度的影响，下部的温度主要受环境大气温度的影响。因此，鞍座与壳体之间、鞍座自身都存在一定的热应力。高等级的热交换器应考虑鞍座的保温。图 10.36 是一种带保温支架的鞍座。

鞍座截面压应力虽然与热应力有关，但是热应力对鞍座的作用只是间接的和局部的。设鞍座无法把由热应力引起的压应力再传给其他构件，并认为该压应力相当于由重力载荷作用而产生，因此其评定时的许用应力就是材料许用应力的 1 倍；而不像鞍座截面所受弯矩作用产生的弯曲应力的许用应力，该许用应力应取材料许用

应力的 1.2 倍[9]。在评定立式容器裙座筋板所承受地脚螺柱的作用时，其许用应力要根据筋板细长比 λ 与其临界细长比 λ_c 的比较结果分别按公式计算[42]。

(9) 支座底部的改造——滚动鞍座

滚动支座适用于在高温或频繁变温运行的较长壳体热交换器。

文献 [43] 介绍了图 10.37 所示的滚柱式滚动支座。鞍座底板下的两段实体圆钢安放在地面的支承槽内，鞍座底板滑动时的摩擦力带动圆钢滚动，支承槽则静止不动。滚柱支座消化热膨胀位移的功能优于普通鞍座底板的滑动功能，缺点是支承槽底部需设计排水孔而不能用润滑油润滑滚柱。

图 10.38 展示了某较长壳体的废热锅炉采用三鞍座支承，其端部鞍座和中间鞍座的底板下都直接安装了滚轮，构成滚动支座。滚轮底下无导轨，只沿地面滚动。鞍座整体加装了保

温层，减少与相连结构件的温差及热应力。

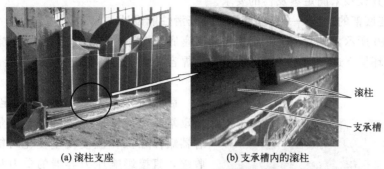

(a) 滚柱支座　　　　　　　(b) 支承槽内的滚柱

图 10.37　鞍座底板滚柱结构

(a) 端部滚轮支座　　　　　　　(b) 中间滚轮支座

图 10.38　鞍座底板的滚轮结构

图 10.39 是滚轮架式滚动支座。其高度较高，鞍座底板下安装有带轴的滚轮架，带着滚轮沿地面的轨道运动。滚轮式支座适用的支承重量轻于滚柱式支座。

（10）支座底部的改造——弹簧支座

在管道中应用弹簧鞍座时，一般是在滑动支座的下面加装弹簧，弹簧承受管道的垂直载荷的作用。其特点是允许管道水平位移，并可以适应管道的垂直位移。在高炉炼铁系统中，热风系统管道膨胀节在没有结构件来承受中间接管的重量时，可在中间接管上增加弹簧支座来减小波纹管因中间接管的重量产生的受力，这就减小了波纹管位移，确保波纹管处于正常的工作状态[44]。文献［45］介绍了优

图 10.39　鞍座底架的滚轮结构

化设计的合成氨装置废热锅炉在弹性支撑结构、换热管管接头以及换热管布置上不同于一般U形管热交换器的特殊性。

（11）支座底部的改造——球形支座与多球支座

多向滑动球型钢支座最早应用在桥梁结构中。支座是桥梁上、下部结构的连接点，其作用是将上部结构的荷载顺适、安全地传递到桥墩台上，同时保证上部结构在荷载、温度变化，混凝土收缩等因素作用下的自由变形，以便使结构的实际受力情况符合计算图式，并保护梁端、墩台帽不受损伤。这就要求它具有足够的竖向刚度和弹性，能将桥梁上部结构的全部荷载可靠地传递到墩台上，并承受由荷载作用引起的桥跨结构端部的水平位移、转角和变形，减轻和缓解桥墩承受的振动，适应因温度、湿度变化引起的桥跨结构胀缩。

有的蒸发器在运行中受到来自外连管线的载荷作用，载荷的方向及大小不一，原来传统

的鞍式支座及接管加强难以满足安全要求。这时可以采用多球支座这种新结构，通过支座承载能力选型及其校核来满足蒸发器的要求。

（12）支座底部的改造——鞍座底板底面光滑性能设计

如图 10.40 所示，某专利商热交换器的支座底板堆焊了防锈材料。这种方法适合用于雨天较多或近海环境下运行的热交换器。但是堆焊容易引起基础底板变形，还要对堆焊层进行平整加工。

图 10.40　鞍座底板改良结构

卧式压力容器的鞍座分为固定端和滑动端。滑动端鞍座的安装方式和安装质量决定了压力容器罐体在操作温度发生变化时能否自由膨胀收缩，直接影响压力容器的受力状态及使用安全性。文献［46］分析并对比了目前常用几种安装方式的优缺点，提出了采用聚四氟乙烯垫板作为滑动端摩擦副的安装方法，这样既能有效地改善压力容器筒体的受力状态，还能达到后期免维护的目的。综合鞍座底板堆焊不锈钢和鞍座底板衬垫聚四氟乙烯板两种方案，在鞍座底板衬垫不锈钢板也是一种值得考虑的方案。图 10.41 就是鞍座底板衬垫耐腐蚀滑动板的例子。

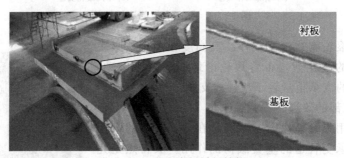

图 10.41　鞍座底板衬板结构

10.2.4　鞍座位置的影响因素

文献［47］给出了支座设置在卧式容器不同位置时对容器变形的影响。随着支座位置离封头切线的距离 A 与容器切线间距离 L 的比值 A/L 增大，卧式容器中部向下弯曲变形的程度逐渐变小，当 A/L 增大到 0.3 时，两个支座之间的筒体就会开始向上弯；如果设置支座的位置距离封头比较远，则封头一侧的容器筒体与其理想位置时的容器筒体相比就会出现比较明显的位移。文献［48］在此基础上基于有限元分析观察了 A/L 为 0.05～0.087 范围的结果。在此范围内，封头对筒体能起到支撑作用，同时，随着 A 的增大，筒体水平变形减小。当 $A/L < 0.1$ 时，远离封头侧的支座垫板与筒体结合处的轴向应力和周向应力受筒体变形影响明显，当支座远离封头设置时，能减小筒体变形，从而明显降低此处筒体的轴向应力和周向应力。

壳体变形无疑对管束的滑动性能以及管接头的受力等造成不良影响，问题在于已有研究成果主要是关于鞍座对卧式容器壳体的影响，无法直接应用到带管箱及外头盖的热交换器上。因此本节的内容在分析鞍座的受力之后，主要从减少阻力、便于活动鞍座滑动的角度讨论，算是一种侧面的辅助性技术对策。

10.2.5　立式支座和卧式支座的影响

(1) 立式支座的影响

立式安装的压力容器支座主要是壳体一定高度上均布的若干个支耳或一个刚性环式支座两种。此外，立式安装的大型储罐或反应器，其支座还可以是裙座或支承式支座。热交换器采用支耳或刚性环式支座时，与储罐采用支耳或刚性环式支座相比，也有特别需要注意的情况。

耳式支座强度设计时的适用范围问题。现行耳式支座标准 NB/T 47065.3—2018[49] 关于筒体设计温度推荐在-20～200℃的范围，实际工程中热交换器壳体的设计温度有可能超出该范围。单个承载在设备总重量除以支耳数量的基础上，还应基于安装基础不够平整的实际考虑一个载荷安全系数，以免支座或壳体局部超载导致变形。耳式支座组焊到壳体上的高度，不仅影响到设备的重心，来自外连管线载荷的作用效果，还影响到管束两端固定管板的应力分布。耳式支座制造及组焊到壳体上时，则要求各支耳底面保持共面，以免设备歪斜、受力不均导致变形。

刚性环式支座强度设计时也要注意适用范围，筒体公称直径宜在 600～8000mm，筒体设计温度宜在-20～200℃。刚性环与筒体组焊时，除应保证底环板平面垂直于筒体中心轴线，如有垫板还应使其紧贴筒体外壁；与筒体表面相焊的环焊缝在施焊时，应控制焊缝冷却收缩，避免引起筒体内凹变形，以免影响管束滑动。热交换器运行中，刚性环式支座对壳体在内压和热膨胀作用下的径向位移变形有明显的限制，因此立式安装的热交换器优先选用耳式支座。

(2) 卧式支座的影响

卧式安装的热交换器通常选用鞍式支座。有的情况下鞍式支座对壳体在内压和热膨胀作用下的径向位移变形也有明显的限制，此时热交换器也宜优先选用耳式支座。当壳体较长，而且中间带有膨胀节时，膨胀节两侧的两段壳体均应设置 4 个耳式支座，以保持壳体之间以及壳体与管束之间的同轴度，维护内件正常功能和内部密封的良好效果。

10.3　膨胀节对热交换器安全运行的影响

膨胀节是承受温差载荷的主要结构，其建造技术包括设计、制造和检验技术。正如鞍座通过壳体的力学行为间接影响到与壳体有关的一些密封，壳体膨胀节，特别是存在质量问题的膨胀节无法发挥应有的功能，也通过对壳体的力学行为间接影响到与壳体有关的一些密封。热交换器中的膨胀节大多数就是壳体的一部分，同时具有壳体和变形位移附件的双重功能，是复杂结构及复杂应力的压力壳。

笔者发现，业内对膨胀节的认识存在差距。从标准规范上看，国外各国先后发布过 13 项膨胀节标准，国际上 4 家著名公司也发布了膨胀节标准，国内不同行业先后发布过 13 项膨胀节标准，常见的如 GB/T 16749—2018[50] 标准和 GB/T 12777—2019[51] 标准。从本质上说，膨胀节不但属于壳体，而且带有双曲面结构，在运行中具有大变形位移，往往承受循环载荷疲劳作用，无论结构还是受力都比其他常见的承压壳体复杂。现实中，设备制造企业普遍把膨胀节作为外购配件管理，工序需要时就取来与筒体组焊，不少技术人员把膨胀节作为热交换器的附件对待，与压力容器主体的地位相差较远。

业内对膨胀节的重视程度也存在差距。一方面，从事膨胀节技术研究的高校院所、产品制造企业的专业人员十分重视，在全国压力容器学会下还设立了唯一一个以研究的零件对象命名的专业分会——膨胀节分委员会（每两年组织一次分会活动，2023年将召开第十七届全国膨胀节学术会议），交流活动很活跃。另一方面，从事热交换器设计、制造和使用的设计院、工程公司、设备制造企业和炼化企业的专业人员鲜见参加膨胀节学术会议，尽管个别工程公司人员参与膨胀节标准的修订研讨，但一般的设计人员只简单地应用 SW6 软件计算校核膨胀节，一些重要装置关键热交换器的膨胀节设计甚至从设备设计工作中撤出，交由膨胀节产品制造企业负责设计制造，人为割断了膨胀节个体与热交换器整体的联系，设计责任人未能从热交换器整体上对膨胀节给予审视。不同的企业、不同的岗位人员出于不同的利益关系，考虑的因素不同，造成产品质量差异，具有明显的不良影响。

因此，有必要通过适当交流，加深对膨胀节的认识。

10.3.1　膨胀节的设计关联多种泄漏失效

膨胀节的安全运行首先取决于设计。设计不仅直接影响膨胀节自身优劣，还关联到管接头的受力状况。

(1) 对膨胀节的选型原则把握不准，薄壁膨胀节容易意外损伤且不便维修

在热交换器膨胀节厚薄的设计上，要慎重选择薄壁结构。薄壁膨胀节适用于像管道类直径不大的筒体，不宜用在热交换器壳程筒体上。主要缘由如下：其各向刚性差，在整体起吊、运输颠簸中容易受到损伤；壳体的轴向整体性被间断，管接头的受力更复杂；薄壁膨胀节往往设计有加强保护环把波形围住，缝隙内不便清洁，容易藏污纳垢，形成腐蚀性环境，对壳程密封不利；当波形泄漏时，保护环的遮挡使得泄漏点的检查确定困难；针对发现的砂眼、气孔、微裂等缺陷，不便于焊补维修，焊接很容易使薄壁缺陷进一步扩展。

图 10.42 是某热交换器膨胀节存在先天缺陷的案例。发生膨胀节泄漏后需要把它从壳体上拆卸下来检查缺陷，最后只好进行膨胀节更新改造，十分麻烦。图 10.43 为薄壁膨胀节缺少防护辅件，一端的波峰被碰凹，另一端的波峰已开裂。

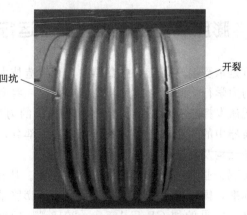

图 10.42　卸下膨胀节的壳体　　　　图 10.43　薄壁膨胀节损伤

(2) 对薄壁膨胀节的载荷是否考虑齐全

图 8.41 所示的单管程浮头管箱式热交换器，管箱相关连接结构浸泡在温度较高的壳程介质中，其中结构的关键是管程介质出口接管上的波纹管膨胀节。在对该结构上主要受压元件进行校核时，针对该波纹管膨胀节的设计计算应全面且充分，特别要考虑膨胀节与受压元件之间的作用力和反作用力[52]。

(3) 对多层膨胀节的质量技术要求不够深入细致

数值模拟技术使得复杂的塑性成形加工过程可以预先透示化，从预测中发现潜在的质量问题从而提前采取对策去改善。文献 [31] 模拟分析某余热回收器管接头应力对泄漏失效的影响时发现，当计入管、壳程的热膨胀差时，设备最大应力为 343MPa，如果不考虑管、壳程的热膨胀差（设有膨胀节），则设备最大应力为 217MPa，降低了 58%。某两层四波 Ω 形波纹管的液压成形过程有限元数值模拟后，各层管坯成形的应力场和应变场分布，以及波高方向鼓波高度和壁厚减薄率等全过程可视化、数据定量化，结果发现波纹管液压成型过程中，卸载前最大等效应力出现在大圆弧上，卸载后最大等效应力出现在大圆弧与小圆弧过渡处；最大塑性变形出现在波峰上，最大塑性应变达 27%；壁厚减薄严重，波峰处可达 17%以上。将模拟所得的波形参数与实际液压成型结果进行对比，成型厚度、波高方向鼓波高度等参数的相对误差均小于 5%，说明采用有限元法对 Ω 形波纹管液压成型进行数值模拟是有效可信的[53]。

笔者在工作中发现，很多专业人员持有如下两个观点：一是认为多层膨胀节成形后最内一层的壁厚减薄量最小，最外一层的壁厚减薄量最大；二是基于最外一层壁厚减薄量最大的认识，如果检测最外一层的壁厚合格的话，据此判断内部各层的减薄量也是合格的。这些错误的观点之所以流行主要有两个原因，一是客观上对成形后多层膨胀节内部各层厚度精确检测的困难，二是缺乏金属钣金成形加工中壁厚减薄的常识。其实，可以从一个朴素的技术原理来理解这一"内薄外厚"现象，就是钣金成形中，曲率大的结构减薄率大，曲率小的结构减薄率小。一般的技术人员比较关注多层膨胀节成形后的形状，对膨胀节成形之前各层圆筒体毛坯的不同直径没有过特别深的印象。比较多层膨胀节成形前的尺寸可知，外层的直径都较内层的直径大。比较多层膨胀节成形后的尺寸也可知，外层波峰部位具有双曲率，沿着膨胀节轴向的波形直径和周向直径都较内层波形直径大。因此多层膨胀节外层的轴向曲率和周向曲率都较内层的相对小，外层的减薄率就小。

根据 GB 150.1～150.4—2011 标准规定和原 GB 16749—1997[54] 标准执行情况，GB/T 16749—2018 标准取消了波纹管厚度成形减薄量不大于波纹管厚度 10%的限定，改由膨胀节设计制造单位根据波形参数按下面的公式规定，确定波纹管成形后内层材料名义厚度。为了在比较中加深对数值模拟计算结果的认识，同时揭示上述错误观点的根源，需要按照标准公式计算结果来比较。波纹管成形后一层材料的名义厚度 t_p 按下式计算。式中波纹管平均直径 $D_m = D_b + h + nt$，n 是厚度为 t 的波纹管材料的层数，其他各符号意义见图 10.44，尺寸数据从文献 [53] 中提取。

$$t_p = t\sqrt{\frac{D_b}{D_m}} = 2 \times \sqrt{\frac{570}{570+2+2+78}} \approx 1.87 \text{(mm)}$$

(10.36)

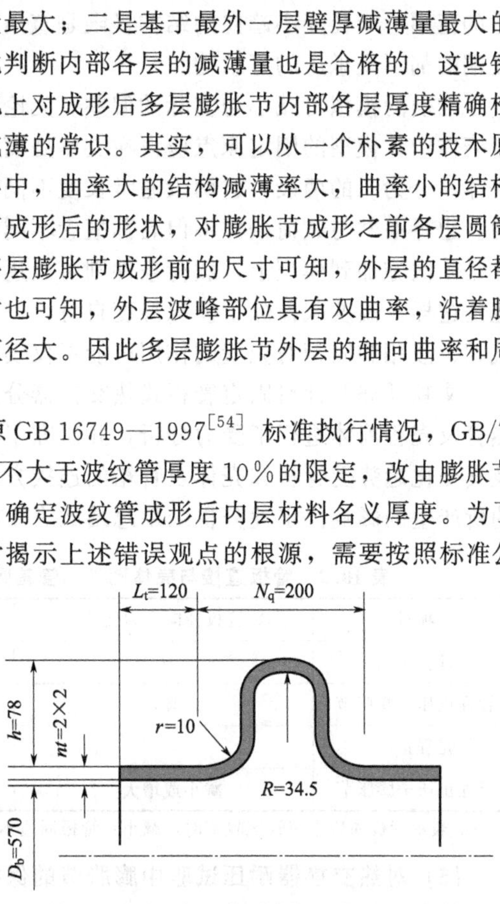

图 10.44 膨胀节结构示意图

结果表明，内层厚度成形减薄率为$(2-1.87)/2\approx6.5\%$，外层成形减薄率约6.2%。虽然波纹胀形后各层减薄不同，但是内层壁厚减薄率稍大于外层的解析解结果，这一点与数值模拟计算结果完全一致。

结果还表明，减薄量解析解较小，与数值模拟计算结果差异较大。如果只按照标准公式计算结果来强求产品质量，恐怕难以实现，很可能造成膨胀节波峰壁厚不够，提前开裂，泄漏失效。笔者认为，壁厚减薄解析解的计算侧重于从二维几何形变的物理视角来表达这一过程，而数值模拟计算和工程操作是一种三维结构加上时间维度的四维过程，综合反映的结果更加合理。膨胀节液压鼓胀整体成形的工程实践经验表明，膨胀节的质量除了设计上要有可靠的技术手段，还要在圆筒坯体的鼓胀整体成形中注意操作技巧，使作用在筒体两端的轴向密封压力紧密跟进、轴向位移快速推进、筒腔内的鼓胀压力升速放慢才可以控制壁厚减薄量过大，从而保证波峰壁厚满足设计质量要求。

上述案例分析表明，设备工程设计的解析计算与数值模拟计算两种方法各有优缺点。数值模拟计算的结果是画面上直观的，解析解则计算结果和计算过程都是逻辑上直观的，可以从公式中各个物理量的变化联系到结果的变化，从而获得本质上的认识，这一点对年轻的高校学生尤其重要。

(4) 通过热交换器整体模型优化膨胀节的结构功能时，技术措施不准确

带膨胀节热交换器整体模型的结构优化可以多措施对比，不能一味调整膨胀节的波形尺寸，也不要坚持主体结构中挠性管板与膨胀节只能二取一。挠性过渡段折边内半径有一个合适的范围，半径变小趋向的结构极限是直角，半径变大趋向的结构极限是平板，趋向这两种极端的都不是承压的好结构。

准确的模拟可减小与实际的偏差。无论热交换器是卧式支承还是立式支承，膨胀节都位于壳体中，模型的固定原点应设在支座处而不宜设在别的位置。固定原点所在位置确定了把壳体一分为二的两段，这两段通常长度不同，进而影响到两段筒体各自的刚度和变形协调能力。边界条件与载荷条件不但名称概念不同，所反映的力学内涵也有明显区别，边界条件往往是一次施加到模型上，载荷条件则可以逐渐分类又分步地施加到模型上，即便是位移载荷也是这样。温度载荷除了模拟温度自身，一般难以模拟介质的其他物性变化，而同一介质的气相、液相和固相对壳壁的作用可能不仅仅表现在温度这一个指标。

文献［55］针对固定管板式热交换器分别在管程正压和壳程正压的作用下，对管板、换热管及壳程筒体进行了受力分析，并研究了设置膨胀节后上述受压元件应力的变化趋势，以及其变化趋势受管板和壳体及管箱的连接方式、管板不布管区范围、膨胀节刚度等因素的制约所产生的影响。定性分析结果总结如表 10.2 所示。

表 10.2　管板直接与壳体圆筒和管箱圆筒形成整体结构的固定管板式热交换器[55]

项目	管板径向应力变化	换热管最大轴向应力	壳程筒体最大轴向应力
管程正压	—	拉应力	拉应力
管程正压＋膨胀节	增大	拉应力,增大	拉应力,减小
壳程正压		压应力	拉应力
壳程正压＋膨胀节	减小或增大①	由压应力变拉应力	由拉应力变压应力

① 表示管板周边不布管区较窄时，减小；管板周边不布管区较宽时，增大。

(5) 对热交换器耐压试验中膨胀节的保护要求不明确

其实，膨胀节任何非功能性的变形都是不正常的，都会给膨胀节带来损伤，威胁其正常运行的安全。热交换器耐压试验时由于膨胀节没有保护好而被拉伸导致塑性变形的事故，在设备制造厂或设备业主中都发生过。在对膨胀节的这种变形进行修复时，不能忽略变形及修复对管接头的影响，既要采取保护措施减少这种影响，也应考虑是否需要对管接头进行相应的修复。相对来说，薄壁膨胀节往往更容易受到损伤，对膨胀节的保护就是对管接头的保护。

笔者认为，热交换器在耐压试验与运行工况下承受的载荷存在三点明显的差异：第一，耐压试验水是室温的，运行工况的介质温度较高；第二，管接头耐压试验时只有壳程压力，有的壳程耐压试验时也只有壳程压力，而运行工况下同时具有壳程压力和管程压力；第三，耐压试验时的支座没有螺柱定位，运行工况下的支座有螺柱紧固。基于上述差异，试验中的壳体具有伸长趋势，没有拉杆等结构防护的膨胀节具有波距张开趋势，对管接头具有拉脱作用。

GB 150.1～150.4—2011 标准和 GB/T 151—2014 标准中都没有关于热交换器耐压试验中膨胀节保护的条款，GB/T 151—2014 标准中的 9.3 条要求监视热交换器的膨胀节，防止异常的热应力作用到热交换器上。只有热交换器设计者清楚设计计算中膨胀节的载荷，因此，设计者应在施工图技术要求中明确在耐压试验中膨胀节的保护问题；当设计文件对该问题不明确时，建议上紧膨胀节的防护拉杆进行热交换器耐压试验；当结构中没有设计膨胀节的防护拉杆时，建议上紧双鞍座的地脚螺柱进行耐压试验；当结构中没有设计双鞍座时，建议咨询设计者或甲方项目负责人，落实安全措施才进行耐压试验。当然，耐压试验中严格执行工艺纪律，输入的压力不要超过许可值，也不要超过升压速率。

(6) 对膨胀节运行变形的原因及其危害缺乏认识

在膨胀节的变形分析中，要关注其对邻接件的影响。文献［56］研究了热交换器膨胀节角变形对换热管的影响，发现膨胀节弯曲角变形对换热管的轴向应力有很大影响，会导致作用到管接头的拉脱力超过其设计的许用值。特别是刚度大的管束和刚度小的膨胀节相互作用时，弯矩主要由管束来承担，使管束的轴向应力变化，有的管接头拉应力明显增大，有的管接头压应力明显增大，应考虑膨胀节和管束弯曲变形的影响，重新校核管接头的拉脱力和管子的稳定性。

卧式安装的固定管板式热交换器投入运行后，由于鞍座位置设计不合理，鞍座底板的摩擦力、风和地震作用、接管管口外载荷的影响，会使壳程筒体承受很大的弯曲力矩和剪力。筒体上设有膨胀节时，由于膨胀节刚度小，特别是薄壁膨胀节刚度更小，在弯曲力矩和剪力的作用下，膨胀节和管束会产生角变形和侧向偏移，而且弯矩和剪力绝大部分由刚度相对较大的管束来承担。换热管长度为 L 的管束沿长度方向以膨胀节位置为对称面产生角变形 θ 后，膨胀节对应管束位置为最高点，膨胀节两侧两段管束向下微弯，增加了换热管的拉伸或者压缩应力，使管接头的拉脱力进一步增大。可按下式求出换热管在垂直面和水平面内产生角变形后的拉（压）应力[56]。

$$\sigma = \pm \frac{ER\theta}{L} \tag{10.37}$$

式中，R 是换热管到管束中性面的距离。管束在垂直面内产生角变形后，使最上排和最下排换热管产生的拉（压）应力最大。管束在水平面内产生角变形后，使最左列和最右列换热管产生的拉（压）应力最大。当换热管同时受到管束在两个平面内角变形的影响时，应该把两个平面内的角变形产生的应力叠加，求出管子受到的最大拉（压）应力。进一步地，一方面应把其中的最大拉应力和换热管原有的最大应力叠加后，求出管接头总的拉脱力，重新对总的拉脱力进行强度校核；另一方面应把其中的最大压应力和换热管原有的最小应力叠加后，求出管接头总的压应力，重新校核换热管在总的压应力作用下的稳定性。

（7）对某些膨胀节的功能和失效机理把握不准，有待研究

膨胀节的产品质量问题涉及方方面面。隐形的损伤既不是可以无损检测的变形及其几何尺寸偏差，肉眼可见的凹凸，也不是运行后的材质退化，而是意外损伤。

图 10.45 单波膨胀节开裂泄漏

图 10.45 的单波 U 形膨胀节经过出厂前的单独耐压试验合格，却在组焊到设备后整体耐压试验时开裂泄漏。经调研分析发现，这是由于膨胀节成形后的酸洗操作失误所致。在对膨胀节涂敷氧化性酸膏后，由于超过规定的时间静置，酸膏在静置中往下蠕动，积聚成堆，对波峰内表面局部区域的晶界产生了腐蚀作用。膨胀节制造厂在单独对膨胀节试压时对其两端口有密封盲板压紧，限定了波纹的轴向位移，内压只使损伤的材料产生表面裂纹，但是裂纹没有扩展穿透外壁。膨胀节在设备制造厂随设备一起的整体耐压试验中，在波峰处高水平应力的作用下其使表面腐蚀裂纹进一步扩展，发生了沿晶脆裂[57]。为了避免类似质量事故及损失，除了应严格执行制造工艺外，显然还需要完善和优化原来的技术规范。例如，膨胀节单独试压时的端口密封新技术以及升压降压循环的次数要求。

图 10.46 的三波 U 形膨胀节在运行后端部的一个波峰开裂失效。综合其他相关案例分析可以获得一个印象，就是多波膨胀节通常倾向于端部的一个波形失效，而不是中间的波形失效，也不是其中的两个波形或三个波形同步失效。

图 10.46 多波膨胀节开裂泄漏

图 10.47 单波膨胀节的变形位移

通过有限元方法模拟膨胀节的力学行为，分析发现无论是单波膨胀节还是多波膨胀节，各个波之间或者一个波内两侧的等效应力分布差异不明显，但是其变形位移差异较明显。图 10.47 显示了一个单波内两侧的变形位移差异明显。这一现象说明，在壳体上的一段圆筒体通过膨胀节前后几个波纹沿着轴向把热变形位移传递到另一段圆筒体的过程中，后面波纹的变形位移逐步累积在前面的波纹上，前端波纹的变形位移最大，后端波纹的变形位移最小。尽管前端和后端波纹的等效应力差异不明显，但是前端波纹经历了更明显的变形位移，这一个动态过程是否是工程实际中端部波纹更容易失效的关联因素，是否也可以作为热交换器壳体中膨胀节最佳位置的一个判断依据，值得关注。

10.3.2 膨胀节的产品质量超差分析

2011 年，某设备制造厂在检测一个将要组焊到某固定管板式热交换器的三波膨胀节时，发现其波高及相关尺寸存在严重的超差[58]。该热交换器壳程介质是高温蒸汽，壳程设计压力 0.21MPa，设计温度 900℃，工作温度 856℃；管程设计压力 0.18MPa，设计温度 600℃，工作温度 548℃。壳体设置的三波 U 形膨胀节规格为 ϕ2210mm×4mm，波高 50mm，波形半径 11.33mm，波间距 53.33mm，两端面应同心，其同轴度公差不应大于 2mm。膨胀节整体结构见图 10.48。技术要求膨胀节按照 GB 16749—1997 标准制造、检验和验收，只允许膨胀节上有一条纵向焊缝，坡口采用全焊透结构，成形后焊缝经 100%RT 检测，按照 JB/T 4730.2—2005 Ⅱ级合格，经 100%PT 检测，按照 JB/T 4730.5—2005 Ⅰ级合格，不允许有环焊缝。原设计所用材料为 ASME SA240 304H，碳当量不小于 0.04%，晶粒度应在 No7～No3 之间，并在 1070℃下进行固溶处理。整体水压试验压力为 1.12MPa。

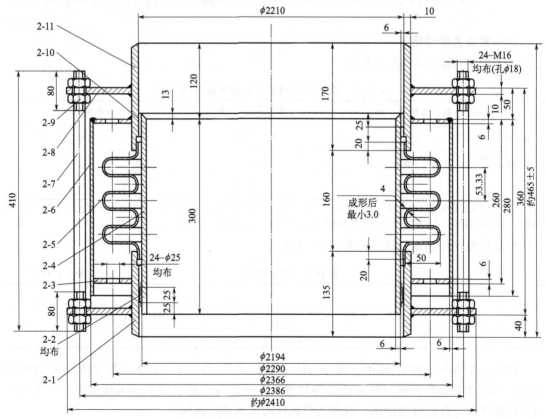

图 10.48　膨胀节设计结构

产品制造中发现膨胀节实物单个波高周向不均匀，三个波高不一致且高低最大相差约 13mm，波间距不均匀且宽窄最大相差 6mm，属于不合格品。由于该设备为业主急用，如果重新订购，时间不允许，且结构质量难以保证能肯定提高，但又无法通过返修达到合格，需对此膨胀节进行设计校核，判断其是否满足使用安全性能要求。

(1) 化学成分

经设计方同意，膨胀节材料实际上由国内 GB 150.2—2011[59] 标准材料 0Cr18Ni9 代用。制造膨胀节的板材由热交换器制造厂采购并复验合格后，按膨胀节制造厂提出的数据要求制造成筒节，然后交给膨胀节制造厂进行成形和热处理等。材料质量分数如表 10.3 所示。复验值中的 C 含量略高，其他检测值均符合 GB 4237—2007[60] 标准的规定。

表 10.3 膨胀节 0Cr18Ni9 钢的化学成分（质量分数） 单位：%

项目	C	Si	Mn	P	S	Cr	Ni
标准值	0.1~0.04	≤0.75	≤2.0	≤0.045	≤0.030	18.00~20.00	8.00~10.50
证书值	0.0439	0.4008	1.1205	0.0292	0.0018	18.001	8.0595
复验值	0.050	0.53	1.16	0.011	0.007	18.20	8.09

对膨胀节焊缝化学成分进行 PMI 检测结果表明选用的焊材和施焊的工艺正常。计算用于制造膨胀节的奥氏体材料的碳当量，结果如下

$$C 当量 = [C+Mn/6+(Cr+Mo+V)/5+(Ni+Cu)/15] \times 100\%$$
$$= [0.050+1.16/6+(18.20+0+0)/5+(8.09+0.0583)/15] \times 100\% \approx 4.43\%$$
$$(10.38)$$

(2) 常温力学性能

常温力学性能如表 10.4 所示。

表 10.4 膨胀节 0Cr18Ni9 钢的常温力学性能

项目	抗拉强度 R_m/MPa	屈服强度 R_{eL}/MPa	延伸率 δ/%
标准值	≥515	$R_{p0.2}$≥205	≥40
证书值	683	305	56
复验值	688	396	50

注：$R_{p0.2}$ 表示膨胀节材料试件在常温下进行拉伸试验时，拉伸的延伸率达到 0.2% 的非比例延伸时的强度。因为奥氏体不锈钢材料的拉伸试验曲线是一条光滑的曲线，没有明显的屈服平台，所以以 $R_{p0.2}$ 值代替 R_{eL} 值。

随机检测的样品显微硬度值如表 10.5 所示。

表 10.5 显微硬度检测值 单位：HRB

标准值	≤92
证书值	89.0,89.5
复验值	90

另外，ASME SA240 标准要求 304H 钢板的晶粒度为 3~7 级，实物试件按 ASTM E112 "确定平均晶粒度的试验方法" 实测得 6.5 级，符合标准要求。实物试件金相为固溶的奥氏体组织，符合标准要求，且与实物试件的显微硬度值吻合。

(3) 高温力学性能

综合考虑到膨胀节的运行工况和设计参数，用原材料制作尺寸 4mm×4.3mm 的试样，分别进行 550℃（管程工作温度）、700℃（膨胀节可能的工作温度）和 900℃（壳程设计温度）的高温性能检测。后者的拉伸曲线见图 10.49。从曲线中获得的其他结果见表 10.6。

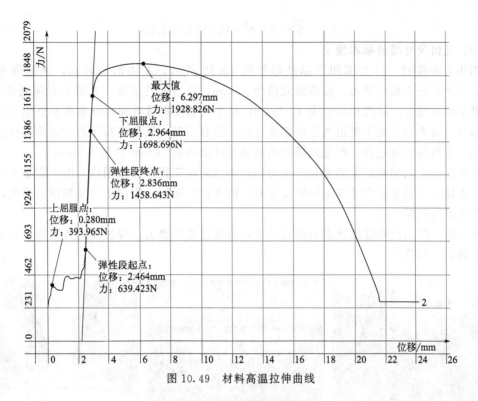

图 10.49　材料高温拉伸曲线

表 10.6　高温性能数据

温度/℃	抗拉强度 R_m/MPa	下屈服的屈强比	上屈服的屈强比
550	378	0.44	0.97
700	289	0.58	0.70
900	113	0.88	0.88

利用表 10.6 中的 3 组强度检测数据进行多项式回归，可得到抗拉强度与温度之间相关系数的平方等于 1 的计算式

$$R_m = -0.0008t^2 + 0.4305t + 389 \text{(MPa)} \tag{10.39}$$

利用 3 组下屈服强度检测数据进行不带截距的 2 阶多项式回归，可得到下屈强比与温度之间相关系数的平方等于 1 的计算式

$$n_{下1} = 2 \times 10^{-6}t^2 - 0.0011t + 0.55 \tag{10.40}$$

利用 3 组下屈服强度检测数据进行带截距的 2 阶多项式回归，得到下屈强比与温度之间相关系数的平方等于 0.9933 的计算式

$$n_{下2} = 6 \times 10^{-7}t^2 + 0.0005t \tag{10.41}$$

利用 3 组下屈服强度检测数据进行乘幂回归，可得到下屈强比与温度之间相关系数的平方等于 0.9891 的计算式

$$n_{下3} = 6 \times 10^{-5}t^{1.4092} \tag{10.42}$$

利用 3 组下屈服强度检测数据进行指数回归，可得到下屈强比与温度之间相关系数的平方等于 0.9988 的计算式

$$n_{下4} = 0.1464e^{0.002t} \tag{10.43}$$

利用 3 组上屈服强度检测数据进行不带截距的 2 阶多项式回归，可得到上屈强比与温度之间相关系数的平方等于 1 的计算式

$$n_{上} = 8 \times 10^{-6} t^2 - 0.0114t + 4.93 \qquad (10.44)$$

（4）几何尺寸超差基本情况

膨胀节卧置时，其上部和下部外形如图 10.50 所示。左边的波较高，该波形对应到图 10.48 中是最上面的波形，波高最大值为 61mm；右边的波较矮，该波形对应到图 10.48 中是最下面的波形，波高最小值为 48.5mm。每个波的波高沿着周向分布并不是很均匀，中间波形的波高大部分处于两边波形的高度之间，只有局部一段波高高于两边波形的高度。由此可见，波高虽然有差异，但是最矮的波高离设计要求值 50mm 只差 1.5mm。

几个波形之间的间距虽然也是不均匀的，不过还在工程许可范围内。由于膨胀节是三维结构，上述各项偏差也会带来结构圆度偏差，但考虑到运行压力很低以及测量的难度，未对结构圆度进行测量。

唯一的一条纵向焊缝内外表面没有咬边，余高已基本磨去。没发现内外表面存在刻痕或凹坑类的启裂敏感点。

  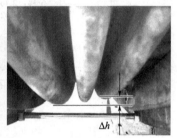

(a) 顶部左边的波最高　　　　(b) 中间的波最高　　　　(c) 底部左边的波最高

图 10.50　膨胀节实物波高差 Δh

（5）运行工艺及产品设计

调查获悉，热交换器立式安装，运行工艺稳定。856℃的高温蒸汽从管束上部进入壳体，管束设置了环板折流板，周向工况均匀分布。膨胀节位于管束下部与下管板连接，属于壳体的低温端，且膨胀节保护在壁厚均是 6mm 的内导流筒和外导流筒（分别为图 10.48 中的件 2-4 和 2-6）组成的腔体内，因此膨胀节的设计温度可以取得更低。

图 10.51　相同设备在用膨胀节实物

在同样工艺条件下，某原设备已运行 15 年的热交换器膨胀节（与本案例膨胀节同类材料和结构）外形良好，功能正常，没有明显的腐蚀现象（图 10.51），参照该原设备测绘设计，不需进行蠕变和热疲劳分析。但是，该管束曾有管接头泄漏而进行焊补。

（6）制造缺陷成因分析

膨胀节结构形状偏差的主要原因是制造厂整体液压鼓胀成形工艺技术不成熟，工程经验和操作经验不足。表 10.4 的数据表明，材料实际强度很高，成形工艺技术应按材料实际性能调整工艺参数。奥氏体不锈钢常温成形中存在 Avesta 模式的应变强化现象，成形操作中如果没有做到一次性连续成形，而是出现反复停顿，材料反复应变强化，反复调整工艺参数也不能满足变化后的强度要求，致使相对简便的操作逐渐变得难以预测和控制。

次要原因。毛坯筒节尺寸为 $\phi2211\text{mm} \times 450\text{mm} \times 4\text{mm}$，高度偏小，且沿着周向有

2mm 的高度差，这会导致成形过程轴向压紧力的不均匀传递。

根据金属弯曲变形前后的体积不变原理和薄壁膨胀节的内压胀形过程分析判断，毛坯筒节的金属不可能在成形中沿着周向流动，只能沿着膨胀节的径向流动，如果金属向某个波流动多一点，则向其他波形的流动就会少一点。三个波形中如果某个波高矮了，那么其相邻的波高就高了。产品实物几何结构的检测数据证实了上述判断。

（7）设计的波高及波形半径偏小，材料的不均匀性

这是更次要原因。一般地说，金属材料塑性变形后其强度会升高，延伸率下降，需要经过固溶处理才能恢复材料性能。

下面在上述检测和调研分析的基础上，应用 SW6—2011 版软件进行膨胀节的设计校核。

（8）校核膨胀节时所取的工况及材料性能

校核设计压力仍取壳程内压 0.21MPa，个别情况考虑壳程一般的操作压力 0.19MPa、管程壳程压差 0.03MPa。虽然管程和壳程的设计温度平均值为 750℃，但由于 GB 150.2—2011 标准及计算软件数据库中该膨胀节的材料最高温度性能只到 700℃，工况调研也表明，不必进行蠕变分析，因此以 700℃ 温度作为设计温度。但是考虑到原设计温度明显超出该材料的使用上限，可能存在特殊的危险工况，决定设计温度下的屈服强度取 850℃ 的值。推算过程是：

由式(10.39) 计算得 $t=850℃$ 时材料的抗拉强度为 176.925MPa，由式(10.40) 计算得 $t=850℃$ 时材料的下屈强比为 $n_{下1}=1.06$，这是无理的；由式(10.41) ～式(10.43) 分别计算得 $t=850℃$ 时材料的下屈强比为 $n_{下2}=0.8585$、$n_{下3}=0.8059$、$n_{下4}=0.8014$，这都是合理的。取其平均值 $n_{下}=0.822$，则此时材料的屈服强度为 $R_{eL}=n_{下}R_m=145.421MPa$。

其他参数见表 10.7。表中常温的许用应力实际可取值是用表 10.4 中的材料复验值 $R_{eL}=396MPa$ 除以安全系数 1.5 得到的。

表 10.7 计算参数

许用应力实际可取值$[\sigma]^{20℃}$/MPa	264
许用应力标准值$[\sigma]^{20℃}$/MPa	137
许用应力实际可取值$[\sigma]^{700℃}$/MPa	49
许用应力标准值$[\sigma]^{700℃}$/MPa	27
常温下弹性模量 E_b/MPa	1.946×10^5
设计温度下弹性模量 $E_b^{700℃}$/MPa	1.400×10^5
高温下屈服强度实际值 $R_{eL}^{850℃}$/MPa	145.42
疲劳寿命安全系数 n_f	15

图 10.52 是 GB 150.2—2011 中 0Cr18Ni9 钢板的许用应力曲线，高于 600℃ 的值是用持久强度除以安全系数得到的。一般地说薄板的性能是良好的，基于表 10.6 的实际高温性能数据，并结合图 10.52 中曲线的高温端趋势来推算 700℃ 时的许用应力，确定为 49MPa。

（9）校核膨胀节时所取的结构尺寸

在这里，朴素地认为实物尺寸处于最大值和最小值区间内的结构其承载能力也处于相应的能

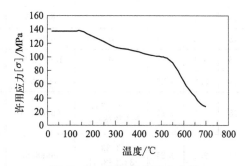

图 10.52 材料许用应力曲线

力区间内，只计算实物尺寸处于最大值和最小值时结构的承载能力，不再逐一计算其他中间结构尺寸的承载能力。因此，直径仍然取设计值 $\phi2210\text{mm}$，波高由设计值 50mm 变为制造实物的最高值 61mm 和最低值 48mm 两种尺寸，壁厚由设计值 4mm 变为制造实物波高处的最薄值 3.3mm 和最厚值 3.8mm 两种尺寸。为便于比较，计算壁厚 3.4mm 时的一种情况。

进一步判断，在膨胀节的运行变形中，壁厚较薄、高度较高的波形提供的轴向位移可能多一些，壁厚较厚、高度矮的波形提供的轴向位移可能少一些。至于两种情况下位移的一增一减是否能完全弥补，需要进行定量计算。

（10）应力计算和疲劳校核

表 10.8 共分 10 列，列出了竖直方向 24 种不同结构与工况组合及其计算结果。其中，第 1、2 列是结构，第 3、4 列是运行工况的两种参数，实际上同时存在，第 4 列中的零值相对于第 3 列的内压来说是虚拟的，目的是考察设备常温下 1.12MPa 水压试验时的制造工况（此时材料的计算参数取常温性能），以及 700℃ 下 0.19～0.21MPa 的操作工况，且第 4 列中单波位移与轴向力是相互等效的计算条件，用于比较，计算中只选择和输入其中的单波位移。这些组合，充分考虑了各种可能性。

第 5～9 列是部分结果，其他未列出的结果均合格。从左向右逐栏说明如下：

第 5 列的单波轴向刚度因结构变化而改变。

第 6 列的总体轴向刚度由单波轴向刚度除以波数 3 得到。

第 7 列的波纹管周向薄膜应力超过许用应力的，即 $\sigma_1>27\text{MPa}$，则其评定结果不通过，注意到 $[\sigma]^{700℃}$ 中包含有材料的安全系数；但是，周向薄膜应力低于许用应力的，其评定结果还要视疲劳校核的结果而定。

第 8 列的组合最大值栏目中没有数值的组合，说明 $\sigma_R<2R_{\text{eL}}^{850℃}=290.84\text{MPa}$，不需要进行疲劳校核，反之，则需要进行疲劳校核；结果表明，当第 7 列的周向应力超过许可值时，第 8 列的组合最大值都是很低的，不需要进行疲劳校核。

第 9 列的许用循环次数仅当 $\sigma_R>290.84\text{MPa}$ 时才进行计算。如果计算得到的许用循环次数大于设计要求的操作循环次数，则是安全的，否则是危险的。

第 10 列包括周向薄膜应力或疲劳校核两种评定结果。

另外，所有组合的膨胀节平面失稳压力校核均能在高富余值的情况下通过。

表 10.8　膨胀节的计算校核

1	2	3	4	5	6	7	8	9	10
波高/mm	壁厚/mm	内压/MPa	单波位移/mm 轴向力/N	单波轴向刚度/(N/mm)	总体轴向刚度/(N/mm)	周向薄膜应力 σ_1/MPa	应力组合最大值 σ_R/MPa	许用循环次数[N]/次	评定结果
48	3.3	0.19	0	96986.53	32328.84	27.51	10.04	—	不通过
48	3.3	0.21	0	96986.53	32328.84	30.41	11.10	—	不通过
48	3.4	0.19	0	106073.38	35357.79	26.70	9.49	—	通过
48	3.8	0.21	0	148088.17	49362.72	26.41	632.19	—	通过
48	3.3	0.21	−3.33 −323288.41	96986.53	32328.84	30.41	888.94	609	不通过
48	3.3	0.21	3.33 323288.41	96986.53	32328.84	30.41	911.14	541	不通过

续表

1	2	3	4	5	6	7	8	9	10
48	3.8	0.21	-2 / -296176.34	148088.17	49362.72	26.41	615.20	46380	通过
48	3.8	0.21	2 / 296176.34	148088.17	49362.72	26.41	632.19	36934	通过
48	3.8	0.21	-4 / -592352.69	148088.17	49362.72	26.41	1238.90	588	不通过
48	3.8	0.21	4 / 592352.69	148088.17	49362.72	26.41	1255.89	628	不通过
50	3.3	0.21	0	87183.68	29061.23	29.50	12.17	—	不通过
57	3.3	0.21	0	61860.48	20620.16	26.72	16.39	—	通过
61	3.3	0.03	-2 / -103524.11	51762.06	17254.02	3.62	363.70	311456	通过
61	3.3	0.03	2 / 103524.11	51762.06	17254.02	3.62	369.16	259880	通过
61	3.3	0.03	-4 / -207048.22	51762.06	17254.02	3.62	730.13	12553	不通过
61	3.3	0.19	0	51762.06	17254.02	22.95	17.29	—	通过
61	3.3	0.21	0	51762.06	17254.02	25.37	19.12	—	通过
61	3.3	0.21	-2 / -103524.11	51762.06	17254.02	25.37	347.32	66666	通过
61	3.3	0.21	2 / 103524.11	51762.06	17254.02	25.37	385.55	158957	通过
61	3.3	0.21	-3.33 / -172540.18	51762.06	17254.02	25.37	629.83	38085	通过
61	3.3	0.21	3.33 / 172540.18	51762.06	17254.02	25.37	591.60	65428	通过
61	3.3	0.21	-4 / -207048.22	51762.06	17254.02	25.37	713.75	14706	不通过
61	3.3	1.12	0	72097.15	24032.38	135.29	101.95	—	通过
48	3.3	1.12	0	135088.37	45029.46	162.17	59.20	—	不通过

(11) 分析及结论

关于表 10.8 中波纹管周向薄膜应力：

表中所有带位移的 14 种运行工况的结果中有 6 种没有通过评定。其中单波位移±2mm 时，最矮和最高波高的结构都通过了评定，单波位移±4mm 时的结构都不通过评定，单波位移±3.33mm 时，最高波高的结构通过了评定，最矮波高的结构虽然没有通过评定，但是评定中的许用应力以表 10.7 中的标准值 27MPa，如果许用应力取值以推算值 49MPa 代替标准值 27MPa，则单波位移±3.33mm 时最矮波高的结构评定也是可以通过的。

表中假设单波位移为零的 8 种运行工况是几乎不会出现的，其结果中有 3 种不通过评定。其实，评定中包含有材料的安全系数 $n_D^t = 1.5$，如果降低安全系数为 $n_D^t = 1.33$，则评定将全部通过。

表中最后两行是两种制造耐压试验工况，低波高的结果不通过评定。不过，评定中的许用应力以表 10.7 中的标准值为门槛，如果许用应力以实际可取值 264MPa 为门槛，不必降低耐压试验压力，评定也将以（264MPa－162.17MPa＝）101.83MPa 的许用应力富余量获得通过。因此，耐压试验应是安全的，实际上该热交换器也安全地通过了耐压试验，投用至今安全运行。

表中壁厚 3.3mm、内压 0.21MPa、单波位移 0mm 的组合，3 种波高与应力及刚度结果绘制的关系曲线见图 10.53、图 10.54。随着波高增大，周向应力水平和轴向刚度都下降，且单波轴向刚度下降的速度大于总体轴向刚度下降的速度。反过来说，3 个不同波高组合一体的膨胀节，各个波形承担的载荷有所区别，受力作用变形行为不一致。结构中局部应力较高的区域在变形协调中得以适当地应释放而使该处总的应力有所降低，本来应力较低的局部区域在变形协调中吸收了协调来的应力而使该处总的应力有所提高，表现出波形之间应力水平的均匀化趋势，膨胀节整体能力有所提高。

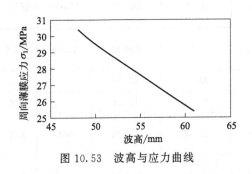

图 10.53 波高与应力曲线

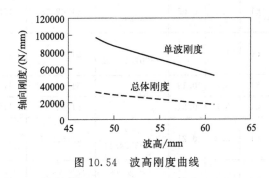

图 10.54 波高刚度曲线

关于疲劳校核：因计算输入中设置了 30000 次的所需循环次数，这相当于膨胀节 15 年使用寿命中，每年除去 15 天停车检修外，每天可有 5.7 次工况循环波动。虽然有 4 种组合工况的疲劳校核不通过，但是如果稍微降低疲劳寿命安全系数 n_f，或适当降低设备工况所需的循环次数，则可通过疲劳校核，而工况调研表明，不必进行疲劳分析。

（12）处理对策

一般地说，严禁通过毫无根据的预变形来满足安装要求。综合上述检测、计算和分析的结果，决定回用该膨胀节，进一步采取如下对策：

扩展检测。包括：①保证材料质量。因细晶粒材料在高温下会有较大的蠕变速率，容易引起高温脆化，但晶粒太大对材料机械性能有一定影响，所以要严格检测控制材料的晶粒度和组织；②调查纵向焊缝 RT 检测底片，对波谷和波峰弧段的焊缝再次进行 RT 检测，确认无缺陷；③对波谷和波峰弧段的壁厚进行加大密度的检测。

制造质量。包括：①提升组装质量。分析热交换器运行时，由于壳程温度较管程温度高，膨胀节波形处于轴向压缩的工作状态。再分析表 10.8 膨胀节的计算结果，可以在热交换器制造时把膨胀节预张开（3 波×3.33mm/波≈）10mm 组装到筒体上。这样的话，膨胀节波形从制造时预张开的组装状态到运行中压缩到[3 波×（－3.33）mm/波≈]－10mm 的运行状态，在总共 20mm 的轴向位移区间内，波形应力满足应力校核要求。超出该轴向位移区间的运行，只要工况波动次数小于许用循环次数，也满足疲劳校核要求。在保持热交换器壳程壳体总高不变的条件下，为了提供膨胀节波形预张开所需的空间，与其相连的筒节高度需要缩短 20mm。热交换器筒体材质与膨胀节材质相同，两者不会因热膨胀量不同而在径向引起变形位移差异。②保证管接头连接质量，维护工艺平稳运行。

现场技术服务。包括：①增设图 10.48 中件号 2-7、2-8 和 2-9 的保护结构，直到正式开车前才拆卸；②编制设备安装使用说明书，派员到现场指导，保证设备卸车、吊装、系统试压、开车过程没有操作意外，顺利进入正常运行。

结构质量超差处理中调研详细的内容和深入可靠的分析为膨胀节回用决策提供了基础，该热交换器安装后一直正常运行，说明处理对策有效。膨胀节结构质量超差主要在产品制造中形成，制造方应加强非标产品制造工艺技术的研究，强化产前准备。对特殊的非标准膨胀节，设计者应与膨胀节制造厂共同探讨结构优化方案。不同波高的单波组合成一体的多波膨胀节，各波形承担的载荷及力学变形行为有别，这里的应力具有从高水平波形处向低水平波形处输送的趋势，从而整体能力有所提高。

参 考 文 献

[1] 汪光胜，周晓燕，郭志军．乙苯换热器换热管与管板接头开裂失效分析 [J]．石油化工设备，2008，37（5）：99-101.

[2] 刘德时，黄英，李春会．非对称换热器热应力分析 [J]．一重技术，2014（3）：58-62.

[3] 冯清晓，谢智刚，桑如苞．管壳式换热器结构设计与强度计算中的重要问题 [J]．石油化工设备技术，2016，37（2）：1-6.

[4] 周耀，姜泉，桑如苞．特殊结构填函式换热器的管板设计 [J]．石油化工设计，2011，28（3）：17-19.

[5] JB 4732—1995 钢制压力容器分析设计标准．

[6] GB/T 151—2014 热交换器．

[7] 赵洪勇．高温高压 U 型折流杆换热器的制造技术 [J]．压力容器，2015，32（7）：69，70-74.

[8] 宁兴盛，周霞，王志刚，等．立式螺纹锁紧环式换热器现场拆卸技术 [C]//压力容器先进技术：第九届全国压力容器学术会议论文集．合肥：合肥工业大学出版社，2017：940-945.

[9] 陈绍庆，魏宗新，胡庆均．挠性管板应力分析 [C]//2020 年第六届全国换热器学术会议论文集．合肥：中国科学技术大学出版社，2021：270-280.

[10] NB/T 47042—2014《卧式容器》标准释义与算例．

[11] GB/T 16508.3—2022 锅壳锅炉 第 3 部分：设计与强度计算．

[12] SH/T 3158—2009 石油化工管壳式余热锅炉．

[13] 李永泰，顾永干，李勇，等．EA-304 非对称换热器管板应力分析计算 [J]．压力容器，2009，26（4）：10-14，46.

[14] 谭蔚，杨星，杨向涛．高参数换热器管板热应力分析模型的研究 [J]．压力容器，2011，28（2）：44-50.

[15] 余国琮．化工容器及设备 [M]．北京：化学工业出版社，1980.

[16] 刘相斌，王玉，常阳，等．单管程热交换器管箱防冲板结构的模拟与分析 [J]．化工设备与管道，2016，53（4）：41-43.

[17] 王冰轮，魏冬雪，李晓波，等．基于国标（GB）和美标（ASME）计算的换热器 N 型管箱结构分析 [J]．化工设备与管道，2019，56（6）：30-33，38.

[18] ASME Boiler and Pressure Vessel Code，Section Ⅷ Rule for construction of pressure vessels，Division 1.

[19] 林玉娟，孙士财，冯永利，等．自紧密封 U 型管式换热器管板温度场的 ANSYS 分析 [J]．科学技术与工程，2012，12（4）：904-907.

[20] 叶增荣．甲醇合成塔管板的有限元分析 [J]．压力容器，2013，30（4）：35-40，54.

[21] 杨宏悦，蔡纪宁，张秋翔，等．大型固定管板式换热器管板稳态温度场及热应力场分析 [J]．化工设备与管道，2006，43（1）：11-15.

[22] 苏文献，眭宏梁，许斌，等．U 型管式换热器管板的动力响应分析 [J]．动力工程学报，2012，32（1）：36-41.

[23] 汪建平，金伟娅，汪秀敏，等．基于有限元分析管壳式换热器拉脱力的研究 [J]．核动力工程，2008，29（6）：58-61.

[24] 苏翼林．材料力学：上册［M］．北京：人民教育出版社，1979．
[25] 徐芝纶．弹性力学：下册［M］．4版．北京：高等教育出版社，2006：244．
[26] SH/T 3037—2016 炼油厂加热炉炉管壁厚计算方法．
[27] ASME Boiler and Pressure Vessel Code，Section Ⅷ，Rule for construction of pressure vessels，Division 2，Alternative rules［S］．New York，The United States of America：The American Society of Mechanical Engineers，2001．
[28] 陈章勇，刘吉祥．硫磺回收装置中的异形废热锅炉设计［J］．中氮肥，2010（5）：38-41．
[29] 刘牧，徐鹏，秦宗川，等．一种新型废热锅炉的结构设计［J］．化工设备与管道，2011，48（6）：6-9．
[30] 凌翔驊，裴峰，丁勤．转化器蒸汽发生器挠性薄管板的设计及制造［J］．压力容器，2013，30（8）：69-74．
[31] 胡国呈，董金善，丁毅．余热回收器换热管与管板连接处泄漏失效分析［J］．压力容器，2019，36（9）：53-62．
[32] 陈孙艺．管束U形段防振结构选优分析［C］//第四届全国换热器学术会议论文集．合肥：合肥工业大学出版社，2011：25-29．
[33] 雒建虎．SHMTO工艺中蒸汽-甲醇过热器失效原因探究［J］．石油化工设备技术，2021，42（1）：36-41．
[34] 谷良贤，王一凡．几何非线性假设下温度大范围变化瞬态热力耦合问题研究［J］．工程力学，2016，33（8）：221-231．
[35] 张翼，张晋军，刘屹，等．鞍座位置对两支座卧式容器应力分布影响的研究［J］．化工机械，2009，36（1）：20-24．
[36] 何晓龙，安军，郭遵广．废热锅炉单鞍座支撑型式的设计［J］．石油和化工设备，2014，17（11）：39，40．
[37] 郭良，郭仲，黄国昌，等．发夹式换热器设计探讨［J］．化工设备与管道，2018，55（5）：38-41．
[38] 徐观石．大型超长型热交换器制造［J］．石油化工设备，2014，43（3）：66-69．
[39] 钱红华，鲍亚明．鞍式支座的组合截面积及抗弯截面模量的确定［J］．辽宁化工，2010，39（3）：52-54．
[40] 孙艳明．循环气冷却器的应力分析及安全评定［D］．大庆：东北石油大学，2014．
[41] 李莉，张运强，冯少华．管口载荷对卧式换热器鞍座及地脚螺栓的影响［J］．化工设备与管道，2015，52（3）：71-74．
[42] NB/T 47041—2014《塔式容器》标准释义与算例．
[43] 余国宗．化工容器及设备［M］．北京：化学工业出版社，1980：234-235．
[44] 张振花，陈四平，齐金祥，等．弹簧支座在热风支管膨胀节上的应用［C］//膨胀节技术进展：第十六届全国膨胀节学术会议论文集．合肥：中国科学技术大学出版社，2021：221-225．
[45] 李智勇．氨合成废锅的优化设计［J］．氮肥与合成气，2018，46（10）：8-11．
[46] 吉庆林．聚四氟乙烯垫板在卧式容器安装中的应用及其定尺设计［J］．石油化工设备，2019，48（3）：52-55．
[47] 谭惠，张晋军．支座参数对双支座卧式容器承载能力的影响［J］．化工设备与管道，2008，45（4）：16-19．
[48] 周永春．基于ANSYS卧式容器支座布置优化［J］．石油化工设备技术，2020，41（3）：12-14，19．
[49] NB/T 47065.3—2018 容器支座　第3部分：耳式支座．
[50] GB/T 16749—2018 压力容器波形膨胀节．
[51] GB/T 12777—2019 金属波纹管膨胀节通用技术条件．
[52] 王为亮，石平非．一种单管程浮头式换热器的设计［J］．化工设备与管道，2012，49（2）：28-30．
[53] 叶梦思，李慧芳，钱才富，等．多层多波Ω形波纹管液压成型的数值模拟［C］//压力容器先进技术：第九届全国压力容器学术会议论文集．合肥：合肥工业大学出版社，2017：835-842．
[54] GB 16749—1997 压力容器波形膨胀节．
[55] 陈强．压力作用下膨胀节对固定管板热交换器各元件的受力影响分析［J］．化工设备与管道，2020，57（1）：16-19．
[56] 杨国强，杨子辉．换热器膨胀节角变形对换热管的影响［J］．化工设备与管道，2017，54（1）：1-5．
[57] 陈孙艺．换热器膨胀节试压开裂的原因分析及对策［C］//第十二届全国膨胀节学术会议论文集：膨胀节设计制造应用技术进展．合肥：合肥工业大学出版社，2012：125-129．
[58] 陈孙艺．换热器三波膨胀节超差的适用性分析及对策［C］//第十三届全国膨胀节学术会议论文集：膨胀节技术进展．合肥：合肥工业大学出版社，2014：297-305．
[59] GB 150.2—2011 压力容器　第2部分：材料．
[60] GB 4237—2007，不锈钢热轧钢板和钢带．

第11章

热交换器非常规工况参数
对内外密封的影响

运行介质对结构的腐蚀即便是可预知的，常规工况中也不排除采取一些特殊的防腐和防护对策。例如对炼油常顶热交换器管束的保护，除了可采用普通的碳素钢换热管并对其管内壁进行涂料防护处理外，还可以提高换热管材料耐腐蚀等级[1]。在重要化工装置热交换器管束的奥氏体不锈钢换热管外表面形成压应力，可提高抗应力腐蚀的能力。

但是有很多动态变化对内外密封的影响并非是可以预知的，热交换器的全生命周期中存在不少非常规工况，包括介质各种杂物对结构的腐蚀、设计未预防的工况、非设计工况、外部环境导致非计划停车工况、各种目的耐压试验工况等。当前，业内已经认识到，只有面向生态系统的热交换器设计具有适应这些非标准、非常规工况的能力，从而维持热交换器的完整性。设备的完整性是指设备在物理上和功能上是完整的，运行中处于安全可靠的受控状态，符合生命周期内的预期功能和用途，反映了设备的安全性、可靠性、经济性等综合特性。生态系统是一个具有多稳态的动态系统，它在受到冲击或发生变化时仍能维持其功能、结构、反馈等不发生质变，系统的这种适应能力是生态的主要特点，是系统对非预期或者不可预测干扰脆弱性的量度[2]。

11.1　耐压试验特殊工况对密封的影响

工程项目设计中，技术人员通常先基于正常运行工况进行强度计算和结构设计，主要工作完成后才思考一下耐压试验的内容，在思想上容易落入耐压试验只是一项辅助工作的窠臼。这里把耐压试验的内容摆在前面，目的是强调其重要性，企望引起设计者的重视。

11.1.1　耐压试验工况下管板强度的校核

耐压试验时的压力超过设计压力，管板强度是否足够关系到其自身的变形位移。如果变形位移超过许可值而未被发现，即便没有发生泄漏，也会损伤管接头的密封强度和管板周边与法兰的密封。

文献［3］通过各部件组装状态图展示了不同结构热交换器的耐压试验步骤，指出ASME Ⅷ-1规范没有提及热交换器在水压工况下如何校核管板的强度，工程公司或业主在审查制造厂的设计计算书时会重点关注耐压试验工况下各个受压元件的强度，尤其是管板的强度，并强调应根据热交换器的不同结构型式及管壳程两侧试验压力大小不同的特点，对各种水压工况下全直径管板强度进行验证。验证计算中需要设计人员调整不同的载荷内容来修正计算公式，包括软件菜单框中水压工况下平均金属温度的选取，是否要勾选上螺栓载荷作用于管板，是否要将管程或壳程侧的压力修改为 0。校核管板最大一次总体弯曲应力的判定条件为[4,5]

$$\sigma_T \leqslant 1.35\phi R_{eL} \tag{11.1}$$

式中　　σ_T——管板最大一次总体弯曲应力，MPa；

　　　　ϕ——焊缝系数；

　　　　R_{eL}——管板材料应力，MPa。

在必要情况下，管板承受的耐压试验压力还需结合其他零部件的情况才能确定。文献[4]在肯定液压试验对确保压力容器的产品质量具有重要作用的前提下，认为工程中普遍存在试验压力取值不足的现象，判定液压试验没有发挥应有的作用，同时分析了造成试验压力不足的三个主要原因（螺栓参与确定最小许用应力比、材料许用应力的取值限于受抗拉强度和屈服强度控制的最小值、试验压力未考虑厚度余量的影响），最后提出了相应的解决措施。文献[6]则直言试验压力的温度补偿一直是我国标准的一个问题，虽然 GB 150.1—2011[7]为完善压力试验中的温度补偿方法，对试验压力值的确定进行了补充，但是又引起了其他潜在的问题。因此，热交换器的耐压试验不是简单地把设计压力乘以系数 1.25 放大即可，应根据压力试验目的和温度补偿原理，分析问题所在并加以解决。

11.1.2　壳程较低试验压力下的浮头盖密封技术

令人意外的是，壳程耐压试验压力较管程耐压试验压力低的情况下，也会出现浮头盖密封失效的现象。此现象发生在了中石化镇海石化第二套 250 万吨/年常减压蒸馏装置浮头热交换器的施工中[8]。浮头盖密封采用的不锈钢膨胀石墨金属缠绕垫片，其特性之一是密封比压较低，在管程耐压试验时不需要很大的螺柱载荷就可以实现密封，但是其特性之二是可压缩量较大，在壳程试压时浮头盖外侧受到均匀的水压作用而使缠绕垫片有所压缩，螺柱有所松弛，当壳程卸压后缠绕垫片的回弹能力有限而使密封比压不足，设备进料运行时出现密封失效。这一推理分析得到了案例试验和计算的证实。

笔者对此提出的技术对策是：第一，在征求设计方同意的情况下，在紧固浮头螺柱时加大预紧力，使该垫片承受较大的预紧比压，产生较大的垫片压缩量，直到其内环也承担到螺柱施加的载荷，这样压缩后的垫片厚度就不再随着比压力的增加而变化；第二，壳程耐压试验时控制管程和壳程之间的压差，降低垫片的二次承压。特别值得注意的是上压时先向管程上，后向壳程上，卸压时先卸壳程的压力，后卸管程的压力。由此可见，热交换器耐压试验工况下，不仅管板强度需要校核，浮头盖密封系统的保护也需要计算校核。

关于奥氏体不锈钢浮头盖的密封则要注意另一个问题——浮头盖焊缝密集，封头又采用了无边球形头盖，这不仅在焊缝区产生了较大的残余应力，而且在运行操作条件下，局部还有过高的应力水平。例如除一次薄膜应力外，还有不连续的二次应力及峰值应力等。在这些条件综合作用下，足以引起结构因应变释放而发生变形，特别是当温度在 200℃以上运行时，由于材料屈服强度的降低，应变还将在较低的应力水平下发生，从而引起浮头法兰密封连接面的泄漏[9]。因此浮头盖的焊后消除应力热处理是必要的。如果对变形有较高要求，可以进行低温长时间的热处理，由低温退火来消除残余应力。当有较高抗腐蚀要求或在高温下使用时，热处理应保持材料奥氏体化，防止出现敏化且防止浮头盖变形。如果不需考虑防止材料敏化导致的晶间腐蚀，则可进行高温（$t>427℃$）的消除应力热处理。对浮头盖进行固溶处理既可以消除拱形封头成形及零配件焊接形成的残余应力，也可以恢复材料的奥氏体组织。浮头法兰密封面的精加工通常在浮头盖热处理之后再进行。

11.1.3 壳程较高试验压力下的浮头盖密封技术

一般地说，管壳式热交换器的管程设计压力大于壳程设计压力，之所以让压力较高的介质走管程，一方面是管箱的容积较小，从而可以节约需要承受较高压力的金属材料，另一方面是管程介质微量泄漏到壳程，壳程相对较大的容积可以避免压力的急剧升高。工程实践中，也有壳程设计压力明显大于管程设计压力的工艺要求，相应的壳程耐压试验压力较管程耐压试验压力要高。这种情况下更加可能出现浮头盖密封失效的现象，对于浮头法兰的密封设计，就不能仅仅按照外压作用下的螺柱法兰连接进行设计。

(1) 问题的表现

1）问题的提出 某石化公司一台用于加热管程内胶黏状原油的浮头式热交换器，需要对原油施以较高压力以改善管程内的流动性，才能使加热后的原油输送到远距离。为了避免原油经过管程的压力损失，需要进行检修改造，让原油走壳程（设计压力 6.3MPa），加热蒸汽走管程（设计压力 1.6MPa）。现场反复出现壳程和管程的内漏，分析认为与高达 4.7MPa 的压差有关，但是更换上新设计的浮头盖和浮头勾圈，还是没有彻底解决内漏问题，需要更深入的失效分析。

GB 150—1998[10] 标准的 9.6 条和 GB 150.3—2011[11] 标准的 7.5.4 条都明确说明了外压法兰可按内压法兰设计，但是螺柱横截面积仅需按预紧状态考虑，而且操作状态下法兰力矩的计算公式有所改变。并且规定如果法兰在操作过程中分别承受内压和外压的作用，则法兰应按两种压力工况单独进行设计，且须同时满足要求。问题之一是任何热交换器在制造或检修的耐压试验中都会出现浮头法兰分别承受内压和外压作用的情况，在壳程设计压力大于管程设计压力的热交换器运行中也免不了会出现壳程压力为零而管程保持操作压力的情况；问题之二是在壳程设计压力大于管程设计压力的热交换器运行中也可能会无法保证整个操作过程都能维持壳程高于管程的既定压差，压差时大时小。因此，浮头法兰密封设计既要满足正常操作时壳程压力大于管程压力的情况，也要满足制造检验及非正常工况下管程压力大于壳程压力的情况，然后取其大值作为最终设计结果。显然，这两种工况的校核都是必要的，但是这种先后校核的方法充分性值得怀疑，仍然存在如下问题[12]。

首先，在技术上当按某工况的"大值"确定的法兰厚度回代到另一工况进行校核计算时，可能出现强度尚不满足要求的情况[13]；其次，在技术手段上即便通过 SW6 软件对校核过程进行修正，使得计算结果都满足两种压力工况的要求，这样处理也只不过是解决结构设计的强度问题，而没有涉及结构刚度及其相关的密封问题；再次，浮头法兰分别按内、外压校核时，标准规范的充分性问题在于内压校核过程中必须考虑操作状态，而不能按 GB 150—1998 标准的 9.6 条和 GB 150.3—2011 标准的 7.5.4 条"仅需按预紧状态考虑即可"；最后，浮头法兰分别按内、外压校核的现实问题在于垫片特性参数的变化，特别是在较大外压与较小内压几次反复作用中，载荷的波动是否会引起系统的松弛泄漏。

研究外载荷作用下螺柱法兰接头的性能一直都是热点，但文献 [14] 在 2002 年综述的该专题研究进展中没有涉及上述内容。

2) 问题的简化 不考虑管接头的试压，热交换器制造中与浮头法兰相关的压力试验，一般按顺序先后出现如下工况：

第一步是管程试压。相当于浮头盖内压工况，壳程耐压试验压力 $p_{Ts}=0$，管程耐压试验压力 $p_{Tt}=1.25p_t$；密封由预紧时的最小垫片压紧力 $F_G=F_a=3.14D_Gby$（N）控制。这里所用的符号如果没有说明，其含义与 GB 150.1—2011 及 GB 150.3—2011 标准中的符号一致。

第二步是壳程试压。相当于浮头盖外压工况，$p_{Ts}=1.25p_s$，$p_{Tt}=0$；密封本来也由预紧力 F_a 控制即可，但此时壳程压力压紧浮头盖，起强化密封的作用，密封预紧力实际上达到 $F_G(=F_a+F)$。其中，F 为壳程压力引起的轴向力。

第三步是注册安装二次试压。相当于前两步的重复，用户在向地方质量技术监督机构注册安装该浮头热交换器时，一般也会按先管程后壳程的顺序进行同样压力下的压力试验，重复检测。

笔者认为，正常操作时壳程压力大于管程压力，浮头盖的密封性能是满足要求的。但是如果制造试压时 $p_{Ts}\gg p_{Tt}$，则尚须预防试压状态时垫片过载、损伤垫片，以免注册安装时的管程压力试验发生泄漏，避免设备临时检修管接头时无法保压试验。

3) 问题的细化 GB 150.3—2011 标准规定，当法兰同时或分别承受内压和外压作用时，需要分别按内压或外压工况单独进行设计，两种工况下的设计都需要满足校核要求。对于壳程较高压的浮头法兰，这里区分 $p_{Ts}>p_{Tt}$ 或 $p_{Ts}\gg p_{Tt}$ 和 $p_{Ts}\leqslant p_{Tt}$ 的情况进行分析。

(2) 设计方法一 按标准设计

大多数压力容器规范中所列的法兰设计方法仅考虑压力载荷，且基于 Taylor 弹性应力分析方法，其核心是计算螺柱载荷。根据 GB 150.3—2011 标准，螺柱法兰连接设计的螺柱载荷计算过程如下。

1) 内压作用

① 预紧状态时的最小垫片压紧力

$$F_G=F_a=3.14D_Gby \tag{11.2}$$

最小螺柱载荷

$$W_a=F_a=3.14D_Gby \tag{11.3}$$

最小螺柱面积

$$A_a=\frac{W_a}{[\sigma]_b} \tag{11.4}$$

② 试压状态时的最小垫片压紧力

$$F_G=F_p=6.28D_Gbmp_c=6.28D_Gbmp_{T1} \tag{11.5}$$

式中，p_{T1} 是管程试压压力。

最小螺柱载荷

$$W_p=F+F_p=0.785D_G^2p_c+6.28D_Gbmp_c \\ =0.785D_G^2p_{T1}+6.28D_Gbmp_{T1} \tag{11.6}$$

最小螺柱面积

$$A_p=\frac{W_p}{[\sigma]_b^t} \tag{11.7}$$

试压在常温下进行，则 $[\sigma]_b=[\sigma]_b^t$。因此，螺柱载荷须满足下式即可。

$$W = \max(W_a, W_p)$$

$$= \max(3.14 D_G b y, 0.785 D_G^2 p_{Tt} + 6.28 D_G bmp_{T1}) \tag{11.8}$$

2）外压作用　预紧状态下所需最小螺柱面积与按内压工况设计时预紧状态的最小螺柱面积相同，不须考虑试压状态。

(3) 设计方法二　垫片选优

笔者认为，上述设计方法一暂拟在壳程试压压力 p_{Ts} 不大于管程试压压力 p_{Tt} 的前提下应用。当制造耐压试验出现 $p_{Ts} \gg p_{Tt}$ 的情况时，为弥补方法一的不足，应对法兰设计中的垫片和螺柱增加外压作用下的选优设计。垫片系数 m 与强制密封的操作条件有关。在临界泄漏时，垫片单位面积比压的剩余值（即垫片单位面积上的残余压紧力）与密封压力的比值为垫片系数，即 $m = y/p_c$。

1）垫片选优的条件　壳程压力引起的轴向力应为

$$F = 0.785 (D_G + 2b)^2 p_{Ts} \tag{11.9}$$

式中的直径 $(D_G + 2b)$ 为垫片外径。

壳程试压时的最大螺柱载荷 W_{2p} 应为

$$W_{2p} = F_G = F + F_a = 0.785 (D_G + 2b)^2 p_{Ts} + 3.14 D_G b y \tag{11.10}$$

当该载荷比管程试压的最大螺柱载荷还大时，

$$\max(W_a, W_p) \leqslant W_{2p} \tag{11.11}$$

即

$$\max(3.14 D_G b y, 0.785 D_G^2 p_{Tt} + 6.28 D_G bmp_{T1}) \leqslant 0.785 (D_G + 2b)^2 p_{Ts} + 3.14 D_G b y \tag{11.12}$$

把上式分解为两个条件式，第一条件式为

$$3.14 D_G b y \leqslant 0.785 (D_G + 2b)^2 p_{Ts} + 3.14 D_G b y \tag{11.13}$$

即

$$0 \leqslant 0.785 (D_G + 2b)^2 p_{Ts} \tag{11.14}$$

计算中计算外压取正值，第一条件式自然满足。

第二条件式为

$$0.785 D_G^2 p_{Tt} + 6.28 D_G bmp_{Tt} \leqslant 0.785 (D_G + 2b)^2 p_{Ts} + 3.14 D_G b y \tag{11.15}$$

把 $p_{Tt} = 1.25 p_t$、$p_{Ts} = 1.25 p_s$ 代入上式整理得

$$1.25 D_G^2 (p_t - p_s) + 10 D_G bmp_t \leqslant 5b^2 p_s + 5 D_G b p_s + 4 D_G bmp_s \tag{11.16}$$

将上式中右边的第一项与第二项及第三项的和相比，得

$$\frac{5b^2 p_s}{5 D_G b p_s + 4 D_G bmp_s} = \frac{b}{D_G(1 + 0.8m)} < \frac{b}{D_G} \tag{11.17}$$

对于通常的密封结构，m 取 3.0，上式等号右边的分子式大概率不超过 1%。因此，忽略式(11.16) 右边的第一项后得

$$1.25 D_G^2 (p_t - p_s) + 10 D_G bmp_t < 5 D_G b p_s + 4 D_G bmp_s \tag{11.18}$$

即

$$-5b p_s - 1.25 D_G (p_s - p_t) < bm(4 p_s - 10 p_t) \tag{11.19}$$

当

$$4 p_s - 10 p_t < 0 \tag{11.20}$$

即

$$p_s < 2.5 p_t \tag{11.21}$$

则有

$$m < \frac{-5b p_s - 1.25 D_G (p_s - p_t)}{b(4 p_s - 10 p_t)} = \frac{5bn + 1.25 D_G(n-1)}{b(10 - 4n)} \tag{11.22}$$

式中，浮头盖设计时壳程与管程的计算压力比 $n = p_s/p_t$。下面考察两个压力大小对上式计算结果正负性的影响。当 $p_t < p_s < 2.5p_t$ 时，上式中分母 $b(4p_s - 10p_t)$ 为负值，分子也为负值，则整个分子式为正值。反之，当分母

$$4p_s - 10p_t > 0 \tag{11.23}$$

即当

$$p_s > 2.5p_t \tag{11.24}$$

式(11.22)的分母 $b(4p_s - 10p_t)$ 为正值，分子为负值，则整个分子式计算结果为负值。据此分析式(11.22)可以得知，在这种情况下垫片系数 m 小于某个负值，这是无意义的。垫片系数 m 为负值的物理意义是无论选择什么垫片，均无法保证垫片在第二次内压试验不泄漏。此时，需要采取后面介绍的重新紧固螺柱法或增设密封焊法作为对策，才能避免垫片在第二次内压试验不泄漏。

通过上面分析可知，仅凭 $p_s > p_t$ 尚无法判断式(11.11)是否成立。因此，壳程与管程的压力相差多大时才必须进行详细的密封设计，这是值得进一步探讨的相关问题。

2) 算例分析及条件修正　某炼油厂有一浮头热交换器，用于输送原油起程时对胶黏状的原油进行加热，以改善其流动性；因为长距离输送的需要，对原油施以较高压力，为了避免原油经过管程的压力损失，让原油走壳程（设计压力 6.3MPa），加热蒸汽走管程（设计压力 1.6MPa）。压差达 4.7MPa，约为管程压力的 3 倍，压力比 $n = 3.94 > 2.5$，浮头盖垫片有效密封宽度 $b = 7.16mm$，垫片压紧力作用中心圆直径 $D_G = 877.7mm$，按式(11.24)进行判断已无法调整垫片满足密封要求。

分析式(11.22)，按不同的垫片结构尺寸及壳程与管程的压力比 n 计算的垫片系数见表 11.1。

表 11.1　不同结构尺寸需要的垫片系数计算值

压力比 n	$b=7.16mm$ $D_G=877.7mm$	$b=8mm$ $D_G=600mm$	$b=10mm$ $D_G=600mm$	$b=8mm$ $D_G=1000mm$	$b=10mm$ $D_G=1000mm$	$b=8mm$ $D_G=1500mm$	$b=10mm$ $D_G=1500mm$
1.0	**0.83**	**0.83**	**0.83**	**0.83**	**0.83**	**0.83**	**0.83**
1.1	**3.72**	**2.66**	**2.32**	**3.77**	**3.21**	**5.17**	**4.33**
1.15	**5.32**	**3.67**	**3.15**	**5.41**	**4.54**	7.58	**6.27**
1.2	7.05	**4.76**	**4.04**	7.16	**5.96**	10.17	8.37
1.3	10.93	7.21	**6.04**	11.12	9.17	16.0	13.07
1.4	15.52	10.11	8.41	15.80	12.95	22.90	18.64
1.5	21.03	13.60	11.25	21.41	17.5	31.17	25.31
1.6	27.76	17.85	14.72	28.26	23.06	41.28	33.47
1.7	36.18	23.16	19.06	36.84	30	53.93	43.67
1.8	46.99	30	24.64	47.86	38.93	70.18	56.79
1.9	61.42	39.11	32.08	62.55	50.83	91.85	74.27
2	81.61	51.88	42.5	83.13	67.5	122.19	98.75
2.1	111.91	71.02	58.13	113.98	92.5	167.70	135.47
2.2	162.40	102.92	84.17	165.42	134.17	243.55	196.67
2.3	263.37	166.72	136.25	268.28	217.5	395.23	319.06
2.4	566.30	358.13	292.5	576.88	467.5	850.31	686.25

由表 11.1 可知，压力比 n 和直径 D_G 不变，有效宽度 b 较大时，所需垫片系数较小；压力比 n 和有效宽度 b 不变，直径 D_G 较大时，所需垫片系数较大；有效宽度 b 和直径 D_G 不变，压力比 n 较大时，所需垫片系数显著增大。垫片系数变化曲线见图 11.1。图中水平虚线表示 GB 150.3—2011 标准中表 7-2 所列垫片的最大 m 值 6.50，A 点是水平虚线与 5 号垫片系数曲线交点所对应的压力比 $n_{\min}$，B 点是水平虚线与 5 号垫片系数曲线交点所对应的压力比 $n_{\max}$。这里称 $m=6.50$ 为许用垫片系数。

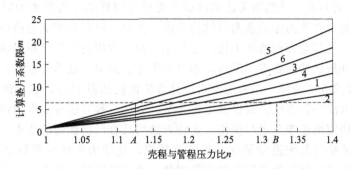

图 11.1 垫片系数变化曲线

1—$b=8$，$D_G=600$；2—$b=10$，$D_G=600$；3—$b=8$，$D_G=1000$；
4—$b=10$，$D_G=1000$；5—$b=8$，$D_G=1500$；6—$b=10$，$D_G=1500$；

单位：mm

表 11.1 中前几行的黑体数字是指未超过许用垫片系数 $m=6.50$ 的垫片系数计算值，结合图 11.1 中各曲线与虚线的交点横坐标值可知，不同结构尺寸的垫片许用压力比 n 不同。图 11.1 中许用压力比 $n=1.125\sim1.325$。一般地说，压力比 n 达 1.2 时，常用垫片已难以满足反复单程试压的要求。由此看来，满足要求的垫片不多。

综上所述，在浮头盖垫片分别满足内压和外压单独作用的前提下，垫片选优设计的条件拟修正为 $p_{Tt}<p_{Ts}<1.2p_{Tt}$。

(4) 设计方法三 螺柱重紧及螺柱校核

如果无法选取到合适性能的垫片，即垫片不能满足公式(11.11)，垫片将在壳程试压的最大螺柱载荷[式(11.10)]作用下失去部分回弹性；当设备经过业主所在地的监管部门注册并安装后，在装置上进行管程耐压试验时就会因垫片已失去部分回弹性而发生泄漏。这时，须拆下外头盖，对浮头螺柱进行二次拧紧以避免泄漏。但是这次对螺柱第二次拧紧时施加给垫片的载荷不能再按式(11.8)计算，而是不能小于其曾经受到的最大载荷，该最大载荷由式(11.10)计算。

$$W\geqslant W_{2p} \tag{11.25}$$

据此进一步计算的试压状态所需的最小螺柱面积，肯定要比按方法一计算的最小螺柱面积大。否则，最小螺柱面积不够，很难施加上足够的载荷，甚至可能拉断螺柱。

热交换器的试压顺序变为：管程及管接头试压→壳程试压→拆开外头盖→二次紧固浮头盖螺柱→二次管程试压→重装外头盖→二次壳程试压。

由于垫片选优设计的条件已经修正，因此，重紧螺柱法的应用条件为 $p_{Ts}\geqslant1.2p_{Tt}$。

(5) 设计方法四 密封焊

如果不采取垫片选优方法和重紧螺柱面积控制法，还可以在上紧浮头螺柱后用焊条对浮头法兰和浮动管板装配处的整个圆周直接焊接，起到了很好的密封作用。此时，应对原有的装配结构略作修改，使其既方便施焊，也容易在拆卸时磨去焊缝。

（6）设计方法五 压差控制

如果从制造的角度来解决问题太麻烦，还可以从运行操作的角度考虑：整个过程控制壳程与管程之间的压力差不要超过设计许可值，许可值的大小应根据选取的控制手段给予适当的安全裕量。建议的应用条件为 $1.2p_{Tt} < p_{Ts} < 2.5p_{Tt}$。

（7）设计方法比较及结论

1）密封设计的判据　虽然尚无法明确指出壳程与管程的压力差多大时才必须进行详细的密封设计，但是对普通的浮头盖密封结构来说，在垫片已经分别满足内压和外压单独作用的前提下，一般当壳程与管程的压力比值达到1.2时，常用的垫片已难以满足一次拧紧即可反复进行内压或外压试验的要求。况且，本书尚未考虑到温度载荷对密封的影响。

2）密封设计的方法选择　浮头盖密封设计方法比较见表11.2，它们解决问题的侧重点各有不同。表中方法一和方法二以设计工作为主，方法三和方法五在专门设计的基础上以制造工作为主，方法四则还涉及运行操作，这些方法均具有可操作性强的优点。要注意的是，按方法二选优设计的垫片其制造质量就显得特别重要，比压力和垫片系数必须达到要求的指标，问题是一般的热交换器制造厂都没有检测垫片性能的手段和能力。其中方法三的重新紧固浮头法兰螺柱法能解决普遍实际问题，但是螺柱最小面积要按壳程试压压力控制。

表 11.2　壳程较高压浮头盖密封设计方法比较

方法及条件	优点	问题
方法一　按标准设计 $p_{Ts} \le p_{Tt}$	方法简单,适合单独承受内压或外压以及同时承受内压和外压的法兰设计	经过壳程较高压后浮头盖管程再试压可能无法密封
方法二　垫片选优 $p_{Tt} < p_{Ts} < 1.2p_{Tt}$	方法简单,适合法兰反复几次单独承受内压和较大外压(循环载荷除外)的设计,主要理论在垫片性能	满足反复单程试压要求的垫片不多,可能无法选取到合适的垫片,很难检测垫片性能,难以根本上解决问题
方法三　重紧螺柱面积控制 $p_{Ts} \ge 1.2p_{Tt}$	方法稍复杂,适合法兰反复几次单独承受内压和较大外压(循环载荷除外)的设计,主要理论在螺柱受力,一般能根本上解决问题	浮头螺柱面积较大。要拆下外头盖,重新上紧浮头螺柱,重新装配外头盖,重新对壳程试压,可能要更换外头盖垫片,螺柱较多时工作量很大
方法四　密封焊 $p_{Ts} \ge 2.5p_{Tt}$	方法简单,适合高温高压及高压差工况,主要技术在制造焊接	拆卸不便,维修后需要重新密封焊
方法五　压差控制 $p_{Tt} < p_{Ts} < 1.2p_{Tt}$	方法简单,适合壳程与管程压差不大且容易控制的工况,主要技术在操作控制,设计、制造试压及使用说明等资料均强调保持压差	需要保持压差的试压方法及操作方法较麻烦,试压中难以判断管、壳程间的渗漏,操作中可能需要增设并维护内漏的检测报警装置

11.2　壳程较高温度的浮头结构密封技术

法兰接头的安全性和可靠性通常取决于三个基本因素：法兰接头设计、组成元件质量和安装螺栓载荷。

11.2.1　浮头盖密封设计的温度因素

法兰的密封性能取决于工作状态下垫片上残余预紧力的大小。温度变化时由于热膨胀以及弹性模量变化会导致剩余预紧力发生变化，从而影响法兰的密封性能。文献［15］通过对温度变化时螺栓及法兰垫片系统的受力变形分析，得到了温度变化时热膨胀、弹性模量变化以及二者共同作用对法兰密封性能的不同影响。当螺栓的热膨胀（代数值）大于法兰垫片系统的热膨胀（代数值）时，会导致剩余预紧力的下降；当剩余预紧力低于体系的密封要求时，则会影响到法兰的密封性能。材料弹性模量的变化会影响体系刚度的变化，当体系弹性模量降低时会导致剩余预紧力的下降；当剩余预紧力低于体系的密封要求时，则会影响到法兰的密封性能。热膨胀及弹性模量变化对剩余预紧力的影响不能直接进行代数叠加，而应该根据实际情况绘制受力变形线图后再进行评判。这些结论对壳程较高温度的浮头盖法兰接头的密封设计更具有参考价值。在计算室温下单个螺栓的螺栓应力时，尚需特别考虑介质环境温度的影响，包括：

（1）补偿设计温度下螺柱应力松弛需要的螺栓力

常温下安装的螺栓材料在较高的设计温度下其紧固应力会松弛，补偿所有螺栓力松弛的损失需要增加螺栓力。例如在进行壳程较高温度的浮头盖密封设计时，需要结合壳程介质的实际情况调整。因为浮头盖密封与外头盖密封或者管箱法兰密封的工况相比，同时承受管程和壳程介质的作用，螺柱不但长期浸泡在壳程介质中受到损伤，而且其受热伸长很可能大于垫片的回弹，这些因素都使浮头盖密封潜在泄漏的可能。应通过材料选择来减少、消除热膨胀差异，或者采用常温装配紧固后在一定温度（300℃）下再热紧的办法来加强密封，也可以采用焊接密封。

（2）补偿垫片蠕变松弛需要的螺栓力

温度的变化之所以对螺栓法兰连接的密封性能有很大的影响，有多种原因。一是高温下被连接件及螺柱的热变形使装配关系发生变化；二是常温下安装的垫片其石墨等复合材料在设计温度下也会蠕变松弛；三是由于现行国内外标准中推荐的垫片性能参数是基于室温试验检测结果确定的，在同样的螺栓预紧力和介质压力下，通常高温下对应的预紧比压 y 和垫片系数 m 可能要比室温工况测得的值偏大，造成垫片的泄漏率会高于室温工况。高温下垫片性能参数的测定如同金属材料高温性能的检测那样，需要投入较大的资源才能完善。因此对于工程实际中高温工况服役的法兰连接，其密封设计要补偿垫片蠕变松弛的螺栓力。即便管程介质的实际温度未达到螺柱金属的蠕变温度，也要考察壳程介质实际温度的高低，综合判断或计算确定垫片的温度，以便减轻这一因素或者消除其影响。

11.2.2　浮头管箱密封设计的温度因素

浮头管箱密封设计的温度因素与浮头盖密封设计的温度因素相同。例如图8.41中单管程浮头管箱内法兰A的紧固件AB、法兰B的紧固件CD都浸泡在壳程高温介质中，设计温度下紧固件AB和紧固件CD的紧固应力存在因温度而松弛的问题，这个问题与内压引起的垫片松弛问题不同，设计时需要考虑对预紧力进行补偿。否则可能出现文献［16］所述的内部密封强度不足引起的泄漏现象。

此外，垫片材料也存在疲劳现象，压力或温度循环工况下需要补偿垫片循环应力损失的螺栓力。特别需要注意垫片和法兰密封面的组合状态，除了正常运行工况中的弹性操作参数的波动外，还要特别关注在装置开停车过程中管程、壳程的投送料顺序和介质压力、温度的升降关系对组合状态是否存在影响，判断该影响是使组合状态趋紧的还是分离的，对其中的分离状态进行补偿。

11.3　设计未预防工况对密封的影响

非常工况通常是相对正常工况而言的，主要包括设计已预防但是操作未落实的各种意外工况、设计未预防的工况和非设计工况等三种，对密封的影响是显而易见的。

11.3.1　意外工况对密封的影响

(1) 水锤冲击

水锤因流体介质的运送突然停止而产生，热交换器进出口安装使用旋启式截止阀很容易产生水锤。即便使用其他阀门，现场手工操作不够谨慎，也容易产生一般的流体冲击；流体急剧进入壳体冲刷换热管，到达迎面的壳壁后反弹回来，反向冲刷换热管，引起热管振动。阀门选择在很多石化工程公司中不属于设备设计专业的内容，而是管道设计专业的内容。选用带弹性调节的截止阀，采用中央系统对装置进行控制，可以避免流体冲击，实现无声运行。

(2) 管程介质低流速及其杂物的影响

某公司煤化工装置甲醇冷却器在 2017 年 8 月投入使用，在 2017 年 9 月发现两处换热管泄漏，当时进行了堵管处理；在 2017 年 12 月又发现泄漏，经检查为 1 处换热管泄漏、1 处换热管管接头泄漏。

从设备结构分析，管程走循环水，壳程走甲醇。管程的工作压力为 0.45MPa，工作温度为 30～40℃；壳程的工作压力为 4.661MPa，工作温度为 39.98～46.47℃。管程和壳程的工作压力及温度不高，初步判断由于管子力学性能不足导致失效的可能性非常低。

图 11.2　某贫甲醇冷却器管程
循环水残留杂质

从现场拆下管箱的情况看，管程走的循环冷却水杂质较多：①管箱上附着较多的锈蚀杂物；②管接头上附着厚厚的一层类似煤泥一样的污垢（图 11.2）。循环水水质极有可能呈酸性，内部杂物过多的换热管可能形成滞留区，这些都是容易造成管束腐蚀，导致管接头和换热管泄漏的因素。该台设备 2014 年 12 月制造完成后发货到现场，在 2016 年 4～6 月时装置现场进行系统性的试压，由于试压后有部分水滞留在设备内，直到 2017 年 8 月投入使用时经历了约一年的时间。滞留的水对设备造成腐蚀，是这次管接头和换热管泄漏的另一个因素。设计图纸上标明管程和壳程的腐蚀余量都为 3mm，说明设计时考虑到了设备介质会有一定的腐蚀性。

同理，壳程介质杂物及其腐蚀的影响见 8.3.5 节关于浮头螺柱几个失效案例的分析讨论。

(3) 非计划停车工况的影响

引起装置非计划停车的因素不多，外部电网强烈晃电是其中一种。2014 年 9 月底，中国石化海南炼化公司外部电网发生了一次停电事故，造成制氢装置的转化炉管变形、焊缝开裂，需要停产检修并更换炉管。石化装置临时紧急停车过程操作复杂，完全按正常程序进行的难度较大，除了造成降温、降压速率较大外，还可能使降压、降温难以相互协调，密封系统各零部件之间的变形位移不协调，高压介质就会泄漏。例如，八角垫片密封相对容易出现这种现象。

11.3.2 未预防开停车工况的失效案例

实践经验表明，流体诱导振动引起的管接头失效常发生于装置开车投运初期，正常运行期间的管接头失效则很少与流体诱导振动有关。

(1) 开停车工况的影响

设计已预防但是操作未落实的工况常发生在装置的开停车过程。开停车过程除了应严格调控介质的温度和压力外，还应严格调控介质的流量。介质的温度和压力本来就是可以通过流量调控的，流量过大会引起介质对热交换器的冲击，引发结构的振动并伴随显著的噪声，严重的引发水锤并伴随很大的叮当声，在损伤结构后引发密封泄漏。

一般地说，热交换器特别是固定管板式热交换器在开停过程中需控制好升温、降温速率，以免管接头承受过大的热应力，损坏焊缝或胀接效果。更重要的是要在开停车过程中协调好管程和壳程之间的升温、降温速率。例如，对于薄管板和厚壁换热管组合的管接头，如果管程升温速率高使得管板孔很快热膨胀扩大，而厚壁管升温速率低使得其外径热膨胀跟不上管板孔的扩大，就会使管接头出现间隙，介质渗入形成腐蚀条件，严重的会在换热管的振动作用或内压作用下发生管接头焊缝开裂。反之，对于厚管板和薄壁换热管组合的管接头，如果壳程降温速率高使得换热管很快收缩，而厚管板降温速率低使得管孔的收缩跟不上换热管外径的收缩，也会使管接头出现间隙，介质渗入形成腐蚀条件，严重的也会在换热管的振动作用或内压作用下发生管接头焊缝开裂。在降温冷却过程中，结构件的收缩往往会产生拉应力，这与开车升温过程相比，具有更大的危害性[17]。

(2) 试运行的影响

某热交换器试运行期间约 24h 后管束焊缝发生泄漏[18]。对其 304L 不锈钢换热管与管板的管接头开裂焊缝进行宏观分析和微观分析，结果表明断裂是疲劳破坏所致。流体诱导的管束共振是换热管短期失效的主要原因，胀接不合格、焊接缺陷加速了管束的疲劳失效。图 11.3 为泄漏现场照片。失效管接头位于管束周边、布管区与非布管区的连接处，与 2.1.1 节中换热管的典型失效案例类似。

(3) 安装偏差的影响

对于热交换器制造来说，姑且确信各组成元件的质量，但是浮头盖法兰密封组件位于壳体内部，浮头钩圈又是周向断开的两个半环结构，密封组件的组装质量就特别值得关注。实际经验表

图 11.3 管接头振动断裂[18]

明，法兰接头发生泄漏很大程度上不是与垫片直接有关，而往往与安装不当有关。大多数法兰接头失效是由于安装螺栓载荷偏低或过高（低到使接头超过设计允许泄漏率，高到足引起接头中任一元件机械损坏）。因此，确定合适的预紧螺栓载荷或螺栓力矩是安装法兰接头时要考虑的重要问题。通常容易忽略的两个因素是：补偿法兰安装错位（不对中、不平行和偏转等）造成（目标）垫片应力不足需要的螺栓力；补偿螺纹挤压引起螺栓力损失需要的螺栓力。

11.3.3 常见诱导振动案例分析

某乙二醇装置解吸塔再沸器是一台型号为 BEM 2000-0.3/0.578-1505-6/25-Ⅰ的立式安装的固定管板式热交换器。其管程操作压力为 0.12MPa，操作温度为 129.3℃，介质为 40%乙二醇和 60%水，密度 ρ_i 为 0.793kg/m³；壳程操作压力为 0.36MPa，操作温度为 151℃，介质为蒸汽，密度 ρ_o 为 1.74kg/m³，蒸汽进口流量为 30000kg/h。筒体的材料为 20R，换热管材料为 10 钢，数量 3303 条，每两块折流板之间的间距为 710mm，换热管最小无支撑距离为 1420mm，再沸器管束结构如图 11.4 所示。该设备运行半年后开始出现壳程向管程泄漏的现象，多次停车检修；运行一年后，堵管数量达到换热管总数的 8%，已不能满足工程要求；做报废处理，换上同样的备用设备，不久就出现了同样的泄漏苗头。为了彻底防治该再沸器壳程介质向管程介质的泄漏事故，这里按 GB/T 151—2014 标准附录 C 的计算方法，通过振动计算对其失效的原因进行分析[19]。

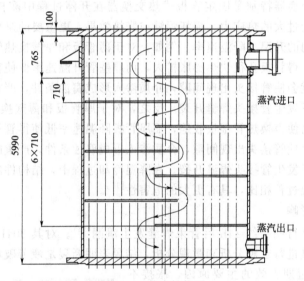

图 11.4 管束结构图

图 11.5 管头堵管

失效情况。在蒸汽进口一端的管板上，换热管与管板的连接焊缝出现泄漏，大部分的泄漏点分布在蒸汽进口一侧的前三排。其实物如图 11.5 所示，有塞子的换热管是已经产生泄漏的换热管。抽出泄漏的换热管检查，发现有些换热管壁已穿孔。

失效原因初步分析。管壳程的操作温度差约为 20℃，经计算，温差应力较小，热应力对设备的失效影响不大；虽然壳程介质为蒸汽，管程介质为乙二醇和水，但是小温差不会使壳程产生冷凝水，不会形成高浓度杂质的腐蚀环境[20]，设备的介质腐蚀失效可能性较小；设备的直径较大，为立式安装，折流板的间距较大，管束的刚度差，且管壁穿孔的位置与折流板的位置基本吻合，因此很可能是产生振动磨穿管壁。

(1) 横流速度计算

首先确定流道结构尺寸。对各列换热管之间的间隙及其总间隙量计算，比较各列总间隙的大小，确认其中的最小值为 $b_{min}=0.446m$。第一块折流板与管板的距离为 $L_1=0.765m$，其余各折流板间距离为 $L=0.71m$。然后由相关数据计算进、出口处的横流速度

$$v_1=\frac{Q_o}{3600b_{min}L_1\rho_o}=\frac{30000}{3600\times0.446\times0.765\times1.74}=14(m/s) \tag{11.26}$$

折流板间的横流速度 v_2 为

$$v_2=\frac{Q_o}{3600b_{min}L\rho_o}=\frac{30000}{3600\times0.446\times0.71\times1.74}=15.2(m/s) \tag{11.27}$$

式中，Q_o 为壳程流体流量，kg/h；ρ_o 为壳程介质密度，kg/m^3。

(2) 卡门旋涡频率计算

换热管外径 d 为 25mm，管孔中心距 s 为 32mm，则节径比为

$$\frac{s}{d}=\frac{0.032}{0.025}=1.28 \tag{11.28}$$

根据换热管的排列角为 60° 去查 GB/T 151—2014 标准的图 C.1，查得斯特罗哈数 $s_t=0.78$，据此计算进、出口处的卡门旋涡频率 f_{v1} 为

$$f_{v1}=s_t\frac{v_1}{d}=0.78\times\frac{14}{0.025}=436.8(Hz) \tag{11.29}$$

折流板间的卡门旋涡频率 f_{v2} 为

$$f_{v2}=s_t\frac{v_2}{d}=0.78\times\frac{15.2}{0.025}=474.24(Hz) \tag{11.30}$$

(3) 紊流抖振主频率计算

换热管中心距为 $T=s=0.032m$，上下两排换热管中心线垂直距离为 $l=s\sin60°=0.027(m)$，流体为蒸汽，因此进、出口的紊流振动主频率为

$$f_{t1}=\frac{v_1d}{lT}\left[3.05\left(1-\frac{d}{T}\right)^2+0.28\right]=\frac{14\times0.025}{0.0277\times0.032}\left[3.05\left(1-\frac{0.025}{0.032}\right)^2+0.28\right]=168.2(Hz) \tag{11.31}$$

折流板间的紊流振动主频率为

$$f_{t2}=\frac{v_2d}{lT}\left[3.05\left(1-\frac{d}{T}\right)^2+0.28\right]=\frac{15.2\times0.025}{0.0277\times0.032}\left[3.05\left(1-\frac{0.025}{0.032}\right)^2+0.28\right]=187.4(Hz) \tag{11.32}$$

(4) 换热管的固有频率计算

折流板缺口区无支撑跨距 $l=1.42m$；

换热管空管质量 $m_t=1.39kg/m$；

管内流体质量

$$m_i=\frac{\pi d^2\rho_o}{4}=\frac{\pi\times0.02^2\times0.793}{4}=2.5\times10^{-4}(kg/m) \tag{11.33}$$

由 GB/T 151—2014 中图 C.5 查得附加惯性系数 $C_m=1.57$；

管外流体虚拟质量

$$m_o=\frac{\pi d^2\rho_o C_m}{4}=\frac{\pi\times0.025^2\times1.74\times1.57}{4}=1.34\times10^{-3}(kg/m) \tag{11.34}$$

单位管长质量

$$m = m_t + m_i + m_o = 1.39(kg/m) \tag{11.35}$$

换热管材料的弹性模量 $E = 2.03 \times 10^5$ MPa;

管束跨数 $n=4$, 两端管板与折流板的跨距为 $l_1 = 765$mm, 折流板之间的距离为 $l_2 = 710$mm, 则系数

$$K = \frac{l_1}{l_2} = \frac{765}{710} = 1.08 \tag{11.36}$$

查 GB/T 151—2014 中图 C.12 得 $\lambda_m = 13$;

换热管内径 $d_i = 0.02$m, 按直管固有频率计算公式 C.12 计算得

$$f_1 = 35.3\lambda_m \sqrt{\frac{E(d^4 - d_i^4)}{ml^4}} = 35.3 \times 13 \times \sqrt{\frac{2.03 \times 10^5 \times (0.025^4 - 0.02^4)}{1.39 \times 1.42^4}} = 43(Hz) \tag{11.37}$$

（5）临界横流速度计算

假定换热管的对数衰减率 $\delta = 0.03$, 故质量阻尼参数 δ_s 为

$$\delta_s = \frac{m\delta}{\rho_o d^2} = \frac{1.39 \times 0.03}{1.74 \times 0.025^2} = 38.3 \tag{11.38}$$

换热管排列角为 60°, 节径比为 1.28, 查 GB/T 151—2014 表 C.1 得比例系数 $K_c = 2.8$, 指数 $b = 0.5$, 所以临界横流速度为

$$V_{c1} = K_c f_1 d \delta_s^b = 2.8 \times 43 \times 0.025 \times 38.3^{0.5} = 18.6(m/s) \tag{11.39}$$

（6）管束振动判断

$$\frac{f_{v1}}{f_1} = \frac{436.8}{43} = 10.2 > 0.5 \tag{11.40}$$

$$\frac{f_{v2}}{f_1} = \frac{474.24}{43} = 11.0 > 0.5 \tag{11.41}$$

$$\frac{f_{t1}}{f_1} = \frac{168.2}{43} = 3.91 > 0.5 \tag{11.42}$$

$$\frac{f_{t2}}{f_1} = \frac{187.4}{43} = 4.36 > 0.5 \tag{11.43}$$

由于该管束立式安装, 管束自重能起到的阻尼作用较小, 故将在壳程流体进出、口处及折流板缺口区, 因卡门旋涡或紊流抖振而使换热管产生振动。

上述管束振动分析中, 只考虑流体引起管束的横向振动, 不考虑流体引起折流板沿管束的上下振动, 也不考虑拉杆或定距管松动引起的折流板上下振动。

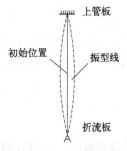
图 11.6　振动模型

（7）后果分析

按上述计算结果分析, 该设备在壳程进口处的管束将产生振动性破坏, 第一阶振型如图 11.6 所示。为了预防振动破坏, 在壳体进口处定距管上组焊防冲板, 通过防冲板、定距管、折流板把流体对防冲板施加的冲击力分散到管束。进口流体的冲击力与振动叠加, 结果使振型线的最大振幅点往上管板的方向偏移, 也加速管束的失效。因此靠近壳程进口处的换热管与管板连接的管头焊缝受振动影响最大, 此处焊缝首先疲劳断裂。由于换热管与折流板的管孔存在

间隙，管束发生振动时，换热管不断冲击折流板的管孔，容易被折流板管孔磨穿。

(8) 改善对策

根据上述分析，有针对性地采取如下改善措施：①管板厚度增加 10mm；②折流板的厚度增加 2mm；③经工艺衡算，折流板的间距缩短 100mm；④拉杆的数量增加 4 根；⑤拉杆的直径增大至 ϕ18mm；⑥管板上的拉杆孔螺纹深度增加 10mm；⑦壳程进料口的防冲挡板原来与管束上的定距管相焊，改为与壳体内壁相焊；⑧拉杆、拉杆螺母、定距管和折流板等零件之间需保证紧密装配，没有间隙；⑨设计使用专门工装来吊装管束，避免管束起吊后挠度过大损伤；⑩管束经试压合格后，拉杆、拉杆螺母、定距管和折流板等零件之间均点焊固定，提高整体刚性。

该设备根据上述的原因分析进行改进后投入使用，经介质成分分析没有发现内漏现象，经设备噪声监测没有发现管束振动现象，改进效果较好。

11.3.4　流体弹性不稳定的特例

(1) 未能预见的整体流态

越来越多新的布管形式打破了传统定制，逐步改变原有的流态观念。有一类热交换器管束的排管结构在横截面上表现为同心圆的形式，基于这个特点，文献 [21] 建立了类正方形排布、过渡排布和类三角形排布 3 个具有代表性的物理模型；采用软件进行流固耦合模拟计算，分析同心圆不同位置处的计算结果发现，主振方向会随着间隙流速增大由顺流方向变为横流方向流方向。在 3 种排列中，类正方形排布区域的临界流速最大，过渡排布区域的临界流速最小，也就是说同心圆排布管束中过渡排布最容易失稳，在有关设计及工程应用中须重点关注。此外，文献 [22] 分析了同心圆排布管束圆心角对耦合振动的影响，文献 [23] 进行了同心圆排布管束流体弹性不稳定性及耦合振动研究。

在管束防振工程设计过程中，合理确定热交换器内空间弯管的固有频率和附加质量系数，对于该设备的安全稳定运行至关重要。文献 [24] 通过有限元方法建立换热管和流体域的三维模型，选取管束 3 个典型区域，6 个位置来计算换热管的固有频率和附加质量系数。结果表明，换热管在空气中的固有频率受空间弯管的弯曲半径影响较小，附加质量系数受空间弯管的弯曲半径和所处区域位置影响较大，近似三角形排布区域的管束固有频率最低，该区域内层换热管的附加质量系数最大。

(2) 难以预见的局部流态

流体诱导振动研究中整体模态与局部模态的关系也是很有研究价值的课题。随着管壳式热交换器大型化发展，由于管箱流态非均匀性造成各换热管内的流态差异、壳程流体进出口造成各换热管外的流态差异、管束结构设计造成各换热管的受力差异、产品质量和制造技术要求的差异等因素的影响，管束局部流致振动问题日益受到关注。文献 [25] 针对热交换器管束可能因换热管排布而出现刚度明显不均匀的现象，采用实验与数值模拟相结合的方法对由此引起的管束流致振动问题进行了分析研究。采用水洞装置测定了 3 种不同刚度的管束在不同流速下的振动响应；在计算流体力学基础上建立了管束的数值计算模型，研究了直接受冲刷管束模型。结果显示：刚度小幅度减小不会造成临界流速大幅下降，但当下降到某一特定值后，可能会出现明显的临界流速下降；刚度较大的管对管束流致振动影响较小，而刚度减小后的管束会造成管束周围振动幅值增加，更容易造成自身的流弹失稳和湍流抖振过度破坏。

(3) 设计未预防的聚流失效分析

图 11.7(a) 所示两管程的热交换器，管箱中上进下出的开口使得进口流体较为集中冲刷中间的管接头，中间的管接头表面涂敷的耐腐蚀漆层在长期运行后已被冲走，而两边管接头的漆层尚完好，管接头受损不均匀。图 11.7(b) 所示 4 管程的热交换器，也存在进口流体较为集中冲刷部分管接头的问题。

冲刷痕迹

(a) 两管程管板   (b) 4管程管板[26]

图 11.7 管接头受冲刷不均匀   图 11.8 管接头受热整体不均匀

图 11.8 所示单管程的热交换器，管箱端部正中的进口使流体较为集中地冲刷中间的管接头。图中虚线圆圈范围内的管接头在长期运行后表面已变颜色，明显区别于周边管接头表面的颜色，虚线圆圈的直径与管箱进口的直径基本一致，管板中间和管板周边的管接头所受到的损伤不均匀。

(4) 设计未预防的间断输送流态

某 300kt/a 煤焦油加工初馏塔顶冷却宽馏分的热交换器为多程式浮头热交换器，因频繁内漏而检修，发现两根列管变形严重，其与管板的接口已经塌陷进去；补焊并堵住这两根管后，耐压试验时仍漏；后经着色探伤，发现有 10 根列管与此管板的接口有损伤，经补焊，试压后投用。时隔 6 个月后，热交换器导热油又泄漏，此次对管接头补焊 15 根。最后因泄漏严重，设备返厂检修。分析表明，与宽馏分油气换热的介质为温度相对低的导热油，导热油量通过三通阀调节，但是热交换器的导热油入口与三通调节阀旁路存在 17m 的位差，工艺管线布置不合理，工艺运行不稳定，使得导热油不能连续稳定地进入热交换器，从而导致初馏塔填料温度不能实现自动控制，热交换器频繁受到热冷应力的胀缩作用而失效，出现多次泄漏。经过改造工艺管线，才解决该热交换器频繁泄漏的问题[27]。

(5) 失效分析未到位的聚流因素

流体介质进口的聚流需要通过导流筒来化解。某一高压聚乙烯装置热风冷却器投用后多次发生泄漏，通过对该冷却器进行检查发现，漏点集中在靠近壳程进口的 3 排管接头处。综合分析确定了该冷却器失效的主要原因是氯离子富集，最后造成奥氏体不锈钢应力腐蚀开裂[28]。笔者认为，其中还有一个更加主要的原因，就是热风的流体弹性不稳定所引起的换热管振动。振动首先使前 3 排管接头原来通过胀接所获得的残余压应力松弛，然后使管接头逐渐产生缝隙。缝隙一方面使管接头失去了原来胀接段的支持，从而使管接头的焊缝承受更高的应力水平，另一方面也为氯离子在管接头中富集创造了储存的空间。高水平的应力和富集的氯离子成为失效事故的根源。

11.3.5 管板背面空间结构禁忌

(1) 卧式蒸发器管板背面避免局窄的蒸发空间

重沸器、蒸发器等带壳程蒸发空间的热交换器，壳程圆筒体和管板之间常通过斜锥体连接，斜锥体小端和管板之间的蒸发空间最为窄小，靠近管板的换热管段又受到最强烈的管程高温热流体的热作用，因此斜锥体小端和管板附近的壳程介质受热蒸发最为强烈，液体沸腾和气流冲刷引发了图 2.22 所示管接头背面的腐蚀。可采取两个技术对策改善该结构问题：一是在与斜锥体小端连接的管板上部适当留出不排布换热管的蒸发空间；二是以椭圆形封头或球形封头的部分结构代替与管板连接的斜锥体，扩大靠近管板处的壳程蒸发空间。

（2）立式热交换器上管板背面避免采用与管接头对接的沉槽式凸缘

管接头背面对接组焊的结构具有较多优点。对于立式热交换器上管板孔的坡口凸缘，宜按图 11.9(b) 的结构加工，不宜按图 11.9(a) 的结构加工。这样可避免凸缘旁边的环槽积存传热效果差的气相，减少管接头的热阻。类似该功能的其他结构见 3.4.5 节（1）。

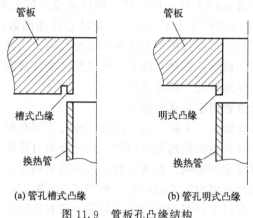

(a) 管孔槽式凸缘　　　　(b) 管孔明式凸缘

图 11.9　管板孔凸缘结构

11.4　简化设计工况对密封的影响

设计工况在很多情况下需要简化，除了节约计算成本的主观因素，也有技术能力不足的无奈。

11.4.1　计算模型简化的影响

（1）工艺计算简化传热算法的影响[29]

目前管壳式热交换器普遍的设计计算方法是根据管壳程进出口平均温度确定物性，估算传热系数。对于发生相变传热的热交换器，目前的这种设计计算方法的计算结果可能会偏离实际情况，因此有必要将热交换器传热模型分段，研究其微段传热机理；多管程热交换器的热力计算一般采用温度校正系数 $F = f(p, R)$ 来校正对数平均温差，因此目前的这种设计计算方法同样不适用于分段计算。另外，在传热过程中，多管程热交换器的后几个管程很容易出现温度交叉，无法继续进行计算，从而无法获得此时热交换器内的真实传热情况。针对以上问题，从传热机理分析、分段进行数值换热的算法正在研究中。

以折流板结构为基础，将管壳式热交换器分成一段一段的计算单元，通过对每个分段单元分析来研究流体物性沿壳体轴向的变化，最后获得对管壳式热交换器整体的工艺设计及计算[30]。

在热交换器设计中，一方面流体物性参数的变化会产生某些不确定性因素，另一方面各个设计目标之间往往存在一定的矛盾性，这两方面使得构造目标最优解的函数非常困难，而传统的热交换器设计方法未能从根本上解决这些问题。基于传统的对数平均温差法，考虑冷、热流体的定压比热随温度的变化，提出了一种新的热交换器设计方法——分段设计方法，将热交换器分成有限段，利用初始条件及各段之间的连接条件获得各段的入口和出口温度，应用对数平均温差法确定各段的传热面积，完成热交换器热力设计[31]。

管式热交换器动态过程分布参数模型的解析求解是比较困难的，分段线性化是近似求解的有效办法。对于不同扰动因素，各段之间的连接方式不同，不能简单处理成串联结构，否则将导致错误的结果。对于入口温度扰动，各段之间的联系为串联结构；对于流量和加热量扰动，由于这些扰动在系统空间上具有同时性，因此各段之间的联系为串并联结构。文献[32]针对三种不同扰动，分别推导出了分段线性化的总传递函数的形式，并证明当分段数量趋于无穷大时，其结果与分布参数模型的解析解完全相同，从而也证明了可以通过提高分段数量改善仿真计算结果的精度。在此基础上，该文献主要针对温度和加热量扰动进行了实例仿真计算，仿真结果很好地验证了理论分析。

(2) 结构强度有限元分析模型简化的影响

模型应考虑工程因素的影响。文献[33]综述了压力容器有限元分析中某些简化模型引起的结果误差及这些模型对其他案例的误导问题，从三方面对建模中值得关注的工程因素加以说明，包括设备结构对模型的影响、设备运行工艺对模型的影响、技术背景对模型的影响等；为了进一步加强说明简化模型带来的问题，列举了10多个案例进行分析，并提出了模型的优选方案；另外，还建议工程案例的有限元分析中最好进行模型因素的专题误差分析。

模型应考虑动态载荷的影响。为了减少管壳式热交换器有限元分析模型引起的误差以及避免其案例误导，文献[34]根据工程实际分别从三个方面11种情况讨论了热交换器非静态载荷与结构变形行为之间的关系。第一方面包括内压作用下设备法兰与平垫密封面之间的1种交互载荷；第二方面的动态载荷包括运行中的4种振动载荷、运行中的3种循环载荷；第三方面是制造中的3种循环载荷。这些动态载荷都值得热交换器的高级有限元分析建模中给予关注。

模型应考虑载荷非均匀性的影响。为了减少管壳式热交换器有限元分析模型引起的误差以及避免其案例误导，文献[35]根据工程实际分别从四方面讨论了热交换器非均匀性静载荷与结构变形行为之间的关系。第一方面是轴向非均匀性静载荷，具体包括作用到管板的4种轴向非均匀工况。第二方面是横截面的非均匀载荷，包括管程轴向偏流、管程径向偏流、壳程非均匀进出口偏流、壳程径向的非均匀热载荷和壳程冷凝等5种工况。第三方面是管程非均匀热载荷，包括单管程管间温差、两管程温差、四管程温差等3种工况。第四方面是设备大型化的非均匀载荷，包括非均匀流态、自重和结构等3种情况。

模型应考虑等效方法的影响。热交换器管板开孔区等效为当量圆平板可明显降低管板计算复杂程度，等效精度非常关键。文献[36]先介绍 ASME Ⅷ-2 附录 5-E 中给出的几种圆平板开孔削弱后的等效方法，用于管板的弹性计算。其中 Option A 和 Option B 方法通过公式计算得到等效参数，Option C 方法通过数值模拟得出等效参数，同时，附录中给出了各向异性量矩阵的计算方法。然后以正三角形布管的管板为例，介绍 Option A 与 Option B 方法中等效参数理论依据，其中 Option A 方法与前人理论研究成果及试验数据相符，无论何种厚度的管板和载荷类型，均可以采用 Option A 方法计算削弱参数。Option B 方法区分平面应力状态和一般应力状态，更加灵活。最后通过 5 组典型案例对比了 ASME 规范中各向异性和各向同性等效参数对当量圆平板分析结果的影响，当管板处于一般应力状态时，即当管板厚度 h 与管板管心距 p 的比值 $h/p \geqslant 2$ 时，由于 Option A 和 Option B 的基础理论相似，两种方案得到的等效削弱参数接近。当 $h/p < 2$ 时，Option A 和 Option B 得到的计算参数偏差较大。因此建议在进行较厚管板换热器数值分析时，应适当考虑多孔板各向异性等效参数。

根据工程实际，挠性管板往往应用于废热锅炉或蒸汽发生器，该类固定管板式热交换器在结构和工艺工况上都不具有轴向对称性，无论是壳程轴向工艺参数还是管程轴向工艺参数都是非对称的，换热过程都会引起管壳两侧流程所有轴向实际参数的变化。这些变化是基本的功能追求，但是这些变化没有明显的规律性，这不是理想的状况。较理想的状况就是热交换器一端的参数高，另一端的参数低。即便工艺参数是轴对称的，但是参数沿轴向是变化的，也会同时引起管壳两侧流程结构在法向和轴向的变形或约束。因

图 11.10　局部结构分析模型

此，图 11.10 所示的长度方向局部结构模型有限元分析结果与实际状况存在明显的偏差，需要结合经验综合分析才好作出正确的判断。

要认识清楚的是，挠性薄管板管接头焊接变形的有限元分析模型与挠性薄管板管接头运行变形的有限元分析模型是有区别的，前者在个别情况下可以是长度方向局部结构模型，后者一般都应该是全长度结构的模型。

11.4.2　设计技术欠缺的影响

(1) 温差热应力的影响

笔者在工程实践中体会到，热交换器的温差热应力可以从管板零件、管束部件和整体结构等三个层次来逐步加深认识。

影响管板热应力的非对称性因素可分为结构性因素和载荷因素。其中的结构非对称性因素包括管板本体结构的非轴对称性、管束两端配对管板的非等厚性，载荷非对称性因素包括管板两侧温度的差异性以及管束两端配对管板温度的差异性。

管束上非轴对称的布管结构固然会带来热应力，而管束上轴对称的布管结构也会带来热应力。例如在管板上按圆形区域布管的管束，虽然是轴对称结构，但是由于管程往复流程带来热载荷不均衡，壳程折流结构带来也带来流体热载荷的变化，因此会带来热应力。即便是轴对称结构的管束而且管程是单流程，例如带有中心筒结构的管束，由于管束中间和周边的结构差异和温差的存在，也会带来热应力。又例如图 11.11 所示的高压热交换器布管图，从左小图看其布管形式很匀称，中间不布管区似乎是均匀地分成 3 等分，实际上通过仔细比较可知，上部中心线处不布管区域过大，整块管板的受力模型已经不是严格的当量圆平板模型了，管孔对结构的削弱在管板中的分布也不是均匀的了。从右小图看应力分析结果，发现上部中心线处不布管区域应力最大。

从整体来说，即便是浮头式热交换器或者 U 形管式热交换器这样普通的结构，在普通载荷作用下也会引起特殊的热应力。普通结构就是常见的结构，包括长径比比较小的壳体、厚壁厚板零件、过多的分程、易结垢的拐角、流程进出口不合理以及内件的尺寸超差造成的

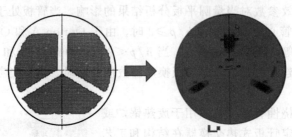

图 11.11　管板应力分析图[37]

不良装配等。普通载荷是指由于零部件结构和工艺流态的原因，热交换器中经常出现复杂的非均匀静态载荷，例如管箱因为径向进口导致流体进入各个管口的路径不同，流速和流量都不均匀，引起换热管之间的温差；热交换器中也经常出现非静态载荷引起结构温差等，例如管程中由于混合介质中气-液-固各相的动态差异，流进各个管口的介质流速和流量都不均匀，引起换热管之间的温差。

　　之所以把这两种普通因素引起的结果描述为特殊状态，一是因为其特殊结果的客观存在。这些热应力对热交换器失效的影响，虽然尚未有直接的案例分析和报道，但确实存在一些案例，就是按标准设计制造的热交换器发生密封泄漏后找不出确凿原因，或者经过几次不同的处理后虽然取得了效果，但是无法肯定是哪一条技术对策起了良好的作用，甚至几台并联运行的热交换器中总是其中一个位号的设备出现密封失效。二是因为对其因果关系的认识不足。可以肯定的是各种热应力对热交换器密封失效存在不同程度的不良影响，传统的调查分析在热交换器热应力方面存在欠缺，未引起业内足够的重视，甚至根本上忽视其客观存在。三是难以规范化这些表现出非常规性的普通因素，应该注意到不能在热交换器圆筒体上简单地按周向、轴向和径向的常规方式来求解，这样会人为地割裂圆筒体这一正常结构内热应力场的整体性。如果要准确计算这些三维不均匀温度场的热应力，需要根据个案对热应力成因分析后再计算，计算的初始条件必须从流固偶合分析开始，否则结构热应力有限元计算的结果就存在较大的误差。

　　（2）忽略了鞍座强度对管接头密封的间接影响

　　卧式容器的鞍座虽然没有直接承受介质载荷的作用，但是因其重要性以及容易观察而受到关注。文献［38］报道了某乙苯热交换器鞍座焊缝开裂的失效现象，并分析表明是热应力过大所致；文献［39］报了某苯乙烯装置乙苯过热器实际应用中鞍座地脚螺柱被推弯偏离原位 20mm 的失效现象，也与热膨胀有关；文献［40］经研究提出，当接管管口载荷很大时，建议在热交换器滑动鞍座底板增设滑槽结构，限定并便于鞍座只沿轴向滑动，这样可以降低管口载荷对膨胀节和管束的影响。文献［41］通过其他手段得出了余热回收器管接头泄漏的真正原因为焊接裂纹和缝隙腐蚀萌生裂纹所诱发的应力腐蚀开裂，为了进一步佐证这个结论，还强调应当对管接头进行有限元应力分析。这项模拟分析中值得注意的是，模型构建时考虑到壳体外表面的鞍座这一因素，而且对固定鞍座的底面施加全约束，对滑动鞍座的底面施加部分约束。模拟分析结果表明，鞍座对管接头应力水平的影响确实不可忽视。

　　（3）忽略了壳程偏锥对管接头密封的间接影响

　　在固定管板式热交换器的设计中，壳程带偏锥热交换器管板的设计，一般采用与壳程不带偏锥的结构相同的方法。随着装置的不断大型化，热交换器的尺寸逐渐增大，壳程偏锥结构以及锥角给热交换器管板的设计带来的影响也逐渐增大。文献［42］对 11 种不同结构尺寸的壳程带偏锥的固定管板式热交换器进行了研究计算和总结对比，证实了大锥角对管板的不良影响，这一影响自然传递到管接头的密封上。

上述业内失效分析存在一点明显的不足，就是没有把分析过程置于地脚螺柱-鞍座-壳体这一体系背景中，没有大方地承认鞍座对各种密封的不良影响。鞍座直接影响壳体的力学行为，间接影响到壳体内与管束及管接头有关的密封、壳体内的填料函密封。鞍座支承刚性不足引起的壳体振动则直接影响壳体各开口接管的密封。鞍座对热交换器管接头密封性的影响是间接的，而且较为模糊，所以长期被忽视。

(4) 习惯性设计忽略了介质偏流对管程内密封的间接影响

文献［43］报道了某常压蒸馏装置塔顶热交换器和空冷器系统由于长期习惯采用非对称布置，导致介质在设备和管线中再分配时发生严重偏流，部分管线水流量小、酸值高，引发腐蚀和结垢问题。部分流量大的管线内介质流速高，对管程产生冲蚀。图 11.12 是其中一例，靠近分程隔板与介质回程端的管程侧管板出现大面积腐蚀剥落，第一排换热管部分管接头凸台已被腐蚀至完全消失。

图 11.12　管板腐蚀状况[43]

参 考 文 献

［1］马红杰，孙存龙，江臣. 常顶换热器铵盐垢下腐蚀防腐措施优化及应用［J］. 石油化工设备技术，2021，42（3）：41-45.

［2］赵珍，刘赫宇. 清代北京西山人工水系与生态恢复力［J］. 山东社会科学，2021（1）：164-170.

［3］杨建良，杨湖. 水压工况下全直径管板的设计考虑［J］. 化工设备与管道，2021，58（1）：1-4，10.

［4］元少昀. GB 150—2011 液压试验压力相关问题探讨［J］. 石油化工设备技术，2017，38（6）：1-7，73.

［5］李世玉. 压力容器设计工程师培训教程：基础知识零部件［M］. 北京：新华出版社，2019.

［6］丁伯民. 对 GB 150《压力容器》有关内容的商榷——试验压力值的确定及相关问题［J］. 化工设备与管道，2013，50（1）：6-10.

［7］GB 150.1～150.4—2011 压力容器.

［8］厉学臣. 换热器管头盖中不锈钢膨胀石墨缠绕垫片的密封性能［J］. 石油化工设备，1991（1）：47，48.

［9］萧前. 不锈钢换热器管箱和浮头盖热处理问题的探讨［J］. 石油化工设备，1985（4）：47.

［10］GB 150—1998 钢制压力容器.

［11］GB 150.3—2011 压力容器　第 3 部分：设计.

［12］陈孙艺. 壳程较高压浮头盖的密封设计［J］. 压力容器，2008，25（2）：18-22.

［13］桑如苞，林上富. 浮头法兰的设计［J］. 压力容器，2002，19（8）：12-17.

［14］孙世锋，蔡仁良. 外载荷作用下螺栓法兰接头的研究进展［J］. 压力容器，2002，19（6）：37-41.

［15］王轶，殷昌创. 温度变化对法兰密封性能的影响［J］. 化工设备与管道，2012，49（1）：42-44.

［16］陈孙艺. 再沸器浮头管箱膨胀节失效分析及修复技术［C］//膨胀节技术进展：第十六届全国膨胀节学术会议论文集. 合肥：中国科学技术大学出版社，2021：435-444.

［17］陈孙艺. 壳壁热斑模型及其应力计算近似方法［J］. 压力容器，2019，51（9）：154-158.

[18] 路宝玺. 换热器试运行期间管束焊缝发生疲劳断裂分析 [J]. 压力容器, 2010, 27 (4): 46, 51-54.

[19] GB/T 151—2014 热交换器.

[20] 栗雪勇. 加氢裂化装置炼高含硫油后的腐蚀与防腐 [J] //第五届压力容器使用管理学术会议论文集. 压力容器, 2002, 19 (增刊): 147-151.

[21] 刘丽艳, 石凯, 徐炜, 等. 同心圆排布管束流体弹性不稳定性模拟研究 [J]. 压力容器, 2019, 36 (5): 29-34.

[22] 谭蔚, 张禛庶, 张天保, 等. 同心圆排布管束圆心角对耦合振动的影响 [J]. 化工机械, 2021, 48 (1): 30-34, 43.

[23] 张禛庶. 同心圆排布管束流体弹性不稳定性及耦合振动研究 [D]. 天津: 天津大学, 2020.

[24] 刘丽艳, 徐炜, 谭蔚, 等. 空间弯管管束固有频率及附加质量系数计算 [J]. 核动力工程, 2019, 40 (2): 62-67.

[25] 郭凯, 谭蔚. 非均匀刚度正方形排布管束的流致振动特性研究 [C] //压力容器先进技术: 第九届全国压力容器学术会议论文集. 合肥: 合肥工业大学出版社, 2017: 728-736.

[26] 邵子君. 芳烃抽提装置非芳烃蒸馏塔顶后冷器泄漏原因分析 [J]. 石油化工腐蚀与防护, 2021, 38 (1): 54-57.

[27] 武军安, 张国富. 工艺管线布置对换热器运行影响的分析 [J]. 化工设备与管道, 2011, 48 (6): 50-52.

[28] 戴建军. 高压聚乙烯装置热风冷却器失效分析及对策 [J]. 炼油与化工, 2011, 22 (5): 51-52.

[29] 伍美. 管壳式换热器分段传热算法研究 [D]. 大连: 大连理工大学, 2019.

[30] 朱辉, 周帼彦, 朱冬生, 等. 基于 Matlab 的管壳式换热器分段计算研究 [J]. 制冷与空调 (四川), 2014, 28 (3): 270-275, 280.

[31] 宋继伟, 许明田, 程林. 换热器分段设计方法的理论分析 [J]. 科学通报, 2011, 56 (13): 1060-1064.

[32] 周少祥, 胡三高, 宋之平. 管式换热器分布参数模型的分段线性化方法研究 [J]. 中国电机工程学报, 2002 (6): 124-126, 132.

[33] 陈孙艺. 压力容器有限元分析建模中值得关注的几个工程因素 [J]. 压力容器, 2015, 32 (5): 17, 50-57.

[34] 陈孙艺. 换热器有限元分析中值得关注的非静态载荷 [J]. 压力容器, 2016, 33 (3): 45-50.

[35] 陈孙艺. 换热器有限元分析中值得关注的非均匀性静载荷 [J]. 压力容器, 2016, 33 (2): 48-57.

[36] 万里平, 朱国栋. 关于 ASME Ⅷ-2 附录 5-E 多孔板等效方法的讨论 [J]. 压力容器, 2022, 39 (3): 55-64.

[37] 李超. 高压换热器设计易忽略问题解析 [J]. 化工设备与管道, 2021, 58 (6): 30-33.

[38] 汪光胜, 周晓燕, 郭志军. 乙苯换热器换热管与管板接头开裂失效分析 [J]. 石油化工设备, 2008, 37 (5): 99-101.

[39] 陈福利, 郭雅文. 苯乙烯装置乙苯过热器焊缝开裂原因分析 [J]. 管道技术与设备, 2009 (3): 56-58.

[40] 杨国强, 杨子辉. 换热器膨胀节角变形对换热管的影响 [J]. 化工设备与管道, 2017, 54 (1): 1-5.

[41] 胡国呈, 董金善, 丁毅. 余热回收器换热管与管板连接处泄漏失效分析 [J]. 压力容器, 2019, 36 (9): 53-62.

[42] 魏冬雪, 李小梅, 徐儒庸, 等. 壳程偏锥对换热器固定管板设计影响的研究 [J]. 炼油与化工, 2021, 32 (1): 20-24.

[43] 李书涵. 常压塔顶系统腐蚀控制综合设计技术 [J]. 石油化工设备技术, 2022, 43 (5): 43-50.